Mathematical Statistics

数理统计学

（第2版）

茆诗松　吕晓玲　编著

中国人民大学出版社
· 北京 ·

前　言

数理统计学的广泛应用激发了越来越多的年轻人学习和研究数理统计的兴趣。如何帮助他们尽快掌握处理数据的思想和方法是国内同行关心的问题。这就需要一本入门的教材。由于国内尚缺这类教材，我们着手编写了这本书。我们一面编写，一面打印；一面试用，一面修改，前后多次易稿，终于在两年内完成此书第一版。

作为基础课的教材，我们选择点估计、区间估计、参数检验和分布检验四个最基本的统计问题作为本书主要内容，构成本书后4章。中间插入贝叶斯统计的一些观念和方法。把统计量和抽样分布等基本概念归入第1章。全书5章为年轻读者进入统计学的研究和应用打下扎实的基础。

在内容的编排和叙述上我们作了一些新的尝试。譬如，我们把估计量及其无偏性在统计量之后立即引出，这样在引进一些常用统计量时可作出初步评价；统计学中不少结果都要用分位数表示，故强调在求解概率不等式 $F(x)\leqslant p$ 中分位数是不可或缺的工具；在假设检验中，我们把读者的注意力集中在建立拒绝域上；检验的 p 值在拒绝域之后随之出现，两者哪个方便就用哪个对原假设作出判断；强调参数检验与置信区间的对偶关系，有其一必可导出其二，甚至可用置信区间作参数检验，达到活学活用假设检验；另外，在多种场合还给出确定样本量的方法，这在近代统计中是不得不考虑的一个问题。这些尝试是否能受到广大教师与学生欢迎还有待实践检验。

本书再版保持上一版特色，仍是以为年轻人学习统计学打下扎实基础为宗旨的一本入门书。本书仍从数据出发讲清各种处理数据的统计方法与统计概念，努力挖掘统计思想，使学生能读出统计味。

这次再版修改了初版中一些不当之处，还删去 U 统计量、线性估计、构造置信限的一个方法等内容，这样可减少入门难度。

本书初稿曾在中国人民大学统计专业试用过，给了我们很多启示。大约60学时能把本书主要内容（*号节除外）讲完，多讲一点或少讲一点并不重要，重要的是让学生注意到随机性。一颗钻石重1.27克拉，这个1.27是它，又不是它，可能是多次称重的平均值，多称几次误差会小一点，少称几次误差会大一点。要教会学生用统计思想去看待问题，思考问题，便于他们的进一步发展。

本书习题分节设立，大量的是基础题，少量的是提高题，参考答案扫封底二维码获取。全书 5 章，第 1 章由吕晓玲执笔，后 4 章由茆诗松执笔，全书由茆诗松统稿。我们经常讨论内容取舍，切磋写法，选择例题。编写中得到中国人民大学统计学院的大力支持，统计专业学生大力配合，在此一并感谢。由于水平有限，不当之处在所难免，恳请广大教师和学生提出宝贵意见，我们将作进一步改进。

茆诗松　吕晓玲

目　录

第1章　统计量与抽样分布………………………………………………………………………… 1
1.1　总体和样本 ………………………………………………………………………………… 1
1.1.1　总体和分布………………………………………………………………………… 1
1.1.2　样本………………………………………………………………………………… 4
1.1.3　从样本认识总体的图表方法……………………………………………………… 7
习题1.1 ………………………………………………………………………………… 10
1.2　统计量与估计量…………………………………………………………………………… 10
1.2.1　统计量 …………………………………………………………………………… 10
1.2.2　估计量 …………………………………………………………………………… 11
1.2.3　样本的经验分布函数及样本矩 ………………………………………………… 18
习题1.2 ………………………………………………………………………………… 21
1.3　抽样分布…………………………………………………………………………………… 23
1.3.1　样本均值的抽样分布 …………………………………………………………… 23
1.3.2　样本方差的抽样分布 …………………………………………………………… 26
1.3.3　样本均值与样本标准差之比的抽样分布 ……………………………………… 29
1.3.4　两个独立正态样本方差比的 F 分布 ………………………………………… 33
*1.3.5　用随机模拟法寻找统计量的近似分布 ………………………………………… 35
习题1.3 ………………………………………………………………………………… 37
1.4　次序统计量………………………………………………………………………………… 38
1.4.1　次序统计量的概念 ……………………………………………………………… 38
1.4.2　次序统计量的分布 ……………………………………………………………… 40
1.4.3　样本极差 ………………………………………………………………………… 43
1.4.4　样本中位数与样本 p 分位数 ………………………………………………… 46
1.4.5　五数概括及其箱线图 …………………………………………………………… 48
习题1.4 ………………………………………………………………………………… 50
1.5　充分统计量………………………………………………………………………………… 52
1.5.1　充分统计量的概念 ……………………………………………………………… 52

1.5.2 因子分解定理 …… 59
习题1.5 …… 61
1.6 常用的概率分布族 …… 62
1.6.1 常用概率分布族表 …… 62
1.6.2 伽玛分布族 …… 64
1.6.3 贝塔分布族 …… 68
1.6.4 指数型分布族 …… 69
习题1.6 …… 72
第2章 点估计 …… 74
2.1 矩估计与相合性 …… 74
2.1.1 矩估计 …… 74
2.1.2 相合性 …… 76
习题2.1 …… 78
2.2 最大似然估计与渐近正态性 …… 78
2.2.1 最大似然估计 …… 79
2.2.2 最大似然估计的不变原理 …… 85
2.2.3 最大似然估计的渐近正态性 …… 87
习题2.2 …… 92
2.3 最小方差无偏估计 …… 94
2.3.1 无偏估计的有效性 …… 94
2.3.2 有偏估计的均方误差准则 …… 96
2.3.3 一致最小方差无偏估计 …… 98
2.3.4 完备性及其应用 …… 103
习题2.3 …… 109
2.4 C-R不等式 …… 111
2.4.1 C-R不等式 …… 111
2.4.2 有效估计 …… 113
习题2.4 …… 115
2.5 贝叶斯估计 …… 116
2.5.1 三种信息 …… 116
2.5.2 贝叶斯公式的密度函数形式 …… 118
2.5.3 共轭先验分布 …… 121
2.5.4 贝叶斯估计 …… 124
2.5.5 两个注释 …… 129
习题2.5 …… 132
第3章 区间估计 …… 134
3.1 置信区间 …… 134
3.1.1 置信区间概念 …… 134

3.1.2 枢轴量法 …… 139
习题 3.1 …… 143
3.2 正态总体参数的置信区间 …… 144
3.2.1 正态均值 μ 的置信区间 …… 144
3.2.2 样本量的确定（一） …… 146
3.2.3 正态方差 σ^2 的置信区间 …… 148
*3.2.4 二维参数（μ，σ^2）的置信域 …… 149
3.2.5 两正态均值差的置信区间 …… 150
习题 3.2 …… 153
3.3 大样本置信区间 …… 154
3.3.1 精确置信区间与近似置信区间 …… 154
3.3.2 基于 MLE 的近似置信区间 …… 155
3.3.3 基于中心极限定理的近似置信区间 …… 157
3.3.4 样本量的确定（二） …… 159
习题 3.3 …… 161
3.4 贝叶斯区间估计 …… 162
3.4.1 可信区间 …… 162
3.4.2 最大后验密度（HPD）可信区间 …… 164
习题 3.4 …… 167
第 4 章 假设检验 …… 169
4.1 假设检验的概念与步骤 …… 169
4.1.1 假设检验问题 …… 169
4.1.2 假设检验的步骤 …… 170
4.1.3 势函数 …… 176
习题 4.1 …… 178
4.2 正态均值的检验 …… 180
4.2.1 正态均值 μ 的 u 检验（σ 已知） …… 180
4.2.2 正态均值 μ 的 t 检验（σ 未知） …… 184
4.2.3 用 p 值作判断 …… 186
4.2.4 假设检验与置信区间的对偶关系 …… 190
4.2.5 大样本下的 u 检验 …… 192
4.2.6 控制犯两类错误概率确定样本量 …… 193
*4.2.7 两个注释 …… 196
习题 4.2 …… 197
4.3 两正态均值差的推断 …… 198
4.3.1 两正态均值差的 u 检验（方差已知） …… 199
*4.3.2 控制犯两类错误概率确定样本量 …… 202
4.3.3 两正态均值差的 t 检验（方差未知） …… 203

习题 4.3 …… 209
4.4 成对数据的比较 …… 211
4.4.1 成对数据的 t 检验 …… 211
4.4.2 成对与不成对数据的处理 …… 215
习题 4.4 …… 217
4.5 正态方差的推断 …… 219
4.5.1 正态方差 σ^2 的 χ^2 检验 …… 219
4.5.2 两正态方差比的 F 检验 …… 224
习题 4.5 …… 227
4.6 比率的推断 …… 229
4.6.1 比率 p 的假设检验 …… 229
*4.6.2 控制犯两类错误概率确定样本量 …… 233
4.6.3 两个比率差的大样本检验 …… 235
习题 4.6 …… 240
*4.7 广义似然比检验 …… 241
4.7.1 广义似然比检验 …… 241
4.7.2 区分两个分布的广义似然比检验 …… 245
习题 4.7 …… 249
第5章 分布的检验 …… 251
5.1 正态性检验 …… 251
5.1.1 夏皮洛-威尔克检验 …… 252
5.1.2 爱波斯-普利检验 …… 255
习题 5.1 …… 257
5.2 柯莫哥洛夫检验 …… 258
习题 5.2 …… 261
5.3 χ^2 拟合优度检验 …… 262
5.3.1 总体可分为有限类，但其分布不含未知参数 …… 262
5.3.2 总体可分为有限类，但其分布含有未知参数 …… 267
5.3.3 连续分布的拟合检验 …… 270
5.3.4 两个多项分布的等同性检验 …… 271
5.3.5 列联表中的独立性检验 …… 275
习题 5.3 …… 279

附表1 泊松分布函数表 …… 283
附表2 标准正态分布函数 $\Phi(x)$ 表 …… 288
附表3 标准正态分布的 α 分位数表 …… 290
附表4 t 分布的 α 分位数表 …… 291
附表5 χ^2 分布的 α 分位数表 …… 292

附表 6 F 分布的 α 分位数表 …… 293
附表 7 正态性检验统计量 W 的系数 $a_i(n)$ 数值表 …… 301
附表 8 正态性检验统计量 W 的 α 分位数表 …… 303
附表 9 正态性检验统计量 T_{EP} 的 $1-\alpha$ 分位数表 …… 304
附表 10 柯莫哥洛夫检验统计量 D_n 精确分布的临界值 $D_{n,\alpha}$ 表 …… 305
附表 11 柯莫哥洛夫检验统计量 D_n 的极限分布函数表 …… 307
附表 12 随机数表 …… 308

参考文献 …… 309

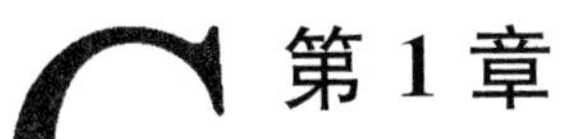

第 1 章 统计量与抽样分布

数理统计学是探讨随机现象统计规律性的一门学科，它以概率论为理论基础，研究如何以有效的方式收集、整理和分析受到随机因素影响的数据，从而对研究对象的某些特征做出判断。

例 1.0.1

某地环境保护法规定：倾入河流的废水中某种有毒物质的平均含量不得超过 3ppm（$1\text{ppm}=10^{-6}$）。该地区环保组织对某厂倾入河流的废水中该有毒物质的含量连续进行 20 天测定，记录了 20 个数据（单位：ppm）：

$$x_1, x_2, \cdots, x_{20}$$

现要用这 20 个数据作如下统计推断：

- 该有毒物质含量 X 的分布是否为正态分布？
- 若是正态分布 $N(\mu, \sigma^2)$，其参数 μ 和 σ^2 如何估计？
- 对命题“$\mu \leqslant 3.0$”（符合排放标准）作出判断：是或否。

基于一个样本（由若干数据组成）所作出的结论会存在不确定性，若能对数据的源泉指定一个分布，则不确定性的程度就能被量化，还能通过选择样本量使不确定性达到容许水平。这一切的基础就是概率分布，而数据处理按统计学原理和方法进行，不够用时还需进行创新。这就是数理统计学。

本章从基本概念出发，讲解什么是总体、样本和统计量，进而推导统计量的抽样分布，最后介绍次序统计量和充分统计量。本章内容是本书以后各章节的基础。

1.1 总体和样本

1.1.1 总体和分布

在一个统计问题中，我们把研究对象的全体称为**总体**，其中每个成员称为个体。在实际问题中，总体是客观存在的人群或物类。每个人或物都有很多侧面需要研究。譬如研究学龄前儿童这个总体，每个3～6岁的儿童就是一个个体，每个个体都有很多侧面，如身高、体重、血色素、性别等。若我们进一步明确：研究对象是儿童的血色素（X）的大小，这样一来每个个体（儿童）对应一个数。如果撇开实际背景，那么总体就是一堆数，这堆数中有的出现的机会大，有的出现的机会小，因此可以用一个概率分布来描述这个总体。从这个意义上讲，总体就是一个分布，其数量指标 X 就是服从这个分布的随机变量。因此，常常用随机变量的符号或分布的符号表示总体。以后我们说“从某总体中抽样”和“从某分布中抽样”是同一个意思。

 **例1.1.1**

为了解网上购物情况，特在某市调查如下三个问题：

（1）网上购物居民占全市居民的比例；

（2）过去一年内网购居民的购物次数；

（3）过去一年内网购居民的购物金额。

研究这三个问题要涉及三个不同的总体，现分别叙述如下：

第1个问题所涉及的总体由该市的居民组成。为明确表示这个总体，我们可以把该市居民在过去一年内至少在网上购物一次的居民记为1，其他居民记为0。这样一来，该总体可以看做由很多1和0组成的总体（见图1.1.1）。若记“1”在该总体中所占比例是 p，则该总体可以由二点分布 $b(1, p)$ 表示。

0 0 1 0 0 0 1 1 0 0
1 0 0 0 0 1 1 0 0 0
0 0 0 0 1 1 0 0 1 1
0 1 1 1 0 0 0 0 0 1

0—1总体的分布

X	0	1
P	$1-p$	p

图1.1.1　0—1总体及其分布

第2个问题所涉及的总体由在过去一年内至少网购一次的该市居民组成，每个成员对应一个自然数，这个自然数就是该市居民的网购次数 y，若记 p_k 为网购 k 次的居民在总体中所占的比例，则该总体可用如下离散分布表示：

$$P(y=k)=p_k,\quad k=1,2,3,\cdots$$

第3个问题所涉及的研究对象与第2个问题相同，但是研究的指标不同，这里的指标是近一年网购总金额 z，它不是离散变量，而是连续变量，相应的分布是连续分布函数 $F(z)$。这个分布函数不大可能是对称分布，而可能是偏态分布，因为网购金额少的居民占多数，网购金额高的居民占少数，只有极少数人的网购金额特别高。因此这不是一个对称分布，而是一个右偏分布（见图1.1.2）。如对数正态分布 $LN(\mu, \sigma^2)$ 或伽玛分布 $Ga(\alpha, \lambda)$ 等。

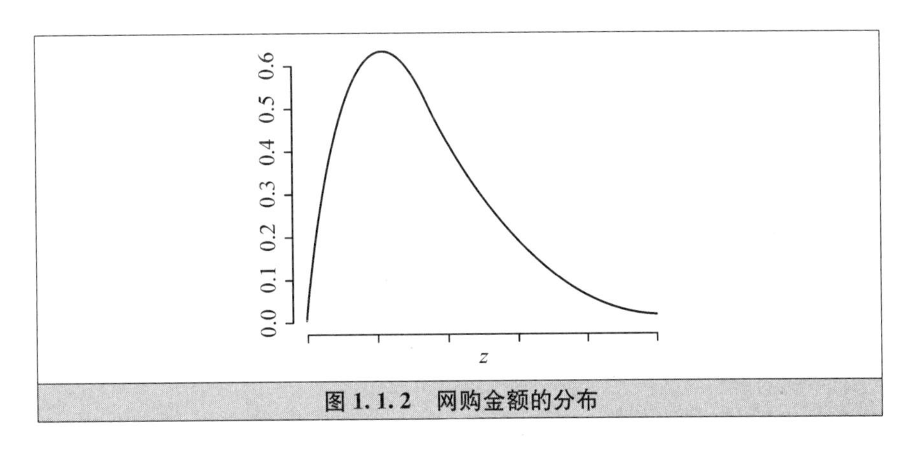

图 1.1.2　网购金额的分布

从这个例子可见，任何一个总体总可以用一个分布描述，尽管其分布的确切形式尚不知道，但它一定存在。

例 1.1.2

彩色浓度是彩电质量好坏的一个重要指标。20 世纪 70 年代在美国销售的 SONY 牌彩电有两个产地：美国和日本，两地的工厂按照同一设计、同一工艺、同一质量标准进行生产。其彩色浓度的标准值为 m，允许范围是 $(m-5, m+5)$，否则为不合格品。在 70 年代后期，美国消费者购买日产 SONY 彩电的热情明显高于购买美产 SONY 彩电，这是为什么呢?

1979 年 4 月 17 日日本《朝日新闻》刊登的调查报告指出，这是由两地管理者和操作者对质量标准认知上的差异引起总体分布不同而造成的。日厂管理者和操作者认为产品的彩色浓度应该越接近目标值 m 越好，因而在 m 附近的彩电多，远离 m 的彩电少，因此他们的生产线使得日产 SONY 彩电的彩色浓度服从正态分布 $N(m, \sigma^2)$，$\sigma=5/3$。而美厂管理者和操作者认为只要产品的彩色浓度在 $[m-5, m+5]$ 之间，产品都是合格的，所以他们的生产线使得美产 SONY 彩电的彩色浓度服从 $(m-5, m+5)$ 上的均匀分布。

若把彩色浓度在 $[m-\sigma, m+\sigma]$ 之间的彩电称为Ⅰ等品，在 $[m-2\sigma, m-\sigma)\cup(m+\sigma, m+2\sigma]$ 之间的彩电称为Ⅱ等品，在 $[m-3\sigma, m-2\sigma)\cup(m+2\sigma, m+3\sigma]$ 之间的彩电称为Ⅲ等品，其余的彩电为Ⅳ等品（次品），可以看到，虽然两个产地的产品均值相同，但由于概率分布不同，各等级彩电的比例也不同，见图 1.1.3 和表 1.1.1。

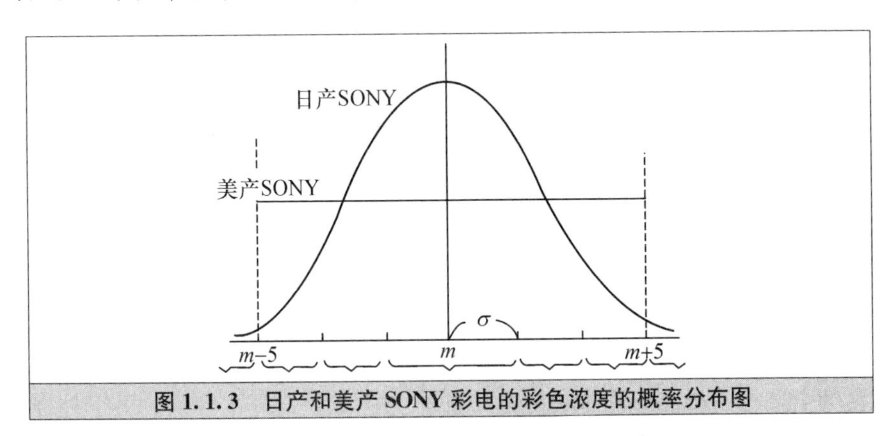

图 1.1.3　日产和美产 SONY 彩电的彩色浓度的概率分布图

表 1.1.1　各等级彩电的比例（%）

等级	Ⅰ	Ⅱ	Ⅲ	Ⅳ
美产	33.3	33.3	33.3	0
日产	68.3	27.1	4.3	0.3

虽然日产彩电在生产过程中有一定的次品（0.3%），但其Ⅰ等品比例明显高于美产彩电，且Ⅲ等品比例明显低于美产彩电。并且随着时间的延长，Ⅰ等品会退化为Ⅱ等品，Ⅱ等品会退化为Ⅲ等品等。因为美产彩电的Ⅲ等品比例很高，所以退化为次品的也会偏多，这就是日产彩电受欢迎的原因。

以上所述问题只涉及一个指标，用一个随机变量 X 或某分布 $F(x)$ 来描述。但有的时候，我们需要同时研究多个变量之间的关系，比如，我们想知道某企业广告投入与销售之间的关系，那么此总体可以用二维随机向量 (X, Y) 或其联合分布函数 $F(x, y)$ 表示。类似地，可以定义更高维的总体，高维总体是多元统计分析的研究对象。

总体还可以按个体数量分为有限总体和无限总体。现实世界中大部分是有限总体。当个体个数很多以致不易数清时就把该总体看做无限总体。本书主要研究无限总体，有限总体将是抽样调查和抽样检验的研究对象。

1.1.2　样本

研究总体分布及其特征数有如下两种方法：

(1) **普查**，又称全数检查，即对总体中每个个体都进行检查或观察。因普查费用高、时间长，不常使用，破坏性检查（如灯泡寿命试验）更不会使用。只有在少数重要场合才会使用普查。如我国规定每十年进行一次人口普查，期间九年中每年进行一次人口抽样调查。

(2) **抽样**，即从总体抽取若干个体进行检查或观察，用所获得的数据对总体进行统计推断，这一过程可用图 1.1.4 示意。由于抽样费用低、时间短，实际使用频繁。本书将在简单随机抽样（下面说明）的基础上研究各种合理的统计推断方法，这是统计学的基本内容。应该说，没有抽样就没有统计学。

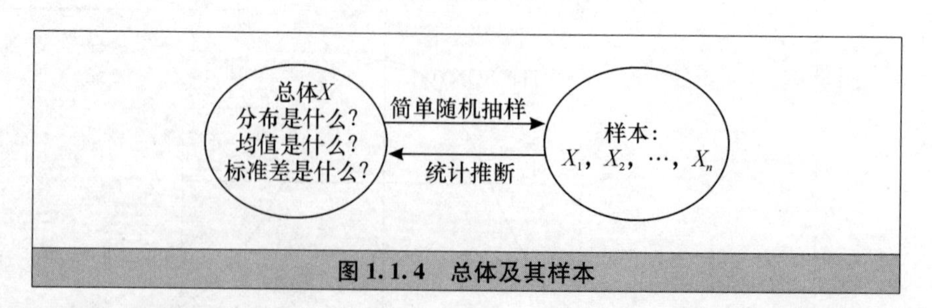

图 1.1.4　总体及其样本

从总体中抽出的部分（多数场合是小部分）个体组成的集合称为**样本**，样本中所含的个体称为**样品**，样本中样品个数称为**样本量**或**样本容量**。由于抽样前不知道哪个个体被抽中，也不知道被抽中的个体的测量或试验结果，所以容量为 n 的样本可看做 n 维随机变量，用大写字母 X_1，X_2，…，X_n 表示，用小写字母 x_1，x_2，…，x_n 表示其观察值，这就是我们常说的数据。一切可能观察值的全体 $\mathscr{X}=\{(x_1, x_2, \cdots, x_n)\}$ 称为 ***n* 维样本空间**。有时为了方便起见，不区分大小写，样本及其观察值都用小写字母 x_1，x_2，…，x_n 表示。当需要区分时会加以说明，读者也可从上下文中识别。今后很多场合都将采用这一表示方法。

例 1.1.3　样本的例子

（1）香港海洋公园的一次性门票为 250 港元，一年内可以无限次入场的年票价格为 695 港元。为检验该票价制度的合理性，随机抽取 1 000 位年票持有者，记录了他们 2009 年 1—4 月入园游览的次数，见表 1.1.2。

表 1.1.2

游览次数	0	1	2	3	4	5+
人数	545	325	110	15	5	0

这是一个容量为 1 000 的样本。

（2）某厂生产的挂面包装上说明"净含量 450 克"，随机抽取 48 包，称得重量如表 1.1.3 所示。

表 1.1.3

449.5	461	457.5	444.7	456.1	454.7	441.5	446.0	454.9	446.2
446.1	456.7	451.4	452.5	452.4	442.0	452.1	452.8	442.9	449.8
458.5	442.7	447.9	450.5	448.3	451.4	449.7	446.6	441.7	455.6
451.3	452.9	457.2	448.4	444.5	443.1	442.3	439.6	446.5	447.2
449.4	441.6	444.7	441.4	457.3	452.4	442.9	445.8		

这是一个容量为 48 的样本。

（3）在某林区，随机抽取 340 株树木测量其胸径，经整理后得到如表 1.1.4 所示的数据。

表 1.1.4

胸径长度（cm）	10～14	14～18	18～22	22～26	26～30	30～34	34～38	38～42	42～46
株数	4	11	34	76	112	66	22	10	5

这是一个容量为 340 的样本。

可以看出，前两个例子是完全样本，第三个是分组样本，虽然分组样本有部分信息损失，但它也是一种样本的表示方式，在大样本场合，人们通过分组数据可以获得总体的印象。

样本来自总体，样本必含总体信息。譬如机会大的（概率密度值大的）地方被抽中的样品就多，而机会小的（概率密度值小的）地方被抽中的样品就少；分布分散，样本也分散；分布集中，样本也相对集中；分布有偏，样本中多数样品也偏向一侧等。样本是分布的影子，见图1.1.5。

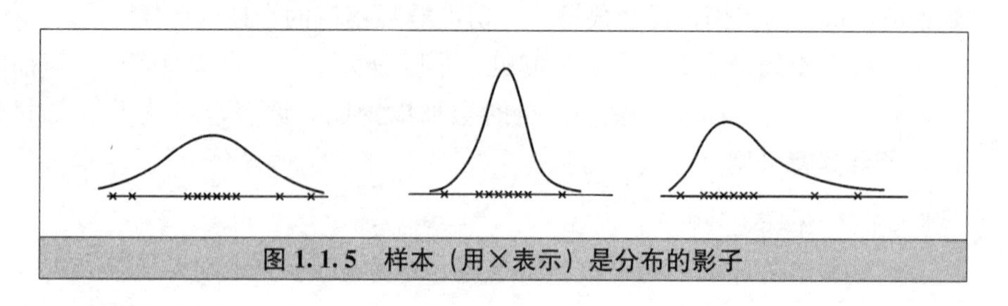

图1.1.5 样本（用×表示）是分布的影子

为了使所抽取的样本能很好地反映总体，抽样方法的确定很重要。最理想的抽样方法是简单随机抽样，它满足如下两个要求：

（1）随机性：即要求总体中每个个体都有同等的机会被选到样本中。这说明样本中每个 X_i 的分布相同，均与总体 X 同分布。

（2）独立性：样本中每个个体的选取并不影响其他个体的选取。这意味着样本中每个个体 X_i 是相互独立的。

由简单随机抽样得到的样本称为**简单随机样本**，简称**样本**。此时（X_1，X_2，…，X_n）可以看成是相互独立且服从同一分布的随机变量，简称**独立同分布样本**。如无特别说明，本书所指的样本均为简单随机样本。

如何才能获得简单随机样本呢？下面例子中介绍的几种方法可供参考。

例1.1.4

有一批灯泡600只，现要从中抽取6只做寿命试验，如何从600只灯泡中抽取这6只灯泡，使所得样本为简单随机样本？

方案一：设计一个随机试验，先对这批灯泡从000～599编号。然后在600张纸质与大小相同的纸片上依次写上000～599，并把它们投入一个不透明的袋中，充分搅乱。最后不返回地抽出6张纸片，其上6个样本号（462,078,519,312,167,103）所组成的样本就是简单随机样本。

方案二：利用随机数表，本书附表12是一大本随机数表中的一页。我们可以从该表任意位置开始读数。仍把灯泡编号000～599，设从该表的第一行第一列开始，以三列为一个数，从上到下读出：

$$537,\underline{633},358,\underline{634},\underline{982},026,\underline{645},\underline{850},585,\underline{\underline{358}},039,\underline{626},084,\cdots$$

凡其值大于600的便跳过（数下划"＿"），如出现的数与前面重复也跳过（数下划"＝"），直到选出6个不超过600的不同数为止。现可将编号为537,358,026,585,039,084的6只灯泡取出测定其寿命。

方案三：可利用计算机产生6个000～599间的不同的随机整数，譬如产生的随机整数为80,568,341,107,57,166。取出这些编号所对应的灯泡进行试验，测定其寿命。

方案四：用扑克牌设计一个随机试验。从一副扑克牌中剔去大小王及K，Q，J各四张，余下40张牌不分花色都当数字用，其中A代表1，10代表0，其他数字直接引用。在这些准备下，可从 40 张牌中进行有放回地抽取 3 张。每次抽取前洗牌要充分，抽取要随机。约定第一张牌上的数字为个位数，第二张牌上的数字为十位数，第三张牌上的数字为百位数。若第三张牌上的数字为 6～9，则作废重抽，直到第三张牌上的数字不超过 5 为止。如此得到的三位数（如 239）就是第一个样本号，这样重复 5 次，取得 6 个样本号（如 239,582,073,503,145,366），选择对应编号的样品进行寿命试验。

这里介绍的多种抽样方法说明简单随机样本并不难获得，困难在于排除"人为干扰"，不要"怕麻烦"和"想偷懒"。很多事例表明，统计推断常在抽样阶段出问题。

1.1.3　从样本认识总体的图表方法

样本含有总体信息，但样本中的数据常显得杂乱无章，需要对样本进行整理和加工才能显示隐藏在数据背后的规律。对样本进行整理与加工的方法有图表法和构造统计量。这里将介绍几种常用的图表法，如频数频率表和直方图。构造统计量将从下一节开始逐渐介绍。

1. 频数频率表

当样本量 n 较大时，把样本整理为分组样本可得频数频率表，它可按观察值大小显示出样本中数据的分布状况。下面通过一个例子来详述整理过程。

例 1.1.5

光通量是灯泡亮度的质量特征。现有一批 220 伏 25 瓦白炽灯泡要测其光通量的分布，为此从中随机抽取 120 只，测得其光通量如表 1.1.5 所示。

表 1.1.5　　120 只白炽灯泡光通量的测试数据

216	203	197	208	206	209	206	208	202	203
206	213	218	207	208	202	194	203	213	211
193	213	208	208	204	206	204	206	208	209
213	203	206	207	196	201	208	207	213	208
210	208	211	211	214	226	211	223	216	224
211	209	218	214	219	211	208	221	211	218
218	190	219	211	208	199	214	207	207	214
206	217	214	201	212	213	211	212	216	206
210	216	204	221	208	209	214	214	199	204
211	201	216	211	209	208	209	202	211	207
202	205	206	216	206	213	206	207	200	198
200	202	203	208	216	206	222	213	209	219

为从这组数据中挖掘出有用信息，常对数据进行分组，获得频数频率表，即分组样本，具体操作如下：

（1）找出这组数据的最大值 x_{max} 与最小值 x_{min}，计算其差：

$$R=x_{\max}-x_{\min}$$

称为极差，也就是这组数据所在的范围。在本例中 $x_{\max}=226$，$x_{\min}=190$，其极差为 $R=226-190=36$。

（2）根据样本量 n 确定组数 k。经验表明，组数不宜过多，一般以5～20组较为适宜。可按表1.1.6选择组数。

表1.1.6　组数的选择

n	<50	50～100	100～250	>250
k	5～7	6～10	7～14	10～20

在本例中，$n=120$，拟分13组。

（3）确定各组端点 $a_0<a_1<\cdots<a_k$，通常 $a_0<x_{\min}$，$a_k>x_{\max}$。分组可以等间隔，亦可以不等间隔，但等间隔用得较多。在等间隔分组时，组距 $d\approx R/k$。

在本例中，取 $a_0=189.5$，$d=36/13\approx3$，则有

$$a_i=a_{i-1}+3,\ i=1,\ 2,\ \cdots,\ 13$$

$$a_{13}=a_0+13d=189.5+13\times3=228.5$$

（4）用唱票法统计落在每个区间 $(a_{i-1},\ a_i]$ $(i=1,\ 2,\ \cdots,\ k)$ 中的频数 n_i 与频率 $f_i=n_i/n$。把它们按序归在一张表上就得到了频数频率表，见表1.1.7。从该表可以看出样本中的数据在每个小区间上的频数 n_i 与频率 f_i 的分布状态。大部分数据集中在209附近，201.5～216.5间含有77.5%的数据。为了使这些信息直观地表示出来，可在频数频率表的基础上画出直方图。

表1.1.7　120个光通量的频数频率表

组号 i	区间	频数 n_i		频率 f_i
1	(189.5～192.5]	一	1	0.008 3
2	(192.5～195.5]	丅	2	0.016 7
3	(195.5～198.5]	下	3	0.025 0
4	(198.5～201.5]	正丅	7	0.058 3
5	(201.5～204.5]	正正止	14	0.116 7
6	(204.5～207.5]	正正正正	20	0.166 7
7	(207.5～210.5]	正正正正下	23	0.191 7
8	(210.5～213.5]	正正正正丅	22	0.183 3
9	(213.5～216.5]	正正下	14	0.116 7
10	(216.5～219.5]	正下	8	0.066 7
11	(219.5～222.5]	下	3	0.025 0
12	(222.5～225.5]	丅	2	0.016 7
13	(225.5～228.5]	一	1	0.008 3

2. 直方图

我们将以频数频率表（见表1.1.7）为基础介绍（样本）直方图的构造方法。

在横坐标轴上标出各小区间端点 a_0，a_1，…，a_k，并以各小区间 $(a_{i-1},\ a_i]$ 为

底画一个高为频数 n_i 的矩形。对每个 $i=1, 2, \cdots, k$ 都如此处理，就形成若干矩形连在一起的频数直方图，见图 1.1.6。

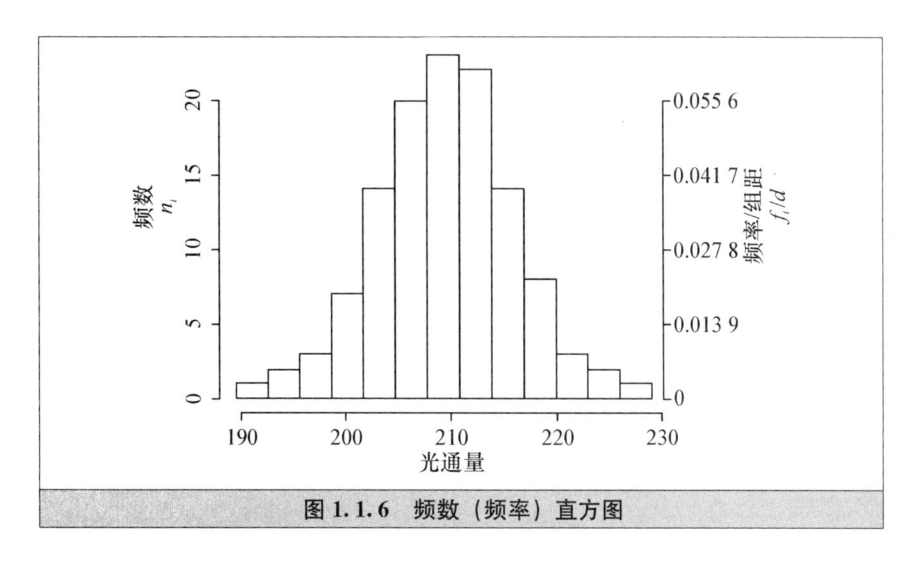

图 1.1.6　频数（频率）直方图

若把图 1.1.6 上的纵轴由频数（n_i）改为频率/组距（f_i/d），即得一张频率直方图。在各小区间长度相等的场合，这两张直方图完全一样，区别在纵坐标的刻度上，也可以在直方图另一侧再设置一个纵坐标，这样两张图就合二为一了。注意，频率直方图上各矩形面积之和为 1。

直方图的优点是能把样本中的数据用图形表示出来。在样本量较大的场合，直方图常是总体分布的影子。如图 1.1.6 上的直方图中间高，两边低，左右基本对称。这很可能是“白炽灯泡光通量常是正态分布”的影子。又如图 1.1.7 上的两个直方图是不对称的，是有偏的，其相应的总体可能是偏态的。其中一个是右偏分布（见图 1.1.7a）；另一个是左偏分布（见图 1.1.7b）。如今直方图在实际中已为众人熟悉，广泛使用。各种统计软件都有画直方图的功能。

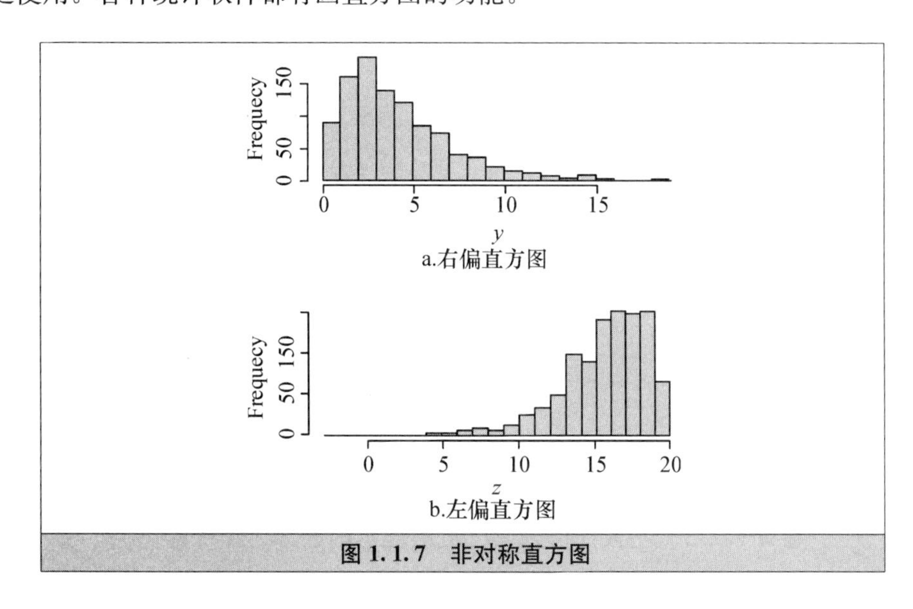

图 1.1.7　非对称直方图

直方图的缺点是不稳定，它依赖于分组，不同分组可能会得出不同的直方图。所以从直方图上可得总体分布的直观印象，但认定总体分布还需用其他统计方法。

习题 1.1

1. 某市抽样调查成年（18岁以上）男子的吸烟率，因经费原因特雇用50名统计系大学生在街头对该市成年人进行调查，每人调查100名，问这项调查的总体与样本各是什么？

2. 池塘里有多少条鱼？一位统计学家设计了一个方案：从中打捞一网鱼共 n 条，涂上红漆后放回，三天后再从池塘打捞一网鱼，共 m 条，其中带红漆的有 k 条。你能说出该池塘最有可能有多少条鱼吗？

3. 一组工人合作完成某一部件的装配工序所需的时间（单位：分钟）分别如下：

35	38	44	33	44	43	48	40	45	30
45	32	42	39	49	37	45	37	36	42
31	41	45	46	34	30	43	37	44	49
36	46	32	36	37	37	45	36	46	42
38	43	34	38	47	35	29	41	40	41

要求：

（1）将上述数据整理成组距为3的频数表，第一组以27.5为起点；

（2）绘制样本直方图。

4. 国外某高校根据毕业生返校情况记录，宣布该校毕业生的年平均工资为5万美元。你对此有何评论？

5. 在调查某市家庭年平均收入时，能否只在该市的娱乐场所进行随机抽样？原因是什么？能否只在该市公共汽车站进行随机抽样？原因是什么？

6. 新入学的2 356名新生中有1 060名女生，现要从中抽取100名新生进行测量，以了解今年入学新生的平均身高，试问如何设计抽样方案为宜？

1.2 统计量与估计量

1.2.1 统计量

除统计图表外，对样本进行整理加工的另一种有效方法是构造样本函数 $T=T(x_1,x_2,\cdots,x_n)$，它可以把分散在样本中的总体信息按人们的需要（某种统计思想）集中在一个函数上，使该函数值能反映总体某方面的信息。这样的样本函数在统计学中称为统计量，具体定义如下。

定义 1.2.1 不含任何未知参数的样本函数称为**统计量**。

需要强调的是，在1.1.2节，我们已经指出样本（X_1，X_2，…，X_n）是n维随机变量，因此，作为样本函数的统计量，也是随机变量。这里“不含任何未知参数”是要求样本函数中除样本外不含任何未知成分。有了样本观察值后，立即可算得统计量的值，使用也很方便。

样本中诸数据的算术平均数称为**样本均值**，记为：

$$\bar{x}=\frac{1}{n}\sum_{i=1}^{n}x_i$$

这是较为简单的样本函数，又不含未知参数，故是统计量。因为简单，故使用较为频繁。但其统计思想较为深刻，因为平均可以消除很多随机干扰。譬如，某市无人售票的公共汽车实行单一票价：2元/人次。几年来，乘客与公交公司都很满意，都认为“公平”。这里的公平只是平均来说才存在的，并不是存在于每次乘车。因此单一票价是依据以往多级票价的样本均值而作出的。

又如降压药的疗效是根据一组高血压病人服用此种降压药后（如一周后）平均降压多少而确定的，不是仅看一两个人降压多少而定的。因为人群中个体间的差异很大，且这种差异带有随机性，时大时小，时正时负，以不可测的随机方式呈现在我们面前，所以从个体去认识总体常会出现偏差。从样本认识总体可减少此种偏差，如样本均值可以抵消大部分偏差，出现较为稳定的值，参与平均的个体越多，平均数的稳定性越好。药检部门就是根据平均疗效来核准某种药物是否可以上市出售的。

有段时间减肥药的广告很多。“××明星吃了我们的减肥药，十天体重减了3公斤”，“×××老干部吃了我们的减肥药，一个月减少10公斤体重”，“快来买吧，立即打电话，价格还可优惠”……你相信这些广告吗？由于制造商拿不出有说服力的样本均值（100位肥胖的人服用了你的减肥药，一个月内平均可减少体重多少公斤），而企求名人效应来推销它的减肥药，只能用极其罕见的个体数据来做广告，欺骗缺乏平均数等统计知识的人群。在这个充满随机现象的现实世界里，平均数比个体数据更具说服力。

1.2.2　估计量

在对总体分布作出假定的情况下，从样本对总体的某些特征作出一些推理，此种推理都具有统计学的味道，故称为统计推断。费希尔（R. A. Fisher，1890—1962）把统计推断归为如下三大类：

- 抽样分布（精确的与近似的）；
- 参数估计（点估计与区间估计）；
- 假设检验（参数检验与非参数检验）。

为了进行这些统计推断，不仅需要一些概率论基础知识，而且需要构造富含统计思想的各种各样的统计量。缺少这些统计量，统计推断就无法进行。从本节开始将逐步涉及这些统计推断，这里将结合参数的点估计介绍一些常用统计量。

定义 1.2.2 用于估计未知参数的统计量称为**点估计（量）**，或简称为**估计（量）**。参数 θ 的估计量常用 $\hat{\theta}=\hat{\theta}(x_1, x_2, \cdots, x_n)$ 表示，参数 θ 的可能取值范围称为**参数空间**，记为 $\Theta=\{\theta\}$。

这里参数常指如下几种：

- 分布中所含的未知参数；
- 分布中的期望、方差、标准差、分位数等特征数；
- 某事件的概率等。

一个参数的估计量常不止一个，如何评价其优劣性呢？常用的评价标准有多个，如无偏性、有效性、均方误差最小与相合性。这里先讲无偏性，其他几个评价标准以后介绍。

定义 1.2.3 设 $\hat{\theta}=\hat{\theta}(x_1, \cdots, x_n)$ 是参数 θ 的一个估计，若对于参数空间 $\Theta=\{\theta\}$ 中的任一个 θ 都有

$$E(\hat{\theta})=\theta, \quad \forall \theta \in \Theta \tag{1.2.1}$$

则称 $\hat{\theta}$ 为 θ 的**无偏估计**，否则称为 θ 的**有偏估计**。

当估计 $\hat{\theta}$ 随着样本量 n 的增加而逐渐趋于其真值 θ，这时若记 $\hat{\theta}=\hat{\theta}_n$，则有

$$\lim_{n\to\infty} E(\hat{\theta}_n)=\theta, \quad \forall \theta \in \Theta$$

则称 $\hat{\theta}_n$ 为 θ 的**渐近无偏估计**。

无偏性要求式（1.2.1）可以改写为 $E(\hat{\theta}-\theta)=0$，这里的期望是对 $\hat{\theta}$ 的分布而求的。当我们使用无偏估计 $\hat{\theta}$ 去估计 θ 时，每次的实现值 $\hat{\theta}$ 对 θ 的偏差 $\hat{\theta}-\theta$ 总是存在的。由于样本的随机性，这种偏差时大时小，时正时负，而把这些偏差平均起来其值为0，这就是无偏估计 $\hat{\theta}$ 的含义（见图1.2.1a），所以无偏是指无系统偏差。若一个估计不具有无偏性，估计均值 $E(\hat{\theta})$ 与参数真值 θ 总有一定距离，这个距离就是系统偏差（见图1.2.1b）。这就是有偏估计的缺点。

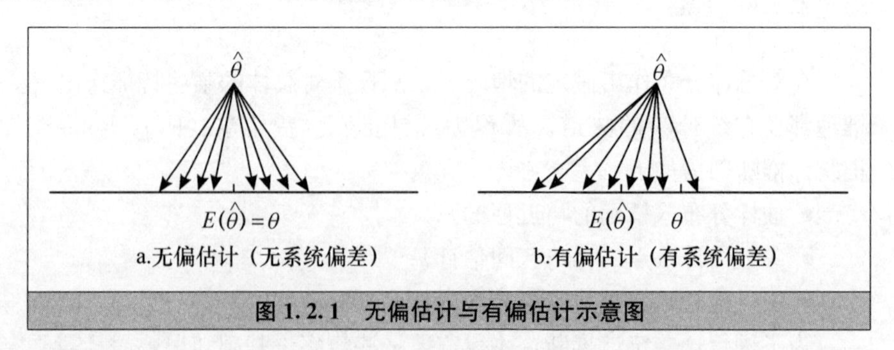

图 1.2.1 无偏估计与有偏估计示意图

渐近无偏估计是指系统偏差会随着样本量 n 的增加而逐渐减小，最后趋于0，所以在大样本场合此种有偏估计 $\hat{\theta}_n$ 可以近似当作无偏估计使用。

在统计中三个常用的统计量是：

- **样本均值**：$\bar{x}=\dfrac{1}{n}\sum_{i=1}^{n}x_i$
- **样本方差**：$s^2=\dfrac{1}{n-1}\sum_{i=1}^{n}(x_i-\bar{x})^2$
- **样本标准差**：$s=\sqrt{s^2}$

其中，x_1，x_2，…，x_n 是来自某总体的一个样本。无论总体是连续分布还是离散分布，是正态分布还是非正态分布，这三个统计量在其统计推断中都是重要的、常用的。譬如，在点估计中它们分别是总体均值 μ、总体方差 σ^2、总体标准差 σ 很好的估计。

下面在剖析样本方差 s^2 的构造中讨论这三个统计量的优劣。

（1）样本均值 $\bar{x}$ 总位于样本中部，它是总体期望 μ 的无偏估计，即 $E(\bar{x})=\mu$。

（2）诸 x_i 对 $\bar{x}$ 的偏差 $x_i-\bar{x}$ 可正可负，其和恒为零，即

$$\sum_{i=1}^{n}(x_i-\bar{x})=0$$

这个等式表明：n 个偏差中只有 $n-1$ 个是独立的。在统计中独立偏差的个数称为**自由度**，记为 f，故 n 个偏差共有 $n-1$ 个自由度，即 $f=n-1$。

（3）由于诸偏差之和恒为零，故样本偏差之和不能把偏差积累起来，不能用它来度量样本散布大小，从而改用**偏差平方和** Q。

$$Q=\sum_{i=1}^{n}(x_i-\bar{x})^2$$

它可以把 n 个偏差积累起来，用于度量 n 个数据的散布大小。

 例 1.2.1

比较下面两个样本的散布大小：

样本一：3，4，5，6，7

3　4　5　6　7

样本二：1，3，5，7，9

1　3　5　7　9

这两个样本均值相等，均为 5，而其偏差平方和有大小之分，$Q_1=10$，$Q_2=40$。直观上就可以看出，样本二比样本一分散（或者说样本一比样本二集中），其偏差平方和大小与这个直观感觉是一致的。可见，**在样本量相等的情况下，利用偏差平方和大小可以比较出样本散布的大小**。

（4）在样本量不同的场合，偏差平方和 Q 失去比较样本散布大小的公平性，因为样本量大的偏差平方和倾向偏大一些。为了消除样本量大小对偏差平方和的干扰，改用平均偏差平方和 s_n^2 来度量样本散布大小，其计算公式如下：

$$s_n^2=\frac{Q}{n}=\frac{1}{n}\sum_{i=1}^{n}(x_i-\bar{x})^2 \tag{1.2.2}$$

它表示每个样本点上平均有多少偏差平方和，这就可在样本量不同场合下比较其散布大小。

例 1.2.2

比较下面两个样本的散布大小：

样本三：1，5，9

$$\underset{1}{|}\text{———————}\underset{5}{|}\text{———————}\underset{9}{|}$$

样本四：1，2，3，4，5，6，7，8，9

$$\underset{1}{|}\underset{2}{|}\underset{3}{|}\underset{4}{|}\underset{5}{|}\underset{6}{|}\underset{7}{|}\underset{8}{|}\underset{9}{|}$$

这两个样本的均值相等，均为5，其偏差平方和分别是 $Q_3=32$，$Q_4=60$。若仅从偏差平方和看，$Q_4>Q_3$，但“样本四比样本三更分散”的结论不符合我们的直观感觉，Q_4 较大的原因是样本四的样本量是样本三样本量的3倍，故 Q_3 与 Q_4 不可比。为消除样本量大小的干扰，改用平均偏差平方和 s_n^2 即可：

$$s_{n,3}^2=10.67,\quad s_{n,4}^2=6.67$$

故从平均偏差平方和 s_n^2 看，样本三更分散一些，这就与直观感觉吻合了。实际中 s_n^2 也被用来作总体方差 σ^2 的估计，简称 s_n^2 为**样本方差**。

（5）s_n^2 的改进。无论从理论研究还是从实际使用上看，用 s_n^2 估计总体方差 σ^2，大多数情况下是偏小的，这可从 s_n^2 的期望小于 σ^2 看出。设总体 X 具有二阶矩，$E(X)=\mu$，从中获得样本 x_1，x_2，…，x_n，下面证明随机变量 s_n^2 的期望小于 σ^2。

由于

$$s_n^2=\frac{1}{n}\sum_{i=1}^{n}(x_i-\bar{x})^2=\frac{1}{n}\sum_{i=1}^{n}x_i^2-\bar{x}^2$$

为求 $E(s_n^2)$，先求 $E(x_i^2)$ 与 $E(\bar{x}^2)$：

$$E(x_i^2)=\mathrm{Var}(x_i)+(Ex_i)^2=\sigma^2+\mu^2,\quad i=1,2,\cdots,n$$

$$E(\bar{x}^2)=\mathrm{Var}(\bar{x})+[E(\bar{x})]^2=\frac{\sigma^2}{n}+\mu^2$$

代入得

$$E(s_n^2)=\frac{1}{n}\sum_{i=1}^{n}(\sigma^2+\mu^2)-\left(\frac{\sigma^2}{n}+\mu^2\right)=\left(1-\frac{1}{n}\right)\sigma^2<\sigma^2$$

用平均意义上偏小的 s_n^2 去估计方差 σ^2 有风险。在金融交易中方差 σ^2 常用来表示风险的大小，当方差估计偏小时会给人一种错觉，以为风险小了；在生产过程中常用方差表示生产过程的稳定性，当方差估计偏小时管理者会错误地以为生产过程稳定，不能及时发现问题。用 s_n^2 估计方差 σ^2 存在系统误差，特别是在小样本情况下，这种误差更显得不可忽略，这就是 s_n^2 的缺点。或者说 s_n^2 是 σ^2 的有偏估计，但它是 σ^2 的渐近无偏估计。纠正这个缺点并不难，只要将式（1.2.2）中分母的样本量 n 改成自由度 $f=n-1$，即得

$$s^2 = \frac{Q}{f} = \frac{1}{n-1}\sum_{i=1}^{n}(x_i - \overline{x})^2$$

因为 $E(s^2) = E\left(\frac{n}{n-1}s_n^2\right) = \frac{n}{n-1}\left(1-\frac{1}{n}\right)\sigma^2 = \sigma^2$，容易看出 s^2 是 σ^2 的无偏估计。

综上所述，s^2 与 s_n^2 都是平均偏差平方和，都称为**样本方差**，但前者用自由度 $(n-1)$ 作平均，是**无偏的样本方差**；后者用样本量 n 作平均，是**有偏的样本方差**。在样本容量 n 很大的情况下两者相差无几，可以忽略不计，但在小样本场合，s^2 明显优于 s_n^2。因此统计学家和实际工作者都愿意使用 s^2 去计算方差，以至于在某些教材中根本不提及 s_n^2，所谓样本方差，指的就是 s^2。

(6) 在实际中，样本方差 s^2 不便于解释，因为 s^2 的单位是样本均值 $\overline{x}$ 单位的平方，从而使 $\overline{x}\pm s^2$ 没有意义。实际更有意义的是其正的平方根：

$$s = \sqrt{s^2} = \sqrt{\frac{1}{n-1}\sum_{i=1}^{n}(x_i - \overline{x})^2}$$

s 与 s^2 都可用来度量样本散布的大小，并称 s 为**样本标准差**，常用来估计总体标准差 σ。由于 s 与 $\overline{x}$ 有相同的单位，$\overline{x}\pm s$ 就有明确含义。譬如，适当选择常数 k，可使 $\overline{x}\pm ks$ 成为总体均值 μ 的区间估计。

注意：估计的无偏性不具有变换的不变性。一般而言，若 $\hat{\theta}$ 是 θ 的无偏估计，其函数 $g(\hat{\theta})$ 不一定是 $g(\theta)$ 的无偏估计，除非 $g(\theta)$ 是 θ 的线性函数。譬如，$\overline{x}$ 是 μ 的无偏估计，但 $\overline{x}^2$ 不是 μ^2 的无偏估计，可 $a\overline{x}+b$ 是 $a\mu+b$ 的无偏估计；s^2 是 σ^2 的无偏估计，但 s 不是 σ 的无偏估计。在正态总体场合，对 s 作适当修正可得正态标准差 σ 的无偏估计，请看下面的例子。

例 1.2.3

设 $x_1, x_2, \cdots, x_n$ 是来自正态总体 $N(\mu, \sigma^2)$ 的一个样本，s^2 是其样本方差，稍后将会证明：$y = \frac{(n-1)s^2}{\sigma^2} = \frac{Q}{\sigma^2}$ 服从自由度为 $n-1$ 的卡方分布，即 $y \sim \chi^2(n-1)$，其密度函数是

$$p(y) = \frac{1}{2^{\frac{n-1}{2}} \cdot \Gamma\left(\frac{n-1}{2}\right)} y^{\frac{n-1}{2}-1} e^{-\frac{y}{2}}, \quad y > 0$$

这里将利用这个结果来计算样本标准差的期望 $E(s)$，由于 $E(s) = \frac{\sigma}{\sqrt{n-1}}E(y^{\frac{1}{2}})$，我们先计算

$$E(y^{\frac{1}{2}}) = \int_0^{\infty} y^{\frac{1}{2}} p(y)\mathrm{d}y = \frac{1}{2^{\frac{n-1}{2}}\Gamma\left(\frac{n-1}{2}\right)}\int_0^{\infty} y^{\frac{n}{2}-1} e^{-\frac{y}{2}}\mathrm{d}y$$

$$= \frac{2^{\frac{n}{2}}\Gamma\left(\frac{n}{2}\right)}{2^{\frac{n-1}{2}}\Gamma\left(\frac{n-1}{2}\right)} = \sqrt{2}\,\frac{\Gamma\left(\frac{n}{2}\right)}{\Gamma\left(\frac{n-1}{2}\right)}$$

由此可得

$$E(s)=\sqrt{\frac{2}{n-1}}\frac{\Gamma\left(\frac{n}{2}\right)}{\Gamma\left(\frac{n-1}{2}\right)}\cdot\sigma=c_n\sigma\text{，其中 } c_n=\sqrt{\frac{2}{n-1}}\cdot\frac{\Gamma\left(\frac{n}{2}\right)}{\Gamma\left(\frac{n-1}{2}\right)}$$

这表明：在正态总体场合

- 样本标准差 s 不是 σ 的无偏估计。
- 利用修偏系数 c_n（部分值列于表 1.2.1）可得 σ 的无偏估计：

$$\hat{\sigma}_s=\frac{s}{c_n}$$

- 可以证明，当 $n\to\infty$ 时有 $c_n\to 1$，这表明 s 是 σ 的渐近无偏估计，从而在样本量较大时，不经修正的 s 也是 σ 的一个很好的估计。

表 1.2.1　　正态标准差的修偏系数表

n	c_n	n	c_n	n	c_n
		11	0.975 4	21	0.987 6
2	0.797 9	12	0.977 6	22	0.988 2
3	0.886 2	13	0.979 4	23	0.988 7
4	0.921 3	14	0.981 0	24	0.989 2
5	0.940 0	15	0.962 3	25	0.989 6
6	0.951 5	16	0.983 5	26	0.990 1
7	0.959 4	17	0.984 5	27	0.990 4
8	0.965 0	18	0.985 4	28	0.990 8
9	0.969 3	19	0.986 2	29	0.991 1
10	0.972 7	20	0.986 9	30	0.991 4

(7) 样本方差 $s^2=\frac{Q}{n-1}$ 的计算关键在于偏差平方和 $Q=(n-1)s^2=\sum_{i=1}^{n}(x_i-\bar{x})^2$ 的计算。首先指出，Q 有如下两个简便公式：

$$Q=\sum_{i=1}^{n}x_i^2-\frac{1}{n}\left(\sum_{i=1}^{n}x_i\right)^2=\sum_{i=1}^{n}x_i^2-n\bar{x}^2$$

特别在 $n=2$ 时有一个更简便的公式：

$$s^2=Q=(x_1-x_2)^2/2$$

譬如，仅含两个数据 47 和 51 的样本方差 $s^2=(47-51)^2/2=8$，$s=\sqrt{8}=2.83$。

其次指出，样本数据经平移变换后其偏差平方和不变。这是因为平移变换不会改变样本数据内部的相对距离，从而也不会改变偏差平方和 Q 和样本方差 s^2 的值，但样本均值 $\bar{x}$ 要随着平移而改变。

设样本 A：x_1，x_2，…，x_n 经平移后得到样本 B：y_1，y_2，…，y_n，其中$y_i=x_i+a$（$i=1$，2，…，n），a 为平移量。这时样本 B 的样本均值与样本方差分别为：

$$\bar{y}=\bar{x}+a$$

$$s_B^2=\frac{1}{n-1}\sum_{i=1}^{n}(y_i-\bar{y})^2=\frac{1}{n-1}\sum_{i=1}^{n}(x_i+a-\bar{x}-a)^2=s_A^2$$

这一事实不仅表明利用样本方差 s^2 作为度量样本分散程度的合理性，而且可借用这一性质适当选择平移量使 s^2 的计算得到简化。如要计算样本 A：

96，98，99，102，105

的样本方差，可把样本中各数据减去 100，得到样本 B：-4，-2，-1，2，5，容易计算样本 B 的统计量：

$$\bar{x}_B=0$$

$$s_B^2=[(-4)^2+(-2)^2+(-1)^2+2^2+5^2]/4=12.5$$

$$s_B=3.54$$

（8）在分组样本场合，样本均值 $\bar{x}$ 与样本方差 s^2 的近似计算公式为：

$$\bar{x}=\frac{1}{n}\sum_{i=1}^{k}n_ix_i,\qquad s^2=\frac{1}{n-1}\sum_{i=1}^{k}n_i(x_i-\bar{x})^2 \tag{1.2.3}$$

式中，k 为分组样本的组数；x_i 与 n_i 分别是第 i 组的组中值与样品个数，且 $n=\sum_{i=1}^{k}n_i$。由于分组样本是不完全样本，只能算得样本均值与样本方差的近似值。考虑到样本的随机性，用组中值 x_i 作为组内各样品代表仍是合理的，这样用式（1.2.3）算得的 $\bar{x}$ 与 s^2 可分别作为总体均值 μ 与总体方差 σ^2 的估计。

例 1.2.4

某厂大批量生产零件，从中随机抽取 500 只检测其长度，数据分组统计见表 1.2.2。

表 1.2.2　**零件长度的分组数据**　单位：cm

组号 i	区间	组中值 x_i	频数 n_i
1	[9.6，9.7)	9.65	6
2	[9.7，9.8)	9.75	25
3	[9.8，9.9)	9.85	72
4	[9.9，10.0)	9.95	133
5	[10.0，10.1)	10.05	120
6	[10.1，10.2)	10.15	88
7	[10.2，10.3)	10.25	46
8	[10.3，10.4)	10.35	10

试计算其样本均值 $\bar{x}$，样本方差 s^2 与样本标准差 s 的近似值。

解：按分组样本均值、方差和标准差的近似公式，有

$$\bar{x}=\frac{1}{500}\sum_{i=1}^{8}n_ix_i=10.02(\text{cm})$$

$$s^2=\frac{1}{499}\sum_{i=1}^{8}n_i(x_i-\bar{x})^2=0.21(\text{cm}^2)$$

$$s=\sqrt{0.21}=0.46(\text{cm})$$

1.2.3 样本的经验分布函数及样本矩

1. 经验分布函数

设总体 X 的分布函数为 $F(x)$，从中抽取容量为 n 的简单随机样本，对其观察值 x_1，x_2，…，x_n 偏爱哪一个都没有理由，故可把这 n 个值看做某个离散随机变量（暂时记为 X'）等可能取的值，这就得到如下离散分布：

X'	x_1	x_2	…	x_n
P	$1/n$	$1/n$	…	$1/n$

这个离散分布的分布函数称为经验分布函数，具体定义如下。

定义 1.2.4 设总体 X 的分布函数为 $F(x)$，从中获得的样本观察值为 x_1，x_2，…，x_n。将它们从小到大排序重新编号为 $x_{(1)}$，$x_{(2)}$，…，$x_{(n)}$，又称为**有序样本**。令

$$F_n(x)=\begin{cases}0, & x<x_{(1)}\\ k/n, & x_{(k)}\leqslant x<x_{(k+1)}；k=1,2,\cdots,n-1\\ 1, & x\geqslant x_{(n)}\end{cases}$$

则称 $F_n(x)$ 为该样本的**经验分布函数**。

从上述定义可以看出：经验分布函数 $F_n(x)$ 在点 x 处的函数值 $P(X'\leqslant x)$ 就是 n 个观察值中小于或等于 x 的频率。它与一般离散随机变量的分布函数一样是非降右连续阶梯函数，且 $0\leqslant F_n(x)\leqslant 1$。

 **例 1.2.5**

某食品厂生产午餐肉罐头，从生产线上随机抽取 5 只罐头，称其净重（单位：g）为：

351，347，355，344，351

这是一个容量为 5 的样本观察值，经排序得

$$x_{(1)}=344，x_{(2)}=347，x_{(3)}=x_{(4)}=351，x_{(5)}=355$$

其经验分布函数为：

$$F_n(x)=\begin{cases}0, & x<344\\0.2, & 344\leqslant x<347\\0.4, & 347\leqslant x<351\\0.8, & 351\leqslant x<355\\1, & x\geqslant 355\end{cases}$$

5只罐头午餐肉净重的经验分布函数如图1.2.2所示。

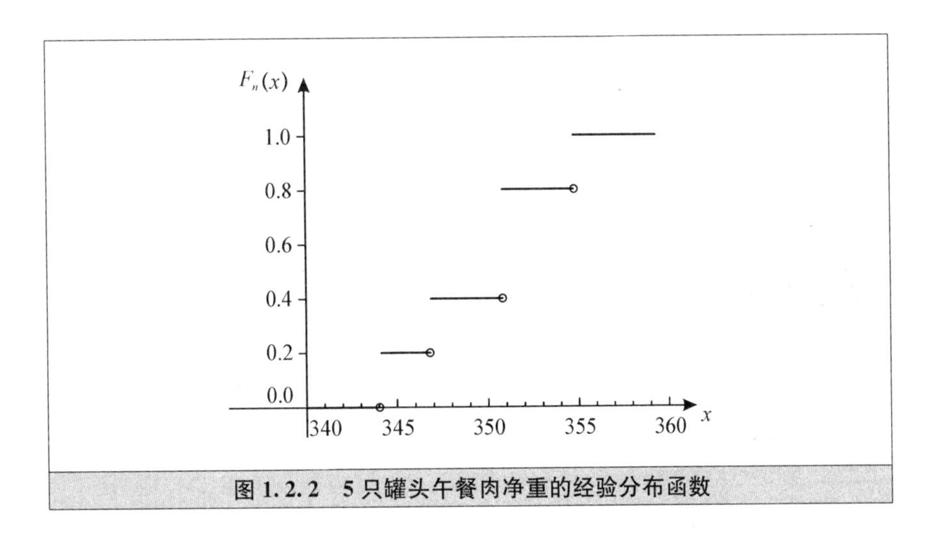

图1.2.2　5只罐头午餐肉净重的经验分布函数

注意：对同一总体，若样本量n固定，而样本观察值不同，其经验分布函数也有差异，不是很稳定。但只要增大样本量n，经验分布函数$F_n(x)$将呈现某种稳定趋势，即$F_n(x)$将在概率意义下越来越接近总体分布函数$F(x)$。这可从大数定律得到说明。

对任意给定的实数x，定义如下示性函数

$$I_i(x)=\begin{cases}1, & x_i\leqslant x\\0, & x_i>x\end{cases};\quad i=1,2,\cdots,n$$

则$P(I_i=1)=P(x_i\leqslant x)=F(x)$，$P(I_i=0)=1-F(x)$，且$\sum_{i=1}^{n}I_i(x)$等于$x_1$，$x_2$，…，$x_n$中不超过$x$的频数，故

$$F_n(x)=\frac{1}{n}\sum_{i=1}^{n}I_i(x)$$

其中诸$I_i(x)$是服从二点分布$b(1, F(x))$的随机变量。根据贝努里大数定律，当$n\to\infty$时频率依概率收敛于概率，在这里就是$F_n(x)$依概率收敛于$F(x)$。还有一个更深刻的结论，对此不加证明地给出如下定理。

定理 1.2.1（格里汶科定理） 对任给的自然数 n，设 x_1，x_2，…，x_n 是取自总体分布函数 $F(x)$ 的一组样本观察值，$F_n(x)$ 为其经验分布函数，记

$$D_n=\sup_{-\infty<x<\infty}|F_n(x)-F(x)|$$

则有

$$P(\lim_{n\to\infty}D_n=0)=1$$

这个定理中的 D_n 是衡量 $F_n(x)$ 与 $F(x)$ 在一切 x 上的最大距离，由于经验分布函数 $F_n(x)$ 是样本函数，故 D_n 也是样本函数。对不同的样本观察值，D_n 间还是有差别的。这个定理表明：几乎对一切可能的样本可使 D_n 随着 n 增大而趋于 0，而达不到这个要求的样本几乎不可能发生。所以当样本量足够大时，$F_n(x)$ 会很接近总体分布函数 $F(x)$，从而 $F_n(x)$ 的各阶矩亦会很接近总体分布 $F(x)$ 的各阶矩。

2. 样本矩

样本的经验分布函数 $F_n(x)$ 的各阶矩统称为**样本矩**，又称为**矩统计量**。具体有

- $A_k=\dfrac{1}{n}\sum\limits_{i=1}^{n}x_i^k\ (k=1,2,\cdots)$，称为样本 k 阶（原点）矩。
- $B_k=\dfrac{1}{n}\sum\limits_{i=1}^{n}(x_i-\overline{x})^k\ (k=1,2,\cdots)$，称为样本 k 阶中心矩。

其中，$A_1=\overline{x}$，$B_2=s_n^2$ 是已为人们熟知的统计量；$\overline{x}$ 为总体均值的无偏估计；s_n^2 与 s_n 分别是总体方差与总体标准差的渐近无偏估计。

在各阶样本矩的基础上还可以构造很多有意义的统计量，如

- 样本偏度（系数）：$\hat{\beta}_s=B_3/B_2^{3/2}$
- 样本峰度（系数）：$\hat{\beta}_k=B_4/B_2^2-3$

它们分别是总体偏度 $\beta_s=v_3/v_2^{3/2}$ 与总体峰度 $\beta_k=v_4/v_2^2-3$ 很好的估计，其中 $v_k=E[X-E(X)]^k$ 是总体 k 阶中心矩。而 β_s 与 β_k 都是总体分布的形状参数，β_s 是刻画总体分布偏斜方向和程度的参数，β_k 是刻画总体分布的顶部（尖峭程度）与尾部（粗细）形状的参数。相应的样本偏度 $\hat{\beta}_s$ 和样本峰度 $\hat{\beta}_k$ 亦是有类似功能的估计量。

 例 1.2.6

某厂多种设备的维修时间（单位：分）在某月内有 132 次记录，据此 132 个维修时间可算得样本均值 $\overline{x}=37$ 和前几阶样本中心矩。

$$B_2=193.23,\ B_3=3\,652.82,\ B_4=192\,289.92$$

由此可对该厂设备维修时间的总体均值、方差、标准差、偏度与峰度作出估计，具体是

$$\hat{\mu}=\bar{x}=37$$
$$\hat{\sigma}^2=B_2=193.23$$
$$\hat{\sigma}=\sqrt{B_2}=\sqrt{193.23}=13.9$$
$$\hat{\beta}_s=\frac{B_3}{B_2^{3/2}}=\frac{3\ 652.82}{(193.23)^{3/2}}=1.36$$
$$\hat{\beta}_k=\frac{B_4}{B_2^2}-3=\frac{192\ 289.92}{(193.23)^2}-3=2.15$$

这表明：该厂设备的平均维修时间约为37分钟，标准差约为13.9分钟，该分布不对称，呈正偏状，即右尾较长，峰度比正态分布陡，尾部比正态分布细一些。利用这些估计值能勾画出维修时间分布的大致形状。

习题 1.2

1. 从均值为 μ，方差为 σ^2 的总体中随机抽取容量为 n 的样本 x_1，x_2，…，x_n，其中 μ 与 σ^2 均未知，指出下列样本函数中哪些是统计量：

$$T_1=x_1+x_2;T_2=x_1+x_2-2\mu$$
$$T_3=(x_1-\mu)/\sigma;T_4=\max(x_1,\cdots,x_n)$$
$$T_5=(\bar{x}-10)/5;T_6=\frac{1}{n}\sum_{i=1}^{n}(x_i-s)^3$$

其中，$\bar{x}$ 与 s 分别是样本均值与样本标准差。

2. 以下是某厂在抽样调查中得到的10名工人一周内各自生产的产品数：

149　156　160　138　148　153　153　169　156　156

试求其样本均值与样本标准差。

3. 求下列分组样本的样本均值与样本标准差的近似值。

组号	1	2	3	4	5
分组区间	(38，48]	(48，58]	(58，68]	(68，78]	(78，88]
频数	3	10	49	11	4

4. 设 $\bar{x}$ 与 s^2 分别是容量为 n 的样本均值与样本方差。如今又获一个样品观察值 x_{n+1}，将其加入原样本便得容量为 $n+1$ 的新样本。证明新样本的样本均值 $\bar{x}_{n+1}$ 与样本方差 s_{n+1}^2 分别为：

$$\bar{x}_{n+1}=\frac{n\bar{x}+x_{n+1}}{n+1}$$
$$s_{n+1}^2=\frac{n-1}{n}s^2+\frac{1}{n+1}(x_{n+1}-\bar{x})^2$$

如设 $n=15$，$\bar{x}=168$，$s=11.43$，$x_{n+1}=170$，求 $\bar{x}_{n+1}$ 与 s_{n+1}^2。

5. 从同一总体先后获得两个样本，其容量分别为 n_1 与 n_2，样本均值分别为 $\bar{x}_1$

与 $\bar{x}_2$，样本方差分别为 s_1^2 与 s_2^2。证明：容量为 n_1+n_2 的合样本的样本均值 $\bar{x}$ 与样本方差 s^2 分别为：

$$\bar{x}=\frac{n_1\bar{x}_1+n_2\bar{x}_2}{n_1+n_2}$$

$$s^2=\frac{(n_1-1)s_1^2+(n_2-1)s_2^2}{n_1+n_2-1}+\frac{n_1n_2(\bar{x}_1-\bar{x}_2)^2}{(n_1+n_2-1)(n_1+n_2)}$$

6. 两位检验员对同一批产品进行抽样检验，甲抽查 80 件，得样本均值 $\bar{x}_1=10.15$，样本标准差 $s_1=0.019$（单位：cm，下同）。乙抽查 100 件，得样本均值 $\bar{x}_2=10.17$，样本标准差 $s_2=0.012$。公司据此结果可算得容量为 180 的合样本的样本均值 $\bar{x}$ 与样本标准差 s 各是多少？

7. 从某总体先后获得相互独立的 k 个样本，其第 i 个样本的样本量为 n_i，样本均值为 $\bar{x}_i$，样本方差为 s_i^2 $(i=1, 2, \cdots, k)$。将这 k 个样本合并为容量为 $n=n_1+n_2+\cdots+n_k$ 的合样本。证明：此合样本的样本均值、样本方差分别为：

$$\bar{\bar{x}}=\frac{1}{n}\sum_{i=1}^{k}n_i\bar{x}_i$$

$$s^2=\frac{1}{n-1}\left[\sum_{i=1}^{k}(n_i-1)s_i^2+\sum_{i=1}^{k}n_i(\bar{x}_i-\bar{\bar{x}})^2\right]$$

8. 加工某金属轴，直径 x 为其质量特性（单位：cm）。质量检查员在 4 批产品中先后共抽查 390 根轴。记下各批轴的样本量 n_i、样本均值 $\bar{x}_i$ 与样本标准差 s_i 如下：

批号	样本量 n_i	样本均值 $\bar{x}_i$	样本标准差 s_i
1	80	10.148	0.018 6
2	100	10.173	0.011 7
3	90	10.156	0.015 9
4	120	10.139	0.016 3

要求：计算其合样本的样本均值与样本标准差。

9. 设 $x_1, x_2, \cdots, x_n$ 是来自正态总体 $N(\mu, \sigma^2)$ 的一个样本。

(1) 求 c，使 $c\sum_{i=1}^{n-1}(x_{i+1}-x_i)^2$ 是 σ^2 的无偏估计。

(2) 求 c'，使 $c'\sum_{i=1}^{n-1}\sum_{j=i+1}^{n}(x_i-x_j)^2$ 是 σ^2 的无偏估计。

(3) 证明：$c'\sum_{i=1}^{n-1}\sum_{j=i+1}^{n}(x_i-x_j)^2=\frac{1}{n-1}\sum_{i=1}^{n}(x_i-\bar{x})^2=s^2$。

(4) 若删去正态性，上述结论仍成立否？

10. 当观察数据 $x_1, x_2, \cdots, x_n$ 的样本方差 $s^2=0$ 时，证明所有的 x_i 相等。

11. 设 $x_1, x_2, \cdots, x_n$ 是从某总体随机抽取的样本，$\bar{x}$ 为其样本均值，证明：

对任意实数 c，有

$$\sum_{i=1}^{n}(x_i-c)^2 \geqslant \sum_{i=1}^{n}(x_i-\bar{x})^2$$

并指出其中等式成立的条件。

1.3 抽样分布

定义 1.3.1 统计量的概率分布称为**抽样分布**。

在已知总体分布的情况下，抽样分布就是寻求特定样本函数的分布，又称为诱导分布。评价点估计的优劣和构造置信区间，寻求检验问题的拒绝域或计算 p 值，都离不开各种各样的抽样分布。至今已对许多统计量导出一批抽样分布，它们可以分为如下三类：

（1）**精确（抽样）分布**。当总体 X 的分布已知时，如果对任一自然数 n 都能导出统计量 $T(x_1, \cdots, x_n)$ 的分布的显示表达式，这样的抽样分布称为精确抽样分布。它对样本量 n 较小的统计推断问题（**小样本问题**）特别有用。目前的精确抽样分布大多是在正态总体下得到的，如将要看到的 χ^2 分布、t 分布和 F 分布等。

（2）**渐近（抽样）分布**。在大多数场合，精确抽样分布不容易导出，或者导出的精确分布过于复杂而难以应用，这时人们借助于极限工具，寻求在样本量 n 无限大时统计量 $T(x_1, \cdots, x_n)$ 的极限分布。若此种极限分布能求出，那么当样本量 n 较大时可用此极限分布作为抽样分布的一种近似，这种分布称为渐近分布。它在样本量 n 较大的统计推断问题（**大样本问题**）中使用。很多渐近分布是用正态分布、χ^2 分布等表示的。

（3）**近似（抽样）分布**。在精确分布和渐近分布都难以导出，或导出来的分布难以使用等场合，人们用各种方法去获得统计量 $T(x_1, \cdots, x_n)$ 的近似分布，使用时要注意获得近似分布的条件。如用统计量 T 的前二阶矩作为正态分布的前二阶矩而获得正态近似。又如用随机模拟法获得统计量 T 的近似分布等。

实际上，这三类抽样分布给出了三种寻求抽样分布的途径。下面将根据实际情况分别给出一些抽样分布。

1.3.1 样本均值的抽样分布

定理 1.3.1 设 $x_1, x_2, \cdots, x_n$ 是来自某个总体的样本，$\bar{x}$ 为其样本均值。

（1）若总体分布为 $N(\mu, \sigma^2)$，则 $\bar{x}$ 的精确分布为 $N(\mu, \sigma^2/n)$；

（2）若总体分布未知或不是正态分布，但 $E(x)=\mu$，$\mathrm{Var}(x)=\sigma^2$ 存在，则 n 较大时 $\bar{x}$ 的渐近分布为 $N(\mu, \sigma^2/n)$，常记为 $\bar{x}\dot{\sim}N(\mu, \sigma^2/n)$。

证：n 个独立同分布的正态变量之和的分布为 $N(n\mu, n\sigma^2)$，再除以 n 即得（1）。（2）是独立同分布中心极限定理的结果。

例 1.3.1 一项随机试验

图 1.3.1 左侧有一个由 20 个数组成的总体 X，该总体分布、总体均值 μ、总体方差 σ^2 与总体标准差分别为：

X	8	9	10	11	12	13
P	4/20	3/20	4/20	5/20	2/20	2/20

$\mu=10.2$，$\sigma^2=2.46$，$\sigma=1.57$

总体

11	8
12	13
8	9
11	10
9	11
10	8
10	12
11	9
8	11
10	13

	样本1	样本2	样本3	样本4
	11	8	13	12
	11	13	11	9
	9	10	11	10
	10	11	10	10
	8	9	9	11
样本均值	9.8	10.2	10.8	10.4

图 1.3.1 总体及其 4 个样本的样本均值

现从该总体进行有放回的随机抽样，每次从中抽取样本量为 5 的样本，计算其样本均值 $\bar{x}$，并把它写在一张小纸条上，放入一个袋中，图 1.3.1 上显示出 4 个样本及其样本均值：$\bar{x}_1=9.8$，$\bar{x}_2=10.2$，$\bar{x}_3=10.8$，$\bar{x}_4=10.4$。由于抽样的随机性，它们不全相同。若取更多样本，袋中的样本均值更多，要多少就可有多少。这时袋中的一堆数构成一个新的总体，其中不全是 8～13 的整数，更多的是小数，其中有些数相等，有些数不等，有些数出现的机会大，有些数出现的机会小。这一堆数有一个分布，它就是样本均值的抽样分布。图 1.3.2 是 500 个样本均值的直方图。

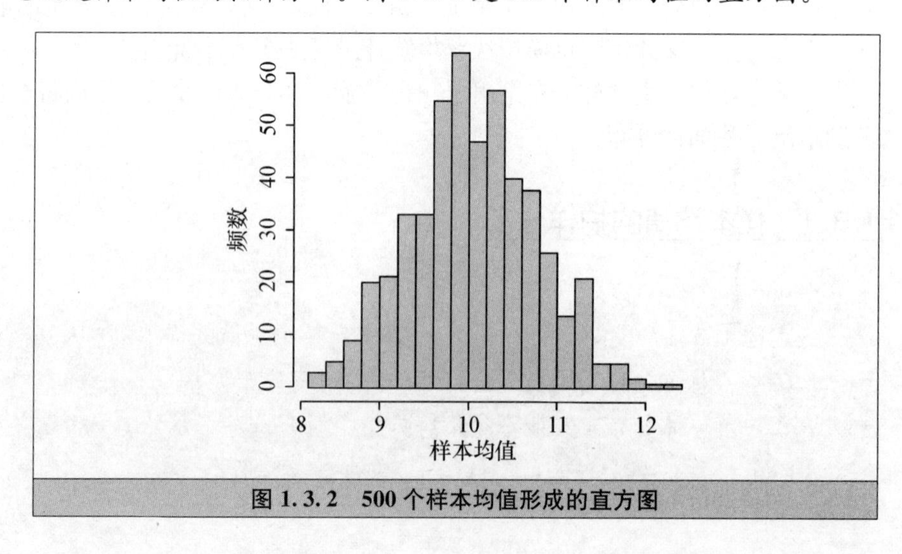

图 1.3.2 500 个样本均值形成的直方图

从图1.3.2可看出，此样本均值$\bar{x}$的抽样分布很像正态分布。这一过程可在计算机上实现。

中心极限定理（见定理1.3.1）告诉我们，该抽样分布近似于正态分布$N(\mu, \sigma^2/n)$，其中

$$\mu_{\bar{x}}=\mu=10.2$$

$$\sigma_{\bar{x}}=\frac{\sigma}{\sqrt{5}}=\frac{1.57}{\sqrt{5}}=0.70$$

再由正态分布的性质可知，样本均值$\bar{x}$的99.73%的取值位于区间（$\mu_{\bar{x}}-3\sigma_{\bar{x}}$，$\mu_{\bar{x}}+3\sigma_{\bar{x}}$）=（8.1，12.3）。这与图1.3.2上显示的完全一致。上述实践与理论都说明：无论总体分布是什么，其样本均值$\bar{x}$的抽样分布可用正态分布$N(\mu, \sigma^2/n)$近似，样本量n越大，此种近似越好。

例1.3.2

图1.3.3给出了三个不同总体样本均值的分布，三个总体分别是：(1) 均匀分布；(2) 倒三角分布；(3) 指数分布。随着样本量的增加，样本均值$\bar{x}$的抽样分布逐渐向正态分布逼近，它们的均值保持不变，而方差则缩小为原来的$1/n$。当样本量为30时，我们看到三个抽样分布都近似于正态分布。下面对之进行具体说明。

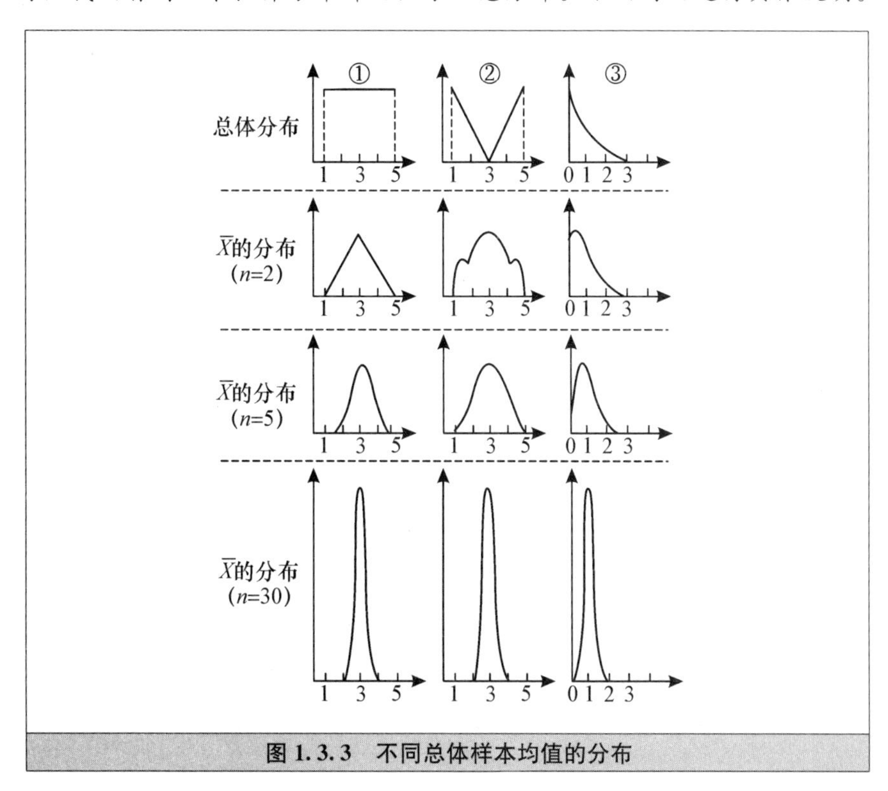

图1.3.3　不同总体样本均值的分布

①的总体分布为均匀分布$U(1, 5)$，该总体的均值和方差分别是3和4/3，若从该总体抽取样本容量为30的样本，则其样本均值$\bar{x}_1$的渐近分布为：

$$\bar{x}_1 \dot{\sim} N\left(3, \frac{4}{3\times 30}\right) = N(3, 0.21^2)$$

②的总体分布的概率密度函数为：

$$p(x)=\begin{cases}(3-x)/4, & 1\leqslant x<3\\(x-3)/4, & 3\leqslant x\leqslant 5\\0, & \text{其他}\end{cases}$$

这是一个倒三角分布，可以算得其均值和方差分别为3和2，若从该总体抽取样本容量为30的样本，则其样本均值 $\bar{x}_2$ 的渐近分布为：

$$\bar{x}_2 \dot{\sim} N\left(3, \frac{2}{30}\right) = N(3, 0.26^2)$$

③的总体分布为指数分布 exp(1)，其均值与方差都等于1，若从该总体抽取样本容量为30的样本，则其样本均值 $\bar{x}_3$ 的分布近似为：

$$\bar{x}_3 \dot{\sim} N\left(1, \frac{1}{30}\right) = N(1, 0.18^2)$$

这三个总体都不是正态分布，但其样本均值的分布都十分近似于正态分布，差别表现在均值与标准差上。有了渐近分布就可作出一些统计推断。譬如在总体为均匀分布 $U(1, 5)$ 的场合，若要以0.99的概率保证 $|\bar{x}_1-3|<0.5$，试问样本量 n 至少应取多少？由于样本量为 n 的样本均值 $\bar{x}_1$ 的渐近分布为 $N(3, 4/(3n))$，其中 n 应满足

$$P(|\bar{x}_1-3|<0.5)\geqslant 0.99$$

用标准正态分布函数表示，上式可化为：

$$2\Phi\left(\frac{\sqrt{3n}}{4}\right)-1\geqslant 0.99 \text{ 或 } \Phi\left(\frac{\sqrt{3n}}{4}\right)\geqslant 0.995$$

利用标准正态分布函数的0.995的分位数 $u_{0.995}=2.576$ 可使上式改写为：

$$\frac{\sqrt{3n}}{4}\geqslant 2.576, \qquad n\geqslant(4\times 2.576)^2/3=35.39$$

这表明：若取 $n_1=36$，就可以0.99的概率保证 $|\bar{x}_1-3|<0.5$。

类似问题可对上述倒三角分布和指数分布提出，其最小样本量分别为 $n_2=54$，$n_3=27$，这些最小样本量上的差别是由原总体分布的方差不同引起的。原总体方差大，要求的样本量大一些才是合理的。

1.3.2 样本方差的抽样分布

样本方差的抽样分布要用 χ^2（卡方）分布表示，先给出 χ^2 分布的一般定义。

定义 1.3.2　设u_1，u_2，…，u_m为m个相互独立同分布的标准正态变量，则其平方和$Y=\sum_{i=1}^{m}u_i^2$的分布称为**自由度为m的χ^2分布**，记为$\chi^2(m)$，其密度函数为：

$$p(y)=\frac{\left(\frac{1}{2}\right)^{m/2}}{\Gamma\left(\frac{m}{2}\right)}y^{\frac{m}{2}-1}\mathrm{e}^{-\frac{y}{2}},\quad y>0$$

本书1.6节定理1.6.3会证明$\chi^2(m)$分布是m个独立同分布标准正态随机变量平方和的分布。$\chi^2(m)$的密度函数图形见图1.3.4，它是一个取非负值的单峰偏态（右偏）分布，它的期望等于其自由度，方差等于其自由度的2倍，即$E(y)=m$，$\mathrm{Var}(y)=2m$。当自由度较小时，分布偏斜严重；当自由度m增大时，偏度逐渐减小。一般认为，当$m>30$时，$\chi^2(m)$分布接近正态分布。由于$\chi^2(m)$分布的密度函数较为复杂，计算其分位数也较为困难，为便于使用，$\chi^2(m)$分布的α分位数$\chi_\alpha^2(m)$的值可在附表5中查得。

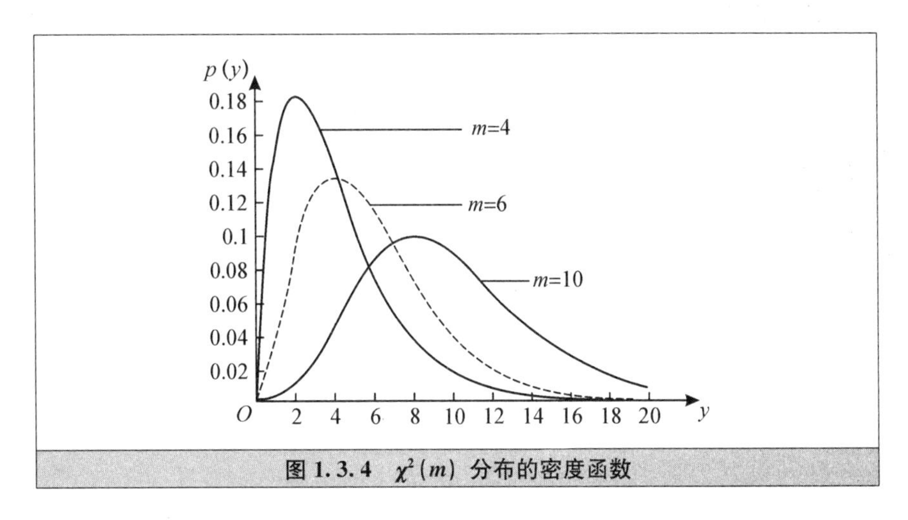

图1.3.4　$\chi^2(m)$分布的密度函数

为了下面分析的需要，特给出多维随机向量的期望与方差的矩阵表示。

定理 1.3.2　设在两个n维随机向量$\boldsymbol{X}=(x_1,x_2,\cdots,x_n)'$与$\boldsymbol{Y}=(y_1,y_2,\cdots,y_n)'$间有一个线性变换$\boldsymbol{Y}=\boldsymbol{AX}$，其中$\boldsymbol{A}=(a_{ij})$为一个$n\times n$阶方阵，则它们的期望向量和方差协方差阵之间有如下关系：

$$E(\boldsymbol{Y})=\boldsymbol{A}E(\boldsymbol{X})$$
$$\mathrm{Var}(\boldsymbol{Y})=\boldsymbol{A}\mathrm{Var}(\boldsymbol{X})\boldsymbol{A}'$$

证：由线性变换$\boldsymbol{Y}=\boldsymbol{AX}$知

$$y_i=\sum_{j=1}^{n}a_{ij}x_j,\quad i=1,2,\cdots,n$$

于是 $\boldsymbol{Y}$ 的期望向量为：

$$E(\boldsymbol{Y})=\begin{pmatrix}E(y_1)\\ \vdots\\ E(y_n)\end{pmatrix}=\begin{pmatrix}\sum_{j=1}^{n}a_{1j}E(x_j)\\ \vdots\\ \sum_{j=1}^{n}a_{nj}E(x_j)\end{pmatrix}=\boldsymbol{A}E(\boldsymbol{X})$$

这就证明了第一个等式。至于第二个等式，亦可由线性变换导出：

$$\begin{aligned}\mathrm{Var}(\boldsymbol{Y})&=E[(\boldsymbol{Y}-E(\boldsymbol{Y}))(\boldsymbol{Y}-E(\boldsymbol{Y}))']\\&=E[(\boldsymbol{AX}-\boldsymbol{A}E(\boldsymbol{X}))(\boldsymbol{AX}-\boldsymbol{A}E(\boldsymbol{X}))']\\&=\boldsymbol{A}E[(\boldsymbol{X}-E(\boldsymbol{X}))(\boldsymbol{X}-E(\boldsymbol{X}))']\boldsymbol{A}'\\&=\boldsymbol{A}\mathrm{Var}(\boldsymbol{X})\boldsymbol{A}'\end{aligned}$$

定理 1.3.3 设 $X=(x_1, x_2, \cdots, x_n)$ 为来自正态总体 $N(\mu, \sigma^2)$ 的样本，其样本均值和样本方差分别为 $\bar{x}=\frac{1}{n}\sum_{i=1}^{n}x_i$ 和 $s^2=\frac{1}{n-1}\sum_{i=1}^{n}(x_i-\bar{x})^2$，则有

(1) $\bar{x}\sim N(\mu, \sigma^2/n)$；

(2) $\frac{(n-1)s^2}{\sigma^2}\sim\chi^2(n-1)$；

(3) $\bar{x}$ 与 s^2 相互独立。

证：结论（1）已经在定理 1.3.1 中给出。记 $\boldsymbol{X}=(x_1, x_2, \cdots, x_n)'$，则有 $E(\boldsymbol{X})=(\mu, \cdots, \mu)'$，$\mathrm{Var}(\boldsymbol{X})=\sigma^2\boldsymbol{I}$。

取一个 n 维正交矩阵 $\boldsymbol{A}$，其第一行的每一个元素均为 $1/\sqrt{n}$，具体如下：

$$\boldsymbol{A}=\begin{pmatrix}1/\sqrt{n} & 1/\sqrt{n} & 1/\sqrt{n} & \cdots & 1/\sqrt{n}\\ 1/\sqrt{2\cdot 1} & -1/\sqrt{2\cdot 1} & 0 & \cdots & 0\\ 1/\sqrt{3\cdot 2} & 1/\sqrt{3\cdot 2} & -2/\sqrt{3\cdot 2} & \cdots & 0\\ \vdots & \vdots & \vdots & & \vdots\\ 1/\sqrt{n\cdot(n-1)} & 1/\sqrt{n\cdot(n-1)} & 1/\sqrt{n\cdot(n-1)} & \cdots & -(n-1)/\sqrt{n\cdot(n-1)}\end{pmatrix}$$

令 $\boldsymbol{Y}=\boldsymbol{AX}$，则由多元正态分布的性质知 $\boldsymbol{Y}$ 仍服从 n 维正态分布，其均值和方差分别为：

$$\begin{aligned}&E(\boldsymbol{Y})=\boldsymbol{A}E(\boldsymbol{X})=(\sqrt{n}\mu, 0, \cdots, 0)'\\&\mathrm{Var}(\boldsymbol{Y})=\boldsymbol{A}\mathrm{Var}(\boldsymbol{X})\boldsymbol{A}'=\boldsymbol{A}\sigma^2\boldsymbol{IA}'=\sigma^2\boldsymbol{AA}'=\sigma^2\boldsymbol{I}\end{aligned}$$

由此，$Y=(y_1, y_2, \cdots, y_n)'$ 的各个分量相互独立，且都服从正态分布，其方差均为 σ^2，y_1 的均值为 $\sqrt{n}\mu$，$y_2, \cdots, y_n$ 的均值均为 0。注意到 $\bar{x}=\frac{1}{\sqrt{n}}y_1$。

由于 $\sum_{i=1}^{n} y_i^2 = \boldsymbol{Y}'\boldsymbol{Y} = \boldsymbol{X}'\boldsymbol{A}'\boldsymbol{A}\boldsymbol{X} = \boldsymbol{X}'\boldsymbol{X} = \sum_{i=1}^{n} x_i^2$，故

$$(n-1)\cdot s^2 = \sum_{i=1}^{n}(x_i-\bar{x})^2 = \sum_{i=1}^{n} x_i^2 - (\sqrt{n}\bar{x})^2 = \sum_{i=1}^{n} y_i^2 - y_1^2 = \sum_{i=2}^{n} y_i^2$$

由于 y_2，…，y_n 独立同分布于 $N(0,\sigma^2)$，于是

$$\frac{(n-1)s^2}{\sigma^2} = \sum_{i=2}^{n}(y_i/\sigma)^2 \sim \chi^2(n-1)$$

这就证明了结论（2）。

因为 $\bar{x}$ 仅与 y_1 有关，s^2 仅与 y_2，…，y_n 有关，这就证明了结论（3）。

例 1.3.3

分别从正态总体 $N(\mu_1,\sigma^2)$ 和 $N(\mu_2,\sigma^2)$ 中抽取容量为 n_1 和 n_2 的两个独立样本，其样本方差分别为 s_1^2 和 s_2^2。

（1）证明：对 $\alpha\in(0,1)$，$s_\alpha^2=\alpha s_1^2+(1-\alpha)s_2^2$ 是 σ^2 的无偏估计。

（2）求 α，使 s_α^2 的方差在估计类 $\{\alpha s_1^2+(1-\alpha)s_2^2\}$ 是最小的。

解：（1）由于两正态总体的方差相等，故有 $E(s_1^2)=E(s_2^2)=\sigma^2$，从而有

$$E(s_\alpha^2)=\alpha E(s_1^2)+(1-\alpha)E(s_2^2)=\sigma^2$$

这就证明了（1）。

（2）由定理 1.3.3 知

$$\frac{(n_i-1)s_i^2}{\sigma^2}\sim\chi^2(n_i-1),\quad i=1,2$$

由 χ^2 分布的方差知，$\mathrm{Var}(s_i^2)=2\sigma^4/(n_i-1)$ $(i=1,2)$，从而有

$$\begin{aligned}\mathrm{Var}(s_\alpha^2)&=\alpha^2\mathrm{Var}(s_1^2)+(1-\alpha)^2\mathrm{Var}(s_2^2)\\&=2\sigma^4\left[\frac{n_1+n_2-2}{(n_1-1)(n_2-1)}\alpha^2-\frac{2\alpha}{n_2-1}+\frac{1}{n_2-1}\right]\end{aligned}$$

因而当 $\alpha=\dfrac{n_1-1}{n_1+n_2-2}$ 时，可使 $\mathrm{Var}(s_\alpha^2)$ 达到最小。

1.3.3　样本均值与样本标准差之比的抽样分布

大家知道，来自正态总体 $N(\mu,\sigma^2)$ 的样本 $(x_1,x_2,\cdots,x_n)$ 的均值 $\bar{x}$ 服从正态分布 $N(\mu,\sigma^2/n)$，其标准化变量 $u=(\bar{x}-\mu)/(\sigma/\sqrt{n})$ 服从标准正态分布 $N(0,1)$。若把其中的总体标准差 σ 换成样本标准差 s，该统计量（记为 t，从严格意义上讲，这并不是一个统计量，因为包含未知参数）服从什么分布呢？本节将会给出这个问题的结论。

$$u=\frac{\sqrt{n}(\bar{x}-\mu)}{\sigma}\sim N(0,1),\qquad t=\frac{\sqrt{n}(\bar{x}-\mu)}{s}\sim ?$$

定义 1.3.3 若随机变量 t 的密度函数是：

$$p(t;n)=\frac{\Gamma\left(\frac{n+1}{2}\right)}{\sqrt{n\pi}\Gamma\left(\frac{n}{2}\right)}\left(1+\frac{t^2}{n}\right)^{-\frac{n+1}{2}},\quad -\infty<t<\infty$$

则称 t 服从自由度为 n 的 t 分布，记为 $t\sim t(n)$。

定理 1.3.4 设 $X\sim N(0,\ 1)$，$Y\sim\chi^2(n)$，且 X 与 Y 独立，则随机变量 $t=\frac{X}{\sqrt{Y/n}}$ 服从自由度为 n 的 t 分布。

证：令 $Z=\sqrt{Y/n}$，首先求 Z 的密度函数 $f_Z(z)$。

由于 Z 取非负值，所以当 $Z\leqslant 0$ 时，$f_Z(z)=0$。当 $Z>0$ 时，Z 的分布函数为：

$$F_Z(z)=P(Z\leqslant z)=P\left(\sqrt{\frac{Y}{n}}\leqslant z\right)=P(Y\leqslant nz^2)=F_Y(nz^2)$$

而 $Y\sim\chi^2(n)$，所以 Z 的密度函数为：

$$\begin{aligned}p_Z(z)&=F'_Y(nz^2)(2nz)=f_Y(nz^2)(2nz)\\&=\frac{1}{2^{\frac{n}{2}-1}\Gamma\left(\frac{n}{2}\right)}n^{\frac{n}{2}}z^{n-1}\mathrm{e}^{-\frac{nz^2}{2}},\quad z>0\end{aligned}$$

利用求随机变量商的密度函数公式可得 $T=X/Z$ 的密度函数为：

$$\begin{aligned}p_T(t;n)&=\int_{-\infty}^{\infty}|z|f_Z(z)f_x(zt)\mathrm{d}z\\&=\int_0^{\infty}z\frac{1}{\sqrt{2\pi}}\mathrm{e}^{-\frac{z^2t^2}{2}}\frac{1}{2^{\frac{n}{2}-1}\Gamma\left(\frac{n}{2}\right)}n^{\frac{n}{2}}z^{n-1}\mathrm{e}^{-\frac{nz^2}{2}}\mathrm{d}z\\&=\frac{n^{\frac{n}{2}}}{\sqrt{\pi}2^{(n-1)/2}\Gamma\left(\frac{n}{2}\right)}\int_0^{\infty}z^n\mathrm{e}^{-\frac{z^2}{2}(n+t^2)}\mathrm{d}z\\&\xlongequal{u=\frac{n+t^2}{2}z^2}\frac{1}{\sqrt{n\pi}\Gamma\left(\frac{n}{2}\right)\left(1+\frac{t^2}{n}\right)^{\frac{n+1}{2}}}\int_0^{\infty}u^{\frac{n+1}{2}-1}\mathrm{e}^{-u}\mathrm{d}u\\&=\frac{\Gamma\left(\frac{n+1}{2}\right)}{\sqrt{n\pi}\Gamma\left(\frac{n}{2}\right)}\left(1+\frac{t^2}{n}\right)^{-\frac{n+1}{2}}\end{aligned}$$

现用定理 1.3.4 来回答本节开头提出的问题。仍用定理形式给出。

定理 1.3.5　设 x_1，x_2，…，x_n 是来自正态总体 $N(\mu, \sigma^2)$ 的一个样本，$\bar{x}$ 与 s 分别是其样本均值与样本标准差，则有

$$t=\frac{\sqrt{n}(\bar{x}-\mu)}{s}\sim t(n-1)$$

证：在正态总体下，由定理 1.3.3 可得相互独立的标准正态变量 u 与自由度为 $n-1$ 的 χ^2 变量，即

$$u=\frac{\bar{x}-\mu}{\sigma/\sqrt{n}}\sim N(0,1), \qquad \chi^2=\frac{(n-1)s^2}{\sigma^2}\sim\chi^2(n-1)$$

按定理 1.3.4 给出变量的结构，可得 $\frac{\bar{x}-\mu}{\sigma/\sqrt{n}}$ 与 $\sqrt{\frac{(n-1)\ s^2}{\sigma^2}\Big/(n-1)}=\frac{s}{\sigma}$ 之商 $\frac{\sqrt{n}(\bar{x}-\mu)}{s}$ 服从自由度为 $n-1$ 的 t 分布。

t 分布的密度函数图像是一个关于纵轴对称的分布（见图 1.3.5），与标准正态分布的密度函数十分类似，只是峰比标准正态分布低一些，尾部的概率比标准正态分布大一些。

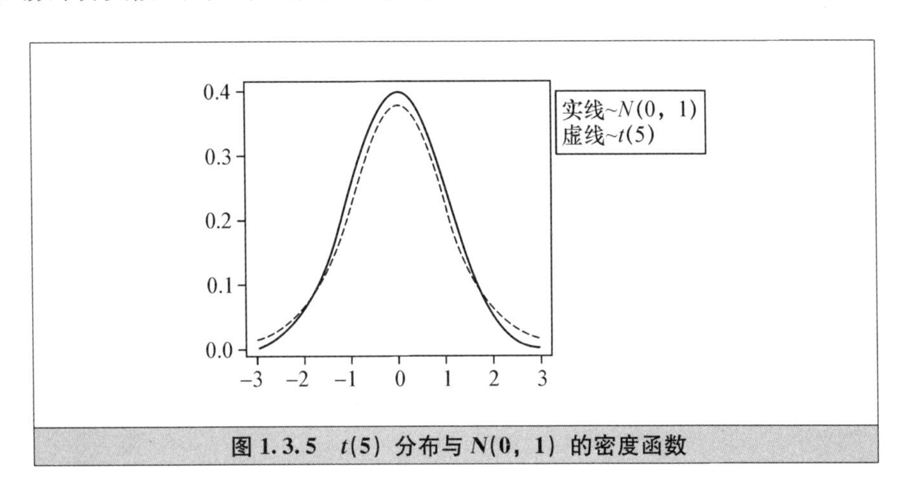

图 1.3.5　$t(5)$ 分布与 $N(0, 1)$ 的密度函数

t 分布有以下性质：

(1) 自由度为 1 的 t 分布为柯西分布，它的期望不存在。

(2) $n>1$ 时，t 分布的数学期望存在，且为 0。

(3) $n>2$ 时，t 分布的方差存在，且为 $n/(n-2)$。

(4) 自由度 n 越大，$t(n)$ 分布越接近 $N(0, 1)$。当 $n\to\infty$ 时，$t(n)$ 分布的极限分布为标准正态分布。一般认为，当 $n>30$ 时，$t(n)$ 可用标准正态分布近似。

t 分布与标准正态分布的微小差别是由英国统计学家哥塞特（Gosset）发现的。他年轻的时候在牛津大学学习数学和化学，1899 年开始在一家酿酒厂担任酿酒化学技师，从事试验和数据分析工作。由于他接触的样本量都很小，通常只有四五个，通

过大量试验数据的积累，他发现 $t=\sqrt{n}(\bar{x}-\mu)/s$ 的分布与传统认为的 $N(0,1)$ 分布不同，特别是尾部概率，相差很大。表 1.3.1 显示其差别。在尾部概率 $P(|x|\geqslant c)$ 上，$t(4)$ 远大于 $N(0,1)$。当 $c=2$ 时，$t(4)$ 的尾部概率是 $N(0,1)$ 的 2.5 倍；在 $c=3$ 时，$t(4)$ 的尾部概率是 $N(0,1)$ 的 14.7 倍，这不可能是由随机误差形成的。由此，哥塞特怀疑是否有另一个分布族存在，通过深入研究，他于 1908 年以“Student”为笔名发表了此项研究成果，因该酿酒厂不允许本厂职工发表自己的研究成果，哥塞特用笔名发表，故也称 t 分布为学生氏分布。t 分布的发现在统计学史上有划时代的意义，它打破了正态分布一统天下的局面，开创了小样本统计推断的新纪元。

表 1.3.1　　$N(0,1)$ 与 $t(4)$ 的尾部概率 $P(|X|\geqslant c)$

分布	$c=2$	$c=2.5$	$c=3$	$c=3.5$
$X\sim N(0,1)$	0.045 5	0.012 4	0.002 7	0.000 465
$X\sim t(4)$	0.116 1	0.066 8	0.039 9	0.024 9

当给定随机变量 $t\sim t(n)$ 时，称满足 $P(t\leqslant t_{1-\alpha}(n))=1-\alpha$ 的 $t_{1-\alpha}(n)$ 是自由度为 n 的 t 分布的 $1-\alpha$ 分位数。该值可以由 t 分布的 α 分位数表（见附表 4）查得，也可以由计算机直接计算得到。因为 t 分布的密度函数关于 y 轴对称，故其分位数有如下关系：$t_\alpha(n)=-t_{1-\alpha}(n)$。例如，$t_{0.05}(10)=-t_{0.95}(10)=-1.812$。

例 1.3.4

设 $x_1,x_2,\cdots,x_{17}$ 是来自正态总体 $N(\mu,\sigma^2)$ 的一个样本，$\bar{x}$ 与 s^2 分别是其样本均值与样本方差，求 k，使得 $P(\bar{x}>\mu+ks)=0.95$。

解：在正态总体下，由定理 1.3.5 知

$$\sqrt{n}(\bar{x}-\mu)/s\sim t(n-1)$$

从而有

$$P(\bar{x}>\mu+ks)=P\left(\frac{\bar{x}-\mu}{s}>k\right)=P\left(\frac{\sqrt{n}(\bar{x}-\mu)}{s}>k\sqrt{n}\right)=0.95$$

或 $$P\left(\frac{\sqrt{n}(\bar{x}-\mu)}{s}\leqslant k\sqrt{n}\right)=0.05$$

这表明 $k\sqrt{n}$ 是自由度为 $n-1$ 的 t 分布的 0.05 分位数，即 $k\sqrt{n}=t_{0.05}(n-1)$。如令 $n=17$，查附表 4 知 $t_{0.05}(16)=-1.746$，从而

$$k=\frac{-1.746}{\sqrt{17}}=-0.423\,5$$

这表明 $P(\mu<\bar{x}+0.423\,5s)=0.95$，即在这种场合下，$\bar{x}+0.423\,5s$ 以概率 0.95 保证

超过 μ。

1.3.4　两个独立正态样本方差比的 F 分布

有两个独立的正态总体 X 与 Y，从中各抽取一个样本，分别计算其偏差平方和 Q_X 与 Q_Y，样本方差 s_X^2 与 s_Y^2，具体是

$$x_1, x_2, \cdots, x_n, \quad Q_X = \sum_{i=1}^{n}(x_i - \bar{x})^2, \quad s_X^2 = \frac{Q_X}{n-1}$$

$$y_1, y_2, \cdots, y_m, \quad Q_Y = \sum_{i=1}^{m}(y_i - \bar{y})^2, \quad s_Y^2 = \frac{Q_Y}{m-1}$$

实际中需要比较两个正态方差的大小，若两个总体方差相等，均为 σ^2，又记 $n_1 = n-1$，$n_2 = m-1$，则两个独立的样本方差之比可表示为两个独立 χ^2 变量之比：

$$F = \frac{s_X^2}{s_Y^2} = \frac{Q_X/n_1}{Q_Y/n_2} = \frac{(Q_X/\sigma^2)/n_1}{(Q_Y/\sigma^2)/n_2} = \frac{\chi^2(n_1)/n_1}{\chi^2(n_2)/n_2}$$

这里因为 $Q_X/\sigma^2 \sim \chi^2(n_1)$，$Q_Y/\sigma^2 \sim \chi^2(n_2)$。

其中，分子与分母分别除以各自的自由度 n_1 与 n_2 是为了排除样本量对样本方差比的干扰，这是合理的。若能获得统计量 F 的分布，对考察两个正态方差的比是很有益的。而 F 的分布可由下面定理给出。

定理 1.3.6　设 $X_1 \sim \chi^2(n_1)$，$X_2 \sim \chi^2(n_2)$，且 X_1 与 X_2 独立，则统计量

$$F = \frac{X_1/n_1}{X_2/n_2} = \frac{n_2 X_1}{n_1 X_2}$$

的概率密度函数为：

$$f(x; n_1, n_2) = \begin{cases} \dfrac{\Gamma\left(\dfrac{n_1+n_2}{2}\right)}{\Gamma\left(\dfrac{n_1}{2}\right)\Gamma\left(\dfrac{n_2}{2}\right)}\left(\dfrac{n_1}{n_2}\right)^{n_1/2} x^{n_1/2-1}\left(1+\dfrac{n_1}{n_2}x\right)^{-\frac{n_1+n_2}{2}}, & x>0 \\ 0, & x \leqslant 0 \end{cases}$$

这个分布称为**自由度为 n_1 和 n_2 的 F 分布**，记为 $F(n_1, n_2)$，若将分子的自由度 n_1 与分母自由度 n_2 分别用 $n-1$ 与 $m-1$ 代入，就可得到两个独立正态样本方差比的分布。

证：我们分两步来证明这个定理。

首先，我们导出 $Z = X_1/X_2$ 的密度函数。若记 $p_1(x)$ 和 $p_2(x)$ 分别为 $\chi^2(n_1)$ 和 $\chi^2(n_2)$ 的密度函数，则根据独立随机变量商的分布的密度函数公式，Z 的密度函数为：

$$p_Z(z)=\int_0^{\infty}x_2p_1(zx_2)p_2(x_2)\mathrm{d}x_2$$

$$=\frac{z^{\frac{n_1}{2}-1}}{\Gamma\left(\frac{n_1}{2}\right)\Gamma\left(\frac{n_2}{2}\right)2^{\frac{n_1+n_2}{2}}}\int_0^{\infty}x_2^{\frac{n_1+n_2}{2}-1}\mathrm{e}^{-\frac{x_2}{2}(1+z)}\mathrm{d}x_2$$

运用变换 $u=\frac{x_2}{2}(1+z)$，可得

$$p_Z(z)=\frac{z^{\frac{n_1}{2}-1}(1+z)^{-\frac{n_1+n_2}{2}}}{\Gamma\left(\frac{n_1}{2}\right)\Gamma\left(\frac{n_2}{2}\right)}\int_0^{\infty}u^{\frac{n_1+n_2}{2}-1}\mathrm{e}^{-u}\mathrm{d}u$$

最后的定积分为伽玛函数 $\Gamma\left(\frac{n_1+n_2}{2}\right)$，从而

$$p_Z(z)=\frac{\Gamma\left(\frac{n_1+n_2}{2}\right)}{\Gamma\left(\frac{n_1}{2}\right)\Gamma\left(\frac{n_2}{2}\right)}z^{\frac{n_1}{2}-1}(1+z)^{-\frac{n_1+n_2}{2}},\quad z>0$$

第二步，我们导出 $F=\frac{n_2}{n_1}Z$ 的密度函数。对于 $y>0$，有

$$p_F(y)=p_Z\left(\frac{n_1}{n_2}y\right)\frac{n_1}{n_2}=\frac{\Gamma\left(\frac{n_1+n_2}{2}\right)}{\Gamma\left(\frac{n_1}{2}\right)\Gamma\left(\frac{n_2}{2}\right)}\left(\frac{n_1}{n_2}y\right)^{\frac{n_1}{2}-1}\left(1+\frac{n_1}{n_2}y\right)^{-\frac{n_1+n_2}{2}}\frac{n_1}{n_2}$$

$$=\frac{\Gamma\left(\frac{n_1+n_2}{2}\right)}{\Gamma\left(\frac{n_1}{2}\right)\Gamma\left(\frac{n_2}{2}\right)}\left(\frac{n_1}{n_2}\right)^{\frac{n_1}{2}}y^{\frac{n_1}{2}-1}\left(1+\frac{n_1}{n_2}y\right)^{-\frac{n_1+n_2}{2}}$$

证毕。

F 分布的密度函数图形：当分子的自由度为 1 或 2 时，其密度函数是单调递减函数（见图 1.3.6a），其他情况下密度函数呈单峰的右偏分布（见图 1.3.6b）。

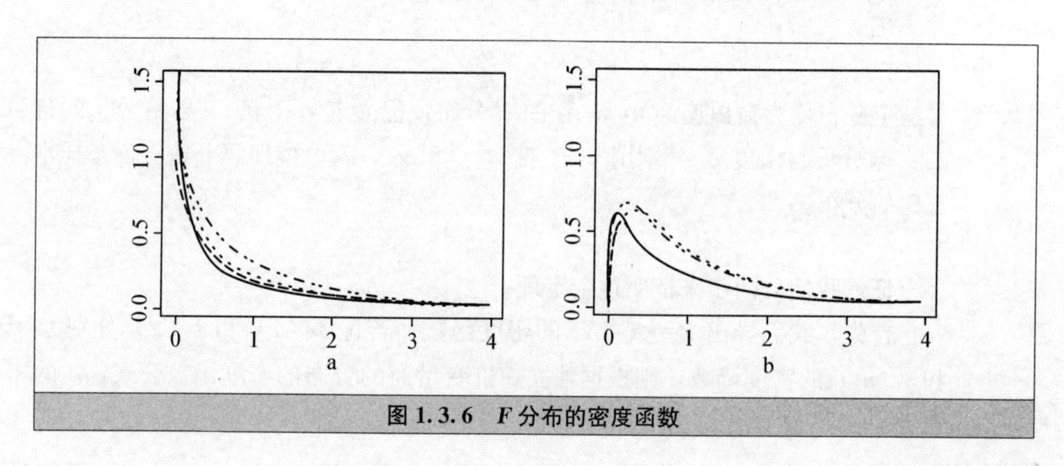

图 1.3.6　F 分布的密度函数

F 分布有以下性质：

(1) $n_2>2$ 时，F 分布的数学期望存在，且为 $n_2/(n_2-2)$。

(2) $n_2>4$ 时，F 分布的方差存在，且为$\dfrac{2n_2^2(n_1+n_2-2)}{n_1(n_2-2)^2(n_2-4)}$。

(3) 若 $F\sim F(n_1, n_2)$，则$\dfrac{1}{F}\sim F(n_2, n_1)$。

(4) 若 $t\sim t(n)$，则 $t^2\sim F(1, n)$。

类似于卡方分布和 t 分布，可以定义 F 分布的分位数 $F_{1-\alpha}(n_1, n_2)$，且由性质 (3) 可知 $F_\alpha(n_2, n_1)=\dfrac{1}{F_{1-\alpha}(n_1, n_2)}$。同样可以通过查表或者计算机软件计算得到 F 分布的分位数。

*1.3.5　用随机模拟法寻找统计量的近似分布

有些统计量的抽样分布难以用精确方法获得，在一些情况中可以用随机模拟的方法寻找统计量的分布，此时所得的分布都是用样本分位数来表示的。

随机模拟法的基本思想如下：设总体 X 的分布函数为 $F(x)$，从中抽取一个容量为 n 的样本，其观测值为 $x_1, x_2, \cdots, x_n$，从而可得统计量 $T=T(x_1, x_2, \cdots, x_n)$ 的一个观测值 t。将上述过程重复 N 次，可得 T 的 N 个观测值 $t_1, t_2, \cdots, t_N$，只要 N 充分大，那么样本分位数的观测值便是 T 的分布的分位数的一个近似值，并且 N 越大，近似程度越好，因而可将它作为 T 的分位数。当改变样本容量 n 时，可得到不同容量 n 下 T 的分布的分位数。

利用随机模拟法研究统计量的分布的关键在于如何产生分布为 $F(x)$ 的容量为 n 的样本。这一点并不是在任何场合都能做到的，即使有可能，也将随 $F(x)$ 的具体形式而定，下面的例子会给我们启发。

例 1.3.5

用随机模拟方法求来自正态总体 $N(\mu, \sigma^2)$ 的样本峰度 $\hat{\beta}_k$ 的分布。

理论上已经证明 $\hat{\beta}_k$ 的渐近分布是 $N(0, 24)$，由于其收敛速度很慢，要对很大的 n 才能应用，因而这一渐近分布的应用价值不大。下面用随机模拟方法来求不同 n 下 $\hat{\beta}_k$ 的分布的分位数。为此需要做两项准备工作。

(1) 进行随机模拟的首要问题是要产生 $\hat{\beta}_k$ 的 N 个观察值。由于总体 $N(\mu, \sigma^2)$ 中含未知参数 μ 与 σ^2，因而无法产生 $N(\mu, \sigma^2)$ 的随机数，这时需要借用分布的性质，首先把问题转化为可以大量产生随机数的分布。幸好这里可以转化为标准正态分布。

设 $x_1, x_2, \cdots, x_n$ 是来自正态总体 $N(\mu, \sigma^2)$ 的样本，则其标准化变换后的样本

$$X_i^*=\frac{x_i-\mu}{\sigma},\qquad i=1,2,\cdots,n$$

是来自标准正态分布 $N(0, 1)$ 的样本，下证这两个样本峰度 $\hat{\beta}_k$ 与 $\hat{\beta}_k^*$ 相等。这是因为两样本均值有如下关系：

$$\overline{X}^* = \frac{\overline{X}-\mu}{\sigma}, \qquad X_i^* - \overline{X}^* = \frac{X_i - \overline{X}}{\sigma}$$

从而样本 X_1^*，X_2^*，…，X_n^* 的峰度为：

$$\begin{aligned}\hat{\beta}_k^* &= \frac{\frac{1}{n}\sum_{i=1}^{n}(X_i^* - \overline{X}^*)^4}{\left[\frac{1}{n}\sum_{i=1}^{n}(X_i^* - \overline{X}^*)^2\right]^2} - 3 \\ &= \frac{\frac{1}{n}\sum_{i=1}^{n}\left(\frac{X_i - \overline{X}}{\sigma}\right)^4}{\left[\frac{1}{n}\sum_{i=1}^{n}\left(\frac{X_i - \overline{X}}{\sigma}\right)^2\right]^2} - 3 \\ &= \frac{\frac{1}{n}\sum_{i=1}^{n}(X_i - \overline{X})^4}{\left[\frac{1}{n}\sum_{i=1}^{n}(X_i - \overline{X})^2\right]^2} - 3 = \hat{\beta}_k\end{aligned}$$

因而求 $\hat{\beta}_k$ 的观察值时可以利用标准正态分布 $N(0, 1)$ 的随机数。

（2）此外，为产生 $N(0, 1)$ 的观察值（称为随机数），可利用（0，1）上均匀分布的随机数 u。设 u_1，u_2，…，u_{12}是取自（0，1）上均匀分布的容量为 12 的样本。则

$$E\left(\sum_{i=1}^{12} u_i - 6\right) = 0, \quad \mathrm{Var}\left(\sum_{i=1}^{12} u_i - 6\right) = 1$$

由中心极限定理知，$\sum_{i=1}^{12} u_i - 6$ 近似服从 $N(0, 1)$ 分布，故设 u_1，u_2，…，u_{12} 是（0，1）上均匀分布的随机数时，将 $\sum_{i=1}^{12} u_i - 6$ 作为 $N(0, 1)$ 的一个观察值。其实产生 $N(0, 1)$随机数还有许多方法，有兴趣的读者可参看徐钟济编著的《蒙特卡罗方法》一书。

有了上述两项准备，用随机模拟法求 $\hat{\beta}_k$ 的分位数的步骤如下：

（1）产生 12 个（0，1）上均匀分布的随机数 u_1，u_2，…，u_{12}，令 $x = \sum_{i=1}^{12} u_i - 6$。

（2）将上述过程（1）重复 n 次，则产生了 n 个 $N(0, 1)$ 的随机数 x_1，x_2，…，x_n。

（3）计算

$$\hat{\beta}_k = \frac{\frac{1}{n}\sum_{i=1}^{n}(x_i - \overline{x})^4}{\left[\frac{1}{n}\sum_{i=1}^{n}(x_i - \overline{x})^2\right]^2} - 3$$

得到 $\hat{\beta}_k$ 的一个观测值，记为 $\hat{\beta}_{k,1}$。

（4）重复（1）～（3）过程 N 次，可得 $\hat{\beta}_k$ 的 N 个观察值：

$$\hat{\beta}_{k,1}, \hat{\beta}_{k,2}, \cdots, \hat{\beta}_{k,N}$$

这里 N 是一个相当大的值，最好在 10 000 以上。

(5) 将 $\hat{\beta}_k$ 的 N 个值排序，找出 $p=0.01$，0.05，0.10，…的样本分位数（见 1.4 节）。

(6) 改变样本容量 n，重复上述过程 (1)～(5)，可得不同 n 下 $\hat{\beta}_k$ 的各种分位数。

表 1.3.2 列出了 $N=10\,000$，样本容量 n 为 15，20，25 时 $\hat{\beta}_k$ 的分位数。

表 1.3.2　　　**正态总体样本峰度 $\hat{\beta}_k$ 的分位数**（$N=10\,000$ 的模拟结果）

样本容量 n / 概率 p	15	20	25
0.01	−1.468	−1.360	−1.272
0.05	−1.278	−1.164	−1.081
0.10	−1.158	−1.045	−0.962
0.90	0.629	0.668	0.651
0.95	1.124	1.131	1.106
0.99	2.247	2.306	2.318

表 1.3.2 中的随机模拟结果表现出很强的规律性，是可信的。

习题 1.3

1. 从正态总体 $N(52, 6.3^2)$ 中随机抽取容量为 36 的样本。

(1) 求样本均值 $\bar{x}$ 的分布。

(2) 求 $\bar{x}$ 落在区间 (50.8, 53.8) 内的概率。

(3) 若要以 99% 的概率保证 $|\bar{x}-52|<2$，试问样本量至少应取多少？

2. 一次掷 25 颗骰子，求其平均点数介于 3～4 的概率近似值。

3. 从下列总体分布中各随机抽取容量为 n 的样本，其样本均值 $\bar{x}$ 的渐近分布各是多少？

(1) 二点分布 $b(1, p)$；

(2) 泊松分布 $P(\lambda)$；

(3) 均匀分布 $U(a, b)$；

(4) 指数分布 $\exp(\lambda)$。

4. 某药 100 片的平均重量 $\bar{x}$（单位：mg）服从正态分布 $N(20, 0.05^2)$，若每片重量 x 也服从正态分布。要求：

(1) 求 x 的分布；

(2) 求每片重量在 19～21mg 间的概率。

5. 利用 χ^2 分布寻找正态样本方差 s^2 的期望与方差。

6. 写出自由度为 4 的 t 分布的密度函数 $p(x)$，并指出其峰值、期望与方差。

7. 从正态总体 $N(100, 4)$ 分别抽取容量为15与20的两个样本，其样本均值记为 $\bar{x}$ 与 $\bar{y}$，求 $P(|\bar{x}-\bar{y}|>0.5)$。

8. 设随机变量 $X\sim F(n, n)$，证明：$P(X<1)=0.5$。

9. 设 x_1，x_2 是来自正态总体 $N(0, \sigma^2)$ 的样本，求 $y=\left(\frac{x_1+x_2}{x_1-x_2}\right)^2$ 的分布。

10. 设 x_1，x_2 是来自总体 $N(0, 1)$ 的样本，求常数 k，使得

$$P\left(\frac{(x_1+x_2)^2}{(x_1-x_2)^2+(x_1+x_2)^2}>k\right)=0.05$$

11. 设 x_1，x_2，…，x_n，x_{n+1} 是来自 $N(\mu, \sigma^2)$ 的样本，又设 $\bar{x}_n=\frac{1}{n}\sum_{i=1}^{n}x_i$，$s_n^2=\frac{1}{n-1}\sum_{i=1}^{n}(x_i-\bar{x}_n)^2$，试求常数 c，使得 $t_c=c(x_{n+1}-\bar{x}_n)/s_n$ 服从 t 分布，并指出其自由度。

12. 设从两个方差相等，且相互独立的正态总体分别抽取容量为15与20的样本，若其样本方差分别为 s_1^2 与 s_2^2，试求 $P(s_1^2/s_2^2>2)$。

13. 设 x_1，x_2，…，x_{17} 是来自正态总体 $N(\mu, \sigma^2)$ 的样本，$\bar{x}$ 与 s^2 分别为其样本均值与样本方差，求 k，使得 $P(\bar{x}>\mu+ks)=0.95$。

14. 设 x_1，x_2，…，x_n 是来自某连续总体的一个样本，总体的分布函数 $F(x)$ 是连续严增函数，证明：统计量 $T=-2\sum_{i=1}^{n}\ln F(x_i)\sim\chi^2(2n)$。

1.4 次序统计量

除了矩估计量外，另一类常见的统计量是次序统计量，用来表示样本中各分量大小次序的信息。样本中位数、样本 p（$0<p<1$）分位数都是用次序统计量表示的统计量，常用来估计总体中位数与总体 p 分位数。本节将叙述次序统计量的概念及其应用。

1.4.1 次序统计量的概念

定义 1.4.1 设 X_1，X_2，…，X_n 是取自总体 X 的一个样本，$X_{(k)}$ 称为该样本的第 k 个次序统计量，假如每当获得样本观测值后将其从小到大排序可得如下有序样本：

$$x_{(1)}\leqslant x_{(2)}\leqslant\cdots\leqslant x_{(k)}\leqslant\cdots\leqslant x_{(n)}$$

其中，第 k 个观测值 $x_{(k)}$ 就是 $X_{(k)}$ 的取值，并称 $X_{(1)}$，$X_{(2)}$，…，$X_{(n)}$ 为该样本的**次序统计量**，其中 $X_{(1)}=\min(X_1, X_2, \cdots, X_n)$ 称为该样本的**最小次序统计量**，$X_{(n)}=\max(X_1, X_2, \cdots, X_n)$ 称为该样本的**最大次序统计量**。

为方便起见，以后对 $X_{(k)}$ 及其取值 $x_{(k)}$ 都用 $x_{(k)}$ 表示，从上下文来区别它们。

我们知道，样本 x_1，x_2，…，x_n 中各分量是独立同分布的，而次序统计量 $x_{(1)}$，$x_{(2)}$，…，$x_{(n)}$ 中各分量既不独立，也不同分布。对下面例子的剖析可帮助我们理解次序统计量概念。

例 1.4.1

设总体 X 的分布为仅取 0，1，2 的离散均匀分布，即

X	0	1	2
P	1/3	1/3	1/3

现从中随机抽取容量为 3 的样本，该样本一切可能取值有 $3^3=27$ 种，现将它们都列在表 1.4.1 的左侧，而相应的次序统计量的取值列在表 1.4.1 的右侧。

表 1.4.1　　样本 x_1，x_2，x_3 及其次序统计量 $x_{(1)}$，$x_{(2)}$，$x_{(3)}$ 的取值

x_1	x_2	x_3	$x_{(1)}$	$x_{(2)}$	$x_{(3)}$
0	0	0	0	0	0
0	0	1	0	0	1
0	1	0	0	0	1
1	0	0	0	0	1
0	0	2	0	0	2
0	2	0	0	0	2
2	0	0	0	0	2
0	1	1	0	1	1
1	0	1	0	1	1
1	1	0	0	1	1
0	1	2	0	1	2
0	2	1	0	1	2
1	0	2	0	1	2
2	0	1	0	1	2
1	2	0	0	1	2
2	1	0	0	1	2
0	2	2	0	2	2
2	0	2	0	2	2
2	2	0	0	2	2
1	1	2	1	1	2
1	2	1	1	1	2
2	1	1	1	1	2
1	2	2	1	2	2

续前表

x_1	x_2	x_3	$x_{(1)}$	$x_{(2)}$	$x_{(3)}$
2	1	2	1	2	2
2	2	1	1	2	2
1	1	1	1	1	1
2	2	2	2	2	2

由表1.4.1可见，次序统计量$x_{(1)}$，$x_{(2)}$，$x_{(3)}$与样本（x_1，x_2，x_3）完全不相同，具体表现在以下几个方面：

（1）$x_{(1)}$，$x_{(2)}$，$x_{(3)}$的分布是不同的。

$x_{(1)}$	0	1	2
P	$\frac{19}{27}$	$\frac{7}{27}$	$\frac{1}{27}$

$x_{(2)}$	0	1	2
P	$\frac{7}{27}$	$\frac{13}{27}$	$\frac{7}{27}$

$x_{(3)}$	0	1	2
P	$\frac{1}{27}$	$\frac{7}{27}$	$\frac{19}{27}$

（2）任意两个次序统计量的联合分布也是不同的。

$x_{(2)}$ \ $x_{(1)}$	0	1	2
0	$\frac{7}{27}$	0	0
1	$\frac{9}{27}$	$\frac{4}{27}$	0
2	$\frac{3}{27}$	$\frac{3}{27}$	$\frac{1}{27}$

$x_{(3)}$ \ $x_{(1)}$	0	1	2
0	$\frac{1}{27}$	0	0
1	$\frac{6}{27}$	$\frac{1}{27}$	0
2	$\frac{12}{27}$	$\frac{6}{27}$	$\frac{1}{27}$

$x_{(3)}$ \ $x_{(2)}$	0	1	2
0	$\frac{1}{27}$	0	0
1	$\frac{3}{27}$	$\frac{4}{27}$	0
2	$\frac{3}{27}$	$\frac{9}{27}$	$\frac{7}{27}$

（3）任意两个次序统计量是不独立的，例如：

$$P(X_{(1)}=0,X_{(2)}=1)=\frac{9}{27}\neq\frac{19}{27}\times\frac{13}{27}=P(X_{(1)}=0)P(X_{(2)}=1)$$

我们要注意次序统计量$x_{(1)}$，$x_{(2)}$，…，$x_{(n)}$与样本x_1，x_2，…，x_n间的差别，这些差别都是由对样本观察值排序引起的。

1.4.2 次序统计量的分布

由于次序统计量常在连续总体场合使用，下面对总体X有连续分布场合讨论第k个次序统计量的抽样分布。

定理1.4.1 设总体X的密度函数为$p(x)$，分布函数为$F(x)$，x_1，x_2，…x_n为样本，则第k个次序统计量$x_{(k)}$的密度函数为：

$$p_k(x)=\frac{n!}{(k-1)!\ (n-k)!}[F(x)]^{k-1}[1-F(x)]^{n-k}p(x) \tag{1.4.1}$$

证：对任意的实数 x，考虑次序统计量 $x_{(k)}$ 的取值落在小区间 $(x, x+\Delta x]$ 内这一事件，它等价于"样本容量为 n 的样本中有 1 个观测值落在 $(x, x+\Delta x]$ 之间，而有 $k-1$ 个观测值小于等于 x，有 $n-k$ 个观测值大于 $x+\Delta x$"，其直观示意见图 1.4.1。

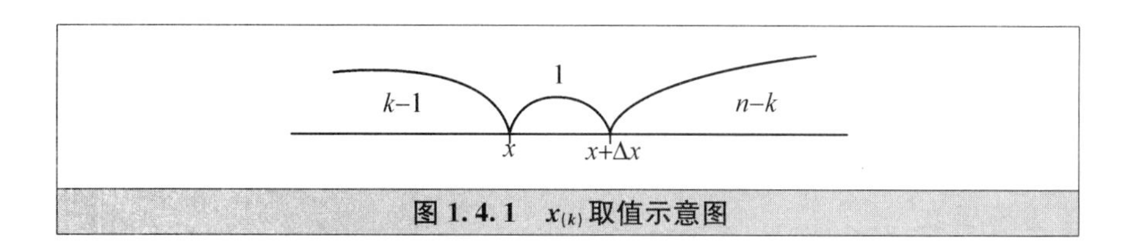

图 1.4.1　$x_{(k)}$ 取值示意图

样本的每一个分量小于等于 x 的概率为 $F(x)$，落入区间 $(x, x+\Delta x]$ 的概率为 $F(x+\Delta x)-F(x)$，大于 $x+\Delta x$ 的概率为 $1-F(x+\Delta x)$，而将 n 个分量分成这样的三组，总的分法有 $\frac{n!}{(k-1)!\ 1!\ (n-k)!}$ 种。于是，若以 $F_k(x)$ 记 $x_{(k)}$ 的分布函数，则由多项分布可得

$$F_k(x+\Delta x)-F_k(x)\approx\frac{n!}{(k-1)!\ (n-k)!}[F(x)]^{k-1}[F(x+\Delta x)-F(x)]$$
$$[1-F(x+\Delta x)]^{n-k}$$

两边除以 Δx，并令 $\Delta x\to 0$，即有

$$\begin{aligned}p_k(x)&=\lim_{\Delta x\to 0}\frac{F_k(x+\Delta x)-F_k(x)}{\Delta x}\\&=\frac{n!}{(k-1)!\ (n-k)!}[F(x)]^{k-1}p(x)[1-F(x)]^{n-k}\end{aligned}$$

其中 $p_k(x)$ 的非零区间与总体的非零区间相同。这就完成了定理 1.4.1 的证明。

为求样本最大次序统计量 $X_{(n)}$ 的概率密度函数，只要在式（1.4.1）中取 $k=n$ 即得

$$p_n(x)=np(x)[F(x)]^{n-1} \tag{1.4.2}$$

其分布函数为：

$$F_n(x)=[F(x)]^n \tag{1.4.3}$$

为求样本最小次序统计量 $X_{(1)}$ 的概率密度函数，只要在式（1.4.1）中取 $k=1$ 即得

$$p_1(x)=np(x)[1-F(x)]^{n-1} \tag{1.4.4}$$

其分布函数为：

$$F_1(x)=1-[1-F(x)]^n \tag{1.4.5}$$

例 1.4.2

设 x_1，x_2，…，x_n 是取自（0，1）上均匀分布的样本，求第 k 个次序统计量 $x_{(k)}$ 的期望，其中 $1\leqslant k\leqslant n$。

解：先求 $x_{(k)}$ 的概率密度函数。由于总体 $X\sim U(0,1)$，因此总体的密度函数为：

$$p(x)=\begin{cases}1, & 0<x<1\\ 0, & \text{其他}\end{cases}$$

其分布函数为：

$$F(x)=\begin{cases}0, & x<0\\ x, & 0\leqslant x\leqslant 1\\ 1, & x>1\end{cases}$$

由式（1.4.1）可知 $x_{(k)}$ 的密度函数为：

$$p_k(x)=\frac{n!}{(k-1)!\,(n-k)!}x^{k-1}(1-x)^{n-k},\quad 0<x<1$$

这是贝塔分布 $Be(k,n-k+1)$ 的密度函数，故其期望为：

$$E(x_{(k)})=\frac{k}{n+1},\quad k=1,2,\cdots,n$$

例 1.4.3

设 x_1，x_2，…，x_n 是取自如下指数分布的样本：

$$F(x)=1-\mathrm{e}^{-\lambda x},\quad x>0$$

求 $P(x_{(1)}>a)$ 与 $P(x_{(n)}<b)$，其中 a，b 为给定的正数。

解：为求概率 $P(x_{(1)}>a)$ 与 $P(x_{(n)}<b)$，可先求 $x_{(1)}$ 与 $x_{(n)}$ 的分布。由式（1.4.5）知，$x_{(1)}$ 的分布函数为：

$$F_1(x)=1-[1-F(x)]^n=1-\mathrm{e}^{-n\lambda x},\quad x>0$$

从而

$$P(x_{(1)}>a)=1-F_1(a)=\mathrm{e}^{-n\lambda a}$$

由式（1.4.3）知，$x_{(n)}$ 的分布函数为：

$$F_n(x)=[F(x)]^n=[1-\mathrm{e}^{-\lambda x}]^n,\quad x>0$$

故

$$P(x_{(n)}<b)=F_n(b)=(1-\mathrm{e}^{-\lambda b})^n$$

譬如，某公司购买5台新设备，若这些新设备都服从参数 $\lambda=0.000\,5$ 的指数分布，其分布函数为：

$$F(x)=1-\mathrm{e}^{-\lambda x},\quad x>0;\quad \lambda=0.000\,5$$

故其失效时间 x_1，x_2，…，x_5 就是从该分布抽取的容量为 5 的样本。$x_{(1)}$，$x_{(2)}$，…，$x_{(5)}$ 为其次序统计量。现要求这 5 台设备中：

(1) 到 1 000 小时没有一台发生故障的概率为 p_1，这等价于这 5 台设备中最小的寿命 $x_{(1)}>1\,000$ 的概率，由上述结果可知

$$p_1=P(x_{(1)}>1\,000)=\mathrm{e}^{-5\times 0.000\,5\times 1\,000}=0.082\,1$$

(2) 到 1 000 小时全部发生故障的概率为 p_2，这等价于这 5 台设备中最长的寿命 $x_{(5)}<1\,000$ 的概率，由上述结果可知

$$p_2=P(x_{(5)}<1\,000)=(1-\mathrm{e}^{-0.000\,5\times 1\,000})^5=0.009\,43$$

下面不加证明地给出任意两个次序统计量的分布，以及 n 个次序统计量的联合分布。

定理 1.4.2　在定理 1.4.1 的记号下，次序统计量 $(x_{(i)}, x_{(j)})$ $(i<j)$ 的联合分布密度函数为：

$$p_{ij}(y,z)=\frac{n!}{(i-1)!\,(j-i-1)!\,(n-j)!}[F(y)]^{i-1}$$
$$[F(z)-F(y)]^{j-i-1}[1-F(z)]^{n-j}p(y)p(z),\ y\leqslant z$$

定理 1.4.3　在定理 1.4.1 的记号下，n 个次序统计量的联合分布密度函数为：

$$f(y_1,\cdots,y_n)=\begin{cases} n!\prod_{i=1}^{n} f(y_i), & y_1<y_2<\cdots<y_n \\ 0, & 其他 \end{cases}$$

1.4.3　样本极差

样本极差是由样本次序统计量产生的一个统计量，它的定义如下。

定义 1.4.2　容量为 n 的样本最大次序统计量 $x_{(n)}$ 与样本最小次序统计量 $x_{(1)}$ 之差称为**样本极差**，简称**极差**，常用 $R=x_{(n)}-x_{(1)}$ 表示。

关于极差要注意两个方面（优缺点）。极差含有总体标准差的信息。因为极差表示样本取值范围的大小，也反映总体取值分散与集中的程度。一般来说，若总体的标

准差σ较大，从中取出的样本的极差也会大一些；若总体标准差σ较小，那么从中取出的样本的极差也会小一些。反过来也如此，若样本极差较大，表明总体取值较分散，那么相应总体的标准差也较大；若样本极差较小，则总体取值相对集中一些，从而该总体的标准差较小，图1.4.2显示了这一现象。

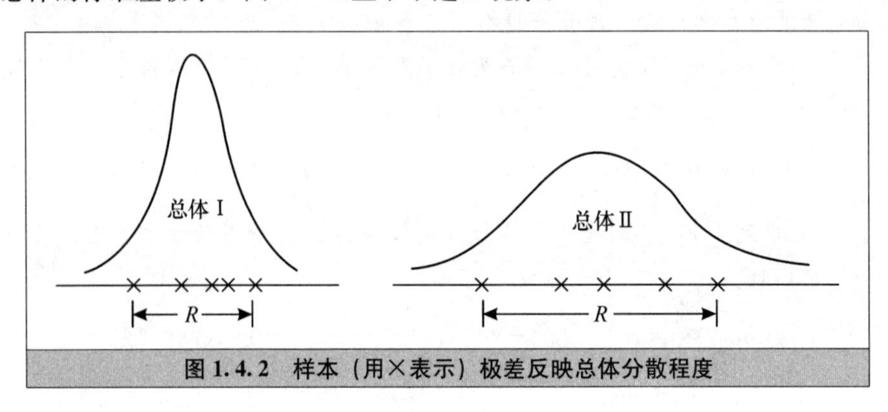

图1.4.2　样本（用×表示）极差反映总体分散程度

极差受样本量影响较大。一般来说，样本量大，极差也大。在实际中极差常在小样本（$n\leqslant 10$）的场合使用，而在大样本场合很少使用。这是因为极差仅使用了样本中两个极端点的信息，而把中间的信息都丢弃了，当样本容量很大时，丢弃的信息也就很多，从而留下的信息过少，其使用价值就不大了。

 **例1.4.4**

设x_1，x_2，…，x_n是来自正态总体$N(\mu, \sigma^2)$的一个样本，$x_{(1)}\leqslant x_{(2)}\leqslant\cdots\leqslant x_{(n)}$是其次序统计量。在如下标准化变换下

$$u_{(i)}=\frac{x_{(i)}-\mu}{\sigma}$$

可得标准正态总体$N(0, 1)$的次序统计量$u_{(1)}\leqslant u_{(2)}\leqslant\cdots\leqslant u_{(n)}$。由于标准正态分布不含任何未知参数，故其期望、方差和协方差都可设法算出，详见《可靠性试验用表（增订本）》（国防工业出版社，1987）。对于正态样本极差R_n，有

$$\frac{R_n}{\sigma}=\frac{x_{(n)}-\mu}{\sigma}-\frac{x_{(1)}-\mu}{\sigma}=u_{(n)}-u_{(1)}$$

所以其期望、方差亦可算出，分别记为d_n与v_n^2，具体如下：

$$E(R_n/\sigma)=E(u_{(n)})-E(u_{(1)})=d_n$$
$$\mathrm{Var}(R_n/\sigma)=\mathrm{Var}(u_{(n)})+\mathrm{Var}(u_{(1)})-2\mathrm{Cov}(u_{(1)},u_{(n)})=v_n^2$$

表1.4.2列出部分d_n与v_n^2的值，由此可得σ与σ^2的无偏估计：

$$\hat{\sigma}_R=R_n/d_n$$
$$\hat{\sigma}_R^2=R_n^2/(d_n^2+v_n^2)$$

这表明，正态样本极差R_n及其平方R_n^2分别经过适当修正后，可得正态标准差σ与正态方差σ^2的无偏估计。这些成为可能应归功于极差的构造。

表 1.4.2　　正态样本极差 R/σ 的期望 d_n 与方差 v_n^2

样本量 n	$E(R/\sigma)=d_n$	$\text{Var}(R/\sigma)=v_n^2$
2	1.128 4	0.853
3	1.692 6	0.888
4	2.058 8	0.880
5	2.325 9	0.864
6	2.534 4	0.848
7	2.704 4	0.833
8	2.847 2	0.820
9	2.970 0	0.808
10	3.077 5	0.797

譬如，某自动机床加工套筒，加工套筒的直径服从正态分布。现抽检 5 只套筒，测得其直径（单位：cm）为：

2.066　　2.063　　2.068　　2.060　　2.067

该样本极差 $R=2.068-2.060=0.008$（cm）。经上述修正后可得 σ 与 σ^2 的无偏估计值：

$$\hat{\sigma}_R=\frac{0.008}{2.325\ 9}=3.43\times10^{-3}(\text{cm})$$

$$\hat{\sigma}_R^2=\frac{0.008^2}{2.325\ 9^2+0.864}=1.02\times10^{-5}(\text{cm}^2)$$

由于极差计算简便，常在现场用于正态标准差的估计，特别在较小样本场合（$n\leqslant10$），使用更为频繁。

例 1.4.5

设 x_1，x_2，…，x_n 为来自某一总体（可以为非正态总体）的一个样本，为估计其方差 σ^2，可仿照极差做法，从样本中任选两个分量 x_i 和 x_j（$i\neq j$）作其差的平方 $(x_i-x_j)^2$，若令 $g(x_i,x_j)=\frac{1}{2}(x_i-x_j)^2$，则其期望为：

$$E[g(x_i,x_j)]=\frac{1}{2}[E(x_i^2)+E(x_j^2)-2E(x_i)\cdot E(x_j)]=\sigma^2$$

可见，$g(x_i,x_j)$ 是 σ^2 的无偏估计，$g(x_i,x_j)$ 含有总体方差的信息。而此种统计量 $g(x_i,x_j)$ 可有 $\binom{n}{2}$ 个，若作它们的平均就能把分散在样本中的信息集中起来更好更全面地反映总体方差 σ^2 的信息。可以证明，这个平均不是别的，正是前面提到的样本方差 s^2，因为

$$\begin{aligned}\binom{n}{2}^{-1}\sum_{i<j}g(x_i,x_j)&=\frac{1}{n(n-1)}\sum_{i<j}(x_i-x_j)^2\\&=\frac{1}{n(n-1)}\Big(\sum_{i<j}(x_i^2+x_j^2)-2\sum_{i<j}x_ix_j\Big)\\&=\frac{1}{n(n-1)}\Big[(n-1)\sum_{i=1}^{n}x_i^2-2\sum_{i<j}x_ix_j\Big]\\&=\frac{1}{n(n-1)}\Big[n\sum_{i=1}^{n}x_i^2-\Big(\sum_{i=1}^{n}x_i\Big)^2\Big]\end{aligned}$$

$$= \frac{1}{(n-1)}\left(\sum_{i=1}^{n} x_i^2 - n\overline{x}^2\right)$$

$$= \frac{1}{(n-1)}\sum_{i=1}^{n}(x_i - \overline{x})^2 = s^2$$

大家知道，无论总体是什么（正态与非正态；连续与离散）分布，只要其方差存在，其样本方差 s^2 永远是总体方差 σ^2 的很好的无偏估计，这一点亦可从样本中各分量差的统计思想中获得一种新的认识。

1.4.4 样本中位数与样本 p 分位数

样本中位数是总体中位数的影子，常用来估计总体中位数 $x_{0.5}$（概率方程 $F(x_{0.5})=0.5$ 的解），且样本量越大，效果越好。它的定义如下。

定义 1.4.3 设 $x_{(1)}\leqslant x_{(2)}\leqslant\cdots\leqslant x_{(n)}$ 是容量为 n 的样本的次序统计量，则称如下统计量

$$m_d=\begin{cases} x_{\left(\frac{n+1}{2}\right)}, & n\text{ 为奇数}\\ \frac{1}{2}\left[x_{\left(\frac{n}{2}\right)}+x_{\left(\frac{n}{2}+1\right)}\right], & n\text{ 为偶数}\end{cases}$$

为该**样本中位数**。

例 1.4.6

一批砖在交付客户之前要抽检其抗压强度（单位：MPa），现从中随机抽取 10 块砖，测得其抗压强度为（已排序）：

4.7　5.4　6.0　6.5　7.3
7.7　8.2　9.0　10.1　17.2

其样本中位数

$$m_d=\frac{x_{(5)}+x_{(6)}}{2}=\frac{7.3+7.7}{2}=7.5$$

后经复查发现，样本中的异常值 17.2 属抄录之误，原始记录为 11.2，把 17.2 改正为 11.2 后，样本中位数不变，仍为 7.5。可样本均值 $\overline{x}$ 在修正前后分别为 8.21 与 7.61，两者相差 0.6。可见，当样本中出现异常值（是指样本中的个别值，它明显偏离其余观察值）时，样本中位数比样本均值更具有抗击异常值干扰的能力。样本中位数的这种抗干扰性在统计学中称为**稳健性**。

样本中位数 m_d 表示在样本中有一半数据小于等于 m_d，另一半数据大于等于 m_d。譬如，某班级 50 位同学，如果告诉我们该班学生身高的中位数为 1.61，那么可知该班级中一半学生的身高高于 1.61 米，另一半学生的身高低于 1.61 米。可样本均值 $\overline{x}$

没有这样的解释。

比样本中位数更一般的概念是样本 p 分位数。它的定义如下。

定义 1.4.4　设 $x_{(1)} \leqslant x_{(2)} \cdots \leqslant x_{(n)}$ 是容量为 n 的样本的次序统计量，对给定的 p（$0<p<1$），称

$$m_p=\begin{cases}\dfrac{1}{2}\left[x_{([np])}+x_{([np]+1)}\right], & np \text{ 是整数} \\ x_{([np]+1)}, & np \text{ 不是整数}\end{cases}$$

为该样本的**样本 p 分位数**，其中，$[np]$ 为 np 的整数部分。

样本 p 分位数 m_p 是总体 p 分位 x_p（概率方程 $F(x_p)=p$ 的解）的估计量。

 **例 1.4.7**

轴承的寿命特征常用 10%分位数表示，记为 L_{10}，并称为基本额定寿命。L_{10} 可用样本的 10%分位数 $m_{0.1}$ 去估计它。譬如 $n=20$，可从一批轴承中随机抽取 20 只作寿命试验，由于 $np=20\times0.1=2$ 是整数，按定义 1.4.4 可用第 2 与第 3 个次序统计量的值的平均去估计它，即

$$\hat{L}_{10}=m_{0.1}=\frac{1}{2}(x_{(2)}+x_{(3)})$$

若在 20 只轴承寿命试验中最早损坏的三个轴承的时间（单位：小时）为：

705　　1 079　　1 873

则其基本额定寿命 L_{10} 的估计为：

$$\hat{L}_{10}=\frac{1}{2}(1\,079+1\,873)=1\,476$$

用样本 0.1 分位数估计轴承基本额定寿命 L_{10} 可以节省大量试验时间，这已成为轴承行业采用的统计方法。

对多数总体而言，要给出样本 p 分位数的精确分布通常不是一件容易的事。幸运的是，当 $n\to+\infty$ 时，样本 p 分位数的渐近分布有比较简单的表达式，在这里我们不加证明地给出如下定理。

定理 1.4.4　设总体密度函数为 $p(x)$，x_p 为其 p 分位数，若 $p(x)$ 在 x_p 处连续，且 $p(x_p)>0$，则当 $n\to\infty$ 时，样本 p 分位数 m_p 的渐近分布为：

$$m_p \dot{\sim} N\left(x_p, \frac{p(1-p)}{n\cdot p^2(x_p)}\right)$$

特别地，对样本中位数，当 $n\to\infty$ 时近似地有

$$m_{0.5} \dot{\sim} N\left(x_{0.5}, \frac{1}{4n\cdot p^2(x_{0.5})}\right)$$

例 1.4.8

设总体为柯西分布，密度函数为：

$$p(x;\theta)=\frac{1}{\pi[1+(x-\theta)^2]},\quad -\infty<x<+\infty$$

其分布函数为：

$$F(x;\theta)=\frac{1}{2}+\frac{1}{\pi}\arctan(x-\theta)$$

不难看出，θ 是该总体的中位数，即 $x_{0.5}=\theta$。设 x_1，x_2，…，x_n 是来自该总体的样本，当样本量 n 较大时，样本中位数 $m_{0.5}$ 的渐近分布为：

$$m_{0.5}\dot{\sim}N\left(\theta,\frac{\pi^2}{4n}\right)$$

1.4.5 五数概括及其箱线图

样本的次序统计量不仅把样本观察值从小到大排序，而且保留每个观察值的大小。若我们把样本全部观察值分为四段，每段观察值个数大致相等，约为 $n/4$，则可用如下五个次序统计量表示：

$$x_{(1)},\quad Q_1,\quad m_d,\quad Q_3,\quad x_{(n)}$$

其中，$Q_1=m_{0.25}$ 和 $Q_3=m_{0.75}$ 分别称为样本的第一和第三四分位数，m_d 为中位数。

从这五个数在数轴上的位置大致能看出样本观察值的分布状态，从中也反映出总体分布的一些信息，特别是在样本量 n 较大的场合，反映的信息更为可信。对不同的样本，这五个数所概括出的信息也有些差别，这一过程称为五数概括，其图形称为箱线图，该图由一个箱子和两个线段连接而成，具体见图 1.4.3 。

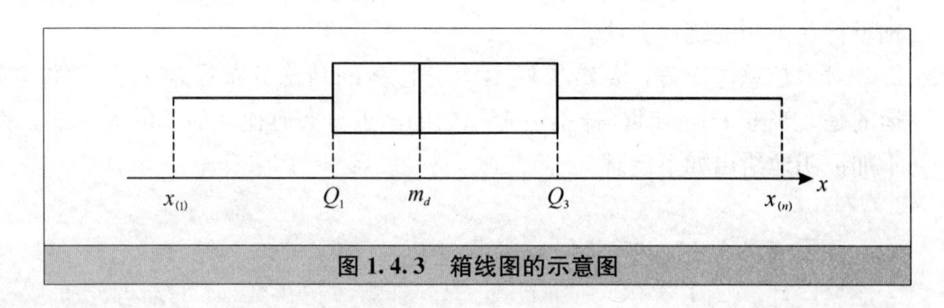

图 1.4.3 箱线图的示意图

例 1.4.9

表 1.4.3 是某厂 160 名销售人员某月的销售量数据（已排序），为画出其箱线图需从表 1.4.3 上读出五个关键数，其中

$$x_{(1)}=45,\quad x_{(160)}=319$$

另三个数可由 $0.25n$，$0.5n$，$0.75n$ 算得 40，80，120，再由定义得

$$Q_1=\frac{1}{2}(x_{(40)}+x_{(41)})=\frac{1}{2}\times(143+145)=144$$

$$m_d=\frac{1}{2}(x_{(80)}+x_{(81)})=\frac{1}{2}\times(181+181)=181$$

$$Q_3=\frac{1}{2}(x_{(120)}+x_{(121)})=\frac{1}{2}\times(210+214)=212$$

表 1.4.3　　某厂 160 名销售员的月销售量的有序样本

45	74	76	80	87	91	92	93	95	96
98	99	104	106	111	113	117	120	122	122
124	126	127	127	129	129	130	131	131	133
134	134	135	136	137	137	139	141	141	143
145	148	149	149	149	150	150	153	153	153
153	154	157	160	160	162	163	163	165	165
167	167	168	170	171	172	173	174	175	175
176	178	178	178	179	179	179	180	181	181
181	182	182	185	185	186	186	187	188	188
188	189	189	191	191	191	192	192	194	194
194	194	195	196	197	197	198	198	198	199
200	201	202	204	204	205	205	206	207	210
214	214	215	215	216	217	218	219	219	221
221	221	221	221	222	223	223	224	227	227
228	229	232	234	234	238	240	242	242	242
244	246	253	253	255	258	282	290	314	319

该样本的箱线图如图 1.4.4 所示，具体做法如下：

(1) 画一个箱子，其两侧恰为第一四分位数和第三四分位数，在中位数位置上画一条竖线，它在箱子内，这个箱子包含了样本中 50%的数据。

(2) 在箱子左右两侧各引出一条水平线，分别至最小值和最大值为止。每条线段包含了样本中 25%的数据。

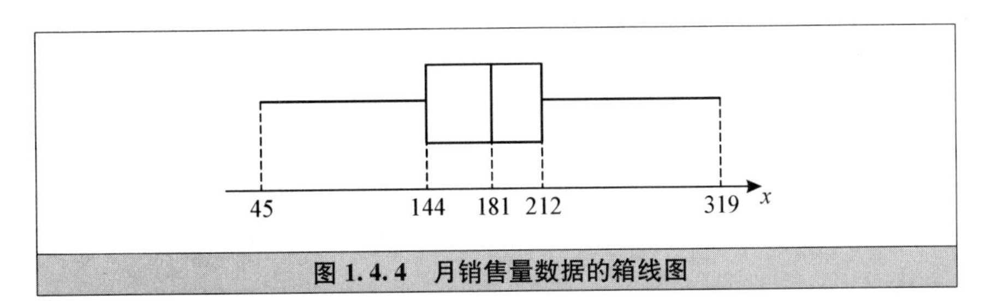

图 1.4.4　月销售量数据的箱线图

箱线图可用来对总体的分布形状进行大致的判断。图 1.4.5 给出了三种常见的箱线图，分别对应左偏分布、对称分布和右偏分布。

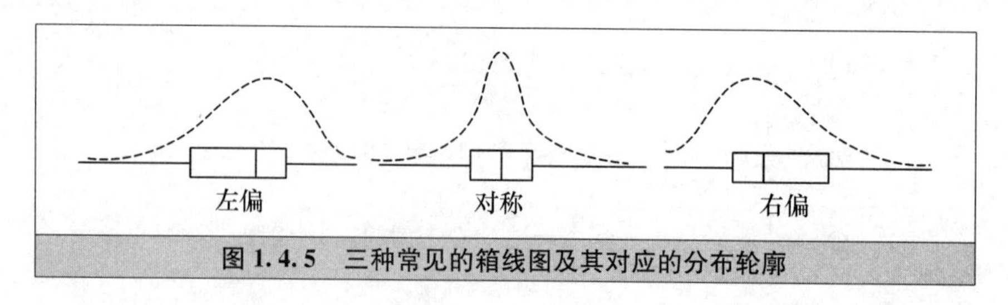

图 1.4.5　三种常见的箱线图及其对应的分布轮廓

如果我们要对多批数据进行比较，则可以在一张纸上同时画出每批数据的箱线图。图 1.4.6 是根据某厂 20 天生产的某种产品的直径数据画成的箱线图，从图中可以清楚地看出，第 18 天的产品出现了异常。

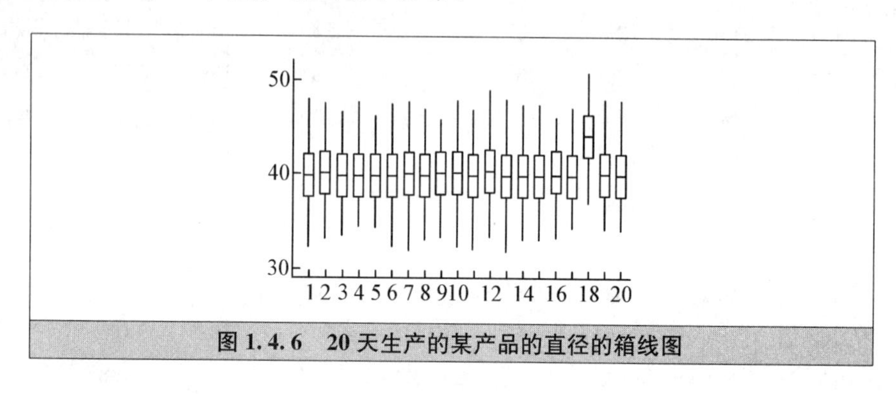

图 1.4.6　20 天生产的某产品的直径的箱线图

习题 1.4

1. 设总体 X 以等概率取四个值 0，1，2，3，现从中获得一个容量为 3 的样本。

(1) 分别求 $x_{(1)}$，$x_{(3)}$ 的分布列；

(2) 求（$x_{(1)}$，$x_{(3)}$）的联合分布列；

(3) $x_{(1)}$ 与 $x_{(3)}$ 相互独立吗？

2. 设总体 X 的概率密度函数为：

$$p(x)=3x^2,\quad 0\leqslant x\leqslant 1$$

从中获得一个容量为 5 的样本 x_1，x_2，…，x_5，试分别求 $x_{(1)}$，$x_{(5)}$ 的概率密度函数。

3. 设总体 X 服从二参数威布尔分布，其分布函数为：

$$F(x)=1-\mathrm{e}^{-(x/\eta)^m},\quad x>0$$

式中，$m>0$ 为形状参数；$\eta>0$ 为尺度参数。从中获得样本 x_1，x_2，…，x_n，试证 $Y=\min(x_1, x_2, \cdots, x_n)$ 仍服从二参数威布尔分布，并指出其形状参数和尺度参数。

4. 设某电子元件的寿命服从参数 $\lambda=0.0015$ 的指数分布，其分布函数为：

$$F(x)=1-\mathrm{e}^{-\lambda x},\quad x>0$$

今从中随机抽取6个元件，测得其寿命 x_1，x_2，…，x_6，试求下列事件的概率：

(1) 到800小时没有一个元件失效；

(2) 到3 000小时所有元件都失效。

5. 设从某正态总体 $N(\mu, \sigma^2)$ 抽取的容量为10的样本的观察值为：

344 336 345 342 340 338 344 343 344 343

求其样本极差 R 和标准差的估计 $\hat{\sigma}_R$。

6. 一组工人合作完成某一部件的装配工序所需的时间（单位：分钟）如下，试作箱线图。

35	38	44	33	44	43	48	40	45	30
45	32	42	39	49	37	45	37	36	42
31	41	45	46	34	30	43	37	44	49
36	46	32	36	37	37	45	36	46	42
38	43	34	38	47	35	29	41	40	41

7. 用四种不同方法测量某种纸的光滑度，所得数据如下表所示，请在同一坐标系中作四个箱线图，从中可以看出什么？

方法	光滑度							
A	38.7	41.5	43.8	44.5	45.5	46.0	47.7	58.0
B	39.2	39.3	39.7	41.4	41.8	42.9	43.3	45.8
C	34.0	35.0	39.0	40.0	43.0	43.0	44.0	45.0
D	34.0	34.8	34.8	35.4	37.2	37.8	41.2	42.8

8. 设总体分布为 $N(\mu, \sigma^2)$，从中抽取容量为 n 的样本 x_1，x_2，…，x_n，记统计量

$$G=\frac{x_{(n)}-\bar{x}}{s}$$

其中，$\bar{x}=\frac{1}{n}\sum_{i=1}^{n}x_i$；$s=\sqrt{\frac{1}{n-1}\sum_{i=1}^{n}(x_i-\bar{x})^2}$。拟用随机模拟方法求 $n=10$ 时 G 的 $p=0.95$ 的分位数，设随机模拟次数为10 000次，写出模拟计算的步骤。

9. 为防止异常值的干扰，常用切尾均值 $\bar{x}_\alpha$ 代替样本均值 $\bar{x}$。切尾均值 $\bar{x}_\alpha$ 是把样本排序，切去两端少部分值，用剩下的数据计算得到的均值，其中 α $(0<\alpha<1/2)$ 称为切尾系数。其计算公式为：

$$\bar{x}_\alpha=\frac{x_{([n\alpha]+1)}+x_{([n\alpha]+2)}+\cdots+x_{(n-[n\alpha])}}{n-2[n\alpha]}$$

其中，$[n\alpha]$ 为 $n\alpha$ 的整数部分。如今在某高校采访16名大学生，其每周看电视的时间（单位：小时）如下：

15	14	12	9	7	4	0	27
10	14	6	9	13	10	5	8

若取 $\alpha=1/16$，计算其切尾均值。

10. 设 $x_{(1)}\leqslant x_{(2)}\leqslant\cdots\leqslant x_{(n)}$ $(n\geqslant 2)$ 是来自某总体的样本次序统计量。若总体的分布函数为 $F(x)$，密度函数为 $p(x)$，请证明以下结论：

(1)（$x_{(1)}$，$x_{(n)}$）的联合密度函数为：

$$p(u_1,u_2)=n(n-1)[F(u_2)-F(u_1)]^{n-2}p(u_1)p(u_2),\quad u_1<u_2$$

(2) 极差 $R=x_{(n)}-x_{(1)}$ 的分布函数为：

$$F(r)=n\int_{-\infty}^{+\infty}[F(r+u)-F(u)]^{n-1}p(u)\mathrm{d}u,\quad r>0$$

(3) 若 $F(x)$ 为均匀分布 $U(0,1)$ 的分布函数，则 $R\sim Be(n-1,2)$。

11. 设 x_1，x_2，…，x_n 是来自均匀分布 $U(0,\theta)$ 的样本，$x_{(1)}\leqslant x_{(2)}\leqslant\cdots\leqslant x_{(n)}$ 为其次序统计量，若令

$$y_i=\frac{x_{(i)}}{x_{(i+1)}},\quad i=1,2,\cdots,n-1;\quad y_n=x_{(n)}$$

证明：y_1，y_2，…，y_n 相互独立。

12. 设 x_1，x_2，…，x_n 是来自指数分布 $\exp(\lambda)$ 的样本，$x_{(1)}\leqslant x_{(2)}\leqslant\cdots\leqslant x_{(n)}$ 为其次序统计量，若令

$$y_i=x_{(i)}-x_{(i-1)}\ (i=1,2,\cdots,n),\quad x_{(0)}=0$$

证明：

(1) y_1，y_2，…，y_n 是相互独立的随机变量。

(2) $z_i=(n-i+1)y_i$ $(i=1,2,\cdots,n)$ 为独立同分布随机变量，共同分布为指数分布 $\exp(\lambda)$。

13. 设 x_1，x_2，…，x_n 是来自指数分布 $\exp(\lambda)$ 的样本，求其样本中位数 m_d 的渐近分布。

1.5 充分统计量

1.5.1 充分统计量的概念

大家知道，构造一个统计量就是对样本 x_1，x_2，…，x_n 进行加工。这种加工就是把原来为数众多且杂乱无章的数据转化为一个或少数几个统计量，达到简化数据（降低维数）、便于使用的目的，这是加工样本的要求之一；加工样本的要求之二是去粗取精，不损失（重要）信息。满足这两项要求的统计量在统计学中称为充分统计量。下面用一个例子来直观地说明这个概念。

例 1.5.1

某厂要了解某产品的不合格品率 p，按常规，检验员随机抽检了 10 件产品，检验结果如下（0 表示合格品，1 表示不合格品）：

$$x_1=1, x_2=1, x_3=0, x_4=0, x_5=0,$$
$$x_6=0, x_7=0, x_8=0, x_9=0, x_{10}=0$$

检验员向厂长汇报检验结果时有如下几种选择：

(1)“第一件是不合格品，第二件是不合格品，第三件是合格品，第四件是合格品……第十件是合格品。”厂长听后觉得啰唆。因为厂长关心的是不合格品率 p，而估计 p 的最重要信息是不合格品总数，至于不合格品出现在第几件产品上对厂长并不重要，检验员如此汇报虽没有损失任何样本信息，但没有达到去粗取精、简化数据之目的。

(2)“10 件中共有 2 件不合格品”，即 $T_1=\sum\limits_{i=1}^{10}x_i=2$。厂长一听就明白，觉得很好，简单明了。检验员抓住了样本中有关 p 的重要信息（不合格品总数 $T_1=2$），剔除了与 p 无关的信息（不合格品出现在哪个产品上），既简化数据，又不损失重要信息，达到了充分统计量的要求。

(3)“前两件不合格”，即 $T_2=x_1+x_2=2$。厂长听后犯惑，“后几件产品怎样?”如此汇报不能使人满意，因为这损失了有关 p 的重要信息。

上面我们用一个例子给出了充分统计量的直观含义，下面我们将从分布层面对其作进一步分析。具体分以下几点：

- 设总体的分布函数 $F_\theta(x)$ 已知，但参数 θ 未知。这样确定分布的问题归结为未知参数 θ 的估计问题。为此，从该总体随机抽取一个样本 $\boldsymbol{x}=(x_1, x_2, \cdots, x_n)$，该样本的分布函数

$$F_\theta(\boldsymbol{x})=\prod_{i=1}^{n}F_\theta(x_i)$$

含有样本 $\boldsymbol{x}$ 中有关 θ 的信息。

- 为了估计 θ，可构造一个统计量 $T=T(\boldsymbol{x})$，使它尽量多地含有 θ 的信息。假如 T 的抽样分布 $F_\theta^T(t)$ 与样本分布 $F_\theta(\boldsymbol{x})$ 所含有关 θ 的信息一样多，那就可用统计量 T 代替样本 $\boldsymbol{x}$ 从事统计推断，达到简化数据和不损失信息之目的。如何考察“所含有关 θ 的信息一样多”呢?

- 可以设想

$$\left\{\begin{array}{l}\text{样本 } \boldsymbol{x} \text{ 中}\\ \text{所含有关 } \theta \text{ 的信息}\end{array}\right\}=\left\{\begin{array}{l}\text{统计量 } T=T(\boldsymbol{x}) \text{ 中}\\ \text{所含有关 } \theta \text{ 的信息}\end{array}\right\}+\left\{\begin{array}{l}\text{在 } T \text{ 取值为 } t \text{ 后样本 } \boldsymbol{x}\\ \text{还含有关 } \theta \text{ 的信息}\end{array}\right\}$$

上式右端最后一项涉及条件分布 $F_\theta(\boldsymbol{x}\mid T=t)$ 中还含有多少有关 θ 的信息。这里可能有如下两种情况：

(i) 若 $F_\theta(\boldsymbol{x}\mid T=t)$ 依赖于参数 θ，则此条件分布仍含有有关 θ 的信息。这表明

统计量 T 没有把样本中有关 θ 的信息全部概括进去。

(ii) 若 $F_\theta(\boldsymbol{x} \mid T=t)$ 不依赖于参数 θ，则此条件分布已不含 θ 的任何信息。这表明有关 θ 的信息都含在统计量 T 之中，使用统计量 T 不会损失有关 θ 的信息。这正是统计量 T 具有充分性的含义。

● 综上所述，统计量 $T=T(\boldsymbol{x})$ 是否具有充分性，关键在于考察条件分布 $F_\theta(\boldsymbol{x} \mid T=t)$ 是否与 θ 有关。为了说明上述设想的可行性，我们从分布层面对例1.5.1作进一步分析。

例 1.5.2

设 x_1，x_2，…，x_n 是来自二点分布 $b(1, p)$ 的一个样本，其中 $0<p<1$，$n>2$，先考察如下两个统计量：

$$T_1 = \sum_{i=1}^n x_i, \qquad T_2 = x_1 + x_2$$

这个例子实际上就是例1.5.1的一般化叙述。

首先指出该样本的联合分布是

$$P(X_1 = x_1, X_2 = x_2, \cdots, X_n = x_n) = p^{\sum_{i=1}^n x_i}(1-p)^{n-\sum_{i=1}^n x_i}$$

其中，诸 x_i 非0即1，而统计量 $T_1 = \sum_{i=1}^n x_i$ 的分布为二项分布 $b(n, p)$，即

$$P(T_1=t)=\binom{n}{t}p^t(1-p)^{n-t}, \quad t=0,1,\cdots,n$$

在给定 $T_1=t$ 下，样本的条件分布为：

$$\begin{aligned}
& P(X_1=x_1, X_2=x_2, \cdots, X_n=x_n \mid T_1=t) \\
&= \frac{P(X_1=x_1, X_2=x_2, \cdots, X_n=x_n, T_1=t)}{P(T_1=t)} \\
&= \frac{P\left(X_1 = x_1, X_2 = x_2, \cdots, X_{n-1} = x_{n-1}, X_n = t - \sum_{i=1}^{n-1} x_i\right)}{P(T_1 = t)} \\
&= \frac{p^t(1-p)^{n-t}}{\binom{n}{t}p^t(1-p)^{n-t}} = \binom{n}{t}^{-1}
\end{aligned}$$

计算结果表明，这个条件分布与参数 p 无关，即它不含参数 p 的信息，这意味着样本中有关 p 的信息都含在统计量 T_1 中。

另外，统计量 $T_2=x_1+x_2$ 的分布为 $b(2, p)$，在 $T_2=t$ 下，样本的条件分布为：

$$\begin{aligned}
& P(X_1 = x_1, X_2 = x_2, \cdots, X_n = x_n \mid T_2 = t) \\
&= \frac{P(X_1 = x_1, X_2 = t - x_1, X_3 = x_3, \cdots, X_n = x_n)}{P(T_2 = t)}
\end{aligned}$$

$$= \frac{p^{t+\sum_{i=3}^{n} x_i}(1-p)^{n-t-\sum_{i=3}^{n} x_i}}{\binom{2}{t} p^t (1-p)^{2-t}}$$

$$= \binom{2}{t}^{-1} p^{\sum_{i=3}^{n} x_i}(1-p)^{n-2-\sum_{i=3}^{n} x_i}$$

这表明此条件分布与参数 p 有关，即它还有参数 p 的信息，而样本中有关 p 的信息没有完全包含在统计量 T_2 之中。

从这个例子可见，用条件分布与未知参数无关来表示不损失样本中未知参数的信息是妥当的。一般充分统计量的定义也正是这样给出的。

定义 1.5.1　设有一个分布族 $\mathscr{F}=\{F\}$，$x_1,x_2,\cdots,x_n$ 是从某分布 $F\in\mathscr{F}$ 中抽取的一个样本。$T=T(x_1,x_2,\cdots,x_n)$ 是一个统计量（也可以是向量统计量）。若在给定 $T=t$ 下，样本 $\boldsymbol{x}$ 的条件分布与总体分布 F 无关，则称 **$\boldsymbol{T}$ 为此分布族 $\mathscr{F}$ 的充分统计量**。假如 $\mathscr{F}=\{F_\theta,\theta\in\Theta\}$ 是参数分布族（θ 可以是向量），在给定 $T=t$ 下，样本 $\boldsymbol{x}$ 的条件分布与参数 θ 无关，则称 **$\boldsymbol{T}$ 为参数 $\boldsymbol{\theta}$ 的充分统计量**。

在上述定义中，我们把充分统计量适用于参数分布族扩展到任一分布族上。在实际应用中，定义中的条件分布可用条件分布列（在离散场合）或条件密度函数（在连续场合）来代替。按此定义，在例 1.5.2 中，统计量 $T_1=\sum_{i=1}^{n} x_i$ 是二点分布族 $\{b(1,p);0<p<1\}$ 的一个充分统计量，也可以说 T_1 是成功概率 p 的充分统计量。

由此定义立即可推得下面的结果。

定理 1.5.1　设 $T=T(\boldsymbol{x})$ 是参数 θ 的充分统计量，$s=\Psi(t)$ 是严格单调函数，则 $S=\Psi(t(\boldsymbol{x}))=\Psi(\boldsymbol{x})$ 也是 θ 的一个充分统计量。

证：由于 $s=\Psi(t)$ 是严格单调函数，事件“$S=s$”与事件“$T=t$”是相等的，故其条件分布有 $F_\theta(\boldsymbol{x}|T=t)=F_\theta(\boldsymbol{x}|S=s)$，由此即可推得此定理成立。

按此定理，$T_1=\sum_{i=1}^{n} x_i$ 是成功概率 p 的充分统计量，则 $\bar{x}=\frac{1}{n}\sum_{i=1}^{n} x_i$ 也是 p 的充分统计量。

例 1.5.3

设 x_1，x_2，…，x_n 是来自几何分布 $P(X=x)=\theta(1-\theta)^x(x=0,1,2,\cdots)$ 的一个样本，其中，$0<\theta<1$，则 $T=\sum_{i=1}^{n} x_i$ 是参数 θ 的充分统计量。

事实上，在诸 x_i 来自几何分布的情况下，其和 $T=\sum_{i=1}^{n} x_i$ 服从负二项分布，即

$$P(T=t)=\binom{t+n-1}{n-1}\theta^n(1-\theta)^t,\quad t=0,1,2,\cdots$$

所以在 $T=t$ 时，样本的条件分布为：

$$\begin{aligned}&P(X_1=x_1,X_2=x_2,\cdots,X_n=x_n\mid T=t)\\&=\frac{P\left(X_1=x_1,\cdots,X_{n-1}=x_{n-1},X_n=t-\sum_{i=1}^{n-1}x_i\right)}{P(T=t)}\\&=\frac{\theta^n(1-\theta)^t}{\binom{t+n-1}{n-1}\theta^n(1-\theta)^t}=\binom{t+n-1}{n-1}^{-1}\end{aligned}$$

可见，这个条件分布与参数 θ 无关，故 $T=\sum_{i=1}^{n}X_i$ 是 θ 的充分统计量。

下面我们用这个例子来进一步说明充分统计量 T 不损失有关 θ 信息的另一种解释：当得到充分统计量 T 的某个取值 t 之后，失去原样本的观察值也无关系。因为我们可以根据上述条件分布来设计某个随机试验，从中获得来自总体的一个新样本。这个新样本虽不能完全恢复老样本的原状，但它与老样本有相同分布，即与老样本所含的有关参数 θ 的信息是一样的。譬如在这个例子中，当我们得到了 $T=\sum_{i=1}^{n}x_i=t$ 之后，根据上述条件分布设计如下随机试验。在上述条件分布中分母 $\binom{t+n-1}{n-1}$ 可以看做一个重复组合数，它等于把 t 个不可分辨的球放到 n 个不同盒子里的所有可能放法的总数。按照此种理解，可以设计一个随机投球试验：把 t 个不可分辨的球随机地放入 n 个不同的盒子里。记 x_i' 为第 i（$i=1,2,\cdots,n$）个盒子中球的个数，则有 $\sum_{i=1}^{n}x_i'=t$。上述概率实际上是条件概率，应记为：

$$P\left(X_1'=x_1',X_2'=x_2',\cdots,X_n'=x_n'\,\middle|\,\sum_{i=1}^{n}x_i'=t\right)=\binom{t+n-1}{n-1}^{-1}$$

新样本（x_1'，x_2'，$\cdots$，x_n'）与老样本 x_1，x_2，$\cdots$，x_n 在取值上虽有差别，但它们在条件 $T=t$ 下的条件概率是相同的，由此可得

$$\begin{aligned}&P(X_1=x_1,X_2=x_2,\cdots,X_n=x_n)\\&=\sum_{t=0}^{\infty}P(X_1=x_1,X_2=x_2,\cdots,X_n=x_n\mid T=t)P(T=t)\\&=\sum_{t=0}^{\infty}P(X_1'=x_1',X_2'=x_2',\cdots,X_n'=x_n'\mid T=t)P(T=t)\\&=P(X_1'=x_1',X_2'=x_2',\cdots,X_n'=x_n')\end{aligned}$$

由此可见，用这两个样本进行统计推断的效果是完全一样的，或者说这两个样本中所含总体的信息是一样的。这一事实表明，当获得充分统计量 T 的观察值后，失

去样本 $(x_1, x_2, \cdots, x_n)$ 的观察值也不会影响统计推断。

下面的引理将在连续分布场合给出条件密度函数的一种表示形式，这为讨论充分统计量提供了方便。

引理 1.5.1　设 $\boldsymbol{x}=(x_1, x_2, \cdots, x_n)$是来自密度函数 $p_\theta(x)$的一个样本，$T=T(\boldsymbol{x})$ 是一个统计量，则在 $T=t$ 下，样本 $\boldsymbol{x}$ 的条件密度函数 $p_\theta(\boldsymbol{x} \mid t)$可表示为：

$$p_\theta(\boldsymbol{x}|t)=\frac{p_\theta(\boldsymbol{x})I\{T(\boldsymbol{x})=t\}}{p_\theta(t)}$$

其中，$I\{T(\boldsymbol{x})=t\}$是事件“$T(\boldsymbol{x})=t$”的示性函数。

证：由于 $\boldsymbol{x}$ 与 T 的联合密度函数可分解为：

$$p_\theta(\boldsymbol{x},t)=p_\theta(\boldsymbol{x})p_\theta(t|\boldsymbol{x})=p_\theta(t)p_\theta(\boldsymbol{x}|t)$$

其中 $p_\theta(t \mid \boldsymbol{x})$ 是退化分布，因为 T 是 $\boldsymbol{x}$ 的函数，当样本 $\boldsymbol{x}$ 给定时，T 只能取 t，即 $P(T(\boldsymbol{x})=t|\boldsymbol{x})=1$，而 $P(T(\boldsymbol{x})\neq t|\boldsymbol{x})=0$，或简记为：

$$I\{T(\boldsymbol{x})=t\}=p_\theta(t|\boldsymbol{x})=\begin{cases}1, & T(\boldsymbol{x})=t\\ 0, & T(\boldsymbol{x})\neq t\end{cases}$$

由此可得联合分布

$$p_\theta(\boldsymbol{x},t)=p_\theta(\boldsymbol{x})I\{T(\boldsymbol{x})=t\}$$

最后可得

$$p_\theta(\boldsymbol{x}|t)=\frac{p_\theta(\boldsymbol{x},t)}{p_\theta(t)}=\frac{p_\theta(\boldsymbol{x})I\{T(\boldsymbol{x})=t\}}{p_\theta(t)}$$

这就证明了此引理。

例 1.5.4

设 $\boldsymbol{x}=(x_1,x_2,\cdots,x_n)$是来自正态分布 $N(\mu,1)$的一个样本，则 $T=\sum\limits_{i=1}^{n}x_i$ 是参数 μ 的充分统计量。

解：由正态分布的可加性知 $T\sim N(n\mu,n)$，其密度函数为：

$$p_\mu(t)=\frac{1}{\sqrt{2\pi}\sqrt{n}}\exp\left\{-\frac{(t-n\mu)^2}{2n}\right\}$$

由引理 1.5.1 知，在 $T=t$ 下，样本 $\boldsymbol{x}$ 的条件密度为：

$$\begin{aligned}p_\mu(\boldsymbol{x} \mid t) &= \frac{p_\mu(\boldsymbol{x})I\{T(\boldsymbol{x}) = t\}}{p_\mu(t)}\\ &= \frac{\left(\dfrac{1}{\sqrt{2\pi}}\right)^n\exp\left\{-\dfrac{1}{2}\sum\limits_{i=1}^{n}(x_i-\mu)^2\right\}I\{T(\boldsymbol{x}) = t\}}{\dfrac{1}{\sqrt{2\pi}\sqrt{n}}\exp\left\{-\dfrac{1}{2n}(t-n\mu)^2\right\}}\end{aligned}$$

$$=\frac{\sqrt{n}}{(\sqrt{2\pi})^{n-1}}\exp\left\{-\frac{1}{2}\left[\sum_{i=1}^{n}(x_i-\mu)^2-\frac{1}{n}(t-n\mu)^2\right]\right\}I\{T(\boldsymbol{x})=t\}$$

$$=\frac{\sqrt{n}}{(\sqrt{2\pi})^{n-1}}\exp\left\{-\frac{1}{2}\left[\sum_{i=1}^{n}x_i^2-\frac{t^2}{n}\right]\right\}$$

最后的结果与参数μ无关，这表明$T=\sum\limits_{i=1}^{n}x_i$是$\mu$的充分统计量。

例 1.5.5

讨论次序统计量的充分性，分连续分布族和离散分布族进行。

(1) 设$\boldsymbol{x}=(x_1, x_2, \cdots, x_n)$是来自某密度函数$p(x)$的一个样本，该样本的联合密度函数为：

$$p(\boldsymbol{x})=p(x_1,x_2,\cdots,x_n)=\prod_{i=1}^{n}p(x_i)$$

由连续性假定知，可以概率1使x_1，x_2，…，x_n是可区分的。因此可排除诸x_i中可能相等的情况。又设$x_{(1)}<x_{(2)}<\cdots<x_{(n)}$为该样本的次序统计量，且记为$\boldsymbol{T}=(x_{(1)}, x_{(2)}, \cdots, x_{(n)})$。若设$\boldsymbol{T}$的取值为$\boldsymbol{t}=(t_1, t_2, \cdots, t_n)$，其中$t_1<t_2<\cdots<t_n$，则$\boldsymbol{T}$的联合密度函数为：

$$p^{\boldsymbol{T}}(\boldsymbol{t})=p(x_{(1)}=t_1,\cdots,x_{(n)}=t_n)=n!\prod_{i=1}^{n}p(x_i=t_i)$$

由引理1.5.1知，在$\boldsymbol{T}=\boldsymbol{t}$下，样本$\boldsymbol{x}$的条件密度函数为：

$$p(\boldsymbol{x}\mid\boldsymbol{t})=\frac{p(\boldsymbol{x})I\{\boldsymbol{T}=\boldsymbol{t}\}}{p^{\boldsymbol{T}}(\boldsymbol{t})}=\frac{\prod\limits_{i=1}^{n}p(x_i)I\{\boldsymbol{T}=\boldsymbol{t}\}}{n!\prod\limits_{i=1}^{n}p(x_i=t_i)}=\frac{1}{n!}$$

这个条件分布与总体分布$p(x)$无关，故$\boldsymbol{T}=(x_{(1)}, x_{(2)}, \cdots, x_{(n)})$是该连续分布族的充分统计量。从直观上看，当给定$\boldsymbol{T}=\boldsymbol{t}=(t_1, t_2, \cdots, t_n)$后，样本$\boldsymbol{x}=(x_1, x_2, \cdots, x_n)$的可能取值是$t_1$，$t_2$，…，$t_n$的$n!$个排列之一。由对称性，取到其中之一的条件概率为$1/n!$。

(2) 设$\boldsymbol{x}=(x_1, x_2, \cdots, x_n)$是来自某分布列的一个样本，该分布至多可取可列个值。为确定起见，可设总体分布为：

$$P(X=a_i)=p_i,\quad i=1,2,\cdots$$

于是样本$\boldsymbol{x}$的联合分布列为：

$$P(x_1=a_{j_1},x_2=a_{j_2},\cdots,x_n=a_{j_n})=p_{j_1}p_{j_2}\cdots p_{j_n}$$

若在样本的取值a_{j_1}，a_{j_2}，…，a_{j_n}中有某些相同的值（在离散场合很有可能发生），譬如其中只有m个不同值$a_{i_1}<a_{i_2}<\cdots<a_{i_m}$，且有$k_1$个$a_{i_1}$，$k_2$个$a_{i_2}$，…，$k_m$个$a_{i_m}$，$k_1+k_2+\cdots+k_m=n$，则样本$\boldsymbol{x}$的联合分布为$p_{i_1}^{k_1}p_{i_2}^{k_2}\cdots p_{i_m}^{k_m}$。又设该样本的次序统计量为$\boldsymbol{T}=(x_{(1)}, x_{(2)}, \cdots, x_{(n)})$，其联合分布为：

$$P(\boldsymbol{T}=\boldsymbol{a})=P(x_{(1)}=a_{i_1},\cdots,x_{(n)}=a_{i_m})=\frac{n!}{k_1!\ k_2!\ \cdots k_m!}p_{i_1}^{k_1}p_{i_2}^{k_2}\cdots p_{i_m}^{k_m}$$

其中

$$\boldsymbol{a}=(\underbrace{a_{i_1},\cdots,a_{i_1}}_{k_1\text{个}},\underbrace{a_{i_2},\cdots,a_{i_2}}_{k_2\text{个}},\cdots,\underbrace{a_{i_m},\cdots,a_{i_m}}_{k_m\text{个}})$$

在给定 $\boldsymbol{T}=\boldsymbol{a}$ 下，样本 $\boldsymbol{x}$ 的取值为 $\boldsymbol{b}$ 时，条件概率

$$P(\boldsymbol{x}=\boldsymbol{b}|\boldsymbol{T}=\boldsymbol{a})=\frac{P(\boldsymbol{x}=\boldsymbol{b},\boldsymbol{T}=\boldsymbol{a})}{P(\boldsymbol{T}=\boldsymbol{a})}$$

当 $\boldsymbol{b}$ 是 $\boldsymbol{a}$ 的各分量的某个排列时，上式分子为 $p_{i_1}^{k_1}p_{i_2}^{k_2}\cdots p_{i_m}^{k_m}$，从而上述条件概率为 $k_1!\ k_2!\ \cdots k_m!\ /n!$；而当 $\boldsymbol{b}$ 不是 $\boldsymbol{a}$ 的各分量的某个排列时，上式分子为 0，从而其余条件概率也为 0。无论哪种情况发生，上述条件概率都与总体分布 $\{p_i,\ i=1,\ 2,\ \cdots\}$ 无关。这表明次序统计量也是离散分布族的充分统计量。

综上所述，在总体分布形式未知，只知其离散分布或连续分布场合（又称非参数分布族），次序统计量总是其充分统计量，使用它不会损失样本中的任何信息，但不能降低数据维数。这都是由于对总体分布知之甚少引起的。

1.5.2　因子分解定理

充分性是数理统计中最重要的概念之一，也是数理统计这一学科所特有的基本概念。它是费希尔在 1925 年提出的。但从定义 1.5.1 出发来论证一个统计量的充分性，因涉及条件分布的计算，因而常常是烦琐的。奈曼（J. Neyman）和哈尔姆斯（P. R. Halmos）在 20 世纪 40 年代提出并严格证明了一个判定充分统计量的法则——因子分解定理。这个定理适用面广，且应用方便，是一个很重要的结果。

定理 1.5.2（因子分解定理）　设有一个参数分布族

$$\mathscr{F}=\{p_\theta(\boldsymbol{x}):\theta\in\Theta\}$$

其中，$p_\theta(\boldsymbol{x})$（$\boldsymbol{x}\in\mathscr{X}$）在离散总体的情况下表示样本的分布列，在连续总体的情况下表示样本的密度函数，则在样本空间 $\mathscr{X}$ 上取值的统计量 $T(\boldsymbol{x})$ 是充分的，当且仅当存在这样两个函数：

（1）$\mathscr{X}$ 上的非负函数 $h(\boldsymbol{x})$；

（2）在统计量 $T(\boldsymbol{x})$ 取值空间 $\mathscr{T}$ 上的函数 $g_\theta(t)$，使得

$$p_\theta(\boldsymbol{x})=g_\theta[T(\boldsymbol{x})]h(\boldsymbol{x}),\quad \theta\in\Theta,\boldsymbol{x}\in\mathscr{X}$$

这个定理表明，假如存在充分统计量 $T(\boldsymbol{x})$，那么样本分布 $p_\theta(\boldsymbol{x})$ 一定可以分解

为两个因子的乘积，其中一个因子与 θ 无关，仅与样本 $\boldsymbol{x}$ 有关；另一因子与 θ 有关，但与样本 $\boldsymbol{x}$ 的关系一定要通过充分统计量 $T(\boldsymbol{x})$ 表现出来。应该指出，这个定理中的 $T(\boldsymbol{x})$ 可以是向量统计量。

证：由于数学工具的限制，下面只给出离散场合下的证明。这时

$$p_\theta(\boldsymbol{x})=p_\theta(\boldsymbol{X}=\boldsymbol{x})$$

对于任意固定的 $t\in\mathscr{T}$，令集合

$$A(t)=\{\boldsymbol{x}:T(\boldsymbol{x})=t\}$$

充分性：设 $p_\theta(\boldsymbol{x})$ 有上述因子分解形式，对任意的 $\boldsymbol{x}\in A(t)$，有 $\{\boldsymbol{X}=\boldsymbol{x}\}\subset\{T=t\}$，且

$$P_\theta(\boldsymbol{X}=\boldsymbol{x}\mid T=t)=\frac{P_\theta(\boldsymbol{X}=\boldsymbol{x},T=t)}{P_\theta(T=t)}=\frac{P_\theta(\boldsymbol{X}=\boldsymbol{x})}{P_\theta(T=t)}=\frac{p_\theta(\boldsymbol{x})}{\sum\limits_{\boldsymbol{y}\in A(t)}P_\theta(\boldsymbol{y})}$$

因为对 $\boldsymbol{y}\in A(t)$，有 $T(\boldsymbol{y})=t$，故可用因子分解形式代入上式，得

$$P_\theta(\boldsymbol{X}=\boldsymbol{x}\mid T=t)=\frac{g_\theta(t)h(\boldsymbol{x})}{\sum\limits_{\boldsymbol{y}\in A(t)}g_\theta(t)h(\boldsymbol{y})}=\frac{h(\boldsymbol{x})}{\sum\limits_{\boldsymbol{y}\in A(t)}h(\boldsymbol{y})}$$

最后的结果与参数 θ 无关。

另外，当 $\boldsymbol{x}\notin A(t)$ 时，$T(\boldsymbol{x})\neq t$，于是事件"$\boldsymbol{X}=\boldsymbol{x}$"与事件"$T(\boldsymbol{x})=t$"不可能同时出现。所以当 $\boldsymbol{x}\notin A(t)$ 时，$P_\theta(\boldsymbol{X}=\boldsymbol{x},T=t)=0$，从而 $P_\theta(\boldsymbol{X}=\boldsymbol{x}\mid T=t)=0$，这也与参数 θ 无关。这就证明了 $T(\boldsymbol{x})$ 是充分统计量。

必要性：设 $T(\boldsymbol{x})$ 是参数 θ 的充分统计量，则在给定 $T=t$ 下，条件概率 $P_\theta(\boldsymbol{X}=\boldsymbol{x}\mid T=t)$ 与参数 θ 无关，它只可能是 $\boldsymbol{x}$ 的函数，记为 $h(\boldsymbol{x})$。另外，对给定的 t 及 $\boldsymbol{x}\in A(t)$，我们有 $\{\boldsymbol{X}=\boldsymbol{x}\}\subset\{T=t\}$，且

$$\begin{aligned}p_\theta(\boldsymbol{x})&=P_\theta(\boldsymbol{X}=\boldsymbol{x})\\&=P_\theta(\boldsymbol{X}=\boldsymbol{x},T=t)\\&=P_\theta(\boldsymbol{X}=\boldsymbol{x}\mid T=t)P_\theta(T=t)\\&=h(\boldsymbol{x})g_\theta(t)\end{aligned}$$

这就是 $p_\theta(\boldsymbol{x})$ 的因子分解形式。证毕。

例 1.5.6

设 $\boldsymbol{x}=(x_1,x_2,\cdots,x_n)$ 是取自均匀分布 $U(0,\theta)$ 的一个样本，则其样本的联合密度函数为 $p_\theta(\boldsymbol{x})=\theta^{-n}I_{\{0<x_{(n)}<\theta\}}(\boldsymbol{x})$，其中 $I_A(\boldsymbol{x})$ 表示集合 A 的示性函数。设 $T(\boldsymbol{x})=x_{(n)}$，若取 $h(\boldsymbol{x})=1,g_\theta(t)=\theta^{-n}I_{\{0<x_{(n)}<\theta\}}(\boldsymbol{x})$，则由因子分解定理知，$T(\boldsymbol{x})=x_{(n)}$ 是 θ 的充分统计量。

例 1.5.7

设 $\boldsymbol{x}=(x_1,x_2,\cdots,x_n)$ 是取自正态分布 $N(\mu,\sigma^2)$ 的一个样本，则其样本联合密度

函数为：

$$p_{\mu,\sigma^2}(\boldsymbol{x}) = (2\pi\sigma^2)^{-\frac{n}{2}}\exp\left\{-\frac{1}{2\sigma^2}\sum_{i=1}^{n}(x_i-\mu)^2\right\}$$
$$= (2\pi\sigma^2)^{-\frac{n}{2}}\exp\left\{-\frac{Q}{2\sigma^2}-\frac{n(\bar{x}-\mu)^2}{2\sigma^2}\right\}$$

其中，$\bar{x}=\sum_{i=1}^{n}x_i/n$，$Q=\sum_{i=1}^{n}(x_i-\bar{x})^2$。若取 $h(\boldsymbol{x})=1$，就可以用因子分解定理看出，$(\bar{x},\ Q)$ 是 $(\mu,\ \sigma^2)$ 的充分统计量。

据一一对应关系，也可以说 $(\bar{x},\ s^2)$ 是 $(\mu,\ \sigma^2)$ 的充分统计量。其中，$s^2=Q/(n-1)$，还可以说 $\left(\sum_{i=1}^{n}x_i,\sum_{i=1}^{n}x_i^2\right)$ 是 μ，σ^2 的充分统计量。

特别，当 σ^2 已知时，可取

$$g_\mu(\bar{x})=(2\pi\sigma^2)^{-n/2}\exp\left\{-\frac{n(\bar{x}-\mu)^2}{2\sigma^2}\right\},h(\boldsymbol{x})=\exp\left\{-\frac{Q}{2\sigma^2}\right\}$$

则可看出 $\bar{x}$ 是 μ 的充分统计量。这与例 1.5.4 的结果一致。另外，当 μ 已知时，可取

$$g_{\sigma^2}(\bar{x},Q)=p_{\mu,\sigma^2}(\boldsymbol{x}),\quad h(\boldsymbol{x})=1$$

则可看出 $\bar{x}$ 与 Q 是 σ^2 的充分统计量。或者说，$\bar{x}$ 与 Q（或 $\sum_{i=1}^{n}x_i$ 与 $\sum_{i=1}^{n}x_i^2$）都含有 σ^2 的信息，故不能说在 μ 已知时，Q 是 σ^2 的充分统计量。

习题 1.5

1. 设 x_1，x_2，…，x_n 是来自泊松分布 $P(\lambda)$ 的一个样本，证明：

(1) $T=\sum_{i=1}^{n}x_i$ 是 λ 的充分统计量。

(2) 依据条件分布 $P(\boldsymbol{X}=\boldsymbol{x}\mid T=t)$ 设计一个随机试验，使其产生的样本与原样本同分布。

(3) 在 $n=2$ 时，x_1+2x_2 是统计量，但不是 λ 的充分统计量。

2. 设 x_1，x_2，…，x_n 是来自如下离散分布的一个样本：

$$P(X=a_i)=p_i,\quad i=1,2,\cdots,k$$

若以 n_i 表示样本中等于 a_i 的个数，证明 $(n_1,\ n_2,\ \cdots,\ n_k)$ 是该分布的充分统计量。

3. 给定 r，寻求如下负二项分布参数 p 的充分统计量：

$$P(X=x)=\binom{x-1}{r-1}p^r(1-p)^{x-r},\quad x=r,r+1,\cdots$$

4. 寻求对数正态分布 $LN(\mu,\ \sigma^2)$的充分统计量。

5. 寻求伽玛分布 $Ga(\alpha,\ \lambda)$的充分统计量。

6. 寻求贝塔分布 $Be(a, b)$的充分统计量。

7. 设 $x_1, x_2, \cdots, x_n$ 是来自如下分布的一个样本，寻求各自的充分统计量。

(1) $p_\theta(x)=\theta x^{\theta-1}$，$0<x<1$，$\theta>0$。

(2) $p_\theta(x)=\theta a^\theta x^{-(\theta+1)}$，$x>a$，$\theta>0$，$a$ 已知。

(3) $p_\theta(x)=\frac{1}{2\theta}e^{-|x|/\theta}$，$-\infty<x<+\infty$，$\theta>0$。

8. 寻求如下三种不同均匀分布的充分统计量。

(1) $U(0, \theta)$。

(2) $U(\theta_1, \theta_2)$，$\theta_1<\theta_2$。

(3) $U(\theta, 2\theta)$。

9. 设 $x_1, x_2, \cdots, x_n$ 是来自双参数指数分布

$$p_{\mu,\theta}(x)=\frac{1}{\theta}\exp\left\{-\frac{x-\mu}{\theta}\right\},\quad x>\mu,\quad \theta>0$$

的一个样本，证明 $(\bar{x}, x_{(1)})$ 是该分布的充分统计量。

10. 设 y_i 是来自正态总体 $N(a+bx_i, \sigma^2)$ $(i=1, 2, \cdots, n)$ 的容量为 n 的样本，其中诸 x_i 已知，诸 y_i 相互独立，证明 $\left(\sum_{i=1}^n y_i, \sum_{i=1}^n x_i y_i, \sum_{i=1}^n y_i^2\right)$ 是 (a, b, σ^2) 的充分统计量。

11. 设 $x_1, x_2, \cdots, x_n$ 是来自威布尔分布函数

$$F(x)=1-\exp\left\{-\left(\frac{x^m}{\theta}\right)\right\},\quad x>0, \theta>0$$

的一个样本，在 m $(m>0)$ 已知下寻求 θ 的充分统计量。

12. 设 $x_1, x_2, \cdots, x_n$ 是来自密度函数

$$p_\theta(x)=\theta/x^2,\quad 0<\theta<x<\infty$$

的一个样本，寻求参数 θ 的充分统计量。

13. 设(x_1, y_1)，(x_2, y_2)，$\cdots$，(x_n, y_n)是来自二维正态分布 $N(\mu_1, \mu_2, \sigma_1^2, \sigma_2^2, \rho)$的一个二维样本，寻求该二维正态分布的充分统计量。

1.6 常用的概率分布族

1.6.1 常用概率分布族表

表 1.6.1 列出了一些常用概率分布族，其中分布与参数空间两列就组成一个（概率）分布族，如：

- 二项分布族 $\{b(n, p); 0<p<1\}$

- 泊松分布族 $\{P(\lambda);\ \lambda>0\}$
- 正态分布族 $\{N(\mu,\ \sigma^2);\ -\infty<\mu<\infty,\ \sigma>0\}$
- 均匀分布族 $\{U(a,\ b);\ -\infty<a<b<\infty\}$
- 指数分布族 $\{\exp(\lambda);\ \lambda>0\}$

这些分布族都是大家熟悉的，后面将对表 1.6.1 中的伽玛分布族和贝塔分布族作一些介绍，最后再概括出更一般的指数型分布族。

表 1.6.1 所列的分布族又称为参数分布族，这类分布族中的分布能被有限个参数唯一确定。此外，还有一类非参数分布族，该族内的分布都不能被有限个参数确定，譬如

$$\mathscr{P}_1=\{p(x);p(x)\text{是连续分布}\}$$
$$\mathscr{P}_2=\{F(x);F(x)\text{的一二阶矩存在}\}$$
$$\mathscr{P}_3=\{p(x);p(x)\text{是对称的连续分布}\}$$

非参数分布族是非参数统计研究的出发点，它比参数分布族的内涵少得多，可其外延却很大，即非参数分布族的已知信息很少，但其所含分布多得很。

分布族是统计研究的出发点，明确地指出分布族就是明确了一项统计研究的已知条件，所得结果适用于该分布族中的所有分布。而概率研究的出发点是概率空间 $(\Omega,\ \mathscr{B},\ P)$，其中 P 是定义在 $(\Omega,\ \mathscr{B})$ 上的一个概率分布，它所含的参数都假设已知。这就是两种研究在出发点上的差别。

表 1.6.1　　常用概率分布族

分布	分布列 p_k 或密度函数 $p(x)$	期望	方差	参数空间
0—1 分布	$p_k=p^k(1-p)^{1-k},\ k=0,1$	p	$p(1-p)$	$0<p<1$
二项分布 $b(n,p)$	$p_k=\binom{n}{k}p^k(1-p)^{n-k}$ $k=0,1,\cdots,n$	np	$np(1-p)$	$0<p<1$
泊松分布 $P(\lambda)$	$p_k=\frac{\lambda^k}{k!}\mathrm{e}^{-\lambda},\ k=0,1,\cdots$	λ	λ	$\lambda>0$
超几何分布 $h(n,N,M)$	$p_k=\frac{\binom{M}{k}\binom{N-M}{n-k}}{\binom{N}{n}}$ $k=0,1,\cdots,r;r=\min\{M,n\}$	$n\frac{M}{N}$	$\frac{nM(N-M)(N-n)}{N^2(N-1)}$	N,M,n 为自然数；$N>M$
几何分布 $Ge(p)$	$p_k=(1-p)^{k-1}p$ $k=1,2,\cdots$	$\frac{1}{p}$	$\frac{1-p}{p^2}$	$0<p<1$
负二项分布 $Nb(r,p)$	$p_k=\binom{k-1}{r-1}(1-p)^{k-r}p^r$ $k=r,r+1,\cdots$	$\frac{r}{p}$	$\frac{r(1-p)}{p^2}$	$0<p<1$ r 为实数
正态分布 $N(\mu,\sigma^2)$	$p(x)=\frac{1}{\sqrt{2\pi\sigma^2}}\exp\left\{-\frac{(x-\mu)^2}{2\sigma^2}\right\}$， $-\infty<x<+\infty$	μ	σ^2	$-\infty<\mu<+\infty$ $\sigma>0$

续前表

分布	分布列 p_k 或密度函数 $p(x)$	期望	方差	参数空间
标准正态分布 $N(0,1)$	$p(x)=\frac{1}{\sqrt{2\pi}}\exp\left\{-\frac{x^2}{2}\right\}$ $-\infty<x<+\infty$	0	1	
对数正态分布 $LN(\mu,\sigma^2)$	$p(x)=\frac{1}{\sqrt{2\pi}\sigma x}$ $\exp\left\{-\frac{1}{2\sigma^2}(\ln x-\mu)^2\right\}$，$x>0$	$\exp\left\{\mu+\frac{\sigma^2}{2}\right\}$	$(Ex)^2(e^{\sigma^2}-1)$	$-\infty<\mu<+\infty$ $\sigma>0$
均匀分布 $U(a,b)$	$p(x)=\frac{1}{b-a}$ $a<x<b$	$\frac{a+b}{2}$	$\frac{(b-a)^2}{12}$	$-\infty<a<b<\infty$
指数分布 $\exp(\lambda)$	$p(x)=\lambda e^{-\lambda x}$，$x\geqslant 0$	$\frac{1}{\lambda}$	$\frac{1}{\lambda^2}$	$\lambda>0$
伽玛分布 $Ga(\alpha,\lambda)$	$p(x)=\frac{\lambda^\alpha}{\Gamma(\alpha)}x^{\alpha-1}e^{-\lambda x}$，$x\geqslant 0$	$\frac{\alpha}{\lambda}$	$\frac{\alpha}{\lambda^2}$	$\alpha>0$ $\lambda>0$
$\chi^2(n)$分布	$p(x)=\frac{x^{n/2-1}e^{-x/2}}{\Gamma(n/2)2^{n/2}}$，$x\geqslant 0$	n	$2n$	$n>0$
倒伽玛分布 $IGa(\alpha,\lambda)$	$p(x)=\frac{\lambda^\alpha}{\Gamma(\alpha)x^{\alpha+1}}e^{-\lambda/x}$，$x>0$	$\frac{\lambda}{\alpha-1}$	$\frac{\lambda^2}{(\alpha-1)^2(\alpha-2)}$	$\alpha>0$ $\lambda>0$
贝塔分布 $Be(a,b)$	$p(x)=\frac{\Gamma(a+b)}{\Gamma(a)\Gamma(b)}x^{a-1}(1-x)^{b-1}$， $0<x<1$	$\frac{a}{a+b}$	$\frac{ab}{(a+b)^2(a+b+1)}$	$a>0$ $b>0$
柯西分布 $Cau(\mu,\lambda)$	$p(x)=\frac{1}{\pi}\frac{\lambda}{\lambda^2+(x-\mu)^2}$ $-\infty<x<\infty$	不存在	不存在	$\lambda>0$， $-\infty<\mu<\infty$
威布尔分布 $Wei(m,\eta)$	$p(x)=\frac{mx^{m-1}}{\eta}\exp\left\{-\frac{x^m}{\eta}\right\}$， $x>0$	$\eta\Gamma\left(1+\frac{1}{m}\right)$	$\eta^2\left\{\Gamma\left[1+\frac{2}{m}-\Gamma^2\left(1+\frac{1}{m}\right)\right]\right\}$	$m>0$ $\eta>0$
t分布 $t(n)$	$p(x)=\frac{\Gamma\left(\frac{n+1}{2}\right)}{\sqrt{n\pi}\Gamma\left(\frac{n}{2}\right)}\left(1+\frac{x^2}{n}\right)^{-(n+1)/2}$， $-\infty<x<\infty$	0　$(n>1)$	$\frac{n}{n-2}$　$(n>2)$	$n>0$
F分布 $F(n_1,n_2)$	$p(x)=\frac{\Gamma\left(\frac{n_1+n_2}{2}\right)}{\Gamma\left(\frac{n_1}{2}\right)\Gamma\left(\frac{n_2}{2}\right)}\left(\frac{n_1}{n_2}\right)^{n_1/2}$ $x^{n_1/2-1}\left(1+\frac{n_1}{n_2}x\right)^{-\frac{n_1+n_2}{2}}$，$x>0$	$n_2/(n_2-2)$ $(n_2>2)$	$\frac{2n_2^2(n_1+n_2-2)}{n_1(n_2-2)^2(n_2-4)}$　$(n_2>4)$	$n_2>0$ $n_1>0$

注：表中仅列出各分布密度函数的非零区域。

1.6.2　伽玛分布族

1. 伽玛函数

称以下函数

$$\Gamma(\alpha)=\int_0^{+\infty}x^{\alpha-1}\mathrm{e}^{-x}\mathrm{d}x$$

为伽玛函数，其中参数 $\alpha>0$。伽玛函数具有如下性质：

(1) $\Gamma(1)=1,\Gamma\left(\frac{1}{2}\right)=\sqrt{\pi}$；

(2) $\Gamma(\alpha+1)=\alpha\Gamma(\alpha)$（可用分部积分法证得）。当 α 为自然数 n 时，有

$\Gamma(n+1)=n\Gamma(n)=n!$

2. 伽玛分布

若随机变量 X 的密度函数为：

$$p(x)=\begin{cases}\dfrac{\lambda^\alpha}{\Gamma(\alpha)}x^{\alpha-1}\mathrm{e}^{-\lambda x}, & x\geqslant 0\\ 0, & x<0\end{cases}$$

则称 X 服从伽玛分布，记作 $X\sim Ga(\alpha,\lambda)$，其中 $\alpha>0$ 为形状参数，$\lambda>0$ 为尺度参数，伽玛分布族记为 $\{Ga(\alpha,\lambda);\alpha>0,\lambda>0\}$。图 1.6.1 给出了若干条 λ 固定、α 不同的伽玛密度函数曲线，从图中可以看出：

- $0<\alpha<1$ 时，$p(x)$ 是严格下降函数，且在 $x=0$ 处有奇异点；
- $\alpha=1$ 时，$p(x)$ 是严格下降函数，且在 $x=0$ 处 $p(0)=\lambda$；
- $1<\alpha\leqslant 2$ 时，$p(x)$ 是单峰函数，先上凸、后下凸；
- $\alpha>2$ 时，$p(x)$ 是单峰函数，先下凸、中间上凸、后下凸。且 α 越大，$p(x)$ 越近似于正态密度函数。

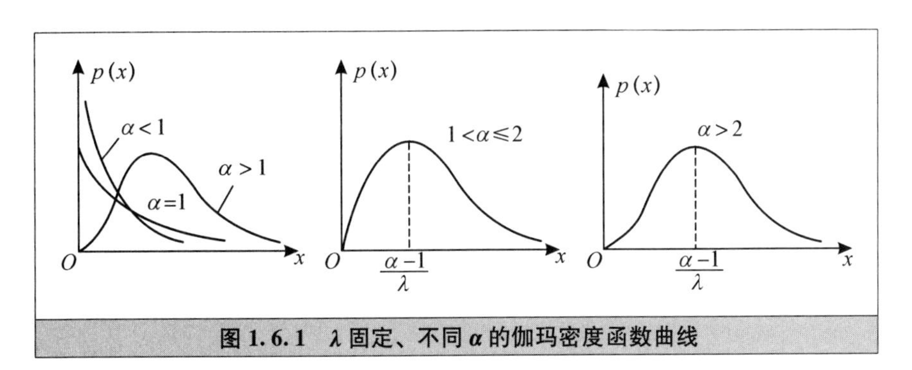

图 1.6.1　λ 固定、不同 α 的伽玛密度函数曲线

伽玛分布 $Ga(\alpha,\lambda)$ 的 k 阶矩为：

$$\mu_k=E(X^k)=\frac{\Gamma(\alpha+k)}{\lambda^k\Gamma(\alpha)}=\frac{\alpha(\alpha+1)\cdots(\alpha+k-1)}{\lambda^k} \tag{1.6.1}$$

由此算得其期望、方差、偏度 β_s 与峰度 β_k 分别为：

$$E(X)=\frac{\alpha}{\lambda},\quad \mathrm{Var}(X)=\frac{\alpha}{\lambda^2},\quad \beta_s=\frac{2}{\sqrt{\alpha}},\quad \beta_k=\frac{6}{\alpha}$$

可见，影响伽玛分布形状的偏度 β_s 与峰度 β_k 只与 α 有关，这就是称 α 为形状参数的

原因，且随着 α 增大，β_s 与 β_k 越来越小，最后趋于正态分布的状态：$\beta_s=0$ 与 $\beta_k=0$。

3. 伽玛分布的两个特例

伽玛分布有两个常用的特例：

（1）$\alpha=1$ 时的伽玛分布就是指数分布，即

$$Ga(1,\lambda)=\exp(\lambda)$$

（2）称 $\alpha=n/2$，$\lambda=1/2$ 时的伽玛分布是自由度为 n 的 χ^2 分布，记为$\chi^2(n)$，即

$$Ga\left(\frac{n}{2},\frac{1}{2}\right)=\chi^2(n)$$

其密度函数为：

$$p(x)=\begin{cases}\dfrac{1}{2^{\frac{n}{2}}\Gamma\left(\dfrac{n}{2}\right)}e^{-\frac{x}{2}}x^{\frac{n}{2}-1}, & x>0\\ 0, & x\leqslant 0\end{cases}$$

这里 n 是 χ^2 分布的唯一参数，称为自由度，它可以是正实数，但更多的是取正整数，这时卡方变量 $\chi^2(n)$可解释为 n 个相互独立标准正态变量的平方和（见定理 1.6.3）。自由度为 n 的卡方变量 $\chi^2(n)$的期望与方差分别为：

$$E[\chi^2(n)]=n$$
$$\mathrm{Var}[\chi^2(n)]=2n$$

4. 伽玛分布的性质

定理 1.6.1 设 $X_1\sim Ga(\alpha_1,\lambda)$，$X_2\sim Ga(\alpha_2,\lambda)$，且 X_1 与 X_2 独立，则

$$X_1+X_2\sim Ga(\alpha_1+\alpha_2,\lambda)$$

证：伽玛分布 $Ga(\alpha_i,\lambda)$的特征函数为：

$$\varphi_i(t)=\left(1-\frac{it}{\lambda}\right)^{-\alpha_i},\quad i=1,2,\cdots$$

从而尺度参数 λ 相同的伽玛变量和的特征函数为：

$$\varphi(t)=\varphi_1(t)\varphi_2(t)=\left(1-\frac{it}{\lambda}\right)^{-(\alpha_1+\alpha_2)}$$

这正是 $Ga(\alpha_1+\alpha_2,\lambda)$的特征函数。

定理 1.6.2 设 $X\sim Ga(\alpha,\lambda)$，则

$$y=kX\sim Ga(\alpha,\lambda/k),\quad k\neq 0$$

由随机变量线性变换即可获得此定理的证明。这表明任一伽玛变量都可通过线性变换转化为卡方变量，即 $X \sim Ga(\alpha,\lambda)$，则

$$y=2\lambda X \sim \chi^2(2\alpha)$$

定理 1.6.3　设 $X_1,X_2,\cdots,X_n$ 是正态总体 $N(0,\sigma^2)$ 的一个样本，则

$$\sum_{i=1}^{n} X_i^2/\sigma^2 \sim \chi^2(n)$$

证：先求 $y=X_1^2$ 的分布函数 $F_y(y)$，当 $y\leqslant 0$ 时有 $F_y(y)=0$，当 $y>0$ 时有

$$F_y(y)=P(X_1^2\leqslant y)=P(-\sqrt{y}\leqslant X_1\leqslant \sqrt{y})$$

而其密度函数为：

$$p_y(y)=\left[p_x(\sqrt{y})+p_x(-\sqrt{y})\right]\Big/(2\sqrt{y})=\frac{1}{\sqrt{2\pi}\sigma}y^{-\frac{1}{2}}e^{-y/2\sigma^2},\quad y>0$$

这就是 $Ga\left(\frac{1}{2},\ \frac{1}{2\sigma^2}\right)$的密度函数。利用伽玛分布的可加性，可得

$$\sum_{i=1}^{n} X_i^2 \sim Ga\left(\frac{n}{2},\frac{1}{2\sigma^2}\right)$$

再由定理 1.6.2，又可得

$$\sum_{i=1}^{n} X_i^2/\sigma^2 \sim Ga\left(\frac{n}{2},\frac{1}{2}\right)=\chi^2(n)$$

这就证明了本定理。

例 1.6.1

电子产品的失效常由于外界的“冲击”引起。若在 $(0,\ t)$ 内发生冲击的次数 $N(t)$ 服从参数为 λt 的泊松分布，试证第 n 次冲击来到的时间 S_n 服从伽玛分布 $Ga(n,\lambda)$。

证：因为事件“第 n 次冲击来到的时间 S_n 小于等于 t”等价于事件“$(0,\ t)$ 内发生冲击的次数 $N(t)$ 大于等于 n”，即

$$\{S_n\leqslant t\}=\{N(t)\geqslant n\}$$

于是，S_n 的分布函数为：

$$F(t)=P(S_n\leqslant t)=P(N(t)\geqslant n)=\sum_{k=n}^{+\infty}\frac{(\lambda t)^k}{k!}e^{-\lambda t}$$

用分部积分法可以验证下列等式：

$$\sum_{k=0}^{n-1}\frac{(\lambda t)^k}{k!}e^{-\lambda t}=\frac{\lambda^n}{\Gamma(n)}\int_t^{+\infty}x^{n-1}e^{-\lambda x}dx \tag{1.6.2}$$

所以

$$F(t)=\frac{\lambda^n}{\Gamma(n)}\int_0^t x^{n-1}\mathrm{e}^{-\lambda x}\mathrm{d}x$$

这就表明 $S_n \sim Ga(n,\ \lambda)$。证毕。

1.6.3 贝塔分布族

1. 贝塔函数

称以下函数

$$B(a,b)=\int_0^1 x^{a-1}(1-x)^{b-1}\mathrm{d}x \tag{1.6.3}$$

为贝塔函数，其中参数 $a>0$，$b>0$。贝塔函数具有如下性质：

（1）$B(a,b)=B(b,a)$。

证：在式（1.6.3）的积分中令 $y=1-x$，即得

$$B(a,b)=\int_1^0 (1-y)^{a-1}y^{b-1}(-\mathrm{d}y)=\int_0^1 (1-y)^{a-1}y^{b-1}\mathrm{d}y=B(b,a) \tag{1.6.4}$$

（2）贝塔函数与伽玛函数间有如下关系：

$$B(a,b)=\frac{\Gamma(a)\Gamma(b)}{\Gamma(a+b)} \tag{1.6.5}$$

证：由伽玛函数的定义知

$$\Gamma(a)\Gamma(b)=\int_0^{+\infty}\int_0^{+\infty} x^{a-1}y^{b-1}\mathrm{e}^{-(x+y)}\mathrm{d}x\mathrm{d}y$$

作变量变换 $x=uv$，$y=u(1-v)$，其雅可比行列式 $J=-u$，故

$$\begin{aligned}\Gamma(a)\Gamma(b)&=\int_0^{+\infty}\int_0^1 (uv)^{a-1}[u(1-v)]^{b-1}\mathrm{e}^{-u}u\,\mathrm{d}u\mathrm{d}v\\&=\int_0^{+\infty} u^{a+b-1}\mathrm{e}^{-u}\mathrm{d}u\int_0^1 v^{a-1}(1-v)^{b-1}\mathrm{d}v\\&=\Gamma(a+b)B(a,b)\end{aligned}$$

由此证得式（1.6.5）。

2. 贝塔分布

若随机变量 X 的密度函数为：

$$p(x)=\begin{cases}\dfrac{\Gamma(a+b)}{\Gamma(a)\Gamma(b)}x^{a-1}(1-x)^{b-1}, & 0<x<1\\ 0, & \text{其他}\end{cases}$$

则称 X 服从**贝塔分布**，记做 $X\sim Be(a,\ b)$，其中 $a>0$，$b>0$ 都是形状参数，故贝塔分布族可表示为 $\{Be(a,\ b);\ a>0,\ b>0\}$。图 1.6.2 给出了几种典型的贝塔密度函数曲线。

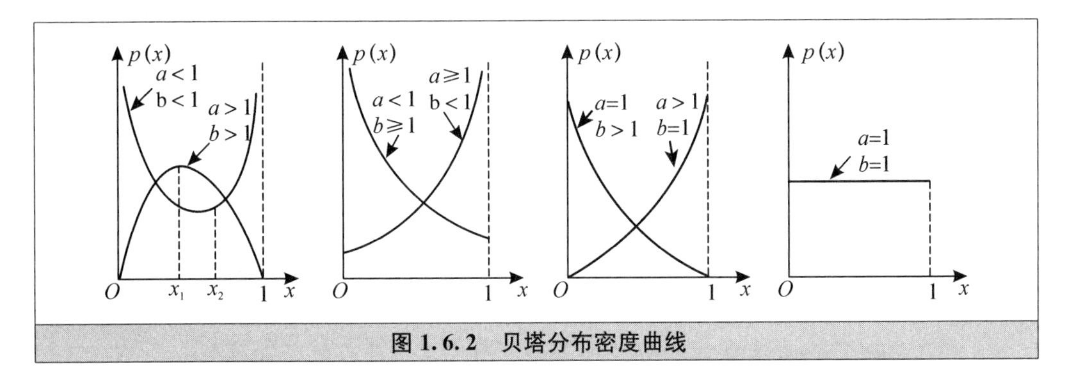

图 1.6.2 贝塔分布密度曲线

从图 1.6.2 可以看出：

- $a<1$，$b<1$ 时，$p(x)$ 是下凸函数。
- $a>1$，$b>1$ 时，$p(x)$ 是上凸的单峰函数。
- $a<1$，$b\geqslant 1$ 时，$p(x)$ 是下凸的单调减函数。
- $a\geqslant 1$，$b<1$ 时，$p(x)$ 是下凸的单调增函数。
- $a=1$，$b=1$ 时，$p(x)$ 是常数函数，且 $Be(1,1)=U(0,1)$。

因为服从贝塔分布 $Be(a, b)$的随机变量是仅在区间（0，1）取值的，所以不合格率、机器的维修率、市场的占有率、射击的命中率等各种比率选用贝塔分布作为它们的概率分布是可能的，只要选择适合的参数 a 和 b 即可。

贝塔分布 $Be(a, b)$ 的 k 阶矩为：

$$E(x^k) = \frac{\Gamma(a+b)}{\Gamma(a)\Gamma(b)}\int_0^1 x^{a+k-1}(1-x)^{b-1}\mathrm{d}x = \frac{\Gamma(a+b)\Gamma(a+k)}{\Gamma(a+b+k)\Gamma(a)} \tag{1.6.6}$$

由此可得 $Be(a, b)$ 的期望与方差为：

$$E(X)=\frac{a}{a+b}, \quad \mathrm{Var}(X)=\frac{ab}{(a+b)^2(a+b+1)}$$

类似可算得 $Be(a, b)$ 的偏度与峰度，它们都依赖 a 和 b。可见，参数 a 与 b 对贝塔分布的位置、散布、形状都有影响，很难区分个别参数的特殊贡献。

1.6.4 指数型分布族

定义 1.6.1 一个概率分布族 $\mathscr{P}=\{p_\theta(x): \theta\in\Theta\}$ 又称为**指数型分布族**，假如 $\mathscr{P}$ 中的分布（分布列或密度函数）都可表示为如下形式：

$$p_\theta(x) = c(\theta)\exp\left\{\sum_{j=1}^{k} c_j(\theta)T_j(x)\right\}h(x) \tag{1.6.7}$$

其中，k 为自然数；分布的支撑$\{x: p(x)>0\}$与参数 θ 无关；诸 $c(\theta), c_1(\theta), \cdots, c_k(\theta)$ 是定义在参数空间 Θ 上的函数；诸 $h(x), T_1(x), \cdots, T_k(x)$是 x 的函数，但 $h(x)>0$，$T_1(x), \cdots, T_k(x)$ 线性无关。

从上述定义可知，一个分布族是不是指数型分布族的关键在于其概率分布能否改写为式（1.6.7）的形式，其中主要有两条：一条是“分布的支撑与θ无关”；另一条是“诸$T_1(x),\cdots,T_k(x)$线性无关”，若其间线性相关，如$T_1(x)=2T_2(x)+3T_3(x)$，则把$T_1(x)$合并到$T_2(x)$和$T_3(x)$中即可，这可减少式（1.6.7）的指数上的项数，简化式（1.6.7）。

例 1.6.2

很多常用概率分布族都是指数型分布族，如：

（1）正态分布族是指数型分布族，因为其密度函数可表示为：

$$p_{\mu,\sigma}(x)=\frac{1}{\sqrt{2\pi}\sigma}\mathrm{e}^{-\frac{\mu^2}{2\sigma^2}}\exp\left\{\frac{\mu}{\sigma^2}\cdot x-\frac{1}{2\sigma^2}\cdot x^2\right\}$$

其支撑为（$-\infty$，∞），且

$$c(\mu,\sigma)=\frac{1}{\sqrt{2\pi}\sigma}\mathrm{e}^{-\frac{\mu^2}{2\sigma^2}},h(x)=1$$
$$c_1(\mu,\sigma)=\mu/\sigma^2,c_2(\mu,\sigma)=-1/(2\sigma^2)$$
$$T_1(x)=x,T_2(x)=x^2$$

（2）二项分布族是指数型分布族，因为其分布列可表示为：

$$P(X=x)=\binom{n}{x}p^x(1-p)^{n-x}=\binom{n}{x}\left(\frac{p}{1-p}\right)^x(1-p)^n$$
$$=c(p)\exp\left\{x\ln\frac{p}{1-p}\right\}\binom{n}{x}$$

其支撑为$\{0, 1, \cdots, n\}$，与参数p无关，且

$$c(p)=(1-p)^n,h(x)=\binom{n}{x}$$
$$c_1(p)=\ln\frac{p}{1-p},T_1(x)=x$$

（3）伽玛分布族是指数型分布族，因其密度函数可表示为：

$$p_{\alpha,\lambda}(x)=\frac{\lambda^\alpha}{\Gamma(\alpha)}x^{\alpha-1}\mathrm{e}^{-\lambda x}=\frac{\lambda^\alpha}{\Gamma(\alpha)}\exp\{(\alpha-1)\ln x-\lambda x\}$$

其支撑为$\{x>0\}$，与参数α，λ无关，且

$$c(\alpha,\lambda)=\lambda^\alpha/\Gamma(\alpha),h(x)=1$$
$$c_1(\alpha,\lambda)=\alpha-1,T_1(x)=\ln x$$
$$c_2(\alpha,\lambda)=-\lambda,T_2(x)=x$$

（4）多项分布族是指数型分布族，因其分布列可表示为：

$$P(X_1=x_1,\cdots,X_r=x_r)=\frac{n!}{x_1!\cdots x_r!}p_1^{x_1}\cdots p_r^{x_r}$$

$$= \frac{n!}{x_1!\cdots x_r!}\exp\left\{\sum_{j=1}^{r} x_j \ln p_j\right\}, \left(\sum_{i=1}^{r} x_i = n\right)$$

其支撑为 $\{x_1+\cdots+x_r=n\}$，与诸参数 p_j 无关，且

$$c(\boldsymbol{p})=1,\quad h(\boldsymbol{x})=n!/(x_1!\cdots x_r!)$$
$$c_j(\boldsymbol{p})=\ln p_j, T_j(\boldsymbol{x})=x_j, j=1,2,\cdots,r$$

但由于 $\sum_{j=1}^{r} T_j(x) = \sum_{j=1}^{r} x_j = n$，诸 x_j 间存在线性相关关系，$x_1+x_2+\cdots+x_r=n$，若取 $x_r=n-x_1-x_2-\cdots-x_{r-1}$，上式可改写为：

$$P(X_1 = x_1,\cdots,X_r = x_r) = \frac{n!}{x_1!\cdots x_r!}e^{n\ln p_r}\exp\left\{\sum_{j=1}^{r-1} x_j \ln\frac{p_j}{p_r}\right\}$$

其支撑不变，但函数有变化，即

$$c(\boldsymbol{p})=\exp\{n\ln p_r\},\quad h(\boldsymbol{x})=n!/(x_1!\cdots x_r!)$$
$$c_j(\boldsymbol{p})=\ln(p_j/p_r),\quad T_j(\boldsymbol{x})=x_j, j=1,2,\cdots,r-1$$

其中 $\boldsymbol{x}=(x_1, x_2, \cdots, x_r)$，$\boldsymbol{p}=(p_1, p_2, \cdots, p_r)$。

例 1.6.3

不是指数型分布族的常用分布族也是有的，如：

(1) 均匀分布族 $\{U(0, \theta), \theta>0\}$ 不是指数型分布族。因为其支撑 $\{x: 0<x<\theta\}$ 与参数 θ 有关。

(2) 单参数指数分布族

$$\mathscr{P}_1=\left\{p(x)=\frac{1}{\theta}\exp\left\{-\frac{x}{\theta}\right\}, x\geqslant 0, \theta>0\right\}$$

是指数型分布族，但双参数指数分布族

$$\mathscr{P}_2=\left\{p(x)=\frac{1}{\theta}\exp\left\{-\frac{x-\mu}{\theta}\right\}, x\geqslant\mu, -\infty<\mu<\infty, \theta>0\right\}$$

不是指数型分布族，因为其支撑 $\{x: x\geqslant\mu\}$ 依赖于参数 μ。

(3) 威布尔分布族

$$\mathscr{P}=\left\{p(x)=\frac{mx^{m-1}}{\eta}\exp\left\{-\left(\frac{x^m}{\eta}\right)\right\}, m>0, \eta>0\right\}$$

不是指数型分布族，因为 $e^{-(x^m/\eta)}$ 不能分解为有限项之和 $\left(\sum_{j=1}^{k} c_j(m,\eta)T_j(x)\right)$。

设 $x_1, x_2, \cdots, x_n$ 是来自某指数型分布族 (1.6.7) 中某分布的一个样本，则其样本的联合分布仍是指数型分布：

$$p_\theta(\boldsymbol{x}) = \prod_{i=1}^{n} p_\theta(x_i) = [c(\theta)]^n \exp\left\{\sum_{j=1}^{k} c_j(\theta)\sum_{i=1}^{n} T_j(x_i)\right\}\left[\prod_{i=1}^{n} h(x_i)\right]$$

从而由因子分解定理知，其中

$$\sum_{i=1}^{n} T_1(x_i), \sum_{i=1}^{n} T_2(x_i), \cdots, \sum_{i=1}^{n} T_k(x_i)$$

为该指数型分布族的充分统计量。

例 1.6.4

在例 1.6.2 中若设 x_1，x_2，…，x_n 是来自其中一个分布的样本，则有

（1）正态分布族的充分统计量为$\left(\sum_{i=1}^{n} x_i, \sum_{i=1}^{n} x_i^2\right)$。

（2）二项分布族的充分统计量为 $\sum_{i=1}^{n} x_i$ 。

（3）伽玛分布族的充分统计量为$\left(\sum_{i=1}^{n} \ln x_i, \sum_{i=1}^{n} x_i\right)$。

（4）多项分布族的充分统计量为$\left(\sum_{i=1}^{n} x_{1i}, \cdots, \sum_{i=1}^{n} x_{(r-1)i}\right)$。其中，$x_{ji}$ 为其第 j 个变量的第 i 个观察值（$j=1,2,\cdots,r-1;i=1,2,\cdots,n$）。

研究指数型分布族的意义在于同时研究若干个指数型分布，所得结论适用于一切指数型分布族。理论上很多重要问题都是在指数型分布族的前提下获得很好的结论，比如后面提出的完备统计量在指数型分布族下能很快确定。

习题 1.6

1. 计算自由度为 18 的 χ^2 分布的变异系数、偏度与峰度。

2. 设 x_1，x_2 为取自正态总体 $N(0, \sigma^2)$ 的一个样本，证明：统计量 x_1/x_2 与 $\sqrt{x_1^2+x_2^2}$ 相互独立。

3. 设 n 维随机变量 $\boldsymbol{x}=(x_1, x_2, \cdots, x_n)'$ 的协方差阵为如下对称矩阵

$$\mathrm{Cov}(\boldsymbol{x})=\sigma^2\begin{pmatrix} 1 & \rho & \cdots & \rho \\ \rho & 1 & \cdots & \rho \\ \vdots & \vdots & & \vdots \\ \rho & \rho & \cdots & 1 \end{pmatrix}$$

又设正交阵

$$\boldsymbol{A}=\begin{pmatrix} 1/\sqrt{n} & 1/\sqrt{n} & 1/\sqrt{n} & 1/\sqrt{n} & 1/\sqrt{n} \\ 1/\sqrt{2} & -1/\sqrt{2} & 0 & \cdots & 0 \\ 1/\sqrt{6} & 1/\sqrt{6} & -2/\sqrt{6} & \cdots & 0 \\ \vdots & \vdots & \vdots & & \vdots \\ 1/\sqrt{n(n-1)} & 1/\sqrt{n(n-1)} & 1/\sqrt{n(n-1)} & \cdots & -(n-1)/\sqrt{n(n-1)} \end{pmatrix}$$

求 $\boldsymbol{y}=\boldsymbol{A}\boldsymbol{x}$ 的协方差矩阵。

4. 设 $X_1\sim Ga(\alpha_1,\lambda)$，$X_2\sim Ga(\alpha_2,\lambda)$，且 X_1 与 X_2 独立，证明 $Y_1=X_1+X_2\sim Ga(\alpha_1+\alpha_2,\lambda)$，$Y_2=X_1/(X_1+X_2)\sim Be(\alpha_1,\alpha_2)$，且 Y_1 与 Y_2 独立。

5. 设 $X\sim Be(a,b)$，证明：$Y=X/(1-X)$的密度函数为：

$$p(y;a,b)=\frac{\Gamma(a+b)}{\Gamma(a)\Gamma(b)}\cdot\frac{y^{a-1}}{(1+y)^{a+b}},\quad y>0$$

这个分布常称为 Fisher _ z 分布，记为 $Z(a,\ b)$，其中 $a>0$，$b>0$。再设 $a=n_1/2$，$b=n_2/2$，n_1 与 n_2 为自然数，再证明：

$$Z=\frac{n_2}{n_1}y\sim F(n_1,n_2)$$

其中，$F(n_1,n_2)$是自由度为 n_1 与 n_2 的 F 分布。

6. 设随机变量 $X\sim F(n,\ m)$，证明：$Z=\frac{n}{m}X\Big/\left(1+\frac{n}{m}X\right)$服从贝塔分布，并指出其参数；反之，若 $Z\sim Be(a,\ b)$，经过什么变换 $X=\varphi(Z)$，使 X 为 F 分布？

7. 考察下列分布族是不是指数型分布族，若是，请指出其充分统计量。

(1) 泊松分布族

$$\{P(\lambda),\lambda>0\}$$

(2) 对数正态分布族

$$\{LN(\mu,\sigma^2),-\infty<\mu<\infty,\sigma>0\}$$

(3) 柯西分布族

$$\left\{p(x)=\frac{\lambda}{\pi(\lambda^2+x^2)},-\infty<x<\infty,\lambda>0\right\}$$

(4) 拉普拉斯分布族

$$\left\{p(x)=\frac{1}{\theta}\exp\left\{-\frac{|x|}{\theta},-\infty<x<\infty,\theta>0\right\}\right\}$$

(5) 三参数伽玛分布族

$$\left\{p(x)=\frac{\lambda^\alpha}{\Gamma(\alpha)}(x-\mu)^{\alpha-1}\mathrm{e}^{-\lambda(x-\mu)},x>\mu,-\infty<\mu<\infty,\alpha>0,\lambda>0\right\}$$

(6) 极值分布族

$$\{p(x)=F'(x),F(x)=1-\exp\{-\mathrm{e}^{(x-\mu)/\sigma}\},-\infty<x<\infty,-\infty<\mu<\infty,\sigma>0\}$$

8. 考察如下二维正态分布族是不是指数型分布族

$$\{N(\mu_1,\mu_2,\sigma_1^2,\sigma_2^2,\rho),-\infty<\mu_1,\mu_2<\infty,\sigma_1>0,\sigma_2>0,|\rho|\leqslant 1\}$$

若是，请指出其充分统计量。

第2章 Chapter 2 点估计

参数估计有两种形式：点估计与区间估计。它们各有各的用处，互为补充。这里先讨论点估计问题，下一章讨论区间估计问题。

点估计方法在实际中有广泛的应用。点估计理论的发展很快，内容也很丰富。本章将择其常用的基本方法和有关理论作一些讨论。点估计的无偏性已在1.2节有叙述，这里将继续讨论无偏性，还将提出有效性、相合性、渐近正态性等一些评价点估计好坏的标准。

2.1 矩估计与相合性

2.1.1 矩估计

矩估计的基本思想是“替代”，具体是：

- 用样本矩（即矩统计量）估计总体矩；
- 用样本矩的函数估计总体矩的相应函数。

这里的矩可以是各阶原点矩，也可以是各阶中心矩。这一思想是英国统计学家皮尔逊（K. Pearson）在1900年提出的，该思想合理，方法简单，使用方便，只要总体矩存在的场合都可使用。该思想后人称为**矩法**，所得估计称为**矩估计**。

例 2.1.1

设 x_1，x_2，…，x_n 是来自某总体的一个样本，只要该总体的各阶矩存在，都可对总体的若干参数用矩法获得矩估计，常用的矩估计有：

- 总体均值 $\mu=E(x)$ 的矩估计为 $\hat{\mu}=\bar{x}$，它是 μ 的无偏估计。
- 总体方差 $\sigma^2=E(x-\mu)^2$ 与标准差 σ 的矩估计分别为 $\hat{\sigma}^2=s_n^2=\dfrac{1}{n}\sum\limits_{i=1}^{n}(x_i-\bar{x})^2$ 与 $\hat{\sigma}=s_n$。它们分别是 σ^2 与 σ 的渐近无偏估计。

若记 $v_k=E(x-\mu)^k$ 为总体的 k 阶中心矩，$B_k=\frac{1}{n}\sum_{i=1}^{n}(x_i-\bar{x})^k$ 为样本的 k 阶中心矩，则有：

- 总体偏度 $\beta_s=v_3/(v_2)^{3/2}$ 的矩估计为 $\hat{\beta}_s=B_3/(B_2)^{3/2}$。
- 总体峰度 $\beta_k=v_4/(v_2)^2-3$ 的矩估计为 $\hat{\beta}_k=B_4/(B_2)^2-3$。
- 二维总体的相关系数 $\rho=\text{Cov}(x, y)/\sqrt{\text{Var}(x)\cdot\text{Var}(y)}$ 的矩估计是二维样本 (x_1, y_1)，(x_2, y_2)，…，(x_n, y_n) 的样本相关系数

$$r=\frac{\sum_{i=1}^{n}(x_i-\bar{x})(y_i-\bar{y})}{\sqrt{\sum_{i=1}^{n}(x_i-\bar{x})^2\cdot\sum_{i=1}^{n}(y_i-\bar{y})^2}}$$

当总体分布形式已知但还含有未知参数时，只要这些参数可表示为总体矩的函数，也可作出这些参数的矩估计，下面的例子将告诉我们如何操作。

例 2.1.2

设 x_1，x_2，…，x_n 是来自均匀分布 $U(a, b)$ 的一个样本，试求 a，b 的矩估计。

解：(1) 由于总体 $X\sim U(a, b)$，则

$$\mu=E(X)=\frac{a+b}{2}, \quad \sigma^2=\text{Var}(X)=\frac{(b-a)^2}{12}$$

(2) 从上面两个方程可解得 a 与 b：

$$\begin{cases}a+b=2\mu\\ b-a=\sqrt{12\sigma^2}\end{cases} \Rightarrow \begin{cases}a=\mu-\sigma\sqrt{3}\\ b=\mu+\sigma\sqrt{3}\end{cases}$$

(3) 用 $\bar{x}$ 和 s_n 分别替代 μ 与 σ，可得 a 与 b 的矩估计：

$$\hat{a}=\bar{x}-s_n\sqrt{3}$$
$$\hat{b}=\bar{x}+s_n\sqrt{3}$$

若从均匀分布 $U(a, b)$ 获得如下一个容量为 5 的样本：4.5，5.0，4.7，4.0，4.2，经计算有 $\bar{x}=4.48$，$s_n=0.354\,2$，于是可得 a 与 b 的矩估计为：

$$\hat{a}=4.48-0.354\,2\sqrt{3}=3.87$$
$$\hat{b}=4.48+0.354\,2\sqrt{3}=5.09$$

例 2.1.3

设样本 x_1，x_2，…，x_n 来自正态总体 $N(\mu, \sigma^2)$，μ 与 σ 未知，求 $p=P(X<1)$ 的估计。

解：(1) 对正态分布来讲，$\mu=E(X)$，$\sigma^2=\text{Var}(X)$。

(2) μ 与 σ 的矩估计分别是 $\hat{\mu}=\bar{x}$，$\hat{\sigma}^2=s_n^2$。

(3) $p=P(X<1)=\Phi\left(\frac{1-\mu}{\sigma}\right)$，其矩估计为 $\hat{p}=\Phi\left(\frac{1-\bar{x}}{s_n}\right)$。

譬如，我们从正态总体中获得一个容量为$n=25$的样本，由样本观察值得到样本均值与样本标准差分别为$\bar{x}=0.95$，$s_n=0.04$，则$p=P(X<1)$的估计为：

$$\hat{p}=\Phi\left(\frac{1-\bar{x}}{s_n}\right)=\Phi\left(\frac{1-0.95}{0.04}\right)=\Phi(1.25)=0.8944$$

矩估计的优点是其统计思想简单明确，易为人们接受，且在总体分布未知场合也可使用。它的缺点是不唯一，譬如泊松分布$P(\lambda)$，由于其均值和方差都是λ，因而可以用$\bar{x}$去估计λ，也可以用s_n^2去估计λ，此时尽量使用样本低阶矩，用$\bar{x}$去估计λ，而不用s_n^2去估计λ；此外，样本各阶矩的观测值受异常值影响较大，不够稳健，实际中要尽量避免使用样本的高阶矩。

2.1.2 相合性

设$\hat{\theta}_n=\hat{\theta}_n(x_1, x_2, \cdots, x_n)$是参数$\theta$的一个估计量，加下标$n$后的$\hat{\theta}_n$可看作$\theta$的估计量序列$\{\hat{\theta}_n\}$中的一个成员。在样本量$n$给定的情形下，由于样本的随机性，我们不能要求$\hat{\theta}_n$等同于$\theta$，因为随机偏差$|\hat{\theta}_n-\theta|$总是存在的，不可避免。但是作为一个好的估计，在样本量不断增大时，较大偏差如$|\hat{\theta}_n-\theta|>\varepsilon$发生的机会应逐渐缩小。这项要求在概率论中称为随机变量序列$\{\hat{\theta}_n\}$依概率收敛于θ，常记为$\hat{\theta}_n \xrightarrow{P} \theta$，在估计理论中称为**相合性**，其定义如下。

定义 2.1.1 设$\theta\in\Theta$为未知参数，对每个自然数n，$\hat{\theta}_n=\hat{\theta}_n(x_1, x_2, \cdots, x_n)$是$\theta$的一个估计量，假如$\hat{\theta}_n$依概率收敛于$\theta$，即对任意给定的$\varepsilon>0$，有

$$P(|\hat{\theta}_n-\theta|>\varepsilon)\to 0(n\to\infty) \tag{2.1.1}$$

则称$\hat{\boldsymbol{\theta}}_n$**为**$\boldsymbol{\theta}$**的相合估计**。

相合性是对一个估计的基本要求。假如一个估计不具有相合性，即在样本量不断增加时，它都不能把被估参数估计到任意指定的精度，那么这个估计的使用价值是很值得怀疑的，大样本尚且如此，小样本场合就会使人更不放心了。

下面我们来考察矩估计的相合性。为此需要如下两个定理。

定理 2.1.1（辛钦大数定律） 设$x_1, x_2, \cdots, x_n, \cdots$是一列独立同分布的随机变量序列，若其数学期望$\mu$有限，则对任意给定的$\varepsilon>0$，有

$$P\left(\left|\frac{1}{n}\sum_{i=1}^{n}x_i-\mu\right|>\varepsilon\right)\to 0(n\to\infty)$$

这个定理的证明在很多概率论教材中都可找到，这里就省略了。由于简单随机样

本 x_1，x_2，…，x_n 都是独立同分布的，故其 k 次方 x_1^k，x_2^k，…，x_n^k 亦是独立同分布的，若其 k 阶矩 $\mu_k=E(x^k)$ 有限，则据辛钦大数定律，样本 k 阶矩 $\frac{1}{n}\sum_{i=1}^{n}x_i^k$ 一定是总体 k 阶矩 μ_k 的相合估计。特别，样本均值 $\bar{x}$ 是总体均值 μ 的相合估计。

定理 2.1.2　设 $\hat{\theta}_{n1}$，$\hat{\theta}_{n2}$，…，$\hat{\theta}_{nk}$ 分别是 θ_1，θ_2，…，θ_k 的相合估计，若 $g(\theta_1,\theta_2,\cdots,\theta_k)$ 是 k 元连续函数，则 $\hat{g}_n=g(\hat{\theta}_{n1},\hat{\theta}_{n2},\cdots,\hat{\theta}_{nk})$ 是 $g=g(\theta_1,\theta_2,\cdots,\theta_k)$ 的相合估计。

证：由函数 g 的连续性知，对任意给定的 $\varepsilon>0$，存在一个 $\delta>0$，当 $|\hat{\theta}_{nj}-\theta_j|<\delta$ $(j=1,2,\cdots,k)$，有

$$|\hat{g}_n-g|=|g(\hat{\theta}_{n1},\hat{\theta}_{n2},\cdots,\hat{\theta}_{nk})-g(\theta_1,\theta_2,\cdots,\theta_k)|<\varepsilon$$

又由诸 $\hat{\theta}_{n1}$，$\hat{\theta}_{n2}$，…，$\hat{\theta}_{nk}$ 的相合性知，对已给定的 δ 和任意给定的 $\tau>0$，存在一个正整数 N，使得当 $n>N$ 时，有

$$P(|\hat{\theta}_{nj}-\theta_j|\geqslant\delta)<\tau/k,\quad j=1,2,\cdots,k$$

考虑到在此场合如下事件关系总成立：

$$\bigcap_{j=1}^{k}\{|\hat{\theta}_{nj}-\theta_j|<\delta\}\subset\{|\hat{g}_n-g|<\varepsilon\}$$

故有

$$\begin{aligned}P(|\hat{g}_n-g|<\varepsilon)&\geqslant P\Big(\bigcap_{j=1}^{k}\{|\hat{\theta}_{nj}-\theta_j|<\delta\}\Big)\\&=1-P\Big(\bigcup_{j=1}^{k}\{|\hat{\theta}_{nj}-\theta_j|\geqslant\delta\}\Big)\\&\geqslant 1-\sum_{j=1}^{k}P(|\hat{\theta}_{nj}-\theta_j|\geqslant\delta)\geqslant 1-k\cdot\tau/k=1-\tau\end{aligned}$$

由 τ 的任意性，定理得证。

例 2.1.4

常用的矩估计都具有相合性。从上述两个定理立即可以得出以下结论：

- 样本 k 阶矩 $A_k=\frac{1}{n}\sum_{i=1}^{n}x_i^k$ 是总体 k 阶矩 $\mu_k=E(X^k)$ 的相合估计。
- 样本 k 阶中心矩 $B_k=\frac{1}{n}\sum_{i=1}^{n}(x_i-\bar{x})^k$ 是总体 k 阶中心矩 $v_k=E(X-\mu)^k$ 的相合估计，因为总体 k 阶中心矩总可展开成若干个 k 阶矩和低于 k 阶矩的多项式。譬如，两个样本方差

$$s_n^2=\overline{x^2}-(\bar{x})^2\text{ 与 }s^2=\frac{n}{n-1}[\overline{x^2}-(\bar{x})^2]$$

都是总体方差 σ^2 的相合估计。它们的开方 s_n 与 s 也都是总体标准差 σ 的相合估计。

- 样本变异系数 $\hat{c}_v=s/\bar{x}$（或 $s_n/\bar{x}$），样本偏度 $\hat{\beta}_s=B_3/(B_2)^{3/2}$，峰度 $\hat{\beta}_k=B_4/(B_2)^2-3$ 分别是相应总体参数 c_v，β_s，β_k 的相合估计。
- 在例2.1.3中，$\Phi\left(\frac{1-\bar{x}}{s_n}\right)$是正态概率 $P(X<1)=\Phi\left(\frac{1-\mu}{\sigma}\right)$的相合估计。

这表明在样本量较大时，矩估计 $\Phi\left(\frac{1-\bar{x}}{s_n}\right)$偏离 $\Phi\left(\frac{1-\mu}{\sigma}\right)$较大的可能性会很小。

- 相合性不限在矩估计场合使用，在其他场合亦可使用。

习题 2.1

1. 设 x_1，x_2，…，x_n 是来自伽玛分布 $Ga(\alpha, \lambda)$ 的一个样本，寻求参数 α 与 λ 的矩估计。

2. 设 x_1，x_2，…，x_n 是来自二点分布 $b(1, \theta)$ 的一个样本，寻求 θ 与 $g(\theta)=\theta(1-\theta)$ 的矩估计。

3. 设 x_1，x_2，…，x_n 是来自如下离散均匀分布的一个样本：

$$P(X=k)=1/N, \quad k=1,2,\cdots,N$$

寻求正整数 N 的矩估计。

4. 设 x_1，x_2，…，x_n 是从如下密度函数抽取的一个样本：

$$p(x)=\sqrt{\theta}x^{\sqrt{\theta}-1}, \quad 0<x<1$$

寻求 θ（$\theta>0$）的矩估计。

5. 甲、乙两位校对员彼此独立地校对同一本书的样稿，校完后，甲发现 A 个错字，乙发现 B 个错字，其中相同错字有 C 个。试求该书错字总数 N 与未被甲、乙发现错字数 M 的矩估计。若 $A=80$，$B=70$，$C=50$，$\hat{N}$与$\hat{M}$各为多少？

6. 设 x_1，x_2，…，x_n 是来自均匀分布 $U(0, \theta)$ 的一个样本，寻求 θ 的矩估计，并讨论其无偏性与相合性。

7. 设 $\hat{\theta}_n=\hat{\theta}_n(x_1, x_2, \cdots, x_n)$ 是 θ 的一个估计，若

$$\lim_{n\to\infty}E(\hat{\theta}_n)=\theta, \quad \lim_{n\to\infty}\mathrm{Var}(\hat{\theta}_n)=0$$

证明：$\hat{\theta}_n$ 是 θ 的相合估计。

8. 设 x_1，x_2，…，x_n 是来自泊松分布 $P(\lambda)$ 的一个样本，寻找概率 $P(X=0)$ 的矩估计，并讨论其相合性。

9. 设 x_1，x_2，…，x_n 是来自指数分布 $\exp(\lambda)$ 的一个样本，寻找 λ 的矩估计，并讨论其无偏性与相合性。

2.2 最大似然估计与渐近正态性

最大似然法是在已知总体分布场合下一种常用的参数估计方法，它最初是由德国

数学家高斯（C. F. Gauss）在 1821 年提出的。然而这个方法常归功于英国统计学家费希尔，因为后者在 1922 年重新发掘了这个方法，并研究了这一方法所得最大似然估计的一些优良性质。这一节将研究这个方法及其所得的估计。

2.2.1　最大似然估计

最大似然估计是对似然函数最大化所获得的一种估计，其关键是从样本 $\boldsymbol{x}$ 和含有未知参数 θ 的分布 $p(\boldsymbol{x};\theta)$ 获得似然函数。下面来讨论它。

设 $\boldsymbol{x}=(x_1, x_2, \cdots, x_n)$ 是来自含有未知参数 θ 的某分布 $p(\boldsymbol{x};\theta)$ 的一个样本，其联合分布为：

$$p(\boldsymbol{x};\theta)=p(x_1,x_2,\cdots,x_n;\theta)=\prod_{i=1}^{n}p(x_i;\theta) \tag{2.2.1}$$

其中，$p(x_i;\theta)$ 在连续场合为密度函数在 x_i 处的值，在离散场合是分布列中的一个概率 $P_\theta(X=x_i)$。对样本分布 $p(\boldsymbol{x};\theta)$ 有如下两个考察角度，其中后一个角度有新意。

- 样本是怎么产生的？回答是："先有 θ，后有 $\boldsymbol{x}$"，即先由"上帝"给一个 θ 的值 θ_0，然后由分布 $p(\boldsymbol{x};\theta_0)$ 经简单随机抽样产生样本的观察值 $\boldsymbol{x}$。
- 如今有了样本观察值 $\boldsymbol{x}$，如何追溯(确定)产生此样本观察值 $\boldsymbol{x}$ 的参数 θ_0 呢？大家知道，当给定样本观察值 $\boldsymbol{x}$ 时样本分布 $p(\boldsymbol{x};\theta)$ 仅是 θ 的函数，特记其为 $L(\theta;\boldsymbol{x})$ 或 $L(\theta)$，并称其为**似然函数**，这个函数 $L(\theta)$ 表明：不同的 θ(如 θ_1，$\theta_2\in\Theta$)可使同一组样本观察值 $\boldsymbol{x}$ 出现的机会不同。若 $L(\theta_1)>L(\theta_2)$，表明 θ_1 使 $\boldsymbol{x}$ 出现的机会比 θ_2 使同一个 $\boldsymbol{x}$ 出现的机会更大一些。可是 $L(\theta)$ 不是 θ 的分布，对 θ 无概率可言，再用机会也不恰当，英国统计学家费希尔建议改用"似然"，即 θ_1 比 θ_2 更像 θ 的真值 θ_0，从而似然函数 $L(\theta)$ 就成为度量 θ 更像真值的程度，其值越大越像。按此思路，在参数空间 Θ 中使 $L(\theta)$ 达到最大的 $\hat{\theta}$ 就是最像 θ 的真值，这个 $\hat{\theta}$ 就是 θ 的最大似然估计。它的定义如下：

定义 2.2.1　设 $\boldsymbol{x}=(x_1, x_2, \cdots, x_n)$ 是来自某分布 $p(\boldsymbol{x};\theta)$(密度函数或分布列）的一个样本。在给定样本观察值 $\boldsymbol{x}$ 时，该样本 $\boldsymbol{x}$ 的联合分布 $p(\boldsymbol{x};\theta)$ 是 θ 的函数，称其为 θ 的**似然函数**，记为 $L(\theta;\boldsymbol{x})$，有时还把 $\boldsymbol{x}$ 省略，记为：

$$L(\theta)=L(\theta;\boldsymbol{x})=p(\boldsymbol{x};\theta)=\prod_{i=1}^{n}p(x_i;\theta)$$

若在参数空间 $\Theta=\{\theta\}$ 上存在这样的 $\hat{\theta}$，使 $L(\hat{\theta})$ 达到最大，即

$$L(\hat{\theta})=\max_{\theta\in\Theta}L(\theta) \tag{2.2.2}$$

则称 $\hat{\boldsymbol{\theta}}$ 为 $\boldsymbol{\theta}$ 的**最大似然估计**，简记为 MLE。

例 2.2.1

设 $\boldsymbol{x}=(x_1, x_2, \cdots, x_n)$ 是来自二点分布 $b(1, \theta)$ 的一个样本，其中诸 x_i 非 0 即 1，$\theta\in[0, 1]$ 是成功概率，该样本的联合分布为：

$$p(\boldsymbol{x};\theta)=\prod_{i=1}^{n}[\theta^{x_i}(1-\theta)^{1-x_i}]=\theta^t(1-\theta)^{n-t}$$

其中 $t=\sum_{i=1}^{n}x_i$ 是 θ 的充分统计量。当给定样本 $\boldsymbol{x}$（等价于给定充分统计量 t）后，譬如，给定 $n=10$，$t=2$，就得到一个 θ 的似然函数（见图 2.2.1），即

$$L(\theta)=\theta^2(1-\theta)^8, \quad \theta\in[0,1]$$

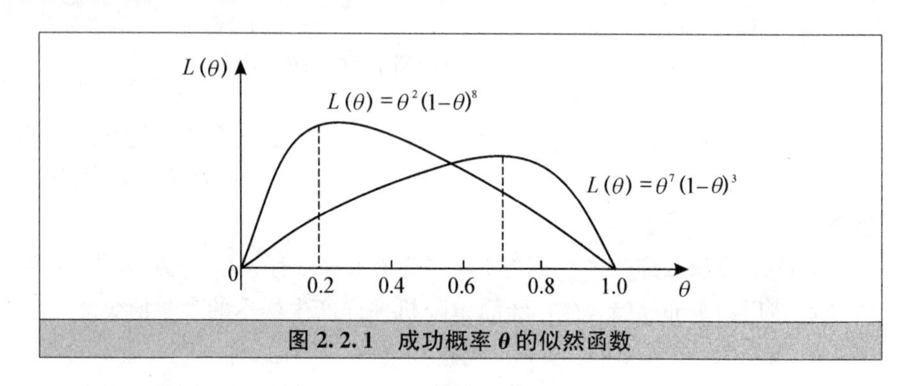

图 2.2.1　成功概率 θ 的似然函数

这是一个上凸函数，先增后减，有一个 $\hat{\theta}$ 使 $L(\theta)$ 达到最大，它最像产生样本（$n=10$，$t=2$）的参数真值，它就是 θ 的最大似然估计。

如何求出最大似然估计 $\hat{\theta}$ 呢？大家知道 $\ln L(\theta)$ 与 $L(\theta)$ 在同一处达到最大值，$\ln L(\theta)$ 称为**对数似然函数**。在本例中

$$\ln L(\theta)=t\ln\theta+(n-t)\ln(1-\theta)$$

对其求导，并令导函数为零可得**对数似然方程**，在本例中

$$\frac{\partial \ln L(\theta)}{\partial\theta}=\frac{t}{\theta}-\frac{n-t}{1-\theta}=0$$

解之可得 $\hat{\theta}=\frac{t}{n}$。由于在 $\hat{\theta}$ 处可使 $\frac{\partial^2 \ln L(\theta)}{\partial\theta^2}<0$，故确认 $\hat{\theta}$ 可使似然函数 $L(\theta)$ 达到最大值。在本例中 $\hat{\theta}=0.2$。

假如改变样本观察值，譬如设 $n=10$，$t=7$，则成功概率 θ 的似然函数也随着改变（见图 2.2.1），即

$$L(\theta)=\theta^7(1-\theta)^3$$

这时 θ 的最大似然估计也移至 $\hat{\theta}=0.7$（见图 2.2.1）。

从上述定义和例子中还应该强调以下几点：

(1) 最大似然估计的基本思想是：用“最像” θ 的统计量去估计 θ，这一统计思

想在我们日常生活中经常用到。

(2) 当参数分布族存在充分统计量 $T(\boldsymbol{x})$ 时，其最大似然估计一定是该充分统计量的函数，因为由因子分解定理知，其样本分布 $p(\boldsymbol{x};\theta)$ 一定可以表示为：

$$p(\boldsymbol{x};\theta)=g(T(\boldsymbol{x});\theta)h(\boldsymbol{x})$$

使该式对 θ 达到最大的充要条件是使 $g(T(\boldsymbol{x});\theta)$ 对 θ 达到最大，而由后者求得的 θ 的最大似然估计必有形式 $\hat{\theta}=\hat{\theta}[T(\boldsymbol{x})]$。

(3) 对似然函数添加或剔去一个与参数 θ 无关的量 $c(\boldsymbol{x})>0$，不影响寻求最大似然估计的最终结果，故 $c(\boldsymbol{x})L(\theta;\boldsymbol{x})$ 仍称为 θ 的似然函数。换句话说，保留样本分布的核就足够了。

(4) $l(\theta)=\ln L(\theta)$ 与 $L(\theta)$ 的最大似然值是相同的。

下面用例子来说明各种场合下最大似然估计的求法。

例 2.2.2

设某机床加工的轴的直径与图纸规定的尺寸的偏差服从 $N(\mu,\sigma^2)$，其中 μ，σ^2 未知。为估计 μ 与 σ^2，从中随机抽取 $n=100$ 根轴，测得其偏差为 x_1，x_2，…，x_{100}。试求 μ，σ^2 的最大似然估计。

解：(1) 写出似然函数，略去与 $\theta=(\mu,\sigma^2)$ 无关的常数。

$$L(\mu,\sigma^2)=\prod_{i=1}^{n}\frac{1}{\sqrt{2\pi}\sigma}e^{-\frac{(x_i-\mu)^2}{2\sigma^2}}\propto(\sigma^2)^{-\frac{n}{2}}\exp\left\{-\frac{1}{2\sigma^2}\sum_{i=1}^{n}(x_i-\mu)^2\right\}$$

(2) 写出对数似然函数：

$$l(\mu,\sigma^2)=-\frac{n}{2}\ln\sigma^2-\frac{1}{2\sigma^2}\sum_{i=1}^{n}(x_i-\mu)^2$$

(3) 分别对 μ 与 σ^2 求偏导，并令它们都为 0，得到对数似然方程为：

$$\begin{cases}\dfrac{\partial l(\mu,\sigma^2)}{\partial\mu}=\dfrac{1}{\sigma^2}\displaystyle\sum_{i=1}^{n}(x_i-\mu)=0\\[2ex]\dfrac{\partial l(\mu,\sigma^2)}{\partial\sigma^2}=-\dfrac{n}{2\sigma^2}+\dfrac{1}{2\sigma^4}\displaystyle\sum_{i=1}^{n}(x_i-\mu)^2=0\end{cases}$$

(4) 解对数似然方程，得

$$\hat{\mu}=\bar{x},\ \hat{\sigma}^2=\frac{1}{n}\sum_{i=1}^{n}(x_i-\bar{x})^2$$

(5) 经验证，$\hat{\mu}$，$\hat{\sigma}^2$ 使 $l(\mu,\sigma^2)$ 达到最大。

由于上述叙述对一切正态样本观察值都成立，故上式中把诸观察值看成样本也成立。上述五个步骤对初学者是有益的提醒，当你熟悉全过程后，有些步骤并不总是需要的。

如果由100个正态样本观察值求得 $\sum_{i=1}^{100} x_i = 26$（单位：mm），$\sum_{i=1}^{100} x_i^2 = 7.04$，则可求得$\mu$与$\sigma^2$的最大似然估计值：

$$\hat{\mu} = \frac{1}{100}\sum_{i=1}^{100} x_i = 0.26$$

$$s_n^2 = \frac{1}{100}\left[\sum_{i=1}^{100} x_i^2 - \frac{1}{100}\left(\sum_{i=1}^{100} x_i\right)^2\right] = \frac{7.04 - 26^2/100}{100} = 0.0028$$

从前一节的讨论可知 $\hat{\mu} = \bar{x}$ 是μ的无偏估计，但是 $\hat{\sigma}^2 = s_n^2$ 不是σ^2的无偏估计。所以未知参数的最大似然估计不一定具有无偏性。

例 2.2.3

设 $\boldsymbol{x} = (x_1, x_2, \cdots, x_n)$ 是来自均匀分布$U(0, \theta)$的一个样本，求θ的MLE。

解：首先写出似然函数（见图2.2.2）：

$$L(\theta) = \begin{cases} \theta^{-n}, & 0 < x_{(n)} \leqslant \theta \\ 0, & \text{其他} \end{cases}$$

其中 $x_{(n)}$ 是样本的最大次序统计量。

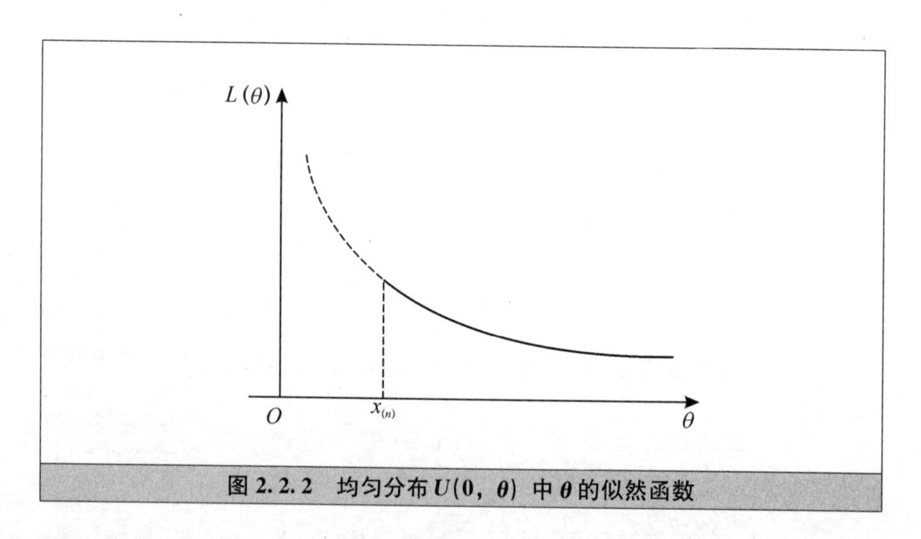

图 2.2.2 均匀分布$U(0, \theta)$中θ的似然函数

这里使用MLE的定义求θ的MLE。为使$L(\theta)$达到最大，就必须使θ尽可能小，但θ不能小于$x_{(n)}$，因而θ取$x_{(n)}$可使$L(\theta)$达到最大，故θ的MLE为：

$$\hat{\theta} = x_{(n)}$$

容易看出，均匀分布$U(0, \theta)$中θ的矩估计 $\hat{\theta}_1 = 2\bar{x}$（因 $E(\bar{x}) = \theta/2$），可见同一参数θ的MLE和矩估计可能是不同的。在这里矩估计 $\hat{\theta}_1 = 2\bar{x}$ 是θ的无偏估计，而MLE $\hat{\theta} = x_{(n)}$ 不是θ的无偏估计。

为了说明这一点，我们可求得最大次序统计量 $x_{(n)}$ 的密度函数：

$$p_\theta(y)=n[F(y)]^{n-1}p(y)=\frac{ny^{n-1}}{\theta^n},\quad 0<y<\theta$$

$$E(\hat{\theta})=E(x_{(n)})=\int_0^\theta yp_\theta(y)\mathrm{d}y=\int_0^\theta\frac{ny^n}{\theta^n}\mathrm{d}y=\frac{n}{n+1}\theta\neq\theta$$

这说明 θ 的最大似然估计 $\hat{\theta}=x_{(n)}$ 不是 θ 的无偏估计，但对 $\hat{\theta}$ 作一修正可得 θ 的无偏估计为：

$$\hat{\theta}_2=\frac{n+1}{n}x_{(n)}$$

可见，同一参数的无偏估计不止一个，它们的进一步比较将在下一节讨论。在第二次世界大战中，从战场上缴获的德国的枪支上都有一个编号，对最大编号作一修正便获得了德国枪支生产能力的无偏估计。

例 2.2.4

设 $\boldsymbol{x}=(x_1,\ x_2,\ \cdots,\ x_n)$ 是来自均匀分布 $U(\theta,\ \theta+1)$ 的一个样本，其中 θ 可为任意实数，现要寻求 θ 的 MLE。

解：先写出 θ 的似然函数：

$$L(\theta)=\begin{cases}1, & \theta\leqslant x_{(1)}\leqslant x_{(n)}\leqslant\theta+1\\0, & 其他\end{cases}$$

该似然函数在其不为零的区域上是常数，只要 θ 不超过 $x_{(1)}$ 或 $\theta+1$ 不小于 $x_{(n)}$ 都可使 $L(\theta)$ 达到极大，即

$$\hat{\theta}_1=x_{(1)},\quad \hat{\theta}_2=x_{(n)}-1$$

都是 θ 的 MLE，另外，对任意 α $(0<\alpha<1)$，$\hat{\theta}_1$ 与 $\hat{\theta}_2$ 的凸组合

$$\hat{\theta}_\alpha=\alpha\hat{\theta}_1+(1-\alpha)\hat{\theta}_2=\alpha x_{(1)}+(1-\alpha)(x_{(n)}-1)$$

都是 θ 的 MLE。可见参数的 MLE 可能不唯一。

例 2.2.5

设 $\boldsymbol{x}=(x_1,\ x_2,\ \cdots,\ x_n)$ 是来自双参数指数分布 $\exp(\mu,\ \sigma)$ 的一个样本，该分布的密度函数为：

$$p(x;\mu,\sigma)=\frac{1}{\sigma}\exp\left\{-\frac{x-\mu}{\sigma}\right\},\quad \mu\leqslant x$$

它有两个参数，μ 可取任意实数，称为位置参数；$\sigma>0$ 称为尺度参数。现要求 μ 与 σ 的 MLE。

解：先写出 μ 与 σ 的似然函数，在非零区域上有

$$L(\mu,\sigma)=\frac{1}{\sigma^n}\exp\left\{-\frac{1}{\sigma}\sum_{i=1}^n(x_i-\mu)\right\},\quad \mu\leqslant x_{(1)}$$

这个似然函数 L 的非零区域依赖于 μ，且是 μ 的增函数，故要 L 达到最大就要使 μ 尽

量大，可μ不能超过$x_{(1)}$，故μ的MLE为$\hat{\mu}=x_{(1)}$，这虽是在固定σ下寻求μ的最大值，但没有具体规定σ的值。即σ为任意值时μ的MLE都为$x_{(1)}$。

下一步把$\hat{\mu}=x_{(1)}$代入似然函数得$L(x_{(1)},\sigma)$，这仅是σ的函数（在$\sigma>0$上），可对其对数施用微分法。即有

$$l(\sigma)=\ln L(x_{(1)},\sigma)=-n\ln\sigma-\frac{1}{\sigma}\sum_{i=1}^{n}(x_i-x_{(1)})$$

$$\frac{\partial l(\sigma)}{\partial\sigma}=-\frac{n}{\sigma}+\frac{1}{\sigma^2}\sum_{i=1}^{n}(x_i-x_{(1)})=0$$

解此对数似然方程，可得σ的MLE为：

$$\hat{\sigma}=\frac{1}{n}\sum_{i=1}^{n}(x_i-x_{(1)})=\bar{x}-x_{(1)}$$

这是因为对任意的μ与σ，有

$$L(\hat{\mu},\hat{\sigma})\geqslant L(\hat{\mu},\sigma)\geqslant L(\mu,\sigma)$$

 **例 2.2.6**

设$\begin{pmatrix}x_1\\y_1\end{pmatrix},\begin{pmatrix}x_2\\y_2\end{pmatrix},\cdots,\begin{pmatrix}x_n\\y_n\end{pmatrix}$是来自二元正态总体

$$N\left(\begin{pmatrix}0\\0\end{pmatrix},\quad \sigma^2\begin{pmatrix}1 & \rho\\ \rho & 1\end{pmatrix}\right),\quad \sigma>0,0\leqslant\rho\leqslant1$$

的一个二维样本，求σ^2与ρ的MLE。

解：由二元正态密度函数可以写出σ^2与ρ的似然函数：

$$L(\sigma^2,\rho)\propto(\sigma^2)^{-n}(1-\rho^2)^{-\frac{n}{2}}\exp\left\{-\frac{1}{2\sigma^2(1-\rho^2)}\left(\sum_i x_i^2-2\rho\sum_i x_iy_i+\sum_i y_i^2\right)\right\}$$

其中，$\sum_i$表示i从1到n的求和。取其对数，并对σ^2和ρ分别求导，可得如下对数似然方程：

$$\frac{\partial l}{\partial\sigma^2}=-\frac{n}{\sigma^2}+\frac{1}{2\sigma^4(1-\rho^2)}\left(\sum_i x_i^2-2\rho\sum_i x_iy_i+\sum_i y_i^2\right)=0$$

$$\frac{\partial l}{\partial\rho}=\frac{n\rho}{1-\rho^2}-\frac{\rho}{\sigma^2(1-\rho^2)^2}\left(\sum_i x_i^2-2\rho\sum_i x_iy_i+\sum_i y_i^2\right)+\frac{\sum_i x_iy_i}{2\sigma^2(1-\rho^2)}=0$$

解之可得

$$\hat{\rho}=\frac{2\sum_i x_iy_i}{\sum_i x_i^2+\sum_i y_i^2},\qquad \hat{\sigma}^2=\frac{1}{2n}\left(\sum_i x_i^2+\sum_i y_i^2\right)$$

经验证，它们确实使似然函数 $L(\sigma^2, \rho)$ 达到最大值，故它们分别是 σ^2 与 ρ 的 MLE。

2.2.2　最大似然估计的不变原理

对某个分布 $p(x, \theta)$ 而言，设 $\hat{\theta}$ 是 θ 的 MLE，若 $g(\theta)$ 是定义在参数空间 $\Theta=\{\theta\}$上的一个函数，试问 $g(\hat{\theta})$ 是不是 $g(\theta)$ 的 MLE？当 $g(\theta)$ 是严格单调（增或减）函数时，答案是肯定的。在一般场合，答案也是肯定的，这个肯定的结论称为最大似然估计的不变原理。这里不加证明地叙述这个结论。

定理 2.2.1（不变原理） 设 $X\sim p(x;\theta)$，$\theta\in\Theta$，若 θ 的最大似然估计为 $\hat{\theta}$，则对任意函数 $\gamma=g(\theta)$，γ 的最大似然估计为 $\hat{\gamma}=g(\hat{\theta})$。

这个定理条件很宽，致使最大似然估计的应用也很广泛。

例 2.2.7

某产品生产现场有多台设备，设备故障的维修时间 T 服从对数正态分布 $LN(\mu, \sigma^2)$。现在一周内共发生 24 次故障，其维修时间 t（单位：分）为：

55　28　125　47　58　53　36　88　51　110　40　75
64　115　48　52　60　72　87　105　55　82　66　65

求：(1) 平均维修时间 μ_T 与维修时间的标准差 σ_T 的 MLE；

(2) 可完成 95%故障的维修时间 $t_{0.95}$（0.95 分位数）的 MLE。

解：这个问题的一般提法是：设 $t_1, t_2, \cdots, t_n$ 是来自对数正态分布 $LN(\mu, \sigma^2)$ 的一个样本，现要对其均值 μ_T、标准差 σ_T 和 0.95 分位数 $t_{0.95}$ 分别给出 MLE。

(1) 对数正态分布 $LN(\mu, \sigma^2)$ 的均值和方差分别为：

$$\mu_T=\exp\left\{\mu+\frac{\sigma^2}{2}\right\},\qquad \sigma_T^2=\mu_T^2(\exp\{\sigma^2\}-1)$$

若能获得 μ 与 σ^2 的 MLE，由不变原理立即可得 μ_T 与 σ_T 的 MLE。

当 $T\sim LN(\mu, \sigma^2)$ 时，有 $X=\ln T\sim N(\mu, \sigma^2)$。由此可知，$\ln t_1, \ln t_2, \cdots, \ln t_n$ 是来自正态分布 $N(\mu, \sigma^2)$ 的一个样本，由此可得 μ 与 σ^2 的 MLE 分别为（见例 2.2.2）：

$$\hat{\mu}=\frac{1}{24}\sum_{i=1}^{24}\ln t_i=4.155\,9$$

$$\hat{\sigma}^2=\frac{1}{24}\sum_{i=1}^{24}(\ln t_i-\hat{\mu})^2=0.367\,7^2$$

从而可得对数正态分布的均值 μ_T 与方差 σ_T^2 的 MLE 分别为：

$$\hat{\mu}_T=\exp\left\{4.155\,9+\frac{0.367\,7^2}{2}\right\}=68.272\,1$$

$$\hat{\sigma}_T^2=(68.272\,1)^2(e^{0.367\,7^2}-1)=674.782\,7$$

$$\hat{\sigma}_T=\sqrt{674.782\,7}=25.98$$

这表明，该生产现场设备的平均维修时间约为 68 分钟，维修时间的标准差约为 26 分钟。

(2) 为了给出 $t_{0.95}$ 的 MLE，我们先对对数正态分布 $LN(\mu, \sigma^2)$ 的 p 分位数 t_p 给出一般表达式，记维修时间 T 的分布函数为 $F(t)$，则有

$$F(t_p)=p$$

或

$$P(T\leqslant t_p)=p$$

由于 $\ln T\sim N(\mu, \sigma^2)$，故有

$$P(\ln T\leqslant \ln t_p)=\Phi\left(\frac{\ln t_p-\mu}{\sigma}\right)=p$$

其中 Φ 为标准正态分布函数，它的 p 分位数记为 u_p，则有

$$\frac{\ln t_p-\mu}{\sigma}=u_p$$

或

$$t_p=\exp\{\mu+\sigma u_p\}$$

在本例中已获得 μ 与 σ 的 MLE，而 $u_{0.95}=1.645$，故 $t_{0.95}$ 的 MLE 为：

$$t_{0.95}=\exp\{4.155\,9+0.367\,7\times 1.645\}=116.84$$

即要完成 95%故障的维修时间约需要 117 分钟，近 2 小时。

例 2.2.8

设某电子设备的寿命（从开始工作到首次发生故障的连续工作时间，单位：小时）服从指数分布 exp(λ)。现任取 15 台进行寿命试验，按规定到第 7 台发生故障时试验停止，所得 7 个寿命数据为：

500　1 350　2 130　2 500　3 120　3 500　3 800

这是一个不完全样本，常称为定数截尾样本，现要对其寻求平均寿命 $\theta=1/\lambda$ 的 MLE。

解：这个问题的一般提法是：从指数分布 exp(λ) 随机抽取容量为 n 的样本参加寿命试验，试验到有 r 个产品发生故障为止，所得数据常表现为前 r 个次序统计量的观察值，即

$$t_{(1)}\leqslant t_{(2)}\leqslant\cdots\leqslant t_{(r)},\quad r\leqslant n$$

求该产品的平均寿命 $\theta=\dfrac{1}{\lambda}$ 的 MLE。

对于不完全样本要尽量使用总体分布的信息，以作补偿。首先用指数分布获得前 r 个次序统计量的联合密度函数

$$p(t_{(1)},t_{(2)},\cdots,t_{(r)};\lambda)=\frac{n!}{(n-r)!}\prod_{i=1}^{r}p(t_{(i)};\lambda)[1-F(t_{(r)};\lambda)]^{n-r}$$

其中，p 与 F 分别为指数分布的密度函数与分布函数

$$p(t_{(i)};\lambda)=\lambda e^{-\lambda t_{(i)}},\quad t_{(i)}>0$$
$$F(t_{(i)};\lambda)=1-e^{-\lambda t_{(i)}},\quad t_{(i)}>0$$

代入后，略去与参数无关的量，即得 λ 的似然函数

$$L(\lambda)=\lambda^r e^{-\lambda s_r}$$

其中，$s_r=\sum_{i=1}^{r}t_{(i)}+(n-r)t_{(r)}$ 为总试验时间，其对数似然函数为：

$$l(\lambda)=\ln L(\lambda)=r\ln\lambda-\lambda s_r$$

用微分法可得对数似然方程

$$\frac{\partial l(\lambda)}{\partial\lambda}=\frac{r}{\lambda}-s_r=0$$

由此可得参数 λ 及其平均寿命 $\theta=\dfrac{1}{\lambda}$ 的 MLE。

$$\hat{\lambda}=\frac{r}{s_r},\quad \hat{\theta}=\frac{s_r}{r}$$

在本例中，$n=15$，$r=7$，$t_{(r)}=3\,800$，首先算得总试验时间

$$\begin{aligned}s_r&=500+1\,350+2\,130+2\,500+3\,120+3\,500+3\,800+(15-7)\times 3\,800\\&=47\,300\end{aligned}$$

由此可得平均寿命（单位：小时）的 MLE 为：

$$\hat{\theta}=\frac{47\,300}{7}=6\,757$$

2.2.3　最大似然估计的渐近正态性

渐近正态性与相合性一样是某些估计的大样本性质。但它们之间还是有区别的，相合性是对估计的一种较低要求，它只要求估计序列 $\hat{\theta}_n$ 将随样本量 n 的增加以越来越大的概率接近被估参数 θ，但没有告诉人们，对相对大的 n，误差 $\hat{\theta}_n-\theta$ 将以什么速度（如 $1/n$ 或 $1/\sqrt{n}$ 或 $1/\ln n$ 等）收敛于标准正态分布 $N(0,1)$，而渐近正态性的

讨论正补充了这一点，它是在相合性基础上讨论收敛速度问题。下面先给出渐近正态性的定义，然后展开讨论。

定义2.2.2 设 $\hat{\theta}_n=\hat{\theta}(x_1, x_2, \cdots, x_n)$ 是 θ 的一个相合估计序列，若存在一个趋于零的正数列 $\sigma_n(\theta)$，使得规范变量 $y_n=(\hat{\theta}_n-\theta)/\sigma_n(\theta)$ 的分布函数 $F_n(y)$ 收敛于标准正态分布函数 $\Phi(y)$，即

$$F_n(y)=P\left(\frac{\hat{\theta}_n-\theta}{\sigma_n(\theta)}\leqslant y\right)\to\Phi(y)(n\to\infty) \tag{2.2.3}$$

或依分布收敛符号 L 记为：

$$\frac{\hat{\theta}_n-\theta}{\sigma_n(\theta)}\xrightarrow{L}N(0,1)(n\to\infty)$$

则称 $\hat{\theta}_n$ 是 θ 的渐近正态估计，或称 $\hat{\theta}_n$ 具有渐近正态性，即

$$\hat{\theta}_n\sim AN(\theta,\sigma_n^2(\theta))$$

其中，$\sigma_n^2(\theta)$ 称为 $\hat{\theta}_n$ 的渐近方差。

此定义中的数列 $\sigma_n^2(\theta)$ 表示什么？使极限式（2.2.3）成立的关键在于使括号中的分母 $\sigma_n(\theta)$ 趋于零的速度与分子上的 $\hat{\theta}_n$ 依概率收敛于 θ 的速度相当（同阶），因为只有这样才有可能使分子与分母之比的概率分布稳定于正态分布。式（2.2.3）中的 $\sigma_n(\theta)$ 是人们很关心的量，它表示 $\hat{\theta}_n$ 依概率收敛于 θ 的速度，$\sigma_n(\theta)$ 越小，收敛速度越快；$\sigma_n(\theta)$ 越大，收敛速度越慢，故把 $\sigma_n^2(\theta)$ 称为渐近方差是恰当的。

还应指出，满足式（2.2.3）的 $\sigma_n(\theta)$ 并不唯一，若有另一个 $\tau_n(\theta)$ 可使

$$\frac{\tau_n(\theta)}{\sigma_n(\theta)}\to 1(n\to\infty)$$

则依概率收敛性质可知，必有

$$\frac{\hat{\theta}_n-\theta}{\tau_n(\theta)}\xrightarrow{L}N(0,1)$$

此时 $\tau_n^2(\theta)$ 亦称为 $\hat{\theta}_n$ 的渐近方差。

 **例2.2.9**

设 $x_1, x_2, \cdots, x_n$ 是来自某总体的一个样本，该总体的均值 μ 与方差 σ^2 均存在。大家知道，其样本均值 $\bar{x}$ 是 μ 的无偏估计、相合估计。按照中心极限定理，$\bar{x}$ 还是 μ 的渐近正态估计，因为有

$$\frac{\bar{x}-\mu}{\sigma/\sqrt{n}}\xrightarrow{L}N(0,1)$$

这表明 $\bar{x}$ 依概率收敛于 μ 的速度是 $1/\sqrt{n}$，渐近方差为 σ^2/n，上式常改写为：

$$\sqrt{n}(\bar{x}-\mu)\xrightarrow{L}N(0,\sigma^2)$$

或

$$\bar{x}\sim AN\left(\mu,\frac{\sigma^2}{n}\right)$$

以后会看到，大多数渐近正态估计都是以 $1/\sqrt{n}$ 的速度收敛于被估参数的。

 例 2.2.10

设 x_1，x_2，…，x_n 是来自正态总体 $N(\mu,\ \sigma^2)$ 的一个样本，$s^2=\frac{1}{n-1}\sum_{i=1}^{n}(x_i-\bar{x})^2$ 是正态方差 σ^2 的无偏、相合估计。这里将用中心极限定理指出 s^2 还是 σ^2 的渐近正态估计。

前面已经指出：

$$\frac{(n-1)s^2}{\sigma^2}\sim\chi^2(n-1)$$

而 $\chi^2(n-1)$ 又可用 $n-1$ 个独立同分布的标准正态变量 u_1，u_2，…，u_{n-1} 的平方和产生，即 $(n-1)s^2/\sigma^2$ 与 $\sum_{i=1}^{n-1}u_i^2$ 同分布，或 $(n-1)s^2$ 与 $\sigma^2\sum_{i=1}^{n-1}u_i^2$ 同分布。由于诸 $\sigma^2u_i^2$ 独立同分布，其期望与方差分别为：

$$E(\sigma^2u_i^2)=\sigma^2,\qquad \mathrm{Var}(\sigma^2u_i^2)=2\sigma^4$$

则由中心极限定理知

$$\frac{(n-1)s^2-(n-1)\sigma^2}{\sqrt{n-1}\sqrt{2\sigma^4}}\xrightarrow{L}N(0,1)$$

或

$$\sqrt{n-1}(s^2-\sigma^2)\xrightarrow{L}N(0,2\sigma^4)$$

考虑到 $n/(n-1)\longrightarrow 1$，又有

$$\sqrt{n}(s^2-\sigma^2)=\sqrt{\frac{n}{n-1}}\sqrt{n-1}(s^2-\sigma^2)\xrightarrow{L}N(0,2\sigma^4)$$

这表明 s^2 是 σ^2 的渐近正态估计，其渐近方差为 $2\sigma^4/n$。综上所述，有

$$s^2\sim AN\left(\sigma^2,\frac{2\sigma^4}{n}\right)$$

最后指出一个重要结果：在一定条件下，最大似然估计具有渐近正态性。其渐近正态分布在大样本场合对构造置信区间和寻找检验统计量的拒绝域都有帮助。下面的定理虽只对密度函数叙述，但对离散分布该定理仍成立。

定理 2.2.2 设 $p(x;\theta)$ 是某密度函数，其参数空间 $\Theta=\{\theta\}$ 是直线上的非退化区间，假如：

（1）对一切 $\theta\in\Theta$，$p=p(x;\theta)$ 对 θ 的如下偏导数都存在

$$\frac{\partial \ln p}{\partial \theta},\quad \frac{\partial^2 \ln p}{\partial \theta^2},\quad \frac{\partial^3 \ln p}{\partial \theta^3}$$

（2）对一切 $\theta\in\Theta$，有

$$\left|\frac{\partial \ln p}{\partial \theta}\right|<F_1(x),\quad \left|\frac{\partial^2 \ln p}{\partial \theta^2}\right|<F_2(x),\quad \left|\frac{\partial^3 \ln p}{\partial \theta^3}\right|<H(x)$$

成立，其中 $F_1(x)$ 与 $F_2(x)$ 在实数轴上可积，而 $H(x)$ 满足

$$\int_{-\infty}^{\infty} H(x)p(x;\theta)\mathrm{d}x<M$$

这里 M 与 θ 无关。

（3）对一切 $\theta\in\Theta$，有

$$0<I(\theta)=E\left(\frac{\partial \ln p}{\partial \theta}\right)^2<+\infty$$

则在参数真值 θ 为参数空间 Θ 内点的情况下，其似然方程有一个解存在，此解 $\hat{\theta}_n=\hat{\theta}(x_1,x_2,\cdots,x_n)$ 依概率收敛于真值 θ，且

$$\hat{\theta}_n\sim AN(\theta,[nI(\theta)]^{-1})$$

其中，$I(\theta)$ 为分布 $p(x;\theta)$ 中含有 θ 的信息量，又称费希尔信息量，有时还简称信息量。

这个定理的证明这里省略，有兴趣的读者可参阅参考文献［10］或［15］。

这个定理的最大贡献是在一定条件下给出了最大似然估计的渐近正态分布，其中渐近方差完全由费希尔信息量 $I(\theta)$ 决定，且费希尔信息量 $I(\theta)$ 越大（即分布中含参数 θ 的信息越多），渐近方差就越小，从而最大似然估计的效果就越好。费希尔信息量是统计学中的一个重要概念。

使用这个定理还需注意费希尔信息量是否存在的问题。对此，众所周知的结论是：Cramer-Rao 正则（分布）族中的分布费希尔信息量都存在。该正则族定义如下：

定义 2.2.3 分布 $p(x;\theta)$，$\theta\in\Theta$ 属于 Cramer-Rao 正则族，如果该分布满足如下五个条件：

（1）参数空间 Θ 是直线上的开区间；

（2）$\dfrac{\partial \ln p}{\partial \theta}$ 对所有 $\theta\in\Theta$ 都存在；

(3) 分布的支撑 $\{x: p(x; \theta)>0\}$ 与 θ 无关；

(4) $p(x; \theta)$ 的微分与积分运算可交换；

(5) 对所有 $\theta\in\Theta$，期望 $0<E\left(\frac{\partial \ln p(x; \theta)}{\partial \theta}\right)^2<\infty$。

常用的分布大多为 Cramer-Rao 正则族，但是均匀分布 $U(0, \theta)$ 不是 Cramer-Rao 正则族，因为其支撑与 θ 有关。

例 2.2.11

求二点分布 $b(1, \theta)$ 含 θ 的费希尔信息量，其分布列为：

$$p(x;\theta)=\theta^x(1-\theta)^{1-x},\quad x=0,1;0<\theta<1$$

解：可以验证，二点分布属于 Cramer-Rao 正则族。为求其费希尔信息量，要进行如下运算：

$$\ln p(x;\theta)=x\ln\theta+(1-x)\ln(1-\theta)$$

$$\frac{\partial \ln p}{\partial\theta}=\frac{x}{\theta}-\frac{1-x}{1-\theta}=\frac{x-\theta}{\theta(1-\theta)}$$

$$I(\theta)=E\left[\frac{x-\theta}{\theta(1-\theta)}\right]^2=\frac{1}{\theta(1-\theta)}$$

这就是二点分布的费希尔信息量。若 x_1，x_2，…，x_n 是来自该二点分布的一个样本，则 $\bar{x}$ 是 θ 的最大似然估计，其渐近正态分布为：

$$\bar{x}\sim AN\left(\theta,\frac{\theta(1-\theta)}{n}\right)$$

这与中心极限定理的结果完全一致。

例 2.2.12

设 x_1，x_2，…，x_n 是来自正态总体 $N(\mu, \sigma^2)$ 的一个样本，可以验证，正态分布属于 Cramer-Rao 正则族。

在已知 σ^2 的条件下，μ 的 MLE 是 $\hat{\mu}=\bar{x}$，而 μ 的费希尔信息量 $I(\mu)$ 的计算如下：

$$\ln p(x;\mu)=-\ln(\sqrt{2\pi}\sigma)-\frac{(x-\mu)^2}{2\sigma^2}$$

$$\frac{\partial \ln p}{\partial\mu}=\frac{x-\mu}{\sigma^2}$$

$$I(\mu)=E\left(\frac{x-\mu}{\sigma^2}\right)^2=\frac{1}{\sigma^2}$$

从而 $\hat{\mu}=\bar{x}$ 的渐近正态分布为 $N(\mu, \sigma^2/n)$，这与 $\bar{x}$ 的精确分布一致。

在已知 μ 的条件下，σ^2 的 MLE 是 $\hat{\sigma}^2=\frac{1}{n}\sum_{i=1}^{n}(x_i-\mu)^2$，而 σ^2 的费希尔信息量 $I(\sigma^2)$ 的计算如下：

$$\ln p(x;\sigma^2)=-\ln(\sqrt{2\pi})-\frac{1}{2}\ln\sigma^2-\frac{(x-\mu)^2}{2\sigma^2}$$

$$\frac{\partial \ln p}{\partial \sigma^2}=-\frac{1}{2\sigma^2}+\frac{(x-\mu)^2}{2\sigma^4}$$

$$I(\sigma^2)=E\left[-\frac{1}{2\sigma^2}+\frac{(x-\mu)^2}{2\sigma^4}\right]^2=\frac{1}{2\sigma^4}$$

从而 $\hat{\sigma}^2 \sim AN(\sigma^2,\ 2\sigma^4/n)$。

在已知 μ 的条件下，σ 的 MLE 是 $\hat{\sigma}=\sqrt{\hat{\sigma}^2}=\left(\frac{1}{n}\sum_{i=1}^{n}(x_i-\mu)^2\right)^{1/2}$，而 σ 的费希尔信息量的计算如下：

$$\ln p(x,\sigma)=-\ln\sqrt{2\pi}-\ln\sigma-\frac{(x-\mu)^2}{2\sigma^2}$$

$$\frac{\partial \ln p}{\partial \sigma}=-\frac{1}{\sigma}+\frac{(x-\mu)^2}{\sigma^3}$$

$$I(\sigma)=E\left(-\frac{1}{\sigma}+\frac{(x-\mu)^2}{\sigma^3}\right)^2=\frac{2}{\sigma^2}$$

从而 $\hat{\sigma} \sim AN(\sigma,\ \sigma^2/2n)$

习题 2.2

1. 设总体 X 服从参数为 λ 的泊松分布，从中抽取样本 x_1，x_2，…，x_n，求 λ 的最大似然估计。

2. 设总体 X 的密度函数为：

$$p(x;\beta)=(\beta+1)x^{\beta},\quad 0<x<1$$

其中，未知参数 $\beta>-1$，从中获得样本 x_1，x_2，…，x_n，求参数 β 的最大似然估计与矩估计，它们是否相同？今获得的样本观察值为：

0.30　0.80　0.47　0.35　0.62　0.55

试分别求 β 的两个估计值。

3. 设总体 X 具有密度函数（拉普拉斯分布）：

$$p(x,\sigma)=\frac{1}{2\sigma}\mathrm{e}^{-|x|/\sigma},\quad -\infty<x<\infty$$

从中获得样本 x_1，x_2，…，x_n，其中未知参数 $\sigma>0$，求参数 $\sigma>0$ 的最大似然估计。

4. 设 x_1，x_2，…，x_n 与 y_1，y_2，…，y_m 分别是来自 $N(\mu_1,\ \sigma^2)$ 与 $N(\mu_2,\ \sigma^2)$ 的两个独立样本，试求 μ_1，μ_2，σ^2 的最大似然估计。

5. 在遗传学的研究中经常要从二项分布 $b(m,\ p)$ 中抽样，不过观察值不可能为 0，这意味着抽样是从如下截尾二项分布中进行的，其分布列为：

$$P(X=x)=\frac{\binom{m}{x}p^x(1-p)^{m-x}}{1-(1-p)^m},\quad x=1,2,\cdots,m$$

在$m=2$的情况下对容量为n的样本寻求p的MLE。

6. 设总体X服从几何分布

$$P(X=k)=p(1-p)^{k-1},\quad k=1,2,\cdots$$

其中，$0<p<1$是未知参数，从中获得样本x_1，x_2，…，x_n，求p与$E(X)$的最大似然估计。

7. 设总体X服从$N(\mu,\ \sigma^2)$，从中获得样本x_1，x_2，…，x_n。

(1) 求使$P(X>A)=0.05$的点A的最大似然估计；

(2) 求$\theta=P(X\geqslant 2)$的最大似然估计。

8. 设样本x_1，x_2，…，x_n来自Pareto分布，其密度函数为：

$$p(x;\alpha,\theta)=\theta\alpha^\theta x^{-(\theta+1)},\quad x>\alpha>0,\theta>0$$

寻求α与θ的MLE。

9. 设$p(x;\ \theta)$为Cramer-Rao正则族分布，若其二阶偏导数$\partial^2\ln p(y;\ \theta)/\partial\theta^2$对一切$\theta$存在，证明其费希尔信息量为：

$$I(\theta)=-E\left(\frac{\partial^2\ln p(x;\theta)}{\partial\theta^2}\right)$$

在某些场合，这个公式可简化费希尔信息量的计算。

10. 设炮弹着落点$(x,\ y)$离目标（原点）的距离为$z=\sqrt{x^2+y^2}$，若设x与y为独立同分布的随机变量，其共同分布为$N(0,\ \sigma^2)$，可得z的分布密度为：

$$p(z)=\frac{z}{\sigma^2}\exp\left\{-\frac{z^2}{2\sigma^2}\right\},\quad z>0$$

这个分布称为瑞利分布。

(1) 设z_1，z_2，…，z_n为来自上述瑞利分布的一个样本，求σ^2的MLE，证明它是σ^2的无偏估计；

(2) 求瑞利分布中σ^2的费希尔信息量$I(\sigma^2)$；

(3) 给出MLE $\hat{\sigma}^2$的渐近正态分布。

11. 设z服从瑞利分布，其倒数$u=1/z$的分布称为倒瑞利分布，其密度函数为：

$$p(u)=\frac{1}{\sigma^2u^3}\exp\left\{-\frac{1}{2\sigma^2u^2}\right\},\quad u>0$$

(1) 设z_1，z_2，…，z_n为来自倒瑞利分布的一个样本，求σ^2的MLE；

(2) 求倒瑞利分布中σ^2的费希尔信息量$I(\sigma^2)$；

(3) 写出MLE $\hat{\sigma}^2$的渐近正态分布。

12. 设x_1，x_2，…，x_n是来自如下伽玛分布$Ga(\alpha,\ \lambda)$的一个样本：

$$p(x)=\frac{\lambda^{\alpha}}{\Gamma(\alpha)}x^{\alpha-1}\mathrm{e}^{-\lambda x},\quad x>0$$

在 α 已知时寻求其中参数 λ 的 MLE 及其渐近分布。

13. 某离散总体 X 的概率分布为：

X	0	1	2	3
P	θ^2	$2\theta(1-\theta)$	θ^2	$1-2\theta$

其中 θ（$0<\theta<\frac{1}{2}$）是未知参数。现有该总体的样本（3，1，3，0，2，1，23），求 θ 的矩估计和最大似然估计。

14. 设某种电器的寿命（单位：小时）服从指数分布 $\exp(1/\theta)$。现有10件此种电器同时参加寿命试验，已知2件在110和170小时先后发生失效，其余的在200小时停止试验前再没有发生失效，试求其平均失效时间的最大似然估计。

2.3 最小方差无偏估计

设 $\hat{\theta}_n=\hat{\theta}(x_1, x_2, \cdots, x_n)$ 是参数 θ 的一个估计。评价估计 $\hat{\theta}_n$ 优劣的标准在前面已提出三个，它们是：

（1）无偏性，见定义1.2.3；

（2）相合性，见定义2.1.1；

（3）渐近正态性，见定义2.2.2。

其中，（2）和（3）是估计的大样本性质。常用的评价标准还有两个，它们是：

（4）无偏估计的有效性；

（5）有偏估计的均方误差准则。

后两个标准是用二阶矩定义的，故又称为二阶矩准则，它们也是估计的小样本性质。在本节将给出这两个标准。注意，一个标准只能刻画出估计的一个侧面。要使一个估计在多个侧面都很好是罕见的，根据实际情况选用一个或两个标准对估计提出要求是适当的。譬如，在大样本场合常希望估计量具有渐近正态性；在小样本场合常希望估计量具有无偏性和有效性，最好能是最小方差无偏估计，这一点也将在本节中作一些较为深入的讨论。

2.3.1 无偏估计的有效性

参数 θ 的无偏估计常有多个，如何在诸无偏估计中选择呢？

估计量 $\hat{\theta}$ 的无偏性只涉及 $\hat{\theta}$ 的抽样分布的一阶矩（期望），它考察的只是位置特征。进一步评价标准需要考察其二阶矩（方差），这涉及 $\hat{\theta}$ 的散布特征。图2.3.1上

显示了 θ 的两个无偏估计 $\hat{\theta}_1$ 与 $\hat{\theta}_2$ 及其密度函数曲线，从图上看，估计量 $\hat{\theta}_1$ 的取值比 $\hat{\theta}_2$ 的取值较为集中一些，即 $\mathrm{Var}(\hat{\theta}_1)<\mathrm{Var}(\hat{\theta}_2)$。因而我们可以用估计量的方差去衡量两个无偏估计的好坏，从而引入无偏估计有效性的标准。

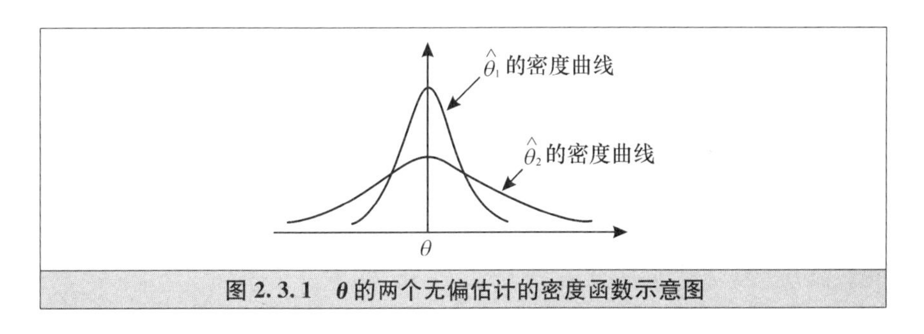

图 2.3.1 θ 的两个无偏估计的密度函数示意图

定义 2.3.1 设 $\hat{\theta}_1=\hat{\theta}_1(x_1, x_2, \cdots, x_n)$ 与 $\hat{\theta}_2=\hat{\theta}_2(x_1, x_2, \cdots, x_n)$ 都是参数 θ 的无偏估计，如果

$$\mathrm{Var}(\hat{\theta}_1)\leqslant\mathrm{Var}(\hat{\theta}_2), \forall\theta\in\Theta$$

且至少对一个 $\theta_0\in\Theta$，有严格不等号成立，则称 $\hat{\theta}_1$ 比 $\hat{\theta}_2$ 有效。

 例 2.3.1

设 $x_1, x_2, \cdots, x_n$ 是取自总体 X 的样本，且 $E(X)=\mu$，$\mathrm{Var}(X)=\sigma^2$ 均有限，则

$$\hat{\mu}_1=\bar{x}, \quad \hat{\mu}_2=x_1$$

都是 μ 的无偏估计，但

$$\mathrm{Var}(\hat{\mu}_1)=\frac{\sigma^2}{n}, \quad \mathrm{Var}(\hat{\mu}_2)=\sigma^2$$

故当 $n\geqslant2$ 时，$\mathrm{Var}(\hat{\mu}_1)<\mathrm{Var}(\hat{\mu}_2)$，因而 $\hat{\mu}_1$ 比 $\hat{\mu}_2$ 有效。

从这一例子可见，要尽量用样本中所有数据的平均去估计总体均值，绝不要用部分数据去估计总体均值，这样可提高估计的有效性。

下面继续讨论这一类问题，若从同一总体 X 获得两个相互独立的样本，其容量分别为 n_1 与 n_2，则其样本的均值 $\bar{x}_1$ 与 $\bar{x}_2$ 都是总体均值 μ 的无偏估计。相对来说，容量大的样本均值比容量小的样本均值有效。但其合样本的均值 $\bar{\bar{x}}$ 更为有效，因为

$$\bar{\bar{x}}=\frac{n_1\bar{x}_1+n_2\bar{x}_2}{n_1+n_2}, \quad \mathrm{Var}(\bar{\bar{x}})=\frac{\sigma^2}{n_1+n_2}<\min\left\{\frac{\sigma^2}{n_1}, \frac{\sigma^2}{n_2}\right\}$$

还可以证明：在 $\bar{x}_1$ 与 $\bar{x}_2$ 的一切凸组合 $\alpha\bar{x}_1+(1-\alpha)\bar{x}_2$ $(0\leqslant\alpha\leqslant1)$ 中，$\bar{\bar{x}}$ 是最有效的（见习题 2.3.2）。

 例 2.3.2

在例 2.2.3 中曾指出，均匀分布 $U(0, \theta)$ 中 θ 的最大似然估计为 $x_{(n)}$，由于

$E[x_{(n)}]=\frac{n}{n+1}\theta$，所以 $x_{(n)}$ 不是 θ 的无偏估计，但经修偏后可得 θ 的一个无偏估计 $\hat{\theta}_1=\frac{n+1}{n}x_{(n)}$，且

$$\mathrm{Var}(\hat{\theta}_1)=\left(\frac{n+1}{n}\right)^2\mathrm{Var}[x_{(n)}]=\left(\frac{n+1}{n}\right)^2\frac{n\theta^2}{(n+1)^2(n+2)}=\frac{\theta^2}{n(n+2)}$$

另一方面，用矩法可得 θ 的另一个无偏估计 $\hat{\theta}_2=2\bar{x}$，且

$$\mathrm{Var}(\hat{\theta}_2)=4\mathrm{Var}(\bar{x})=4\times\frac{\theta^2}{12n}=\frac{\theta^2}{3n}$$

比较这两个方差可见，当 $n\geqslant 2$ 时，$\hat{\theta}_1$ 比 $\hat{\theta}_2$ 有效。

2.3.2 有偏估计的均方误差准则

无偏性是估计的一个优良性质，但不能由此认为，无偏估计已是十全十美的估计，而有偏估计无可取之处。为深入考察这个问题，需要对有偏估计引入均方误差准则。

大家知道，在样本量一定时，评价一个点估计 $\hat{\theta}$ 的优劣要看 $\hat{\theta}$ 与参数 θ 的距离 $|\hat{\theta}-\theta|$ 的期望或其函数的期望，最常用和最简单的函数是此种距离的平方 $(\hat{\theta}-\theta)^2$，由于 $\hat{\theta}$ 具有随机性，对其求数学期望即得到均方误差 $E(\hat{\theta}-\theta)^2$，用此尺度可对任一估计的优劣作出评价，既可对无偏估计，也可以对有偏估计作出评价，具体如下。

定义 2.3.2 设 $\hat{\theta}_1$ 与 $\hat{\theta}_2$ 是参数 θ 的两个估计量，如果

$$E(\hat{\theta}_1-\theta)^2\leqslant E(\hat{\theta}_2-\theta)^2,\quad \forall\theta\in\Theta$$

且至少对一个 $\theta_0\in\Theta$ 有严格不等式成立，则称在均方误差意义下，$\hat{\theta}_1$ 优于 $\hat{\theta}_2$。其中，$E(\hat{\theta}_i-\theta)^2$ 称为 $\hat{\theta}_i$ 的**均方误差**，常记为 $MSE(\hat{\theta}_i)$。

若 $\hat{\theta}$ 是 θ 的无偏估计，则其均方误差即为方差，即 $MSE(\hat{\theta})=\mathrm{Var}(\hat{\theta})$。

均方误差还有如下一种分解：设 $\hat{\theta}$ 是 θ 的任一估计，则有

$$\begin{aligned}MSE(\hat{\theta})&=E(\hat{\theta}-\theta)^2=E\{[\hat{\theta}-E(\hat{\theta})]+[E(\hat{\theta})-\theta]\}^2\\&=E[\hat{\theta}-E(\hat{\theta})]^2+[E(\hat{\theta})-\theta]^2\\&=\mathrm{Var}(\hat{\theta})+\delta^2\end{aligned}$$

其中 $\delta=|E(\hat{\theta})-\theta|$ 称为（绝对）**偏差**，它是用 $\hat{\theta}$ 估计 θ 引起的系统误差部分。此外，均方误差 $MSE(\hat{\theta})$ 还含有随机误差部分，它是用 $\hat{\theta}$ 的方差 $\mathrm{Var}(\hat{\theta})$ 表示的。由此可见，均方误差 $MSE(\hat{\theta})$ 是由系统误差和随机误差两部分合成的。无偏性可使 $\delta=0$（即系统误差为0），有效性要求方差 $\mathrm{Var}(\hat{\theta})$ 尽量地小（即随机误差尽量地小），而均方误差准则要求两者（方差和偏差平方）之和越小越好。假如有一个有偏估计其均方误差比任一个无偏估计的方差还要小，则此种有偏估计应予以肯定。下面

就是这方面的例子。

例 2.3.3

设 x_1，x_2，…，x_n 是来自正态分布 $N(\mu, \sigma^2)$ 的一个样本，利用 χ^2 分布的性质可知该样本的偏差平方和

$$Q=\sum_{i=1}^{n}(x_i-\bar{x})^2$$

的期望与方差分别为：

$$E(Q)=(n-1)\sigma^2, \qquad \text{Var}(Q)=2(n-1)\sigma^4$$

现对总体方差 σ^2 构造如下三个估计：

$$s^2=\frac{Q}{n-1}, \qquad s_n^2=\frac{Q}{n}, \qquad s_{n+1}^2=\frac{Q}{n+1}$$

其中，s^2 是 σ^2 的无偏估计，s_n^2 与 s_{n+1}^2 都是 σ^2 的有偏估计。下面转入比较这三个估计的优劣。这三个估计的偏差平方 δ^2，方差 Var(·) 和均方误差 MSE(·) 可从 Q 的期望与方差算得。现把它们列于表 2.3.1 的上半部，而表的下半部是在 $n=10$ 时算得的具体值。

表 2.3.1 **三个估计的偏差平方、方差与均方误差**

	s^2	s_n^2	s_{n+1}^2
δ^2/σ^4	0	$1/n^2$	$4/(n+1)^2$
$\text{Var}(\cdot)/\sigma^4$	$2/(n-1)$	$2(n-1)/n^2$	$2(n-1)/(n+1)^2$
$MSE(\cdot)/\sigma^4$	$2/(n-1)$	$(2n-1)/n^2$	$2/(n+1)$
以下数据是在 $n=10$ 时算得的：			
δ^2/σ^4	0	0.01	0.033 0
$\text{Var}(\cdot)/\sigma^4$	0.222 2	0.180 0	0.148 8
$MSE(\cdot)/\sigma^4$	0.222 2	0.190 0	0.181 8

从表 2.3.1 可以对三个估计的优劣作出评价。

- 仅从偏差看，无偏估计 $s_{n-1}^2=s^2$ 是最优的，因为

$$\delta=0<\delta_n<\delta_{n+1} \quad (n>1)$$

其中，用 δ 表示无偏估计 s^2 的偏差，另两个偏差用 δ 加下标来区别。

- 仅从方差大小来看，有偏估计 s_{n+1}^2 的方差是最小的，因为

$$\text{Var}(s_{n+1}^2)<\text{Var}(s_n^2)<\text{Var}(s^2), \quad n\geqslant 1$$

- 从均方误差大小来看，有偏估计 s_{n+1}^2 的 MSE 是最小的，而无偏估计 s^2 的 MSE 相对大一些，因为

$$MSE(s_{n+1}^2)<MSE(s_n^2)<MSE(s^2)$$

从这个例子可以看出，在均方误差准则下，有偏估计并不总是最差的，在有些场合有偏估计会比最好的无偏估计还要好。

可惜的是，参数θ的一切可能的（无偏的或有偏的）估计组成的估计类ε_θ中一致最小均方误差估计是不存在的。这是因为，倘若$\hat{\theta}^*=\hat{\theta}^*(x_1, x_2, \cdots, x_n)$是$\theta$的一致最小均方误差估计，那么对任一固定值$\theta_0$，可作一个如下估计$\hat{\theta}_0$，它对任一样本都保持不变，恒为$\theta_0$。

$$\hat{\theta}_0(x_1,x_2,\cdots,x_n)\equiv\theta_0$$

它在$\theta=\theta_0$处确保其均方误差为零，从而达到最小，但是在$\theta\neq\theta_0$处可能有较大的均方误差。这种只顾一点而不顾其他点的估计谁也不会去用它，但是作为θ的一致最小均方误差估计$\hat{\theta}^*$在$\theta=\theta_0$处的均方误差也应该为零。

由于此种θ_0可以是参数空间Θ中的任一点，所以$\hat{\theta}^*$的均方误差在$\theta\in\Theta$上必须处处为零，即

$$MSE(\hat{\theta}^*)=E(\hat{\theta}^*-\theta)^2=0, \quad \theta\in\Theta$$

这意味着无论θ为何值，$\hat{\theta}^*$必须完美无缺地去估计θ，这在充满随机性的世界里是不可能做到的，故此种估计是不存在的。

在大的估计类ε_θ中不存在一致最小均方误差估计。那怎么办呢？通常的想法是把估计类缩小后再去找。譬如，正态方差σ^2的一致最小均方误差估计不存在，但在如下估计类：

$$\varepsilon_{\sigma^2}=\left\{cQ: c\text{ 为正实数}, Q=\sum_{i=1}^{n}(x_i-\bar{x})^2\right\}$$

可以找到σ^2的一致最小均方误差估计（见习题2.3.8）。

2.3.3 一致最小方差无偏估计

这里我们将参数θ用其函数$g(\theta)$代替，$g(\theta)$的估计用$\hat{g}=\hat{g}(\boldsymbol{x})=\hat{g}(x_1, x_2, \cdots, x_n)$表示。参数$g(\theta)$的一切可能的无偏估计组成的类称为$g(\theta)$的无偏估计类，记为$\mathscr{U}_g$，即

$$\mathscr{U}_g=\{\hat{g}(\boldsymbol{x}): E(\hat{g})=g(\theta), \quad \theta\in\Theta\}$$

下面我们将在无偏估计类$\mathscr{U}_g$中寻找方差最小的估计。首先指出，$\mathscr{U}_g$有可能是空的，因为存在这样的参数，它没有无偏估计，而对空类作研究是没有意义的。

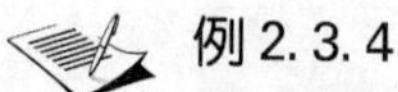

例2.3.4

考察二项分布族$\{b(m, p): 0<p<1\}$。不管样本容量n多大，参数$g(p)=1/p$的无偏估计都不存在。以$n=1$为例证明这个结论。倘若不然，$1/p$有无偏估计$\hat{g}(x)$，则应有

$$\sum_{x=0}^{m} \hat{g}(x)\binom{m}{x}p^{x}(1-p)^{m-x}=1/p,\quad 0<p<1$$

于是

$$\sum_{x=0}^{m} \hat{g}(x)\binom{m}{x}p^{x+1}(1-p)^{m-x}-1=0,\quad 0<p<1$$

上式左端是 p 的 $m+1$ 次多项式，它最多有 $m+1$ 个实根，可无偏性要求对 (0，1) 中任一个实数 p 上式都成立。这个矛盾说明了 $1/p$ 的无偏估计不存在。

今后的讨论把不存在无偏估计的参数除外，为此引进可估参数的概念。

定义 2.3.3　假如参数的无偏估计存在，则称此参数为**可估参数**。

可估参数 $g(\theta)$ 的无偏估计可能只有一个，也可能有多个。在只有一个的场合就没有选择的余地；在有多个无偏估计的场合，常用其方差作为进一步选择的指标，这就引出如下一致最小方差无偏估计的概念。

定义 2.3.4　设 $\mathscr{F}=\{p(x;\theta):\theta\in\Theta\}$ 是一个参数分布族。$g(\theta)$ 是 Θ 上的一个可估参数，$\mathscr{U}_g$ 是 $g(\theta)$ 的无偏估计类。假如 $\hat{g}^*(\boldsymbol{x})$ 是这样的一个无偏估计，对一切 $\hat{g}(\boldsymbol{x})\in\mathscr{U}_g$，有

$$\mathrm{Var}_\theta\{\hat{g}^*(\boldsymbol{x})\}\leqslant\mathrm{Var}_\theta\{\hat{g}(\boldsymbol{x})\},\quad \theta\in\Theta$$

则称 $\hat{g}^*(\boldsymbol{x})$ 是 $g(\theta)$ 的**一致最小方差无偏估计**，记为 **UMVUE**。

对给定的参数分布族，如何寻找可估参数的 UMVUE? 这是人们很关心的问题，Blackwell，Rao，Lehmann，Scheffe 等统计学家几乎同时研究了这个问题，获得了一系列寻求 UMVUE 的理论和方法。下面我们来叙述其主要结果。

我们首先指出 $g(\theta)$ 的 UMVUE 存在的一个充要条件，它揭示了 $g(\theta)$ 的无偏估计 $\hat{g}(x)$ 与零的无偏估计 $U(\boldsymbol{x})$ 间的联系。

设参数 $g(\theta)$ 是可估的，$\hat{g}(\boldsymbol{x})$ 是 $g(\theta)$ 的一个无偏估计，则 $g(\theta)$ 的任一无偏估计 $\hat{g}^*(\boldsymbol{x})$ 的通式是

$$\hat{g}^*(\boldsymbol{x})=\hat{g}(\boldsymbol{x})+aU(\boldsymbol{x}) \tag{2.3.1}$$

其中 a 为任一实数；$U(\boldsymbol{x})$ 为零的任一无偏估计。因为任一无偏估计 $\hat{g}^*(\boldsymbol{x})$ 都可以改写为 $\hat{g}(\boldsymbol{x})+(\hat{g}^*(\boldsymbol{x})-\hat{g}(\boldsymbol{x}))$，而括号内正是零的无偏估计。

进一步讨论需要假设估计量 $\hat{g}(\boldsymbol{x})$ 与 $U(\boldsymbol{x})$ 的方差有限，否则无法使方差极小化问题有意义。在此假设下我们来考察上述通式 (2.3.1) 的方差。

$$\mathrm{Var}_\theta(\hat{g}+aU)=\mathrm{Var}_\theta(\hat{g})+a^2\mathrm{Var}_\theta(U)+2a\mathrm{Cov}_\theta(\hat{g},U) \tag{2.3.2}$$

若对某一个 $\theta=\theta_0$ 可使 $\mathrm{Cov}_{\theta_0}(\hat{g},U)\neq0$，则必存在一个

$$a=-\frac{\mathrm{Cov}_{\theta_0}(\hat{g},U)}{\mathrm{Var}_{\theta_0}(U)}$$

使得

$$\mathrm{Var}_{\theta_0}(\hat{g}+aU)<\mathrm{Var}_{\theta_0}(\hat{g})$$

从而使得 $g(\theta)$ 的无偏估计 $\hat{g}$ 在 $\theta=\theta_0$ 处的方差得以改进。假如对 Θ 中的每个 θ 都使协方差 $\mathrm{Cov}_\theta(\hat{g},U)=0$，则由式（2.3.2）可得

$$\mathrm{Var}_\theta(\hat{g}+aU)\geqslant\mathrm{Var}_\theta(\hat{g}),\quad \theta\in\Theta$$

这使得 $\hat{g}$ 处于 $g(\theta)$ 无偏估计类中方差最小的地位。

下面的定理明白地阐述了上述讨论的含义。

定理 2.3.1 设 $\mathscr{F}=\{p(x;\theta):\theta\in\Theta\}$ 是一个参数分布族，$\mathscr{U}_g$ 是可估参数 $g(\theta)$ 的无偏估计类，$\mathscr{U}_0$ 是零的无偏估计类，在各估计量方差均有限的场合下，$\hat{g}(\boldsymbol{x})\in\mathscr{U}_g$ 是 $g(\theta)$ 的 UMVUE 的充要条件为：

$$\mathrm{Cov}_\theta(\hat{g},U)=E_\theta(\hat{g}\cdot U)=0,\quad U\in\mathscr{U}_0,\theta\in\Theta \tag{2.3.3}$$

条件（2.3.3）等价于 $g(\theta)$ 的 UMVUE $\hat{g}(\boldsymbol{x})$ 与任一个 $U\in\mathscr{U}_0$ 不相关。

证：必要性：设 $\hat{g}(\boldsymbol{x})$ 是 $g(\theta)$ 的 UMVUE，则对任一个由 $U\in\mathscr{U}_0$ 和实数 a 所表示的 $g(\theta)$ 的无偏估计 $\hat{g}'=\hat{g}+aU$，有

$$\mathrm{Var}_\theta(\hat{g}+aU)\geqslant\mathrm{Var}_\theta(\hat{g})$$

展开左边后，可得

$$a^2\mathrm{Var}_\theta(U)+2a\mathrm{Cov}_\theta(\hat{g},U)\geqslant 0$$

由上述 a 的二次三项式的判别式可知，必有 $[\mathrm{Cov}_\theta(\hat{g},U)]^2\leqslant 0$，故只有 $\mathrm{Cov}_\theta(\hat{g},U)=0$ 才能使上式成立，这就证明了必要性。

充分性：设 $\hat{g}(\boldsymbol{x})$ 对任一个 $U\in\mathscr{U}_0$ 都有 $\mathrm{Cov}_\theta(\hat{g},U)=0$，则对 $g(\theta)$ 的另一个无偏估计 $\tilde{g}(\boldsymbol{x})$，令 $U_0=\hat{g}-\tilde{g}$，则有 $E(U_0)=0$，且 $\tilde{g}(\boldsymbol{x})$ 的方差为：

$$\begin{aligned}\mathrm{Var}_\theta(\tilde{g})&=E_\theta(\tilde{g}-g)^2\\&=E_\theta[(\tilde{g}-\hat{g})+(\hat{g}-g)]^2\\&=E_\theta(U_0^2)+\mathrm{Var}_\theta(\hat{g})+2\mathrm{Cov}_\theta(U_0,\hat{g})\\&\geqslant\mathrm{Var}_\theta(\hat{g})\end{aligned}$$

上式对任一 $\theta\in\Theta$ 和任一 $\tilde{g}\in\mathscr{U}_g$ 都成立，故 $\hat{g}$ 是 g 的 UMVUE。这就完成了证明。

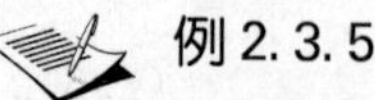

例 2.3.5

设 $(x_1,x_2,\cdots,x_n)$ 是来自指数分布 $\exp(1/\theta)$ 的样本，其中 $\theta=E(x_1)$。可见样本均值 $\bar{x}$ 是 θ 的无偏估计。设 $\varphi(x_1,x_2,\cdots,x_n)$ 是零的无偏估计，即对 $\theta\in(0,\infty)$ 有

$$E(\varphi)=\int_0^\infty\cdots\int_0^\infty\varphi(x_1,x_2,\cdots,x_n)\prod_{i=1}^n\left\{\frac{1}{\theta}e^{-x_i/\theta}\right\}dx_1dx_2\cdots dx_n=0$$

或

$$\int_0^\infty\cdots\int_0^\infty\varphi(x_1,x_2,\cdots,x_n)e^{-(x_1+x_2+\cdots+x_n)/\theta}dx_1dx_2\cdots dx_n=0$$

两边对 θ 求导，得

$$\int_0^\infty\cdots\int_0^\infty\frac{n\overline{x}}{\theta^2}\varphi(x_1,x_2,\cdots,x_n)e^{-(x_1+x_2+\cdots+x_n)/\theta}dx_1dx_2\cdots dx_n=0$$

这表明 $E(\overline{x}\varphi)=0$，从而 $\mathrm{Cov}(\overline{x},\varphi)=0$。由定理 2.3.1 知 $\overline{x}$ 是 θ 的 UMVUE。

从定理 2.3.1 的内容和例 2.3.5 来看，该定理主要是用来验证某个特定的估计量 $\hat{g}(x)$ 是否为 $g(\theta)$ 的 UMVUE。至于此特定统计量从何而来，该定理不能提供任何帮助，因此不是 UMVUE 的构造性定理。此种估计量可以从矩估计或最大似然估计得到启发，然后再用此定理加以验证。下面介绍一种构造无偏估计的新方法，它对通向 UMVUE 更为直接，具体如下。

定理 2.3.2 设 $T(\boldsymbol{x})$ 是参数分布族 $\mathscr{F}=\{p(\boldsymbol{x};\theta):\theta\in\Theta\}$ 的一个充分统计量，设 $\varphi(\boldsymbol{x})$ 是可估参数 $g(\theta)$ 的一个无偏估计，则

$$\hat{g}(T)=E\{\varphi(\boldsymbol{x})|T\}$$

亦是 $g(\theta)$ 的无偏估计，并且

$$\mathrm{Var}_\theta\{\hat{g}(T)\}\leqslant\mathrm{Var}_\theta\{\varphi(\boldsymbol{x})\},\quad\theta\in\Theta$$

其中等号成立的充要条件是

$$P_\theta\{\varphi(\boldsymbol{x})=\hat{g}(T)\}=1$$

即 $\varphi(\boldsymbol{x})$ 是 $T=T(\boldsymbol{x})$ 的函数的概率为 1。

证：由于 T 是充分统计量，故其条件分布与 θ 无关，从而其条件期望 $\hat{g}(T)=E\{\varphi(\boldsymbol{x})\mid T\}$ 与 θ 无关，所以 $\hat{g}(T)$ 可以作为 $g(\theta)$ 的估计量，且

$$E_\theta\{\hat{g}(T)\}=E_\theta\{E[\varphi(\boldsymbol{x})|T]\}=E\{\varphi(\boldsymbol{x})\}=g(\theta)$$

所以 $\hat{g}(T)$ 是 $g(\theta)$ 的无偏估计。这就证明了第一个结论。为了证明第二个结论，我们指出

$$\begin{aligned}\mathrm{Var}_\theta\{\varphi(\boldsymbol{x})\}&=E_\theta\{\varphi(\boldsymbol{x})-g(\theta)\}^2\\&=E_\theta\{\varphi(\boldsymbol{x})-\hat{g}(T)+\hat{g}(T)-g(\theta)\}^2\\&=E_\theta\{\varphi(\boldsymbol{x})-\hat{g}(T)\}^2+\mathrm{Var}_\theta\{\hat{g}(T)\}\\&\quad+2E_\theta\{[\varphi(\boldsymbol{x})-\hat{g}(T)][\hat{g}(T)-g(\theta)]\}\end{aligned}$$

其中

$$\begin{aligned}E_\theta\{[\varphi(\boldsymbol{x})-\hat{g}(T)][\hat{g}(T)-g(\theta)]\}&=E_\theta\{E_\theta\{[\varphi(\boldsymbol{x})-\hat{g}(T)][\hat{g}(T)-g(\theta)]\mid T\}\}\\&=E_\theta\{[\hat{g}(T)-g(\theta)]E_\theta[\varphi(\boldsymbol{x})-\hat{g}(T)\mid T]\}\\&=E_\theta\{[\hat{g}(T)-g(\theta)][E_\theta[\varphi(\boldsymbol{x})\mid T]-\hat{g}(T)]\}\\&=0\end{aligned}$$

故得

$$\begin{aligned}\mathrm{Var}_\theta\{\varphi(\boldsymbol{x})\}&=E_\theta\{\varphi(\boldsymbol{x})-\hat{g}(T)\}^2+\mathrm{Var}_\theta\{\hat{g}(T)\}\\&\geqslant\mathrm{Var}_\theta\{\hat{g}(T)\}\end{aligned}$$

上式对一切 $\theta\in\Theta$ 都成立，且等号成立的条件是

$$E_\theta\{\varphi(\boldsymbol{x})-\hat{g}(T)\}^2=0$$

从而得到 $P_\theta\{\varphi(\boldsymbol{x})=\hat{g}(T)\}=1$。这表明 $\varphi(\boldsymbol{x})$ 是 $T=T(\boldsymbol{x})$ 的函数的概率是1。这就证明了第二个结论。

这个定理提供了一种改善无偏估计的方法，即一个无偏估计 $\varphi(\boldsymbol{x})$ 对充分统计量 $T(\boldsymbol{x})$ 的条件期望 $E\{\varphi(\boldsymbol{x})\mid T\}$ 将能导出一个新的无偏估计，且它的方差不会超过原估计 $\varphi(\boldsymbol{x})$ 的方差。假如 $\varphi(\boldsymbol{x})$ 不是 T 的函数，那么新的无偏估计 $E\{\varphi(\boldsymbol{x})\mid T\}$ 一定比原估计 $\varphi(\boldsymbol{x})$ 具有更小的方差。这个定理还表明：一致最小方差无偏估计一定是充分统计量的函数，否则可以通过充分统计量，按上述定理提出的方法，求出具有更小方差的无偏估计。

例 2.3.6

设 $x_1, x_2, \cdots, x_n$ 是来自二点分布 $b(1, p)$ 的一个样本，其中 $0<p<1$，下面我们来讨论参数 p 的无偏估计。

首先指出，$T=x_1+x_2+\cdots+x_n$ 是二点分布族的充分统计量，而 x_1 是 p 的一个无偏估计，因为 x_1 不是 T 的函数，故用条件期望方法一定能获得比 x_1 的方差更小的无偏估计。下面来计算这个条件期望。

$$\begin{aligned}g(t)&=E(x_1\mid T=t)\\&=1\cdot P(x_1=1\mid T=t)+0\cdot P(x_1=0\mid T=t)\\&=P(x_1=1\mid T=t)=\frac{P(x_1=1,T=t)}{P(T=t)}\\&=\frac{P(x_1=1,x_2+\cdots+x_n=t-1)}{P(T=t)}\\&=\frac{p\dbinom{n-1}{t-1}p^{t-1}(1-p)^{n-t}}{\dbinom{n}{t}p^t(1-p)^{n-t}}\\&=\frac{t}{n}=\frac{1}{n}\sum_{i=1}^n x_i=\bar{x}\end{aligned}$$

显然，样本均值 $\bar{x}$ 的方差比 x_1 的方差要小（在 $n\geqslant 2$ 时）。

经过上述改进后的无偏估计 $\bar{x}$ 是否为 p 的 UMVUE 呢？这可用定理 2.3.1 进行验证。

众所周知，$t=x_1+\cdots+x_n$ 是 p 的充分统计量，且 $t\sim b(n, p)$。由于 $\bar{x}=t/n$，$\mathrm{Var}(\bar{x})=p(1-p)/n$ 有限，故可用充分统计量的分布进行验证。设 $\varphi(t)$ 是零的任一个无偏估计，故对 $0<p<1$ 有

$$E(\varphi(t))=\sum_{t=0}^{n}\varphi(t)\binom{n}{t}p^t(1-p)^{n-t}=0$$

若约去因子 $(1-p)^n$，并记 $\theta=p/(1-p)$，它在 $(0, \infty)$ 上取值。上式可以改写为：

$$\sum_{t=0}^{n}\varphi(t)\binom{n}{t}\theta^t=0,\quad 0<\theta<\infty$$

上式是 θ 的 n 次多项式，最多只有 n 个实根，现要使上式在 $0<\theta<\infty$ 上恒为零，必有 $\varphi(t)\binom{n}{t}$ 恒为零，从而有 $\varphi(t)=0$，这导致 $E[t\varphi(t)]=0$，从而条件（2.3.3）成立，这表明 $\bar{x}$ 是 p 的 UMVUE。

上述推理只说明了例 2.3.6 中提出的问题。在一般场合，经上述改进后的无偏估计是否为 $g(\theta)$ 的 UMVUE 呢？要回答这个问题就要考察充分统计量 $T(x)$ 是否还具有完备性。下面就来讨论完备统计量的概念。

2.3.4　完备性及其应用

我们考察一个参数分布族 $\mathscr{F}=\{p(x;\theta):\theta\in\Theta\}$，设 $\varphi(x)$ 是定义在样本空间 Ω 上的一个实函数，一般来说，积分（如果存在）

$$E_\theta[\varphi(x)]=\int_\Omega\varphi(x)p(x;\theta)\mathrm{d}x,\quad \theta\in\Theta$$

是参数 θ 的函数。因此，上述积分（数学期望）可以看做一个变换，它把样本空间 Ω 上的一个函数 $\varphi(x)$ 变换到参数空间 Θ 上的一个函数 $E_\theta[\varphi(x)]$。在这个观点下，$E_\theta[\varphi(x)]$ 可看做在这个积分变换下 $\varphi(x)$ 的像。

这个变换在概率论与数理统计中经常要用到，因此人们还希望这个积分变换是一对一的变换，即对任意的 $\theta\in\Theta$，有

$$P_\theta\{\varphi_1(x)=\varphi_2(x)\}=1\Leftrightarrow E_\theta[\varphi_1(x)]=E_\theta[\varphi_2(x)] \tag{2.3.4}$$

其中关键在于

$$E_\theta[\varphi(x)]=0\Rightarrow P_\theta\{\varphi(x)=0\}=1 \tag{2.3.5}$$

因为 $\varphi_1(x)$ 和 $\varphi_2(x)$ 的像相同，势必导致

$$\int_{\Omega}[\varphi_1(x)-\varphi_2(x)]p(x;\theta)\mathrm{d}x=0$$

于是由式（2.3.5）可推得

$$P_\theta\{\varphi_1(x)=\varphi_2(x)\}=1$$

或者说：$\varphi_1(x)$ 与 $\varphi_2(x)$ 几乎处处相等。而式（2.3.5）成立与否与分布族 $\mathscr{F}$ 有极大的关系。不是任一个分布族都具有式（2.3.5）这个性质。具有这个性质的分布族称为完备分布族。

定义 2.3.5 设 $\mathscr{F}=\{p(x;\theta),\theta\in\Theta\}$ 是一个参数分布族。又设 $t=t(x)=t(x_1,\cdots,x_n)$ 是一统计量，其诱导分布族记为 $\mathscr{F}^T=\{p^T(t;\theta),\theta\in\Theta\}$，若对任一 t 的函数 $\varphi(t)=\varphi[t(x)]$ 的期望，有

$$E_\theta^T[\varphi(t)]=0,\quad \forall\theta\in\Theta$$

总可导出 $\varphi(t)$ 在分布 p^T 下几乎处处为零，即

$$P_\theta^T[\varphi(t)=0]=1,\quad \forall\theta\in\Theta$$

则称分布族 $\mathscr{F}^T$ 是完备的，又称 $t(x)$ 为完备统计量。

例 2.3.7

正态分布族 $\{N(0,\sigma^2):\sigma>0\}$ 是不完备的。

要说明一个分布族是不完备的，只要能找到这样的一个函数 $\varphi(x)$，它能使 $E_\theta[\varphi(x)]=0$（$\theta\in\Theta$），但 $P_\theta[\varphi(x)=0]\neq1$。在我们的例子中，总体的密度函数是偶函数，故对任一个奇函数，譬如 $\varphi(x)=x$，就有 $E_\sigma[\varphi(x)]=0(\sigma>0)$，但 $P_\sigma(x=0)\neq 1$。所以这个正态分布族是不完备的。

又设 $x_1,x_2,\cdots,x_n$ 是来自正态总体 $N(0,\sigma^2)$ 的一个样本，那么 $T_n=\sum_{i=1}^n x_i^2$ 是 σ^2 的充分统计量。由1.6节可知：

$$T_n=\sum_{i=1}^n x_i^2\sim Ga\left(\frac{n}{2},\frac{1}{2\sigma^2}\right)$$

其密度函数为：

$$p(t;\sigma)=\frac{1}{(2\sigma^2)^{\frac{n}{2}}\Gamma\left(\frac{n}{2}\right)}t^{\frac{n}{2}-1}\mathrm{e}^{-t/(2\sigma^2)},\quad t>0$$

现考察由统计量 T_n 所诱导产生的分布族

$$\left\{Ga\left(\frac{n}{2},\frac{1}{2\sigma^2}\right):\sigma>0\right\}$$

的完备性。假如 $\varphi(t)$ 满足 $E_\sigma[\varphi(t)]=0$（$\sigma>0$），即

$$\int_0^{\infty} \varphi(t) t^{\frac{n}{2}-1} \mathrm{e}^{-t/(2\sigma^2)} \mathrm{d}t = 0, \quad \sigma > 0$$

上式左边是函数 $\varphi(t)\ t^{\frac{n}{2}-1}$ 的单边拉普拉斯变换，由单边拉普拉斯变换的唯一性可知

$$P_\sigma\{\varphi(t)t^{\frac{n}{2}-1}=0\}=1$$

当 $t>0$ 时，$t^{\frac{n}{2}-1}$ 不恒为零，所以只有

$$P_\sigma\{\varphi(t)=0\}=1$$

因此，由统计量 T_n 诱导出的伽玛分布族是完备的。此时，我们称 T_n 是完备统计量。

从定义 2.3.5 可以看出，完备统计量的定义中没有要求原参数分布族 $\mathscr{F}$ 具有完备性。因此就可能会出现上述现象：原分布族是不完备的，但其诱导分布族是完备的。这是完备统计量本身的构造所决定的。

应该指出，简单随机样本 x_1，x_2，…，x_n 的联合分布族 $\left\{\prod_{i=1}^{n} p(x_i;\ \theta), \theta \in \Theta\right\}$ 总是不完备的，因为若取 $\varphi(\boldsymbol{x})=x_1-x_2$，可使 $E_\theta[\varphi(\boldsymbol{x})]=0$，但 $\varphi(\boldsymbol{x})$ 不恒为零，这并不排除其间会产生很多完备统计量。最后我们不加证明地指出三个结果。

- 设 x_1，x_2，…，x_n 是来自指数型分布族（见 1.6.4 节）的一个样本，则其充分统计量都是完备的。
- 在分布族满足一定条件下，次序统计量 $x_{(1)} \leqslant x_{(2)} \leqslant \cdots \leqslant x_{(n)}$ 是完备的。
- 完备统计量的函数亦是完备的，但反之不真。

这些结果的证明可见陈希孺所著《数理统计引论》一书。

在统计中有多处要用到完备性。这里将应用完备性来寻求可估参数的 UMVUE。具体见下面定理 2.3.3。

定理 2.3.3　设 $T(\boldsymbol{x})$ 是参数分布族 $\mathscr{F}=\{p(x;\ \theta):\ \theta\in\Theta\}$ 的完备充分统计量，则每个可估参数 $g(\theta)$ 有一个且仅有一个依赖于 T 的无偏估计 $\hat{g}(T)$，它就是 $g(\theta)$ 的 UMVUE。这里的唯一性是指 $g(\theta)$ 的任何两个这样的估计几乎处处相等。

证：因为 $g(\theta)$ 是可估参数，则必存在 $g(\theta)$ 的无偏估计，记为 $\varphi(\boldsymbol{x})$。假如 $\varphi(\boldsymbol{x})$ 不是 $T(\boldsymbol{x})$ 的函数，则按定理 2.3.2 作 $\varphi(\boldsymbol{x})$ 对 T 条件期望，得 $g(\theta)$ 的另一个无偏估计

$$\hat{g}(T)=E[\varphi(\boldsymbol{x})\mid T]$$

则 $\hat{g}(T)$ 就是 $g(\theta)$ 的 UMVUE。倘若不然，还有一个依赖于 T 的 $h(T)$ 是 $g(\theta)$ 的 UMVUE，那么其差

$$f(T)=\hat{g}(T)-h(T)$$
$$E_\theta[f(T)]=0, \quad \theta\in\Theta$$

因此由 T 的完备性，$\hat{g}(T)$ 与 $h(T)$ 几乎处处相等。若 $\varphi(\boldsymbol{x})$ 还是通过 $T(\boldsymbol{x})$ 与样本

$\boldsymbol{x}$ 发生联系，即 $\varphi(\boldsymbol{x})=\varphi[T(\boldsymbol{x})]=\varphi(T)$，再由 T 的完备性（即唯一性）可知 $\varphi(\boldsymbol{x})$ 就是 $g(\theta)$ 的 UMVUE。这就完成了定理的证明。

根据这个定理，立即可以看出，在例 2.3.6 中，样本均值 $\bar{x}$ 是 p 的 UMVUE。又如从正态总体 $N(\mu, \sigma^2)$ 的样本 $x_1, \cdots, x_n$ 构造的样本均值 $\bar{x}$ 与样本方差 s^2 都是 μ 与 σ^2 的无偏估计，又是完备充分统计量，故 $\bar{x}$ 与 s^2 一定是 μ 与 σ^2 的 UMVUE。为此，我们要有一个完备的充分统计量和一个无偏估计，然后计算这个无偏估计关于这个完备的充分统计量的条件数学期望。那么这个条件期望就是所求的 UMVUE。使用这个方法的最大困难在于条件期望的计算。为简化计算，所选的无偏估计可尽量简单一些。

 **例 2.3.8**

设 $x_1, x_2, \cdots, x_n$ 是来自参数为 λ ($\lambda>0$) 的泊松分布的一个样本，现要求泊松概率

$$P_\lambda(k)=\frac{\lambda^k}{k!}\mathrm{e}^{-\lambda}, \quad k=0,1,2,\cdots$$

的 UMVUE。

解：大家知道，$T_n=\sum_{i=1}^n x_i$ 是泊松分布族的完备充分统计量，因泊松分布是指数分布族成员。由泊松分布的可加性，T_n 服从参数为 $n\lambda$ 的泊松分布，即

$$P(T_n=t)=\frac{(n\lambda)^t}{t!}\mathrm{e}^{-n\lambda}, \quad t=0,1,2,\cdots$$

容易看出，统计量

$$\varphi_k(x_1,x_2,\cdots,x_n)=\begin{cases}1, & x_1=k\\ 0, & x_1\neq k\end{cases}$$

是 $P_\lambda(k)$ 的无偏估计。所以 $P_\lambda(k)$ 的 UMVUE 应是

$$\begin{aligned}\hat{P}_\lambda(k)&=E_\lambda\{\varphi_k(x_1,x_2,\cdots,x_n)\mid T_n=t\}\\ &=P(x_1=k\mid T_n=t)=\frac{P(x_1=k,T_n=t)}{P(T_n=t)}\\ &=\frac{P(x_1=k,x_2+\cdots+x_n=t-k)}{P(T_n=t)}\end{aligned}$$

考虑到诸 $x_1, x_2, \cdots, x_n$ 是相互独立的，且 $x_2+x_3+\cdots+x_n$ 服从参数为 $(n-1)\lambda$ 的泊松分布，所以

$$\begin{aligned}\hat{P}_\lambda(k)&=\frac{\dfrac{\lambda^k\mathrm{e}^{-\lambda}}{k!}\cdot\dfrac{[(n-1)\lambda]^{t-k}}{(t-k)!}\mathrm{e}^{-(n-1)\lambda}}{\dfrac{(n\lambda)^t}{t!}\mathrm{e}^{-n\lambda}}\\ &=\binom{t}{k}\left(\frac{1}{n}\right)^k\left(1-\frac{1}{n}\right)^{t-k}, \quad k=0,1,2,\cdots\end{aligned}$$

这就表明，泊松概率 $P_\lambda(k)$ 的 UMVUE 为：

$$\hat{P}_{\lambda}(k)=\binom{T_n}{k}\left(\frac{1}{n}\right)^k\left(1-\frac{1}{n}\right)^{T_n-k},\quad k=0,1,2,\cdots$$

在可靠性理论中，泊松概率 $P_{\lambda}(0)=\mathrm{e}^{-\lambda}$ 是一个重要的参数。它是在单位时间内泊松过程不发生事故的概率，由上面可知，$P_{\lambda}(0)$ 的 UMVUE 为：

$$\hat{P}_{\lambda}(0)=\left(1-\frac{1}{n}\right)^{T_n}=\left(1-\frac{1}{n}\right)^{\sum\limits_{i=1}^{n}x_i}$$

例 2.3.9

某厂生产一种产品，这种产品包装好后按一定数量放在盒子里。在检验产品时，检验员从每个盒子里随机选出一个容量为 n 的样本，并逐个检查每个样品的质量。假如样本中有 2 个或更多个不合格品，那么这一盒被认为是不合格品，退回工厂，而工厂要求质检员把每盒查出的废品通报厂方。

因为产品都是在相同条件下生产的，所以可认为产品的不合格品率 p（$0<p<1$）是不变的。又因为从每盒中抽取 n 个产品中的不合格品数服从二项分布，因此，任一盒产品通过检验的概率（接受概率）为：

$$\theta=g(p)=q^n+npq^{n-1}$$

其中，$q=1-p$。厂方很关心 θ 的估计，因为 $1-\theta$ 是产品被退回的概率，而厂方损失是与 θ 有关的。现要求 θ 的 UMVUE。

假如检验员通报厂方的数据是：在检验的 r 盒产品中，发现它们的不合格品数分别为 x_1，x_2，…，x_r。由于 $T=\sum\limits_{i=1}^{r}x_i$ 是二项分布族的完备充分统计量，且

$$P(T=t)=\binom{nr}{t}p^t q^{nr-t},\quad t=0,1,2,\cdots,nr$$

另外，我们考察如下的统计量：

$$U(x_1)=\begin{cases}1, & \text{第一盒被接受}\\ 0, & \text{第一盒被拒绝}\end{cases}$$

由于 $P(U=0)=1-\theta$，$P(U=1)=\theta$，所以 $E(U)=\theta$，即 $U(x_1)$ 是 θ 的无偏估计。显然，这是一个很坏的估计，但它可以用来计算 $E[U(x_1)\mid T]$，即可以用来作为寻求 θ 的 UMVUE 的桥梁。

因为第一盒被接受仅在下述两种情况下发生：

B_0：在第一盒中无不合格品；

B_1：在第一盒中仅有一个不合格品，

并且这两个事件是互不相容的，记 $B=B_0+B_1$，于是

$$\begin{aligned}E\{U(x_1)\mid T=t\}&=P(B\mid T=t)\\&=P(B_0\mid T=t)+P(B_1\mid T=t)\end{aligned}$$

$$=\frac{P(x_1=0,T=t)}{P(T=t)}+\frac{P(x_1=1,T=t)}{P(T=t)}$$

$$=\frac{\binom{nr-n}{t}p^tq^{nr-t}+\binom{n}{1}\binom{nr-n}{t-1}p^tq^{nr-t}}{\binom{nr}{t}p^tq^{nr-t}}$$

$$=\frac{\binom{nr-n}{t}+\binom{n}{1}\binom{nr-n}{t-1}}{\binom{nr}{t}}$$

这就是任一盒产品通过检验的概率 θ 的 UMVUE。

若取 $n=100$，$r=5$，$t=4$，则算得合格品率 $\hat{\theta}=0.8198$。

类似，$n=100$，$r=5$，$t=2$，则算得合格品率 $\hat{\theta}=0.9603$。

上述用条件期望是寻求 UMVUE 的一种常用方法，而下面介绍的求解方程是寻求 UMVUE 的另一种方法。

若 T 是一个完备充分统计量，则任一个可估参数 $g(\theta)$ 的 UMVUE $\hat{g}(T)$ 可唯一地由如下方程

$$E_\theta[\hat{g}(T)]=g(\theta),\quad \theta\in\Theta$$

决定。此方程可直接求解，也可先设定一个完备充分统计量 T 的函数 $f(T)$，然后逐步修正。

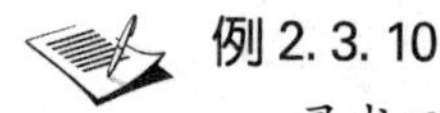

例 2.3.10

寻求二点分布 $b(1, p)$ 的可估参数 $p(1-p)$ 的 UMVUE。

解：来自二点分布 $b(1, p)$ 的样本和 $T=x_1+x_2+\cdots+x_n$ 是充分统计量，且 $T\sim b(n, p)$，故 T 又是完备的。设 $\hat{g}(t)$ 是 $p(1-p)$ 的无偏估计，则有

$$\sum_{t=0}^{n}\binom{n}{t}\hat{g}(t)p^t(1-p)^{n-t}=p(1-p),\quad 0<p<1$$

令 $\rho=p/(1-p)$，则 $p=\rho/(1+\rho)$，代入上式可得

$$\sum_{t=0}^{n}\binom{n}{t}\hat{g}(t)\rho^t=\rho(1+\rho)^{n-2},\quad 0<\rho<\infty$$

$$\sum_{t=0}^{n}\binom{n}{t}\hat{g}(t)\rho^t=\sum_{t=1}^{n-1}\binom{n-2}{t-1}\rho^t,\quad 0<p<\infty$$

比较左右两端的系数可得 $p(1-p)$ 的 UMVUE 为：

$$\hat{g}(t)=\frac{t(n-t)}{n(n-1)},\quad t=0,1,2,\cdots,n$$

例 2.3.11

设 x_1，x_2，…，x_n 是取自均匀分布 $U(0, \theta)$ $(\theta>0)$ 的一个样本，求参数 θ 的 UMVUE。

解：前面已指出 $T=x_{(n)}=\max(x_1, x_2, \cdots, x_n)$ 是此均匀分布族的充分统计量，现在证明它还是完备统计量。因为 $x_{(n)}$ 的密度函数为：

$$p_\theta(t)=\frac{n}{\theta^n}t^{n-1},\quad 0<t<\theta,\theta>0$$

如果对任一可积函数 $\varphi(t)$，有 $E_\theta[\varphi(t)]=0$，即

$$\int_0^\theta \varphi(t)t^{n-1}\mathrm{d}t=0,\quad \theta>0$$

在等式两边对 θ 求导，则有

$$\varphi(\theta)\theta^{n-1}=0,\quad \theta>0$$

所以在 $\theta>0$ 时，$\varphi(\theta)=0$，这表明

$$\varphi(t)=0,\quad t>0$$

这就证明了 $x_{(n)}$ 是完备统计量。

由于 $E[x_{(n)}]=\frac{n}{n+1}\theta$，所以 $\hat{\theta}(x_{(n)})=\left(1+\frac{1}{n}\right)\cdot x_{(n)}$ 是 θ 的无偏估计。因为它是完备统计量 $x_{(n)}$ 的函数，所以它是 θ 的 UMVUE。

习题 2.3

1. 设 x_1, x_2, x_3 是取自某总体容量为 3 的样本。在总体均值 μ 存在时，证明下列三个估计都是 μ 的无偏估计，在总体方差 σ^2 存在时指出哪个估计最有效。

$$\hat{\mu}_1=\frac{1}{2}x_1+\frac{1}{3}x_2+\frac{1}{6}x_3$$

$$\hat{\mu}_2=\frac{1}{3}x_1+\frac{1}{3}x_2+\frac{1}{3}x_3$$

$$\hat{\mu}_3=\frac{1}{6}x_1+\frac{1}{6}x_2+\frac{2}{3}x_3$$

2. 设 $\hat{\theta}_1$ 与 $\hat{\theta}_2$ 是参数 θ 的两个无偏估计，且相互独立，其方差分别为 $\mathrm{Var}(\hat{\theta}_1)=\sigma_1^2$，$\mathrm{Var}(\hat{\theta}_2)=\sigma_2^2$。

要求：

(1) 对任意 α $(0<\alpha<1)$，证明 $\hat{\theta}_\alpha=\alpha\hat{\theta}_1+(1-\alpha)\hat{\theta}_2$ 是 θ 的无偏估计；

(2) α 为何值时，可得 $\hat{\theta}_\alpha$ 的方差最小？

3. 设 $x_1, x_2, \cdots, x_n$ 是来自正态总体 $N(\mu_1, 1)$ 的一个样本，又设 $y_1, y_2, \cdots, y_m$ 是来自另一个正态总体 $N(\mu_2, 4)$ 的一个样本，且两个样本独立。

要求：

(1) 寻求 $\mu=\mu_1-\mu_2$ 的无偏估计 $\hat{\mu}$；

(2) 若 $n+m=N$ 固定，试问 n 与 m 如何配置才能使 $\hat{\mu}$ 的方差达到最小（其中

$n>0$，$m>0$)？

4. 设有 k 台仪器各自独立地测量某物理量 θ 各一次，得 x_1，x_2，…，x_k。若各仪器测量都无系统误差，但各台仪器的标准差 $\sigma_i>0$（$i=1$，2，…，k）不全相同，如今要确定 c_1，c_2，…，c_k 使 $\hat{\theta}=\sum_{i=1}^{k}c_ix_i$ 为 θ 的无偏估计，且方差达到最小。

5. 设 x_1，x_2，…，x_n 是来自均匀分布 $U(\theta, \theta+1)$ 的一个样本。

要求：

(1) 验证 $\hat{\theta}_1=\bar{x}-1/2$，$\hat{\theta}_2=x_{(1)}-1/(n+1)$，$\hat{\theta}_3=x_{(n)}-n/(n+1)$ 都是 θ 的无偏估计；

(2) 比较这三个估计的有效性。

6. 设 x_1，x_2，…，x_n 来自均匀总体 $U(\theta-1/2, \theta+1/2)$，考察 θ 的如下两个估计：

$$\hat{\theta}_1=\bar{x}, \quad \hat{\theta}_2=(x_{(1)}+x_{(n)})/2$$

要求：

(1) 验证它们都是 θ 的无偏估计；

(2) 比较它们的有效性。

7. 设 x_1，x_2，…，x_n 是来自指数分布 $\exp(1/\theta)$ 的一个样本，试证 $\hat{\theta}_1=\bar{x}$ 与 $\hat{\theta}_2=nx_{(1)}$ 都是 θ 的无偏估计，并比较其有效性。

8. 设 x_1，x_2，…，x_n 是来自正态总体 $N(\mu, \sigma^2)$ 的一个样本，$Q=\sum_{i=1}^{n}(x_i-\bar{x})^2$ 为样本的偏差平方和，求 c 使 cQ 在均方误差准则下是 σ^2 的最优估计。

9. 设 x_1，x_2，…，x_n 是来自指数分布 $\exp(1/\theta)$ 的一个样本，求 c 使 $c\bar{x}$ 在均方误差准则下是 θ 的最优估计。

10. 设 $T(\boldsymbol{x})$ 是参数分布族 $\mathscr{F}=\{p(x;\theta):\theta\in\Theta\}$ 的一个充分统计量，设 $\varphi(\boldsymbol{x})$ 是参数 $g(\theta)$ 的一个估计。试证明，$E(\varphi(\boldsymbol{x})\mid T)$ 也可以作为 $g(\theta)$ 的一个估计，且对任意的 $\theta\in\Theta$，$E(\varphi(\boldsymbol{x})\mid T)$ 的均方误差不会超过 $\varphi(\boldsymbol{x})$ 的均方误差。这说明，在均方误差准则下，我们只需要考虑仅依赖于充分统计量的估计。

11. 考察均匀分布族 $\{U(0, \theta):\theta>0\}$，则不管样本容量 n 为多大，$g(\theta)=1/\theta$ 不是可估参数。试以 $n=1$ 为例证明这个结论。

12. 检验下列分布族的完备性：

(1) 泊松分布族；

(2) 几何分布族；

(3) 均匀分布族 $\{U(0, \theta):\theta>0\}$；

(4) 伽玛分布族 $\{Ga(\alpha, \lambda):\alpha>0, \lambda>0\}$。

13. 设 x_1，x_2，…，x_n 是来自正态总体 $N(\mu, 1)$ 的一个样本，求 $p=P(X_1\leqslant a)$ 的 UMVUE，其中 a 已知。

14. 设 x_1，x_2，…，x_n 是来自指数分布 $\exp(\lambda)$ 的一个样本，求 $p=P(X_1\leqslant a)$

的 UMVUE，其中 a 已知。

15. 设 x_1，x_2，…，x_n 是来自伽玛分布 $Ga(\alpha, \lambda)$ 的一个样本，若 α 已知，求 λ 和 λ^{-1} 的 UMVUE。

16. 设 T_1 与 T_2 分别是 θ_1 与 θ_2 的 UMVUE，证明：对任意的非零常数 a 与 b，aT_1+bT_2 是 $a\theta_1+b\theta_2$ 的 UMVUE，并在正态总体 $N(\mu, \sigma^2)$ 下求 $3\mu+4\sigma^2$ 的 UMVUE。

17. 设 T 是 $g(\theta)$ 的 UMVUE，$\hat{g}$ 是 $g(\theta)$ 的无偏估计，证明：若 $\mathrm{Var}(\hat{g})<+\infty$，则 $\mathrm{Cov}(T, \hat{g})\geqslant 0$。

18. 设 x_1，x_2，…，x_n 是从总体分布 $p(x;\theta)$ 中抽取的样本，$T=T(x_1, x_2, \cdots, x_n)$ 是 θ 的充分统计量，对 $g(\theta)$ 的任一估计 $\hat{g}$，若令 $\tilde{g}=E(\hat{g}\mid T)$，证明：

$$MSE(\tilde{g})\leqslant MSE(\hat{g}), \quad \theta\in\Theta$$

这说明，在均方误差准则下，人们只需要考虑基于充分统计量的估计。

2.4 C-R 不等式

瑞典统计学家克拉梅（H. Cramér）和印度统计学家劳（C. R. Rao）分别在 1945 年和 1946 年对单参数正则分布族证明了一个重要不等式，后人称为 Cramer-Rao 不等式，简称 C-R 不等式。这个不等式给出了可估参数的无偏估计的方差下界，这个下界与下列三个量有关。

- 样本量 n；
- 费希尔信息量 $I(\theta)$（参见 2.2.3 节）；
- 可估参数 $g(\theta)$ 的变化率 $g'(\theta)$。

这个 C-R 不等式成立的条件是总体为 C-R 正则分布族（参见定义 2.2.3）。

2.4.1 C-R 不等式

定理 2.4.1 设 $\mathscr{F}=\{p(x;\theta): \theta\in\Theta\}$ 是 C-R 正则分布族，可估参数 $g(\theta)$ 是 Θ 上的可微函数，又设 $\boldsymbol{x}=(x_1, x_2, \cdots, x_n)$ 是取自总体分布 $p(x;\theta)\in\mathscr{F}$ 的一个样本，假如 $\hat{g}(\boldsymbol{x})$ 是 $g(\theta)$ 的无偏估计，且满足条件：下述积分

$$\int\cdots\int \hat{g}(x_1,x_2,\cdots,x_n)\cdot p(x_1,x_2,\cdots,x_n;\theta)\mathrm{d}x_1\cdots\mathrm{d}x_n$$

可在积分号下对 θ 求导，则有

$$\mathrm{Var}_\theta[\hat{g}(\boldsymbol{x})]\geqslant\frac{[g'(\theta)]^2}{nI(\theta)}, \quad \theta\in\Theta \tag{2.4.1}$$

其中 $I(\theta)$ 为该分布族 $\mathscr{F}$ 的费希尔信息量。

证：因为样本是简单样本，又记

$$s(\boldsymbol{x};\theta)=\frac{\partial}{\partial\theta}\ln p(x_1,x_2,\cdots,x_n;\theta)=\sum_{i=1}^{n}\frac{\partial}{\partial\theta}\ln p(x_i;\theta)$$

由于

$$\begin{aligned}E_\theta\left\{\frac{\partial}{\partial\theta}\ln p(x_i;\theta)\right\}&=\int\frac{\partial}{\partial\theta}\ln p(x_i;\theta)\cdot p(x_i;\theta)\mathrm{d}x_i\\&=\int\frac{\partial}{\partial\theta}p(x_i;\theta)\mathrm{d}x_i\\&=\frac{\mathrm{d}}{\mathrm{d}\theta}\int p(x_i;\theta)\mathrm{d}x_i=0\end{aligned}$$

所以

$$\begin{aligned}E_\theta\{s(\boldsymbol{x};\theta)\}&=\sum_{i=1}^{n}E_\theta\left\{\frac{\partial}{\partial\theta}\ln p(x_i;\theta)\right\}=0\\\mathrm{Var}_\theta\{s(\boldsymbol{x};\theta)\}&=\mathrm{Var}_\theta\left\{\sum_{i=1}^{n}\frac{\partial}{\partial\theta}\ln p(x_i;\theta)\right\}\\&=\sum_{i=1}^{n}\mathrm{Var}_\theta\left\{\frac{\partial}{\partial\theta}\ln p(x_i;\theta)\right\}\\&=\sum_{i=1}^{n}E_\theta\left\{\frac{\partial}{\partial\theta}\ln p(x_i;\theta)\right\}^2=nI(\theta)\end{aligned}$$

再利用协方差性质（即施瓦兹不等式）

$$\{\mathrm{Cov}[s(\boldsymbol{x},\theta),\hat{g}(\boldsymbol{x})]\}^2\leqslant\mathrm{Var}_\theta[s(\boldsymbol{x},\theta)]\cdot\mathrm{Var}_\theta[\hat{g}(\boldsymbol{x})]$$

上述不等式右端为 $nI(\theta)\cdot\mathrm{Var}_\theta\{\hat{g}(\boldsymbol{x})\}$，而左端为：

$$\begin{aligned}&\mathrm{Cov}[s(\boldsymbol{x},\theta),\hat{g}(\boldsymbol{x})]\\&=E_\theta\{s(\boldsymbol{x},\theta)[\hat{g}(\boldsymbol{x})-g(\theta)]\}\\&=E_\theta\{s(\boldsymbol{x},\theta)\hat{g}(\boldsymbol{x})\}-g(\theta)E_\theta\{s(\boldsymbol{x},\theta)\}\\&=\int\cdots\int\hat{g}(\boldsymbol{x})\frac{\partial}{\partial\theta}\ln p(x_1,x_2,\cdots,x_n;\theta)\cdot p(x_1,x_2,\cdots,x_n;\theta)\mathrm{d}x_1\cdots\mathrm{d}x_n\\&=\int\cdots\int\hat{g}(\boldsymbol{x})\frac{\partial}{\partial\theta}p(x_1,x_2,\cdots,x_n;\theta)\mathrm{d}x_1\cdots\mathrm{d}x_n\\&=\frac{\mathrm{d}}{\mathrm{d}\theta}\int\cdots\int\hat{g}(\boldsymbol{x})p(x_1,x_2,\cdots,x_n;\theta)\mathrm{d}x_1\cdots\mathrm{d}x_n=g'(\theta)\end{aligned}$$

将上述结果代回原式，即得 C-R 不等式。

C-R 不等式（2.4.1）的右端是一个不依赖于无偏估计量 $\hat{g}(\boldsymbol{x})$ 的量。这个量与参数 $g(\theta)$ 的变化率的平方成正比，与总体所在的分布族的费希尔信息量的 n 倍成反比。这表明，当参数 $g(\theta)$ 和总体分布族给定时，要构造一个方差无限小的无偏估计，只有当样本容量 n 无限增大时才有可能，而要做到这一点是不现实的。所以当样本容量 n 给定时，$g(\theta)$ 的无偏估计的方差不可能任意小，它的下界是

$[g'(\theta)]^2/nI(\theta)$。这个下界也称 C-R 下界，C-R 不等式的意义就在于此。

2.4.2　有效估计

定义 2.4.1　设 $\hat{g}(\boldsymbol{x})$ 是 $g(\theta)$ 的无偏估计，在 C-R 正则分布族下，比值

$$e_n=\frac{[g'(\theta)]^2/nI(\theta)}{\mathrm{Var}_\theta[\hat{g}(\boldsymbol{x})]}$$

称为无偏估计 $\hat{g}(\boldsymbol{x})$ 的**效率**（显然，$0<e_n\leqslant 1$），假如 $e_n=1$，则称 $\hat{g}(\boldsymbol{x})$ 是 $g(\theta)$ 的**有效**（无偏）**估计**。假如 $\lim\limits_{n\to\infty}e_n=1$，则称 $\hat{g}(\boldsymbol{x})$ 是 $g(\theta)$ 的**渐近有效**（无偏）**估计**。

人们当然希望使用有效估计，因为它是无偏估计类 $\mathscr{U}_g$ 中最好的估计。可惜有效估计并不多。但渐近有效估计略多一些。从有效估计的定义可见，有效估计一定是 UMVUE，但很多 UMVUE 不是有效估计，这是因为 C-R 下界偏小，在很多场合达不到。因此，有些统计学家提出改进 C-R 下界，使其能达到或者能接近。

例 2.4.1

设 x_1，x_2，…，x_n 是取自正态总体 $N(\mu,\ 1)$ 的一个样本，可以验证这个正态分布族 $\{N(\mu,\ 1):\ -\infty<\mu<\infty\}$ 是 C-R 正则分布族，其费希尔信息量 $I(\mu)=1$。根据 C-R 不等式知，假如 $\hat{\mu}$ 是 $g(\mu)=\mu$ 的任一个无偏估计，则有 $g'(\mu)=1$ 和 $\mathrm{Var}(\hat{\mu})\geqslant\frac{1}{n}$。容易看到，若取 $\hat{\mu}=\bar{x}$，则等号可以取到，这表明，样本均值是 μ 的有效估计。

例 2.4.2

设 x_1，x_2，…，x_n 是取自正态总体 $N(0,\ \sigma^2)$ 的一个样本，可以验证，正态分布族 $\{N(0,\ \sigma^2):\ \sigma>0\}$ 是 C-R 正则分布族。下面来求参数 $g(\sigma^2)=\sigma^2$ 的 C-R 下界，由于

$$p(x;\sigma^2)=(2\pi\sigma^2)^{-\frac{1}{2}}\cdot \mathrm{e}^{-\frac{x^2}{2\sigma^2}}$$

$$\frac{\mathrm{d}}{\mathrm{d}\sigma^2}\ln p(x;\sigma^2)=\frac{x^2}{2\sigma^4}-\frac{1}{2\sigma^2}$$

利用 $E(x^{2k})=\sigma^{2k}(2k-1)(2k-3)\cdots 1$，可算得费希尔信息量

$$\begin{aligned}I(\sigma^2)&=E\left\{\frac{\mathrm{d}}{\mathrm{d}\sigma^2}\ln p(x;\sigma^2)\right\}^2\\&=E\left\{\frac{x^2}{2\sigma^4}-\frac{1}{2\sigma^2}\right\}^2\\&=\frac{1}{4\sigma^8}E(x^4)+\frac{1}{4\sigma^4}-\frac{1}{2\sigma^6}E(x^2)\\&=\frac{3}{4\sigma^4}+\frac{1}{4\sigma^4}-\frac{1}{2\sigma^4}=\frac{1}{2\sigma^4}\end{aligned}$$

假如 $\hat{\sigma}^2$ 是 σ^2 的任一个无偏估计，则有 $g'(\sigma^2)=1$ 和 $\mathrm{Var}_{\sigma^2}(\hat{\sigma}^2)\geqslant\frac{1}{nI(\sigma^2)}=\frac{2\sigma^4}{n}$。容易验证下面两个估计

$$s^2=\frac{1}{n-1}\sum_{i=1}^{n}(x_i-\bar{x})^2, \qquad \hat{\sigma}^2=\frac{1}{n}\sum_{i=1}^{n}x_i^2$$

都是 σ^2 的无偏估计，其方差分别为：

$$\mathrm{Var}_{\sigma^2}(s^2)=\frac{2\sigma^4}{n-1}, \qquad \mathrm{Var}_{\sigma^2}(\hat{\sigma}^2)=\frac{2\sigma^4}{n}$$

所以，$\hat{\sigma}^2$ 是 σ^2 的有效估计，而 s^2 不是 σ^2 的有效估计，但其效率 $e_n=\frac{n-1}{n}\to 1$ $(n\to\infty)$，所以 s^2 是 σ^2 的渐近有效估计。

利用上述结果，还可以求出参数 σ（标准差）的无偏估计的方差下界。这只要设 $g_1(\sigma^2)=(\sigma^2)^{1/2}=\sigma$，于是 $\frac{\mathrm{d}}{\mathrm{d}\sigma^2}g_1(\sigma^2)=\frac{1}{2\sigma}$，而对任一个 σ 的无偏估计 $\hat{\sigma}$，有

$$\mathrm{Var}_{\sigma^2}(\hat{\sigma})\geqslant\frac{[g'(\sigma^2)]^2}{nI(\sigma^2)}=\frac{1/4\sigma^2}{n/2\sigma^4}=\frac{\sigma^2}{2n}$$

由 C-R 不等式知，在正则条件下，若 $g'(\theta)\neq 0$，则 C-R 下界为 $O\left(\frac{1}{n}\right)$。这就是说，在正则条件下，随着样本容量 n 的增加，无偏估计的方差至多与 $\frac{1}{n}$ 同阶。但是，在非正则条件下，无偏估计的方差有可能低于 $O\left(\frac{1}{n}\right)$。

例 2.4.3

仅含有位置参数的指数分布族 $\{p(x;\alpha)=\mathrm{e}^{-(x-\alpha)}, x\geqslant\alpha, -\infty<\alpha<\infty\}$ 不是 C-R 正则分布族。其支撑 $\{x: p(x;\alpha)>0\}=\{x: x\geqslant\alpha\}$ 是依赖于未知参数 α 的。

假设 $x_1, x_2, \cdots, x_n$ 是取自上述指数分布的一个样本，则样本的最小次序统计量 $x_{(1)}$ 是 α 的完备充分统计量。$x_{(1)}$ 的密度函数为：

$$p(y;\alpha)=n\cdot\mathrm{e}^{-n(y-\alpha)}, \quad y\geqslant\alpha$$

于是

$$E(x_{(1)})=n\int_{\alpha}^{\infty}y\cdot\mathrm{e}^{-n(y-\alpha)}\mathrm{d}y=\alpha+\frac{1}{n}$$

故 $\hat{\alpha}(\boldsymbol{x})=x_{(1)}-\frac{1}{n}$ 是 α 的一致最小方差无偏估计。$\hat{\alpha}(\boldsymbol{x})$ 的方差为：

$$\mathrm{Var}[\hat{\alpha}(\boldsymbol{x})]=n\int_{\alpha}^{\infty}\left(y-\frac{1}{n}-\alpha\right)^2\cdot\mathrm{e}^{-n(y-\alpha)}\mathrm{d}y=\frac{1}{n^2}$$

可见 $\hat{\alpha}(\boldsymbol{x})$ 的方差为 $O\left(\frac{1}{n^2}\right)$。这个例子说明，在使用 C-R 不等式时，要注意 C-R 正

则条件。

习题 2.4

1. 设 x_1，x_2，…，x_n 是来自如下密度函数的一个样本

$$p(x;\theta)=\theta x^{\theta-1},\quad 0<x<1,\theta>0$$

(1) 求 $g(\theta)=1/\theta$ 的最大似然估计 $\hat{g}(\boldsymbol{x})$；

(2) 验证 $\hat{g}(\boldsymbol{x})$ 是 $g(\theta)$ 的无偏估计；

(3) 求该分布的费希尔信息量 $I(\theta)$；

(4) 考察 $\hat{g}(\boldsymbol{x})$ 的方差是否达到 C-R 下界。

2. 设 x_1，x_2，…，x_n 是来自如下密度函数的一个样本

$$p(x;\theta)=\frac{2\theta}{x^3}\mathrm{e}^{-\theta/x^2},\quad x>0,\theta>0$$

(1) 求 θ 的无偏估计的 C-R 下界；

(2) 求 $g(\theta)=1/\theta$ 的无偏估计的 C-R 下界；

(3) 求 $g(\theta)=1/\theta$ 的最大似然估计 $\hat{g}(\boldsymbol{x})$，并指出它是 $g(\theta)$ 的无偏估计；

(4) 考察 $g(\theta)=1/\theta$ 的最大似然估计 $\hat{g}(\boldsymbol{x})$ 是否为 $g(\theta)$ 的有效估计。

3. 设 x_1，x_2，…，x_n 是来自正态总体 $N(\mu,\sigma^2)$ 的一个样本，若 μ 已知，证明：

(1) $\hat{\sigma}^2=\frac{1}{n}\sum\limits_{i=1}^{n}(x_i-\mu)^2$ 是 σ^2 的有效估计；

(2) $\hat{\sigma}=\frac{1}{n}\sqrt{\frac{\pi}{2}}\sum\limits_{i=1}^{n}|x_i-\mu|$ 是 σ 的无偏估计，但不是有效估计。

4. 设 x_1，x_2，…，x_n 是独立同分布样本，其中 x_i 的取值仅有四种可能，其概率分别为：

$$p_1=1-\theta,\quad p_2=\theta-\theta^2,\quad p_3=\theta^2-\theta^3,\quad p_4=\theta^3$$

若记 N_j 为样本 x_1，x_2，…，x_n 中出现第 j 种结果的次数（$j=1$，2，3，4），且 $N_1+N_2+N_3+N_4=n$，要求：

(1) 确定 a_1，a_2，a_3，a_4，使 $T=\sum\limits_{j=1}^{4}a_jN_j$ 为 θ 的无偏估计；

(2) 比较 $\mathrm{Var}(T)$ 与 θ 的无偏估计的方差的 C-R 下界。

5. 设 x_1，x_2，…，x_n 是来自如下几何分布的一个样本

$$P(x=i)=\theta(1-\theta)^{i-1},\quad i=1,2,\cdots;0<\theta<1$$

(1) 证明：$T=\sum\limits_{i=1}^{n}x_i$ 是 θ 的完备充分统计量，且服从负二项分布

$$P_\theta(T=t)=\binom{t-1}{n-1}\theta^n(1-\theta)^{t-n},\quad t=n,n+1,\cdots$$

（2）计算 $E_\theta(T)$，并由此求 θ^{-1} 的 UMVUE。

（3）证明：

$$\varphi(x_1)=\begin{cases}1, & x_1=1\\ 0, & x_1=2,3,\cdots\end{cases}$$

是 θ 的无偏估计，计算 $E_\theta[\varphi(x_1)\mid T=t]$，并由此求 θ 的 UMVUE。

6. 设 x_1，x_2，…，x_n 是来自正态总体 $N(\theta,\ 1)$ 的一个样本，求 θ^2 的 UMVUE，并指出它不是 θ^2 的有效估计。

2.5 贝叶斯估计

统计学中有两个主要学派：频率学派（又称经典学派）和贝叶斯学派，它们之间有共同点，又有不同点。为了说明它们之间的异同点，我们从统计推断中使用的三种信息说起。

2.5.1 三种信息

（1）**总体信息**，即总体分布或总体所属分布族给我们的信息。譬如，"总体是正态分布"这句话就给我们带来很多信息：它的密度函数是一条钟形曲线；它的一切阶矩都存在；基于正态分布有许多成熟的统计推断方法可供我们选用等。总体信息是很重要的信息，为了获取此种信息往往耗资巨大，如我国为确认国产轴承寿命分布为威布尔分布前后花了5年时间。

（2）**样本信息**，即样本提供给我们的信息，这是最"新鲜"的信息，并且越多越好，我们希望通过样本对总体分布或总体的某些特征作出较精确的统计推断。没有样本，就没有统计学可言。

基于以上两种信息进行统计推断的统计学就称为**经典统计学**。前述的矩估计、最大似然估计、最小方差无偏估计等都属于经典统计学范畴。然而在我们周围还存在第三种信息——先验信息，它也可用于统计推断。

（3）**先验信息**，即在抽样之前有关统计问题的一些信息。一般来说，先验信息来源于经验和历史资料。先验信息在日常生活和工作中是很重要的，人们自觉或不自觉地在使用它。先看两个例子。

例 2.5.1

英国统计学家萨瓦赫（Savage L. J.）曾考察了如下两个统计试验：

（1）一位常饮牛奶加茶的妇女声称，她能辨别先倒进杯子里的是茶还是牛奶。对此做了十次试验，她都正确地说出了。

（2）一位音乐家声称，他能从一页乐谱辨别出这是海顿（Haydn）还是莫扎特

(Mozart) 的作品。在十次这样的试验中，他都辨别正确。

在这两个统计试验中，假如认为被试验者是在猜测，每次成功概率为 0.5，那么十次都猜中的概率为 $2^{-10}=0.000\,976\,6$。这是很小的概率，是几乎不可能发生的事件。所以有很大的把握认为“每次成功概率为 0.5”应被拒绝，认为试验者每次成功概率要比 0.5 大得多，这就不是猜测，而是他们的经验帮了他们的忙。可见经验（先验信息的一种）在推断中不可忽视。

例 2.5.2

“免检产品”是怎样决定的？某工厂的产品每天要抽检 n 件，获得不合格品率 θ 的估计。经过一段时间后，就可根据历史资料（先验信息的一种）对过去产品的不合格品率 θ 构造一个分布

$$P\left(\theta=\frac{i}{n}\right)=\pi_i, \quad i=0,1,2,\cdots,n; \quad \sum_{i=1}^{n}\pi_i=1$$

这种对先验信息进行加工获得的分布称为**先验分布**。有了这种先验分布，就可得到对该厂过去产品的不合格品率 θ 的全面看法。如果这个分布的概率绝大部分集中在$\theta=0$ 附近，那么该产品可以认为是“信得过产品”。假如以后的多次抽检结果与历史资料提供的先验分布是一致的，那就可以对它作出“免检”的决定，或者每月抽检一次就足够了，这就省去了大量的人力与物力。可见，历史资料在统计推断中应该加以应用。

基于上述三种信息进行统计推断的统计学称为**贝叶斯统计学**。它与经典统计学的差别就在于是否利用先验信息。贝叶斯统计在重视使用总体信息和样本信息的同时，还注意先验信息的收集、挖掘和加工，使它数量化，形成先验分布，参加到统计推断中来，以提高统计推断的质量。忽视先验信息的利用，有时是一种浪费，有时还会导出不合理的结论。

贝叶斯统计起源于英国学者贝叶斯（Bayes T. R.）死后发表的一篇论文《论有关机遇问题的求解》，在此文中提出了著名的贝叶斯公式（见 2.5.2 节）和一种归纳推理的方法，之后，被一些统计学家发展成一种系统的统计推断方法。在 20 世纪 30 年代已形成贝叶斯学派，到五六十年代发展成一个有影响的统计学派，其影响还在日益扩大，打破了经典统计学一统天下的局面。

贝叶斯学派最基本的观点是：任一未知量 θ 都可看做随机变量，可用一个概率分布去描述，这个分布称为先验分布。因为任一未知量都有不确定性，而在表述不确定性的程度时，概率与概率分布是最好的语言。例 2.5.2 中产品的不合格品率 θ 是未知的，但每天都在变化，把它看成随机变量是合理的，用一个概率分布去描述它是恰当的。再看下面一个例子。

例 2.5.3

某地区煤的储量 θ 在几百年内不会有多大变化，可看做一个常量，但对人们来说，它是未知的、不确定的。有位专家研究了有关钻探资料，结合经验，他认为：该

地区煤的储量θ“大概有5亿吨左右”。若把“5亿吨左右”理解为4亿～6亿吨，把“大概”理解为80%的把握，还有20%的可能性在此区间之外（见图2.5.1）。这无形中就是用一个概率分布（这一分布的确定是用主观概率）去描述未知量θ，而具有概率分布的量当然是随机变量。

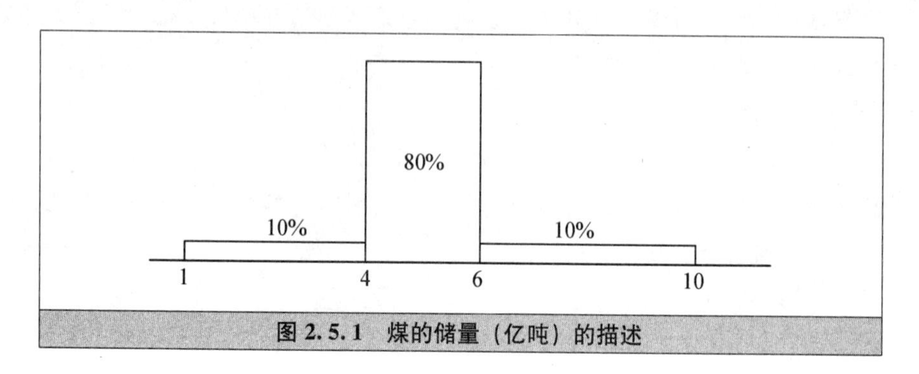

图2.5.1 煤的储量（亿吨）的描述

关于未知量是否可看做随机变量在经典学派与贝叶斯学派间争论了很长时间。如今经典学派已不反对这一观点。著名的美国经典统计学家莱曼（Lehmann E. L.）在《点估计理论》一书中写道：“把统计问题中的参数看做随机变量的实现要比看做未知参数更合理一些。”如今两派的争论焦点是：如何利用各种先验信息合理地确定先验分布。这在有些场合是容易解决的，但在很多场合是相当困难的。这时应加强研究，发展贝叶斯统计，而不宜简单处置，引起非难。

2.5.2 贝叶斯公式的密度函数形式

贝叶斯公式的事件形式在很多教材中都有叙述。这里用随机变量的密度函数再一次叙述贝叶斯公式，并从中介绍贝叶斯学派的一些具体想法。

(1) 依赖于参数θ的密度函数在经典统计中记为$p(x;\theta)$，它表示参数空间Θ中不同的θ对应不同的分布。在贝叶斯统计中应记为$p(x\mid\theta)$，它表示在随机变量θ给定某个值时，X的条件密度函数。

(2) 根据参数θ的先验信息确定**先验分布**$\pi(\theta)$。

(3) 从贝叶斯观点看，样本$\boldsymbol{x}=(x_1, x_2, \cdots, x_n)$的产生要分两步进行。首先设想从先验分布$\pi(\theta)$产生一个样本$\theta'$。这一步是“老天爷”做的，人们是看不到的，故用“设想”二字。第二步从$p(x\mid\theta')$中产生一个样本$\boldsymbol{x}=(x_1, x_2, \cdots, x_n)$。这时样本$\boldsymbol{x}$的联合条件密度函数为：

$$p(\boldsymbol{x}\mid\theta')=p(x_1,x_2,\cdots,x_n\mid\theta')=\prod_{i=1}^{n}p(x_i\mid\theta') \tag{2.5.1}$$

这个**联合分布综合了总体信息和样本信息**，又称为**似然函数**。它与最大似然估计中的似然函数没有什么不同。

(4) 由于θ'是设想出来的，仍然是未知的，它是按先验分布$\pi(\theta)$产生的。为把先验信息综合进去，不能只考虑 θ'，对 θ 的其他值发生的可能性也要加以考虑，故要用 $\pi(\theta)$ 进行综合。这样一来，**样本 $\boldsymbol{x}$ 和参数 $\boldsymbol{\theta}$ 的联合分布**为：

$$h(\boldsymbol{x},\theta)=p(\boldsymbol{x}|\theta)\pi(\theta) \tag{2.5.2}$$

这个联合分布把三种可用信息都综合进去了。

(5) 我们的任务是要对未知参数 θ 作统计推断。在没有样本信息时，我们只能依据先验分布 $\pi(\theta)$ 对 θ 作出判断。在有了样本观察值 $\boldsymbol{x}=(x_1, x_2, \cdots, x_n)$ 之后，我们应依据 $h(\boldsymbol{x},\theta)$ 对 θ 作出推断。若把 $h(\boldsymbol{x},\theta)$ 作如下分解：

$$h(\boldsymbol{x},\theta)=\pi(\theta|\boldsymbol{x})m(\boldsymbol{x}) \tag{2.5.3}$$

其中 $m(\boldsymbol{x})$ 是 **$\boldsymbol{X}$ 的边际密度函数**。

$$m(\boldsymbol{x})=\int_\Theta h(\boldsymbol{x},\theta)\mathrm{d}\theta=\int_\Theta p(\boldsymbol{x}\mid\theta)\pi(\theta)\mathrm{d}\theta \tag{2.5.4}$$

它与 θ 无关，或者说 $m(\boldsymbol{x})$ 中不含 θ 的任何信息。因此能用来对 θ 作出推断的仅是**条件分布** $\pi(\theta\mid\boldsymbol{x})$，它的计算公式是

$$\pi(\theta\mid\boldsymbol{x})=\frac{h(\boldsymbol{x},\theta)}{m(\boldsymbol{x})}=\frac{p(\boldsymbol{x}\mid\theta)\pi(\theta)}{\int_\Theta p(\boldsymbol{x}\mid\theta)\pi(\theta)\mathrm{d}\theta} \tag{2.5.5}$$

这就是**贝叶斯公式的密度函数形式**。这个条件分布称为 θ 的**后验分布**，它集中了总体、样本和先验中有关 θ 的一切信息。它也是用总体和样本对先验分布 $\pi(\theta)$ 作调整的结果，它要比 $\pi(\theta)$ 更接近 θ 的实际情况，从而使基于 $\pi(\theta\mid\boldsymbol{x})$ 对 θ 的推断可以得到改进。

式 (2.5.5) 是在 $\boldsymbol{x}$ 和 θ 都是连续随机变量场合下的贝叶斯公式。其他场合下的贝叶斯公式容易写出。譬如在 $\boldsymbol{x}$ 是离散随机变量和 θ 是连续随机变量时的贝叶斯公式如式 (2.5.6) 所示，而当 θ 为离散随机变量时的贝叶斯公式如式 (2.5.7) 和式 (2.5.8) 所示。

$$\pi(\theta\mid x_j)=\frac{p(x_j\mid\theta)\pi(\theta)}{\int_\Theta p(x_j\mid\theta)\pi(\theta)\mathrm{d}\theta} \tag{2.5.6}$$

$$\pi(\theta_i\mid x)=\frac{p(x\mid\theta_i)\pi(\theta_i)}{\sum_i p(x\mid\theta_i)\pi(\theta_i)} \tag{2.5.7}$$

$$\pi(\theta_i\mid x_j)=\frac{p(x_j\mid\theta_i)\pi(\theta_i)}{\sum_i p(x_j\mid\theta_i)\pi(\theta_i)} \tag{2.5.8}$$

例 2.5.4

设事件 A 的概率为 θ，即 $P(A)=\theta$。为了估计 θ，进行了 n 次独立观察，其中事件 A 出现次数为 X，这是该分布的充分统计量。显然 $X\sim b(n,\theta)$，即

$$P(X=x|\theta)=\binom{n}{x}\theta^x(1-\theta)^{n-x},\quad x=0,1,2,\cdots,n \tag{2.5.9}$$

假如在试验前，我们对事件 A 没有什么了解，从而对其发生的概率 θ 也说不出是大是小。在这种场合，贝叶斯建议用区间（0，1）上的均匀分布 $U(0,1)$ 作为 θ 的先验分布，因为它取（0，1）上每点都机会均等。贝叶斯的这个建议被后人称为**贝叶斯假设**。这里 θ 的先验分布为：

$$\pi(\theta)=\begin{cases}1, & 0<\theta<1\\ 0, & \text{其他}\end{cases} \tag{2.5.10}$$

为了综合试验信息和先验信息，可利用贝叶斯公式。为此先计算样本 X 与参数 θ 的联合分布：

$$h(x,\theta)=\binom{n}{x}\theta^x(1-\theta)^{n-x}, \quad x=0,1,2,\cdots,n; \quad 0<\theta<1 \tag{2.5.11}$$

从形式上看，此联合分布与式（2.5.9）没有差别，但在定义域上有差别。再计算样本 X 的边际分布：

$$\begin{aligned} m(x) &= \int_0^1 h(x,\theta)\mathrm{d}\theta = \binom{n}{x}\int_0^1 \theta^x(1-\theta)^{n-x}\mathrm{d}\theta \\ &= \binom{n}{x}\frac{\Gamma(x+1)\Gamma(n-x+1)}{\Gamma(n+2)} \end{aligned} \tag{2.5.12}$$

将式（2.5.11）除以式（2.5.12），即得 θ 的后验分布

$$\begin{aligned} \pi(\theta|x) &= \frac{h(x,\theta)}{m(x)} \\ &= \frac{\Gamma(n+2)}{\Gamma(x+1)\Gamma(n-x+1)}\theta^{(x+1)-1}(1-\theta)^{(n-x+1)-1}, \quad 0<\theta<1 \end{aligned}$$

这便是参数为 $x+1$ 与 $n-x+1$ 的贝塔分布 $Be(x+1, n-x+1)$。

拉普拉斯在 1786 年研究了巴黎男婴出生的比率 θ 是否大于 0.5。为此，他收集了 1745—1770 年在巴黎出生的婴儿数据，其中男婴为 251 527 个，女婴为 241 945 个。他选用 $U(0, 1)$ 作为 θ 的先验分布，于是得 θ 的后验分布为 $Be(x+1, n-x+1)$，其中 $n=251\,527+241\,945=493\,472$，$x=251\,527$，利用这一后验分布，拉普拉斯计算了"$\theta\leqslant 0.5$"的后验概率：

$$P(\theta\leqslant 0.5 \mid x) = \frac{\Gamma(n+2)}{\Gamma(x+1)\Gamma(n-x+1)}\int_0^{0.5}\theta^x(1-\theta)^{n-x}\mathrm{d}\theta$$

当年拉普拉斯把被积函数 $\theta^x(1-\theta)^{n-x}$ 在最大值 $\frac{x}{n}$ 处展开，然后对上述不完全贝塔函数作近似计算，最后结果为：

$$P(\theta\leqslant 0.5|x)=1.15\times 10^{-42}$$

由于这一概率很小，故他以很大的把握断言：男婴出生的概率大于 0.5。这一结果在当时是很有影响的。

2.5.3　共轭先验分布

先验分布的确定在贝叶斯统计推断中是关键的一步，它会影响最后的贝叶斯统计推断结果。先验分布确定的原则有二：一是要根据先验信息（经验和历史资料）；二是要使用方便，即在数学上处理方便。在具体操作时，人们可首先假定先验分布来自于数学上易于处理的一个分布族，然后再依据已有的先验信息从该分布族中挑选一个作为未知参数的先验分布。具体操作见下面的例子。

先验分布的确定现已有一些较为成熟的方法，具体有

- 共轭先验分布；
- 无信息先验分布；
- 多层先验分布等。

这里我们将详细介绍共轭先验分布，其他方法可参阅参考文献 [3]，[4]，[7]，[24]。

我们知道，在区间（0，1）上的均匀分布是贝塔分布 $Be(1, 1)$。从例 2.5.4 中可以看到一个有趣的现象：二项分布 $b(n, \theta)$ 中的成功概率 θ 的先验分布若取 $Be(1, 1)$，则其后验分布是贝塔分布 $Be(x+1, n-x+1)$。先验分布与后验分布同属一个贝塔分布族，只不过参数不同罢了。这一现象不是偶然的，假如把 θ 的先验分布换成一般的贝塔分布 $Be(a, b)$ $(a>0, b>0)$，则经过类似的计算可以看出 θ 的后验分布是贝塔分布 $Be(a+x, b+n-x)$，此种先验分布称为 θ 的共轭先验分布。在其他场合还会遇到其他共轭先验分布，它的一般定义如下：

定义 2.5.1　设 θ 是某分布中的一个参数，$\pi(\theta)$ 是其先验分布。假如由抽样信息算得的后验分布 $\pi(\theta \mid \boldsymbol{x})$ 与 $\pi(\theta)$ 同属于一个分布族，则称 $\pi(\theta)$ 是 θ 的**共轭先验分布**。

从这个定义可以看出，共轭先验分布是对某一分布中的参数而言的，离开指定参数及其所在的分布谈论共轭先验分布是没有意义的。常用的共轭先验分布列于表 2.5.1 中。

表 2.5.1　常用的共轭先验分布

总体分布	参数	共轭先验分布
二项分布	成功概率	贝塔分布
泊松分布	均值	伽玛分布
指数分布	均值倒数	伽玛分布
正态分布（方差已知）	均值	正态分布
正态分布（均值已知）	方差	倒伽玛分布

注：若 $X \sim \Gamma(\alpha, \lambda)$，则 $1/X$ 的分布称为倒伽玛分布。

例 2.5.5

证明正态均值（方差已知）的共轭先验分布是正态分布。

证：设 x_1，x_2，…，x_n 是来自正态分布 $N(\theta,\ \sigma^2)$ 的一个样本，其中 σ^2 已知。此样本的联合密度函数为：

$$p(\boldsymbol{x} \mid \theta) = \left(\frac{1}{\sqrt{2\pi}\sigma}\right)^n \exp\left\{-\frac{1}{2\sigma^2}\sum_{i=1}^{n}(x_i-\theta)^2\right\}, \quad -\infty<x_1,x_2,\cdots,x_n<\infty$$

再取另一正态分布 $N(\mu,\ \tau^2)$ 作为正态均值 θ 的先验分布，即

$$\pi(\theta)=\frac{1}{\sqrt{2\pi}\tau}\exp\left\{-\frac{1}{2\tau^2}(\theta-\mu)^2\right\}, \quad -\infty<\theta<\infty$$

其中 μ 与 τ^2 为已知。由此可写出样本 $\boldsymbol{x}$ 与参数 θ 的联合密度函数：

$$h(\boldsymbol{x},\theta) = k_1 \cdot \exp\left\{-\frac{1}{2}\left[\frac{n\theta^2-2n\theta\bar{x}+\sum\limits_{i=1}^{n}x_i^2}{\sigma^2}+\frac{\theta^2-2\mu\theta+\mu^2}{\tau^2}\right]\right\}$$

其中 $k_1=(2\pi)^{-\frac{n+1}{2}}\tau^{-1}\sigma^{-n}$； $\bar{x}=\frac{1}{n}\sum\limits_{i=1}^{n}x_i$。若再记

$$\sigma_0^2=\frac{\sigma^2}{n}, \qquad A=\frac{1}{\sigma_0^2}+\frac{1}{\tau^2}, \qquad B=\frac{\bar{x}}{\sigma_0^2}+\frac{\mu}{\tau^2}, \qquad C=\frac{\sum\limits_{i=1}^{n}x_i^2}{\sigma^2}+\frac{\mu^2}{\tau^2}$$

则上式可改写为：

$$\begin{aligned}h(\boldsymbol{x},\theta)&=k_1 \cdot \exp\left\{-\frac{1}{2}[A\theta^2-2\theta B+C]\right\}\\&=k_1 \cdot \exp\left\{-\frac{(\theta-B/A)^2}{2/A}-\frac{1}{2}\left(C-\frac{B^2}{A}\right)\right\}\end{aligned}$$

由此容易算得样本 $\boldsymbol{x}$ 的边际分布为：

$$m(\boldsymbol{x}) = \int_{-\infty}^{\infty}h(\boldsymbol{x},\theta)\mathrm{d}\theta = k_1 \cdot \exp\left\{-\frac{1}{2}\left(C-\frac{B^2}{A}\right)\right\}\cdot\left(\frac{2\pi}{A}\right)^{\frac{1}{2}}$$

将上述两式相除，即得 θ 的后验分布：

$$\pi(\theta|\boldsymbol{x})=\frac{h(\boldsymbol{x},\theta)}{m(\boldsymbol{x})}=\left(\frac{2\pi}{A}\right)^{-\frac{1}{2}}\exp\left\{-\frac{(\theta-B/A)^2}{2/A}\right\}$$

这是正态分布，其均值 μ_1 与方差 σ_1^2 分别为：

$$\mu_1=\frac{B}{A}=\frac{\bar{x}\sigma_0^{-2}+\mu\tau^{-2}}{\sigma_0^{-2}+\tau^{-2}}, \qquad \sigma_1^2=\frac{1}{A}=(\sigma_0^{-2}+\tau^{-2})^{-1} \tag{2.5.13}$$

譬如 $X\sim N(\theta,\ 2^2)$，$\theta\sim N(10,\ 3^2)$，若从总体 X 中抽得容量为 5 的样本，算得 $\bar{x}=12.1$，则从式（2.5.13）算得 $\mu_1=11.93$，$\sigma_1^2=\left(\frac{6}{7}\right)^2$，此时 θ 的后验分布为$N\left(11.93,\ \left(\frac{6}{7}\right)^2\right)$。

共轭先验分布中常含有未知参数，先验分布中的未知参数称为**超参数**。在先验分布类型已定，但其中还含有超参数时，确定先验分布的问题就转化为估计超参数的问题。下面的例子虽仅涉及贝塔分布，但其确定超参数的方法在其他分布中也可使用。

例 2.5.6

前面已指出：二项分布中成功概率 θ 的共轭先验分布是贝塔分布 $Be(a, b)$。现在来讨论此共轭分布中的两个超参数 a 与 b 如何确定。下面分几种情况讨论：

(1) 假如根据先验信息能获得成功概率 θ 的若干个（间接）观察值 θ_1，θ_2，…，θ_n。一般它们是从历史数据整理加工获得的，由此可算得先验均值 $\bar{\theta}$ 与先验方差 $s_{n\theta}^2$ 为：

$$\bar{\theta}=\frac{1}{n}\sum_{i=1}^{n}\theta_i, \qquad s_{n\theta}^2=\frac{1}{n}\sum_{i=1}^{n}(\theta_i-\bar{\theta})^2$$

由于贝塔分布的均值与方差分别为：

$$E(\theta)=\frac{a}{a+b}$$

$$\mathrm{Var}(\theta)=\frac{ab}{(a+b)^2(a+b+1)}$$

则令

$$\begin{cases}\hat{E}(\theta)=\bar{\theta}\\ \widehat{\mathrm{Var}}(\theta)=s_{n\theta}^2\end{cases}$$

即

$$\begin{cases}\dfrac{\hat{a}}{\hat{a}+\hat{b}}=\bar{\theta}\\ \dfrac{\hat{a}\,\hat{b}}{(\hat{a}+\hat{b})^2(\hat{a}+\hat{b}+1)}=s_{n\theta}^2\end{cases}$$

解之，可得超参数 a 与 b 的矩估计值：

$$\hat{a}=\bar{\theta}\left[\frac{(1-\bar{\theta})\bar{\theta}}{s_{n\theta}^2}-1\right], \quad \hat{b}=(1-\bar{\theta})\left[\frac{(1-\bar{\theta})\bar{\theta}}{s_{n\theta}^2}-1\right]$$

(2) 假如根据先验信息只能获得先验均值 $\bar{\theta}$。可令

$$\frac{\hat{a}}{\hat{a}+\hat{b}}=\bar{\theta}$$

但一个方程不能唯一确定两个未知的超参数。譬如 $\bar{\theta}=0.4$，那么满足 $\dfrac{\hat{a}}{\hat{a}+\hat{b}}=0.4$ 的 $\hat{a}$ 与 $\hat{b}$ 有无穷多组解。表 2.5.2 列出了若干组，从表中可见，它们的方差 $\mathrm{Var}(\theta)$ 随 $a+b$ 的增大而减小，方差减小意味着诸 θ 向均值 $E(\theta)$ 集中，从而提高 $E(\theta)=0.4$ 的确信程度。这样一来，选择 $a+b$ 的问题转化为决策人对 $E(\theta)=0.4$ 的确信程度大

小的问题。若对 $E(\theta)=0.4$ 很确信，那么 $a+b$ 可选得大一些，否则就选得小一些。譬如决策人对 $E(\theta)=0.4$ 很确信，从而选 $a+b=35$。从表 2.5.2 知，此时 $\hat{a}=14$，$\hat{b}=21$，这样 θ 的先验分布为贝塔分布 $Be(14, 21)$。

表 2.5.2 贝塔分布中超参数与方差的关系

贝塔分布	a	$a+b$	$E(\theta)$	$\mathrm{Var}(\theta)$
$Be(2, 3)$	2	5	0.4	0.040 0
$Be(4, 6)$	4	10	0.4	0.021 8
$Be(8, 12)$	8	20	0.4	0.011 4
$Be(10, 15)$	10	25	0.4	0.009 2
$Be(14, 21)$	14	35	0.4	0.006 7

(3) 用两个分位数来确定 a 与 b。譬如用上、下四分位数 θ_U 与 θ_L 来确定 a 与 b。从图 2.5.2 上可见，θ_L 与 θ_U 满足如下两个方程：

$$\int_0^{\theta_L} \frac{\Gamma(a+b)}{\Gamma(a)\Gamma(b)}\theta^{a-1}(1-\theta)^{b-1}\mathrm{d}\theta = 0.25$$

$$\int_{\theta_U}^{1} \frac{\Gamma(a+b)}{\Gamma(a)\Gamma(b)}\theta^{a-1}(1-\theta)^{b-1}\mathrm{d}\theta = 0.25$$

由先验信息定出 θ_L 与 θ_U 的估计值，再解出 $\hat{a}$ 与 $\hat{b}$（这需要用到数值积分）。

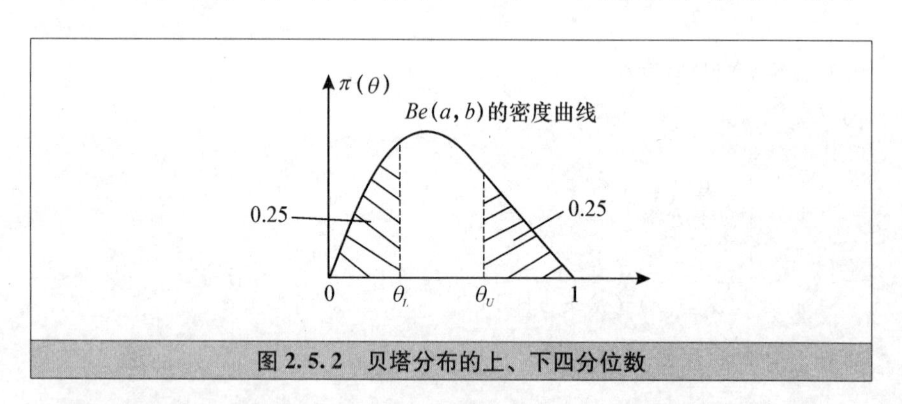

图 2.5.2 贝塔分布的上、下四分位数

(4) 如果对成功概率 θ 的先验信息很缺乏，说不上 θ 在哪个区域有更大的概率，这时可用均匀分布 $Be(1, 1)$ 作为 θ 的先验分布，此时 $\hat{a}=1$，$\hat{b}=1$，这便是前面说过的贝叶斯假设，它是一种无信息先验分布。一般来说，在参数空间为有限区间场合，如 $\Theta=(a, b)$，除此以外，参数 θ 再无什么先验信息可用时，用其上的均匀分布 $U(a, b)$ 作为 θ 的无信息先验分布参与贝叶斯分析是一个很好的想法。

2.5.4 贝叶斯估计

后验分布 $\pi(\theta \mid \boldsymbol{x})$ 综合了总体分布 $p(\boldsymbol{x} \mid \theta)$、样本 $\boldsymbol{x}$ 和先验 $\pi(\theta)$ 中有关 θ 的信息，如今要寻求参数 θ 的估计 $\hat{\theta}$，只需从后验分布 $\pi(\theta \mid \boldsymbol{x})$ 合理提取信息即可。如

何提取呢？常用的方法就是用后验均方误差准则，即选择这样的统计量

$$\hat{\theta}=\hat{\theta}(x_1,x_2,\cdots,x_n)$$

使得后验均方误差达到最小，即

$$\text{MSE}(\hat{\theta}\mid \boldsymbol{x})=E^{\theta|\boldsymbol{x}}(\hat{\theta}-\theta)^2=\min \tag{2.5.14}$$

这样的估计 $\hat{\theta}$ 称为 **$\boldsymbol{\theta}$ 的贝叶斯估计**，有时还记为 $\hat{\theta}_B$，其中 $E^{\theta|x}$表示用后验分布 $\pi(\theta\mid\boldsymbol{x})$ 求期望。

求解式（2.5.14）并不困难，由于

$$\begin{aligned}E^{\theta|\boldsymbol{x}}(\hat{\theta}_B-\theta)^2&=\int_\Theta(\hat{\theta}_B-\theta)^2\pi(\theta\mid\boldsymbol{x})\mathrm{d}\theta\\&=\hat{\theta}_B^2-2\hat{\theta}_B\int_\Theta\theta\pi(\theta\mid\boldsymbol{x})\mathrm{d}\theta+\int_\Theta\theta^2\pi(\theta\mid\boldsymbol{x})\mathrm{d}\theta\end{aligned}$$

这是 $\hat{\theta}_B$ 的二次三项式，其二次项系数为正，必有最小值，且为：

$$\hat{\theta}_B=\int_\Theta\theta\pi(\theta\mid\boldsymbol{x})\mathrm{d}\theta=E(\theta\mid\boldsymbol{x}) \tag{2.5.15}$$

这表明在均方误差准则下，θ 的贝叶斯估计 $\hat{\theta}_B$ 就是 θ 的后验期望 $E(\theta\mid\boldsymbol{x})$。这时的最小后验均方误差不是别的，恰好是后验方差 $\text{Var}(\theta\mid\boldsymbol{x})$，即

$$MSE(\hat{\theta}_B\mid\boldsymbol{x})=E^{\theta|\boldsymbol{x}}(\hat{\theta}_B-\theta)^2=\text{Var}(\theta\mid\boldsymbol{x}) \tag{2.5.16}$$

根据后验均方误差的含义可知，这个后验方差可用来度量贝叶斯估计的误差大小。

类似可证，在已知后验分布为 $\pi(\theta\mid\boldsymbol{x})$ 的场合，参数函数 $g(\theta)$ 在均方误差下的贝叶斯估计为：

$$\hat{g}(\theta)_B=E[g(\theta)\mid\boldsymbol{x}] \tag{2.5.17}$$

例 2.5.7

设 x_1，x_2，…，x_n 是来自 $N(\theta,\ \sigma^2)$ 的一个样本，其中 σ^2 已知，θ 为未知参数，假如 θ 的先验分布为 $N(\mu,\ \tau^2)$，其中 μ 与 τ^2 已知。试求 θ 的贝叶斯估计。

解：由于正态分布 $N(\mu,\ \tau^2)$ 是正态均值 θ 的共轭先验分布，由例 2.5.5 知，在样本 $\boldsymbol{x}=(x_1,\ x_2,\ \cdots,\ x_n)$ 给定的条件下，θ 的后验分布为 $N(\mu_1,\ \sigma_1^2)$，其中 μ_1，σ_1^2 如式（2.5.13）所示，μ_1 即为后验分布的期望，故 θ 的贝叶斯估计为：

$$\hat{\theta}_B=\mu_1=\frac{\bar{x}\sigma_0^{-2}+\mu\tau^{-2}}{\sigma_0^{-2}+\tau^{-2}}$$

其中，$\sigma_0^2=\dfrac{\sigma^2}{n}$。若记 $r_n=\dfrac{\sigma_0^{-2}}{\sigma_0^{-2}+\tau^{-2}}$，则上述贝叶斯估计可改写为如下加权平均：

$$\hat{\theta}_B=r_n\bar{x}+(1-r_n)\mu \tag{2.5.18}$$

其中，$\bar{x}$ 是样本均值；μ 是 θ 的先验均值；权 r_n 由样本均值的方差 σ_0^2 和先验方差 τ^2

算得。当 $\sigma_0^2>\tau^2$ 时，$r_n<\frac{1}{2}$，$1-r_n>\frac{1}{2}$，于是从式（2.5.18）可以看出在贝叶斯估计中先验均值 μ 占的比重大一些。这从直观上也容易理解，因为在 $\sigma_0^2>\tau^2$ 时，方差小的更应受到重视，权重应大一些；反之，当 $\sigma_0^2<\tau^2$ 时，$r_n>\frac{1}{2}$，$1-r_n<\frac{1}{2}$，于是在贝叶斯估计（2.5.18）中样本均值 $\bar{x}$ 占的比重大一些。特别当 $r_n=0$ 时，这时 $\sigma_0^2=\infty$，这表示没有样本信息，故贝叶斯估计只能用先验均值了。而当 $r_n=1$ 时，这时 $\tau^2=\infty$，这表示没有任何先验信息可用，故贝叶斯估计就取经典估计 $\bar{x}$。从上述解释可以看出，用式（2.5.18）表示的贝叶斯估计有一个十分合理的解释。

另外，从式（2.5.13）还可看出，其后验方差 σ_1^2 可改写为：

$$\frac{1}{\sigma_1^2}=\frac{1}{\sigma_0^2}+\frac{1}{\tau^2}$$

即后验方差的倒数是样本均值 $\bar{x}$ 的方差的倒数与先验方差倒数之和，若把方差倒数称为**精度**（实务中常这样称呼），则精度越高越好，这时后验精度是样本均值的精度与先验精度之和，要提高后验精度就努力提高样本均值的精度和/或先验精度。

作为一个数值例子，我们考虑对一个儿童做智力测验。设测验结果 $X\sim N(\theta,100)$，其中 θ 为这个儿童的智商的真值。若又设 $\theta\sim N(100,225)$，应用上述方法，在 $n=1$ 时，可得在给定 $X=x$ 条件下，该儿童智商 θ 的后验分布是正态分布 $N(\mu_1,\sigma_1^2)$，其后验均值与后验方差分别为：

$$\mu_1=\frac{100\times100+225x}{100+225}=\frac{400+9x}{13}$$

$$\sigma_1^2=\frac{100\times225}{100+225}=69.23=(8.32)^2$$

假如这个儿童测验得分为115分，则其智商的贝叶斯估计为：

$$\hat{\theta}_B=\frac{400+9\times115}{13}=110.38$$

例2.5.8

为估计不合格品率 θ，今从一批产品中随机抽取 n 件，其中不合格品数为 X，又设 θ 的先验分布为贝塔分布 $Be(a,b)$，这里 a，b 已知。求 θ 的贝叶斯估计。

解：由共轭先验分布可知，此时 θ 的后验分布 $\pi(\theta\mid x)$ 为贝塔分布 $Be(a+x,b+n-x)$，此后验分布的均值即为 θ 的贝叶斯估计，故

$$\hat{\theta}_B=\frac{a+x}{a+b+n}$$

这一估计亦可改写为：

$$\hat{\theta}_B=\frac{a+x}{a+b+n}=\frac{n}{a+b+n}\cdot\frac{x}{n}+\frac{a+b}{a+b+n}\cdot\frac{a}{a+b}$$

$$=r_n\hat{\theta}_L+(1-r_n)\bar{\theta}$$

其中，$\bar{\theta}=\frac{a}{a+b}$是先验分布 $Be(a,\ b)$ 的均值，它可看做仅用先验分布对 θ 所作的估计。$\hat{\theta}_L=\frac{x}{n}$是仅用抽样信息对 θ 所作的最大似然估计。$r_n=\frac{n}{a+b+n}$是权，它的大小取决于样本量 n 的大小。当 n 很大时，r_n 将很接近于 1，于是贝叶斯估计将很接近最大似然估计 $\hat{\theta}_L$，即抽样信息在估计 θ 中占主要成分；当 n 较小时，r_n 将接近于 0，于是贝叶斯估计将很接近于先验均值 $\bar{\theta}$，即先验信息在估计 θ 中占主要成分。这一现象表明，各种信息在贝叶斯估计中所占的地位是很恰当的。

作为一个数值例子，我们选用贝叶斯假设，即 θ 的先验分布选为均匀分布 $U(0,\ 1)$，它就是 $a=b=1$ 的贝塔分布。假如其他条件不变，那么 θ 的贝叶斯估计为：

$$\hat{\theta}_B=\frac{x+1}{n+2}$$

它与最大似然估计 $\hat{\theta}_L=x/n$ 略有不同，它相当于在 n 次检查中再追加 2 次检查，并且不合格品也增加一个。这里 2 与 1 正是均匀先验分布所提供的信息。表 2.5.3 列出了四种试验结果。在试验 1 与试验 2 中，“抽检 3 个产品全合格”与“抽检 10 个产品全合格”在人们心目中留下的印象是不同的，后批的质量要比前批的质量更信得过，这一点用 $\hat{\theta}_L$ 反映不出来，而用贝叶斯估计会有所反映。类似地，在试验 3 和试验 4 中，“抽检 3 个产品全不合格”与“抽检 10 个产品全不合格”在人们心目中也是有差别的两个事件，可是用最大似然估计 $\hat{\theta}_L$ 反映不出此种差别，而贝叶斯估计能反映一些。在这些极端场合，贝叶斯估计更具有吸引力。

表 2.5.3　　不合格品率 θ 的最大似然估计 $\hat{\theta}_L$ 与贝叶斯估计 $\hat{\theta}_B$

试验号	n	x	$\hat{\theta}_L=x/n$	$\hat{\theta}_B=(x+1)/(n+2)$
1	3	0	0	0.2
2	10	0	0	0.083
3	3	3	1	0.8
4	10	10	1	0.917

例 2.5.9

经过早期筛选后的彩色电视接收机（简称彩电）的寿命服从指数分布。它的密度函数为：

$$p(t|\theta)=\frac{1}{\theta}e^{-t/\theta},\quad t>0$$

其中 $\theta>0$ 是彩电的平均寿命。

现从一批彩电中随机抽取 n 台进行寿命试验。试验到第 r 台失效为止，其失效时间为 $t_1\leqslant t_2\leqslant\cdots\leqslant t_r$，另外 $n-r$ 台彩电直到试验停止时（t_r）还未失效。这种试验称为截尾寿命试验，所得样本 $\boldsymbol{t}=(t_1,\ t_2,\ \cdots,\ t_r)$ 为截尾样本。试求彩电平均寿命 θ 的贝叶斯估计。

解：截尾样本的联合分布为：

$$\begin{aligned}p(t\mid\theta)&=\frac{n!}{(n-r)!}\prod_{i=1}^{r}p(t_i\mid\theta)[1-F(t_r)]^{n-r}\\&=\frac{n!}{(n-r)!}\prod_{i=1}^{r}\left(\frac{1}{\theta}\mathrm{e}^{-t_i/\theta}\right)\cdot(\mathrm{e}^{-t_r/\theta})^{n-r}\\&=\frac{n!}{(n-r)!}\frac{1}{\theta^r}\mathrm{e}^{-s_r/\theta}\end{aligned}$$

其中，$s_r=t_1+t_2+\cdots+t_r+(n-r)t_r$ 称为总试验时间；$F(t)$ 为彩电寿命的分布函数。

为寻求 θ 的贝叶斯估计，我们来寻求 θ 的先验分布。据国内外的经验，选用倒伽玛分布作为 θ 的先验分布是恰当的。假如随机变量 $X\sim Ga(\alpha,\lambda)$，则 X^{-1} 的分布就称为倒伽玛分布，记为 $IGa(\alpha,\lambda)$，它的密度函数为：

$$\pi(\theta)=\frac{\lambda^\alpha}{\Gamma(\alpha)}\theta^{-(\alpha+1)}\mathrm{e}^{-\lambda/\theta},\quad\theta>0$$

其中，$\alpha>0$，$\lambda>0$ 是两个待定参数，其数学期望 $E(\theta)=\dfrac{\lambda}{\alpha-1}$。

利用贝叶斯公式可得 θ 的后验分布为：

$$\pi(\theta|t)=\frac{(\lambda+s_r)^{\alpha+r}}{\Gamma(\alpha+r)}\theta^{-(\alpha+r+1)}\mathrm{e}^{-(\lambda+s_r)/\theta},\quad\theta>0$$

即 $IGa(\alpha+r,\lambda+s_r)$，因此其后验期望为 $\dfrac{\lambda+s_r}{\alpha+r-1}$，故 θ 的贝叶斯估计为：

$$\hat{\theta}_B=\frac{\lambda+s_r}{\alpha+r-1}$$

为了最终确定这个估计，我们收集大量的先验信息。我国彩电生产厂家做了大量的彩电寿命试验，仅15个工厂实验室和一些独立实验室就对13 142台彩电进行了共计5 369 812台时的试验，而且对9 240台彩电进行了三年现场跟踪试验，总共进行了5 547 810台时试验。这两类试验的失效台数总共不超过250台。对如此大量先验信息加工整理后，确认我国彩电平均寿命不低于30 000小时，它的10%分位数 $\theta_{0.1}$ 大约为11 250小时，经过专家认定，这两个数据符合我国前几年彩电寿命的实际情况，也是留有余地的。

由此可列出如下两个方程：

$$\begin{cases}\dfrac{\lambda}{\alpha-1}=30\,000\\\displaystyle\int_0^{11\,250}\pi(\theta)\mathrm{d}\theta=0.1\end{cases}$$

在计算机上解此方程组，得

$$\hat{\alpha}=1.956,\quad\hat{\lambda}=2\,868$$

这样一来，我们就完全确定了先验分布 $IGa(1.956, 2\,868)$，假如随机抽取 100 台彩电进行 400 小时试验，没有一台失败。这时总试验时间 $s_r=100\times400=40\,000$（小时），$r=0$，于是彩电平均寿命 θ 的贝叶斯估计为 $\hat{\theta}_B=44\,841$（小时）。

2.5.5　两个注释

1. 利用分布的核简化后验分布计算

在贝叶斯统计中先验分布的确定起着关键作用，后验分布及其后验量（后验期望、后验方差等）的计算在完成贝叶斯推断中起着重要作用。这里将介绍利用分布的核简化后验分布计算的通用方法，至于后验量的近似计算可参阅参考文献 [4]。

在给定样本分布 $\boldsymbol{p}(\boldsymbol{x}\mid\theta)$ 和先验分布 $\pi(\theta)$ 后，用贝叶斯公式可得 θ 的后验分布

$$\pi(\theta|\boldsymbol{x})=p(\boldsymbol{x}|\theta)\pi(\theta)/m(\boldsymbol{x})$$

其中，$m(\boldsymbol{x})$ 为样本 $\boldsymbol{x}=(x_1, \cdots, x_n)$ 的边际分布，它不依赖于 θ，在后验分布计算中仅起到一个正则化因子的作用，假如把 $m(\boldsymbol{x})$ 省略，贝叶斯公式可改写为如下形式：

$$\pi(\theta|\boldsymbol{x})\propto p(\boldsymbol{x}|\theta)\pi(\theta) \tag{2.5.19}$$

其中符号“$\propto$”表示两边仅差一个不依赖于 θ 的常数因子。上式右端虽不是 θ 的密度函数（或分布列），但在需要时利用正则化立即可以恢复密度函数（或分布列）的原型。这时可把上式右端 $p(\boldsymbol{x}\mid\theta)\pi(\theta)$ 称为**后验分布 $\pi(\boldsymbol{\theta}\mid\boldsymbol{x})$ 的核**，假如 $p(\boldsymbol{x}\mid\theta)\pi(\theta)$ 中还有不含 θ 的因子，仍可剔去，使核更为精炼。下面的例子会给我们更多启发。

例 2.5.10

设 $\boldsymbol{x}=(x_1, x_2, \cdots, x_n)$ 为来自二点分布 $b(1, \theta)$ 的一个样本，其中成功概率 θ 的先验分布为贝塔分布，现要求 θ 的后验分布。

解：这个问题曾在例 2.5.4 中出现过，这里用分布的核再做一次。首先写出样本分布与贝塔分布的核：

$$p(\boldsymbol{x}|\theta)\propto\theta^{T}(1-\theta)^{n-T},\quad T=x_1+\cdots+x_n$$
$$\pi(\theta)\propto\theta^{a-1}(1-\theta)^{b-1},\quad 0<\theta<1$$

这两个分布含有 θ 的核类同，其乘积是后验分布 $\pi(\theta\mid\boldsymbol{x})$ 的核：

$$\pi(\theta|\boldsymbol{x})\propto\theta^{a+T-1}(1-\theta)^{b+n-T-1}$$

此核仍是贝塔分布 $Be(a+T, b+n-T)$ 的核，在熟悉贝塔分布的情况下，立即可写出后验分布的密度及其期望与方差

$$\pi(\theta|\boldsymbol{x})=\frac{\Gamma(a+b+n)}{\Gamma(a+T)\Gamma(b+n-T)}\theta^{a+T-1}(1-\theta)^{b+n-T-1},\quad 0<\theta<1$$

$$E(\theta|\boldsymbol{x})=\frac{a+T}{a+b+n}$$

$$\mathrm{Var}(\theta|\boldsymbol{x})=\frac{(a+T)(b+n-T)}{(a+b+n)^2(a+b+n+1)}$$

从上述简短的过程可以看出，由于省略了边际密度 $m(\boldsymbol{x})$ 的计算，从而简化了后验分布的计算，但需要熟悉分布的核。

另外还可看出，贝塔分布之所以可为成功概率 θ 的共轭先验，关键之处在于先验分布与样本分布的核类同。

例 2.5.11

设 x_1，x_2，…，x_n 是来自正态分布 $N(\theta, \sigma^2)$ 的一个样本，其中 θ 已知，现要求正态方差 σ^2 的共轭先验分布。

解：先写出样本分布，从中看出含有 σ^2 的核：

$$\begin{aligned}p(\boldsymbol{x}\mid\sigma^2)&=\left(\frac{1}{\sqrt{2\pi}\sigma}\right)^n\exp\left\{-\frac{1}{2\sigma^2}\sum_{i=1}^n(x_i-\theta)^2\right\}\\&\propto\left(\frac{1}{\sigma^2}\right)^{n/2}\exp\left\{-\frac{1}{2\sigma^2}\sum_{i=1}^n(x_i-\theta)^2\right\}\end{aligned}$$

要求的 σ^2 的共轭先验的核必须与上述核类同。什么分布具有上述核呢？

设 X 服从伽玛分布 $Ga(\alpha, \lambda)$，其密度函数为：

$$p(x|\alpha,\lambda)=\frac{\lambda^\alpha}{\Gamma(\alpha)}x^{\alpha-1}\mathrm{e}^{-\lambda x},\quad x>0$$

通过概率运算可求得其倒数 $Y=X^{-1}$ 的密度函数为：

$$p(y|\alpha,\lambda)=\frac{\lambda^\alpha}{\Gamma(\alpha)}\left(\frac{1}{y}\right)^{\alpha+1}\mathrm{e}^{-\lambda/y},\quad y>0$$

这个分布称为倒伽玛分布，记为 $IGa(\alpha, \lambda)$，其期望与方差分别为：

$$E(y)=\frac{\lambda}{\alpha-1},\qquad \mathrm{Var}(y)=\frac{\lambda^2}{(\alpha-1)^2(\alpha-2)}$$

若取正态方差 σ^2 的先验分布为此倒伽玛分布 $IGa(\alpha, \lambda)$，其中参数 α 与 λ 已知，则其密度函数的核为：

$$\pi(\sigma^2)\propto\left(\frac{1}{\sigma^2}\right)^{\alpha+1}\mathrm{e}^{-\lambda/\sigma^2},\quad \sigma^2>0$$

由于它与样本分布有关 σ^2 的核类同，故它是共轭先验。由此可得 σ^2 的后验分布的核为：

$$\begin{aligned}\pi(\sigma^2\mid\boldsymbol{x})&\propto p(\boldsymbol{x}\mid\sigma^2)\pi(\sigma^2)\\&\propto\left(\frac{1}{\sigma^2}\right)^{\alpha+\frac{n}{2}+1}\exp\left\{-\frac{1}{\sigma^2}\left[\lambda+\frac{1}{2}\sum_{i=1}^n(x_i-\theta)^2\right]\right\}\end{aligned}$$

容易看出，这仍是倒伽玛分布 $IGa\left(\alpha+\frac{n}{2},\lambda+\frac{1}{2}\sum_{i=1}^n(x_i-\theta)^2\right)$，故它的后验均值为：

$$E(\sigma^2 \mid \boldsymbol{x}) = \frac{\lambda + \frac{1}{2}\sum_{i=1}^{n}(x_i - \theta)^2}{\alpha + \frac{n}{2} - 1}$$

2. 贝叶斯统计中的充分统计量

充分统计量是经典统计学中的一个概念，但与贝叶斯统计是相容的，也是经典学派与贝叶斯学派间相一致的少数几个论点之一。

在经典统计中有一个判定统计量 $T(x)$ 是否充分的充要条件，它就是因子分解定理。该定理的充分条件说：若样本 $\boldsymbol{x}=(x_1, x_2, \cdots, x_n)$ 的分布 $p(\boldsymbol{x} \mid \theta)$ 可以分解为：

$$p(\boldsymbol{x}|\theta)=g(T(\boldsymbol{x}),\theta)h(\boldsymbol{x}) \tag{2.5.20}$$

其中 $g(t, \theta)$ 是 t 与 θ 的函数，并通过 $t=T(\boldsymbol{x})$ 与样本发生联系；而 $h(\boldsymbol{x})$ 仅是样本 $\boldsymbol{x}$ 的函数，与 θ 无关，则 $T(\boldsymbol{x})$ 为 θ 的充分统计量。

在贝叶斯统计中对充分统计量也有一个充要条件，其充要条件说：若 θ 的后验分布 $\pi(\theta \mid \boldsymbol{x})$ 可以表示为 θ 和某个统计量 $T(\boldsymbol{x})$ 的函数：

$$\pi(\theta|\boldsymbol{x})=\pi(\theta|T(\boldsymbol{x})) \tag{2.5.21}$$

则 $T(\boldsymbol{x})$ 为 θ 的充分统计量。

上述两个充要条件式（2.5.20）与式（2.5.21）是等价的，证明见参考文献 [3] 或 [4]。故由式（2.5.21）可算得后验分布。

例 2.5.12

设 $\boldsymbol{x}=(x_1, x_2, \cdots, x_n)$ 是来自正态总体 $N(\mu, 1)$ 的一个样本，μ 的先验分布取为共轭先验 $N(0, \tau^2)$，其中 τ^2 已知。在经典统计学中，大家知道，样本均值 $\bar{x}$ 是 μ 的充分统计量。现要验证，在贝叶斯统计中，$\bar{x}$ 仍是 μ 的充分统计量。

解：已知诸 $x_i \sim N(\mu, 1)$ 和 $\mu \sim N(0, \tau^2)$，利用它们的核可写出后验分布 $\pi(\mu \mid \boldsymbol{x})$ 的核如下：

$$\begin{aligned}
\pi(\mu|\boldsymbol{x}) &\propto p(\boldsymbol{x}|\mu)\pi(\mu) \\
&\propto \exp\left\{-\frac{1}{2}\sum_{i=1}^{n}(x_i-\mu)^2\right\}\cdot \exp\left\{-\frac{\mu^2}{2\tau^2}\right\} \\
&\propto \exp\left\{-\frac{1}{2}\left[\mu^2\left(n+\frac{1}{\tau^2}\right)-2n\bar{x}\mu\right]\right\} \\
&\propto \exp\left\{-\frac{n+\tau^{-2}}{2}\left(\mu-\frac{n\bar{x}}{n+\tau^{-2}}\right)^2\right\}
\end{aligned}$$

最后结果表明它是正态分布 $N\left(\frac{n\bar{x}}{n+\tau^{-2}}, \frac{1}{n+\tau^{-2}}\right)$ 的核，它仅是样本均值 $\bar{x}$ 与 μ 的函数，故有 $\pi(\mu \mid \boldsymbol{x})=\pi(\mu \mid \bar{x})$，所以在贝叶斯统计中，$\bar{x}$ 亦是 μ 的充分统计量。

习题 2.5

1. 设随机变量 X 的密度函数为：

$$p(x|\theta)=\frac{2x}{\theta^2},\quad 0<x<\theta<1$$

从中获得容量为 1 的样本，观察值记为 x。

(1) 假如 θ 的先验分布为 $U(0,1)$，求 θ 的后验分布；

(2) 假如 θ 的先验分布为 $\pi(\theta)=3\theta^2(0<\theta<1)$，求 θ 的后验分布。

2. 设某团体人的高度（单位：厘米）服从均值为 θ、标准差为 5 的正态分布。又设 θ 的先验分布为 $N(172.72,\ 2.54^2)$，如今对随机选出的 10 个人测量高度，其平均高度为 176.53 厘米，求 θ 的后验分布。

3. 设随机变量 X 服从均匀分布 $U\left(\theta-\frac{1}{2},\ \theta+\frac{1}{2}\right)$，其中 θ 的先验分布为 $U(10,\ 20)$。要求：

(1) 假如获得 X 的一个观察值为 12，求 θ 的后验分布。

(2) 假如连续获得 X 的 6 个观察值：11.0，11.5，11.7，11.1，11.4，10.9，求 θ 的后验分布。

4. 验证泊松分布的均值 λ 的共轭先验分布是伽玛分布。

5. 设 x_1，x_2，…，x_n 是来自均匀分布 $U(0,\ \theta)$ 的一个样本，又设 θ 的先验分布为 Pareto 分布，其密度函数为：

$$\pi(\theta)=\frac{\alpha\theta_0^{\alpha}}{\theta^{\alpha+1}},\quad \theta>\theta_0$$

其中，$\theta_0>0$，$\alpha>0$ 为两个已知常数。证明 θ 的后验分布仍为 Pareto 分布，即Pareto 分布是均匀分布端点 θ 的共轭先验分布。

6. 某人每天早上在汽车站等候公共汽车的时间（单位：分钟）服从均匀分布 $U(0,\ \theta)$，其中 θ 未知，设 θ 的先验分布的密度函数为：

$$\pi(\theta)=\frac{192}{\theta^4},\quad \theta\geqslant 4$$

假如此人三个早上的等车时间分别为 5，3，8 分钟，求 θ 的后验分布。

7. 设随机变量 X 服从几何分布，即

$$P(X=k|\theta)=\theta(1-\theta)^k,\quad k=0,1,2,\cdots$$

其中，参数 θ 的先验分布为均匀分布 $U(0,\ 1)$。

(1) 若只对 X 作一次观察，观察值为 3，求 θ 的贝叶斯估计。

(2) 若对 X 作三次观察，观察值为 2，3，5，求 θ 的贝叶斯估计。

8. 设随机变量 X 服从几何分布，即

$$P(X=k|\theta)=\theta(1-\theta)^k,\quad k=0,1,2,\cdots$$

（1）寻求θ的共轭先验分布。

（2）寻求θ的后验均值与后验方差。

9. 设为一位顾客服务的时间（单位：分钟）服从指数分布 $\exp(\lambda)$，其中λ未知，又设λ的先验分布是均值为0.2、方差为1的伽玛分布，如今对20位顾客服务，平均服务时间为3分钟，分别求λ和$\theta=\lambda^{-1}$的贝叶斯估计。

10. 设在1 200英尺长的磁带上缺陷数服从泊松分布$P(\lambda)$，其均值未知，又设λ的先验分布是伽玛分布$Ga(3, 1)$。对3盘磁带作检查，分别发现2，0，6个缺陷，求λ的贝叶斯估计。

第3章 区间估计

Chapter 3

3.1 置信区间

3.1.1 置信区间概念

参数估计有两种方案：点估计与区间估计，它们相互补充，各有各的用途。在这一章将讨论构造各种区间估计的统计方法。

1. 区间估计及其置信度与置信系数

设 $\hat{\theta}=\hat{\theta}(x_1, x_2, \cdots, x_n)$ 为参数 θ 的一个点估计，有了样本观察值后就可算得 $\hat{\theta}$ 的一个值，譬如说是 $\hat{\theta}_0$，这个值对实际很有用，它告诉人们：θ 的真值可能就在 $\hat{\theta}_0$ 附近，但没有告知 $\hat{\theta}_0$ 离 θ 的真值是近是远。大家知道，要使 $\hat{\theta}_0$ 恰好为 θ 真值是几乎不可能的。特别在连续总体场合，点估计 $\hat{\theta}$ 恰好为 θ 真值的概率为0，即 $P(\hat{\theta}=\theta)=0$。因此人们想在点估计旁再设置一个区间 $[\hat{\theta}_L, \hat{\theta}_U]$，使这个区间尽可能地以较大概率覆盖（包含）$\theta$ 的真值，这就形成如下区间估计概念。

定义 3.1.1 设 $\boldsymbol{x}=(x_1, x_2, \cdots, x_n)$ 是取自某总体 $F_\theta(x)$ 的一个样本，假如 $\hat{\theta}_L(\boldsymbol{x})$ 与 $\hat{\theta}_U(\boldsymbol{x})$ 是在参数空间 Θ 上取值的两个统计量，且 $\hat{\theta}_L(\boldsymbol{x})<\hat{\theta}_U(\boldsymbol{x})$，则称随机区间 $[\hat{\theta}_L, \hat{\theta}_U]$ 为参数 θ 的一个**区间估计**。该区间覆盖参数 θ 的概率 $P_\theta(\hat{\theta}_L\leqslant\theta\leqslant\hat{\theta}_U)$ 称为**置信度**。该置信度在参数空间 Θ 上的下确界 $\inf\limits_{\theta\in\Theta}P_\theta(\hat{\theta}_L\leqslant\theta\leqslant\hat{\theta}_U)$ 称为该区间估计的**置信系数**。

注1：从上述定义可知，构造一个未知参数的区间估计并不难。譬如，要构造某总体均值θ的区间估计，可以样本均值$\bar{x}$为中心，样本标准差s的2倍作半径，形成一个随机区间$\bar{x}\pm 2s=[\bar{x}-2s,\ \bar{x}+2s]$，就是总体均值$\theta$的一个区间估计。若把其中的$2s$改为$2.5s$或$3s$，则可获得$\theta$的另一些区间估计。一个参数的区间估计可以给出多种，但要给出一个好的区间估计需要有丰富的统计思想和熟练的统计技巧。

注2：当置信度所示概率与参数θ无关时，置信度就是置信系数，以后我们将努力寻求置信度与θ无关的区间估计。

注3：上述定义中区间估计用闭区间给出，也可用开区间或半开区间给出，由实际需要而定。

一个未知参数的区间估计有多个，如何评价其好坏呢？常用的标准有如下两个。

- 置信度（或置信系数）越大越好，因人们对给出的区间估计可覆盖未知参数的概率越大越放心。但不宜一味追求高置信度的区间估计，置信度最高为1，而置信度为1的区间估计（如人的平均身高在0～10米之间）没有任何用处，因为它没有给出对人们有用的信息。
- 随机区间$[\hat{\theta}_L,\ \hat{\theta}_U]$的平均长度$E_\theta[\hat{\theta}_U-\hat{\theta}_L]$越短越好，因为平均长度越短表示区间估计的精度越高。

在下面的例子中将具体讨论这两个标准。

例3.1.1

设x_1，x_2，…，x_n是来自正态总体$N(\mu,\ \sigma^2)$的一个样本。用样本均值$\bar{x}$和样本方差s^2可以给出正态均值μ的对称区间估计：

$$\bar{x}\pm ks/\sqrt{n}=[\bar{x}-ks/\sqrt{n},\bar{x}+ks/\sqrt{n}] \tag{3.1.1}$$

它的置信度可用t分布算得，具体如下：

$$\begin{aligned}P_{\mu,\sigma}(\bar{x}-ks/\sqrt{n}\leqslant\mu\leqslant\bar{x}+ks/\sqrt{n})&=P\left(\left|\frac{\sqrt{n}(\bar{x}-\mu)}{s}\right|\leqslant k\right)\\&=P(|t|\leqslant k)\end{aligned}$$

其中

$$t=\frac{\sqrt{n}(\bar{x}-\mu)}{s}\sim t(n-1)$$

由于t分布只依赖于其自由度$n-1$，而不依赖于未知参数μ与σ，所以用t分布算得的置信度就是置信系数。在$n=20$，对$k=1$，2，3可算出其置信系数如下：

$$P(\bar{x}-s/\sqrt{n}\leqslant\mu\leqslant\bar{x}+s/\sqrt{n})=0.654$$

$$P(\bar{x}-2s/\sqrt{n}\leqslant\mu\leqslant\bar{x}+2s/\sqrt{n})=0.933$$

$$P(\bar{x}-3s/\sqrt{n}\leqslant\mu\leqslant\bar{x}+3s/\sqrt{n})=0.990$$

正态均值μ的三个区间估计的置信系数一个比一个高，第三个区间的置信系数达到0.99。现转入考察这三个区间估计的平均长度，由式（3.1.1）可知，其平均长度为：

$$l_k=E(2ks/\sqrt{n})=\frac{2k}{\sqrt{n(n-1)}}E(\sqrt{Q})$$

其中

$$Q=\sum_{i=1}^{n}(x_i-\bar{x})^2\sim Ga\left(\frac{n-1}{2},\frac{1}{2\sigma^2}\right)$$

利用伽玛分布可算得

$$E(\sqrt{Q})=\frac{\sigma\sqrt{2}\Gamma\left(\frac{n}{2}\right)}{\Gamma\left(\frac{n-1}{2}\right)}$$

由此可得平均长度为：

$$l_k=\frac{2\sqrt{2}k\sigma}{\sqrt{n(n-1)}}\frac{\Gamma\left(\frac{n}{2}\right)}{\Gamma\left(\frac{n-1}{2}\right)},\quad k=1,2,3$$

容易看出，在固定样本量n场合，有$l_1<l_2<l_3$，即$k=1$时的区间估计的平均长度l_1较短，可其置信度较小。这一矛盾现象在寻求区间估计中普遍存在，也是容易理解的。为了提高置信系数，应把区间放大，这将导致区间过长，丧失精确度；反之，为提高精确度，应把区间缩小，这又导致丧失置信系数。面对这一对相互制约的标准，英国统计学家奈曼建议采取妥协方案：在保证置信系数达到指定要求的前提下，尽可能提高精确度。这一建议被广大实际工作者和统计学家接受，这就引出置信区间的概念。

2. 置信区间

定义 3.1.2 设θ是总体的一个参数，其参数空间为Θ，又设x_1，x_2，…，x_n是来自该总体的一个样本，对给定$\alpha(0<\alpha<1)$，确定两个统计量$\hat{\theta}_L=\hat{\theta}_L(x_1,x_2,\cdots,x_n)$与$\hat{\theta}_U=\hat{\theta}_U(x_1,x_2,\cdots,x_n)$，若有

$$P_\theta(\hat{\theta}_L\leqslant\theta\leqslant\hat{\theta}_U)\geqslant 1-\alpha,\quad \forall\theta\in\Theta \tag{3.1.2}$$

则称随机区间$[\hat{\theta}_L,\hat{\theta}_U]$是$\theta$的**置信水平为$1-\alpha$的置信区间**，或简称$[\hat{\theta}_L,\hat{\theta}_U]$是$\theta$的**$1-\alpha$置信区间**，$\hat{\theta}_L$与$\hat{\theta}_U$分别称为$1-\alpha$置信区间的（双侧）**置信下限**与（双侧）**置信上限**。

置信水平 $1-\alpha$ 的本意是：设法构造一个随机区间 $[\hat{\theta}_L,\ \hat{\theta}_U]$，它能盖住未知参数 θ 的概率至少为 $1-\alpha$。这个区间会随着样本观察值的不同而不同，但 100 次运用这个区间估计，约有 $100(1-\alpha)$ 个区间能盖住 θ，或者说约有 $100(1-\alpha)$ 个区间含有 θ，言下之意，大约还有 100α 个区间不含 θ。如图 3.1.1 上一条竖线表示由容量为 4 的一个样本按给定的 $\hat{\theta}_L(x_1,\ x_2,\ x_3,\ x_4)$，$\hat{\theta}_U(x_1,\ x_2,\ x_3,\ x_4)$ 算得的一个区间，重复使用 100 次，得 100 个这种区间。在图 3.1.1（a）中，100 个区间有 51 个包含真正参数 $\theta=50\ 000$，这对 50%置信区间（$\alpha=0.5$）来说是一个合理的偏离。在图 3.1.1（b）中，100 个区间有 90 个包含真实参数 $\theta=50\ 000$，这与 90%置信区间一致。

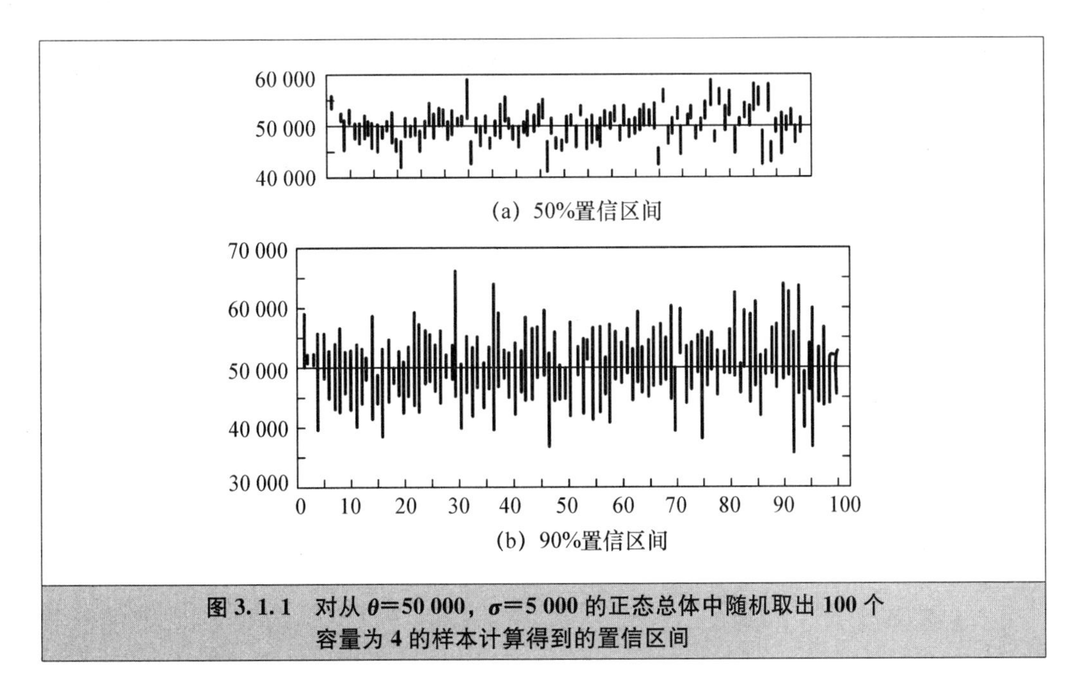

图 3.1.1　对从 $\theta=50\ 000$，$\sigma=5\ 000$ 的正态总体中随机取出 100 个容量为 4 的样本计算得到的置信区间

3. 同等置信区间

定义 3.1.3　在定义 3.1.2 的记号下，如对给定的 α（$0<\alpha<1$）恒有

$$P_\theta(\hat{\theta}_L\leqslant\theta\leqslant\hat{\theta}_U)=1-\alpha,\quad \forall\theta\in\Theta \tag{3.1.3}$$

则称随机区间 $[\hat{\theta}_L,\ \hat{\theta}_U]$ 为 θ 的 $1-\alpha$ **同等置信区间**。

从此定义可以看出，θ 的 $1-\alpha$ 同等置信区间是用足了给定的置信水平 $1-\alpha$，且置信度与参数无关，恒为 $1-\alpha$。实际工作者都喜欢使用它。我们在构造置信区间时，首选的是设法构造同等置信区间，特别在总体分布为连续场合，这一要求实现并不难。

4. 置信限

在一些实际问题中，我们往往只关心某些未知参数的上限或下限。例如，对某种合金钢的强度来讲，人们总希望其强度越大越好（又称望大特性），这时平均强度的“下限”是一个很重要的指标。而对某种药物的毒性来讲，人们总希望其毒性越小越好（又称望小特性），这时药物平均毒性的“上限”便成了一个重要的指标。这些问题都可以归结为寻求未知参数的单侧置信限问题。

定义 3.1.4 设θ是总体的某一未知参数，对给定的α（$0<\alpha<1$），由来自该总体的样本x_1，x_2，…，x_n确定的统计量$\hat{\theta}_L=\hat{\theta}_L(x_1, x_2, \cdots, x_n)$满足

$$P_\theta(\theta\geqslant\hat{\theta}_L)\geqslant 1-\alpha, \quad \forall\theta\in\Theta \tag{3.1.4}$$

则称$\hat{\theta}_L$为θ的置信水平是$1-\alpha$的**单侧置信下限**，简称**$1-\alpha$单侧置信下限**。若等号对一切$\theta\in\Theta$成立，则称$\hat{\theta}_L$为θ的**$1-\alpha$单侧同等置信下限**。又若由样本确定的统计量$\hat{\theta}_U=\hat{\theta}_U(x_1, x_2, \cdots, x_n)$满足

$$P_\theta(\theta\leqslant\hat{\theta}_U)\geqslant 1-\alpha, \quad \forall\theta\in\Theta \tag{3.1.5}$$

则称$\hat{\theta}_U$为θ的置信水平是$1-\alpha$的**单侧置信上限**，简称θ的**$1-\alpha$单侧置信上限**。若等号对一切$\theta\in\Theta$成立，则称$\hat{\theta}_U$为θ的**$1-\alpha$单侧同等置信上限**。

容易看出，单侧置信下限与单侧置信上限都是置信区间的特殊情况（一端被固定），它们的置信水平的解释类似，它们的寻求方法也是相通的。若已有

- θ的$1-\alpha_1$单侧置信下限为$\hat{\theta}_L$，即$P_\theta(\theta\geqslant\hat{\theta}_L)\geqslant 1-\alpha_1$，或$P_\theta(\theta<\hat{\theta}_L)<\alpha_1$；
- θ的$1-\alpha_2$单侧置信上限为$\hat{\theta}_U$，即$P_\theta(\theta\leqslant\hat{\theta}_U)\geqslant 1-\alpha_2$，或$P_\theta(\theta>\hat{\theta}_U)<\alpha_2$。

只要对每一个样本$\boldsymbol{x}=(x_1, x_2, \cdots, x_n)$都有$\hat{\theta}_L(x)<\hat{\theta}_U(x)$，则利用概率性质立即可知：$[\hat{\theta}_L, \hat{\theta}_U]$是$\theta$的$1-(\alpha_1+\alpha_2)$的置信区间。

*5. 置信域

置信区间概念可以推广到多参数场合，形成置信域。

定义 3.1.5 设$\boldsymbol{x}=(x_1, x_2, \cdots, x_n)$是来自某总体分布$F_\theta(\boldsymbol{x})$的一个样本，其中$\boldsymbol{\theta}=(\theta_1, \theta_2, \cdots, \theta_k)$是$k$维参数，其参数空间为$\Theta\subset R^k$。假如对$\Theta$的一个子集$R(x)$，有

(1) $R(\boldsymbol{x})$仅是样本$\boldsymbol{x}$的函数；

(2) 对给定的$\alpha(0<\alpha<1)$，有概率不等式

$$P_\theta(\boldsymbol{\theta}\in R(\boldsymbol{x}))\geqslant 1-\alpha, \quad \forall\boldsymbol{\theta}\in\Theta \tag{3.1.6}$$

则称$R(\boldsymbol{x})$是$\boldsymbol{\theta}$的置信水平为**$1-\alpha$的置信域**（或置信集）。而概率$P_\theta(\boldsymbol{\theta}\in R(\boldsymbol{x}))$在参数空间$\Theta$上的下确界称为该置信域的**置信系数**，假如式（3.1.6）等号成立，且不依赖于θ，则称$R(\boldsymbol{x})$为**$1-\alpha$同等置信域**。

在多维参数场合，置信域的形状可以多种多样，但实际上只限于一些有规则的几何图形，如长方体、球、椭球等。特别当置信域 $R(\boldsymbol{x})$ 为由若干平行于坐标平面所围成的长方体时，则称 $R(\boldsymbol{x})$ 为**联合置信区间**。此定义也适用于一维场合，此时置信域可以是区间，也可以是不相连的若干区间组成。

3.1.2　枢轴量法

构造未知参数 θ 的置信区间的一种常用方法是枢轴量法，它的具体步骤是：

(1) 从 θ 的一个点估计 $\hat{\theta}$ 出发，构造 $\hat{\theta}$ 与 θ 的一个函数 $G(\hat{\theta}, \theta)$，使得 G 的分布（在大样本场合，可以是 G 的渐近分布）是已知的，而且与 θ 无关。通常称这种函数 $G(\hat{\theta}, \theta)$ 为**枢轴量**。

(2) 适当选取两个常数 c 与 d，使对给定的 α 有

$$P(c \leqslant G(\hat{\theta}, \theta) \leqslant d) \geqslant 1-\alpha \tag{3.1.7}$$

这里概率的大于等于号是专门为离散分布而设置的，当 $G(\hat{\theta}, \theta)$ 的分布是连续分布时，应选 c 与 d 使式 (3.1.7) 中的等号成立，这样就能充足地使用置信水平 $1-\alpha$，并获得同等置信区间。

(3) 利用不等式运算，将不等式 $c \leqslant G(\hat{\theta}, \theta) \leqslant d$ 进行等价变形，使得最后能得到形如 $\hat{\theta}_L \leqslant \theta \leqslant \hat{\theta}_U$ 的不等式，若这一切可能，则 $[\hat{\theta}_L, \hat{\theta}_U]$ 就是 θ 的 $1-\alpha$ 置信区间。因为这时有

$$P(\hat{\theta}_L \leqslant \theta \leqslant \hat{\theta}_U) = P(c \leqslant G(\hat{\theta}, \theta) \leqslant d) \geqslant 1-\alpha$$

上述三步中，关键是第一步，构造枢轴量 $G(\hat{\theta}, \theta)$。为了使后面两步可行，G 的分布不能含有未知参数，譬如标准正态分布 $N(0, 1)$、t 分布等都不含未知参数。因此在构造枢轴量时，首先要尽量使其分布为常用的一些分布。第二步是如何确定 c 与 d。在 G 的分布为单峰时常用如下两种方法确定。

第一种，当 G 的分布对称时（如标准正态分布），可取 d，使得

$$P(-d \leqslant G \leqslant d) = P(|G| \leqslant d) = 1-\alpha \tag{3.1.8}$$

这时 $c=-d$，d 为 G 的分布 $1-\alpha/2$ 分位数（见图 3.1.2 (a)）。这样获得的 $1-\alpha$ 同等置信区间的长度最短。

第二种，当 G 的分布为非对称时（如 χ^2 分布），可这样选取 c 与 d，使得左右两个尾部概率均为 $\alpha/2$，即

$$P(G<c) = \alpha/2, P(G>d) = \alpha/2 \tag{3.1.9}$$

即取 c 为 G 的分布的 $\alpha/2$ 分位数，d 为 G 的分布的 $1-\alpha/2$ 分位数（见图 3.1.2 (b)）。这样得到的置信区间称为**等尾置信区间**。

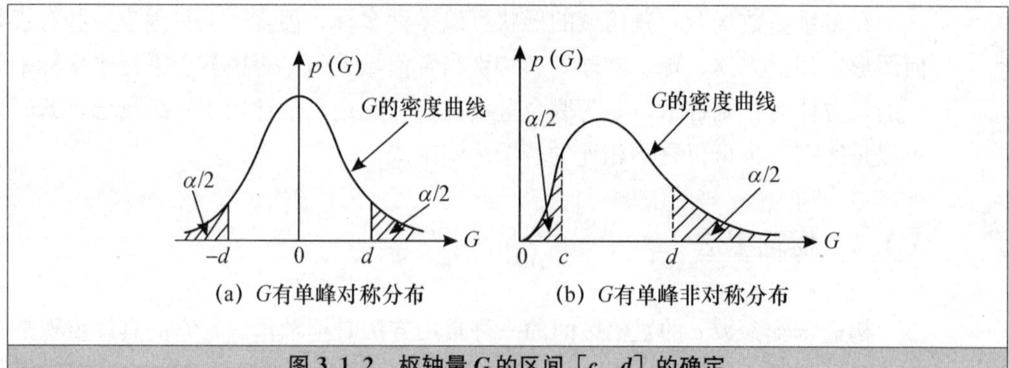

图 3.1.2 枢轴量 G 的区间 $[c, d]$ 的确定

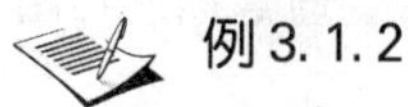

例 3.1.2

设 $x_1, x_2, \cdots, x_n$ 是来自均匀分布 $U(0, \theta)$ 的一个样本，对给定的 α $(0<\alpha<1)$，寻求 θ 的 $1-\alpha$ 置信区间。

解：用枢轴量法来寻求 θ 的置信区间，分几步进行。

(1) 样本的最大次序统计量 $x_{(n)}$ 是参数 θ 的充分统计量，且 $G=x_{(n)}/\theta$ 的密度函数 $p_\theta(x)$ 与分布函数 $F_\theta(x)$ 分别为：

$$p_\theta(y)=ny^{n-1}, \quad 0<y<1$$

$$F_\theta(y)=y^n, \quad 0<y<1$$

它们都与 θ 无关，故可取 $G=x_{(n)}/\theta$ 为枢轴量。其密度函数曲线见图 3.1.3。

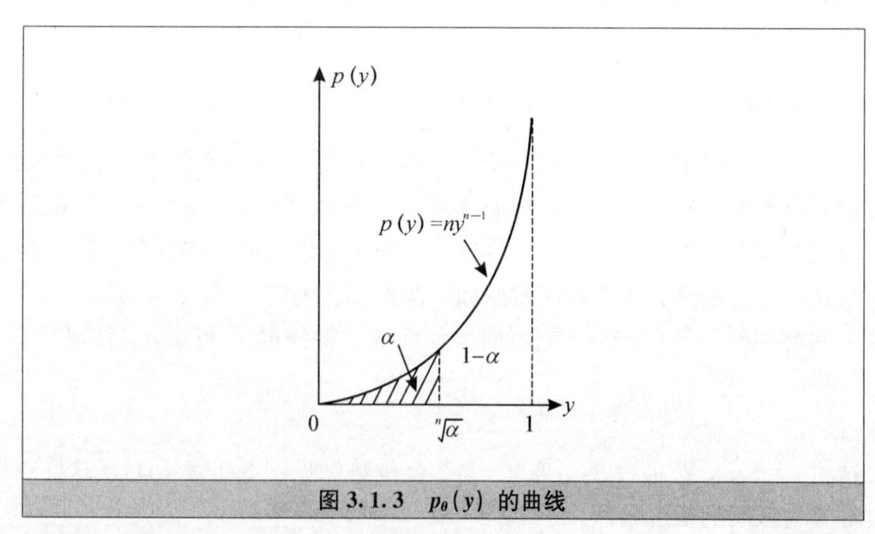

图 3.1.3 $p_\theta(y)$ 的曲线

(2) 对给定的置信水平 $1-\alpha$，适当选择 c 与 d，使

$$P_\theta(c\leqslant x_{(n)}/\theta\leqslant d)=d^n-c^n=1-\alpha \tag{3.1.10}$$

(3) 利用不等式等价变形，可得 θ 的 $1-\alpha$ 同等置信区间

$$P_\theta\left(\frac{x_{(n)}}{d}\leqslant\theta\leqslant\frac{x_{(n)}}{c}\right)=1-\alpha$$

(4) 满足上述置信水平的 c 与 d 很多，这给人们更多自由去选取 c 与 d，使该区间长度 $x_{(n)}\left(\frac{1}{c}-\frac{1}{d}\right)$ 最短。

一个直观的方法是：把具有高密度值的点归入区间，使区间外的点的密度值不超过区间内的密度值，这种集最大密度点形成的区间（若可能）称为**最大密度区间**，此种区间长度应是最短的。从图3.1.3上所示的密度曲线可见，其最大密度点集中在右侧，故最大密度区间右端点为1，即 $d=1$，另一端点可由式（3.1.10）写出，$c=\sqrt[n]{\alpha}$。最后得的区间 $[x_{(n)},\ x_{(n)}/\sqrt[n]{\alpha}]$ 是最优置信区间，这里最优是指其置信系数达到置信水平且平均长度最短。

(5) 若（2.9，3.0，0.9，1.7，0.7）是取自均匀分布 $U(0,\ \theta)$ 的一个样本，其 $x_{(5)}=3.0$。若取 $\alpha=0.1$，则 θ 的最优置信区间为：

$$[3,\ 3/\sqrt[5]{0.1}]=[3,\ 4.75]$$

(6) 一点注释。这里的区间 [3，4.75] 是随机区间 $[x_{(5)},\ x_{(5)}/\sqrt[n]{\alpha}]$ 在一个具体样本上的一次实现，虽然这两个区间都可称为 θ 的0.9置信区间，但解释上还是有差别的。随机区间 $[x_{(5)},\ x_{(5)}/\sqrt[n]{\alpha}]$ 包含 θ 的概率为0.9，而区间 [3，4.75] 不能作此解释，因区间 [3，4.75] 要么包含 θ，要么不包含 θ，两者必具其一，在此无概率可言。那么如何解释区间 [3，4.75] 与 θ 的关系呢？可以这样理解：随机区间 $[x_{(5)},\ x_{(5)}/\sqrt[n]{\alpha}]$ 使用100次大约有90次会包含 θ，至于区间 [3，4.75] 是否包含 θ，不太清楚。此种解释虽不会令人十分满意，但不至于影响其使用。因为实践中人们对一次实现赋予一定概率是常见的事。如两人约定在某时间段会合，甲认为乙会按时到达的概率为0.9。又如一次球赛中观众认为甲队胜的概率为0.7等，都在一次实现中使用概率。

例3.1.3

设 $x_1,\ x_2,\ \cdots,\ x_n$ 是从指数分布 $\exp(1/\theta)$ 中抽取的一个样本。其密度函数为：

$$p_\theta(x)=\frac{1}{\theta}e^{-x/\theta},\quad x\geqslant 0$$

其中，$\theta>0$ 为总体均值，即 $E(x)=\theta$，现要求 θ 的 $1-\alpha$ 置信区间 $(0<\alpha<1)$。

解：在指数分布场合，$T_n=x_1+x_2+\cdots+x_n$ 是 θ 的充分统计量。由于指数分布是伽玛分布的特例，即 $x_i\sim Ga(1,\ 1/\theta)$。利用伽玛分布性质可知

$$T_n\sim Ga(n,1/\theta)$$

$$2T_n/\theta\sim Ga\left(n,\frac{1}{2}\right)=\chi^2(2n)$$

可见，$2T_n/\theta$ 的分布不依赖于 θ，可取其为枢轴量。对给定的置信水平 $1-\alpha$，利用 χ^2 分布的 $\alpha/2$ 和 $1-\alpha/2$ 分位数可得

$$P(\chi^2_{\alpha/2}(2n)\leqslant 2T_n/\theta\leqslant\chi^2_{1-\alpha/2}(2n))=1-\alpha$$

再利用不等式等价变形可得

$$P\left(\frac{2T_n}{\chi^2_{1-\alpha/2}(2n)}\leqslant\theta\leqslant\frac{2T_n}{\chi^2_{\alpha/2}(2n)}\right)=1-\alpha$$

这样就获得 θ 的 $1-\alpha$ 同等置信区间 $\left[\frac{2T_n}{\chi^2_{1-\alpha/2}(2n)},\ \frac{2T_n}{\chi^2_{\alpha/2}(2n)}\right]$。这里分位数在解概率等式中起关键作用。

譬如，某产品的寿命服从指数分布 $\exp(1/\theta)$，如今从中随机抽取 9 个样品进行寿命试验，获得如下 9 个寿命数据（单位：小时）：

152　457　505　531　607　645　707　822　903

可算得 $T_n=5\,329$，若取 $\alpha=0.1$，可从 χ^2 分布 α 分位数表（见附表 5）查得

$$\chi^2_{0.05}(18)=9.39，\chi^2_{0.95}(18)=28.87$$

于是平均寿命 θ 的 0.9 同等置信区间为 $\left[\frac{2\times5\,329}{28.87},\ \frac{2\times5\,329}{9.39}\right]=[369.17,\ 1\,135.04]$。

由于平均寿命 θ 是望大特性，越大越好，因此人们关心其单侧置信下限。它仍可用上述枢轴量 $2T_n/\theta$ 寻求 θ 的 $1-\alpha$ 单侧置信下限。由 $\chi^2(2n)$ 分布的 $1-\alpha$ 分位数 $\chi^2_{1-\alpha}(2n)$ 可得

$$P_\theta(2T_n/\theta\leqslant\chi^2_{1-\alpha}(2n))=1-\alpha$$

$$P_\theta\left(\theta\geqslant\frac{2T_n}{\chi^2_{1-\alpha}(2n)}\right)=1-\alpha$$

可见，θ 的 $1-\alpha$ 单侧置信下限 $\hat{\theta}_L=2T_n/\chi^2_{1-\alpha}(2n)$，如今 $n=9$，$\alpha=0.1$，可查得 $\chi^2_{0.90}(18)=25.99$。代入可算得

$$\hat{\theta}_L=\frac{2\times5\,329}{25.99}=410.08(\text{小时})$$

 **例 3.1.4**

设 x_1，x_2，…，x_n 是来自某分布函数 $F(x;\ \theta)$ 的一个样本，若此分布函数 $F(x;\ \theta)$ 既是 x 的连续函数，又是 θ 的严格单调函数，则可构造枢轴量，获得 θ 的置信区间。

在 $X\sim F(x;\ \theta)$，F 是 x 的连续函数场合，可利用如下分布间的关系：

(i) $F(x;\theta)\sim U(0,1)$

(ii) $-\ln F(x;\theta)\sim\exp(1)=Ga(1,1)$

(iii) $-2\ln F(x;\theta)\sim Ga\left(1,\frac{1}{2}\right)=\chi^2(2)$

(iv) $-2\sum_{i=1}^n\ln F(x_i;\theta)=-2\ln\prod_{i=1}^n F(x_i;\theta)\sim\chi^2(2n)$

若取 $-2\sum_{i=1}^n\ln F(x_i;\theta)$ 作为枢轴量，对给定的 α（$0<\alpha<1$），取 $c=\chi^2_{\alpha/2}(2n)$，$d=\chi^2_{1-\alpha/2}(2n)$，可使

$$P\left(c\leqslant -2\ln\prod_{i=1}^{n}F(x_i;\theta)\leqslant d\right)=1-\alpha$$

$$P\left(\mathrm{e}^{-d/2}\leqslant \prod_{i=1}^{n}F(x_i;\theta)\leqslant \mathrm{e}^{-c/2}\right)=1-\alpha$$

由于$F(x;\theta)$是θ的严格单调函数，故$\prod_{i=1}^{n}F(x_i;\theta)$仍是$\theta$的严格单调函数，则可设法从括号内的不等式解出$\hat{\theta}_L\leqslant\theta\leqslant\hat{\theta}_U$，则$[\hat{\theta}_L, \hat{\theta}_U]$就是$\theta$的$1-\alpha$置信区间。

譬如取$F(x;\theta)=x^{\theta}$ $(0<x<1)$，则F既是x的连续函数，又是θ的严减函数，从而$\prod_{i=1}^{n}F(x_i;\theta)=\left(\prod_{i=1}^{n}x_i\right)^{\theta}$亦是$\theta$的严减函数。代回原式可得

$$P\left(\mathrm{e}^{-d/2}\leqslant \left(\prod_{i=1}^{n}x_i\right)^{\theta}\leqslant \mathrm{e}^{-c/2}\right)=1-\alpha$$

再取对数即得θ的$1-\alpha$置信区间为：

$$\left[\frac{c}{-2\ln\prod_{i=1}^{n}x_i},\frac{d}{-2\ln\prod_{i=1}^{n}x_i}\right]=\left[\frac{\chi^2_{\alpha/2}(2n)}{-2\ln\prod_{i=1}^{n}x_i},\frac{\chi^2_{1-\alpha/2}(2n)}{-2\ln\prod_{i=1}^{n}x_i}\right]$$

这个例子表明：在一定的条件下，枢轴量是广泛存在的。

习题 3.1

1. 设x_1，x_2，…，x_n是来自正态总体$N(\mu, 1)$的一个样本。

(1) 若$n=4$，求μ的区间估计$[\bar{x}-1, \bar{x}+1]$的置信系数；

(2) 要使μ的区间估计$[\bar{x}-1, \bar{x}+1]$的置信系数为0.99，问至少需要多少样本量。

2. 设x是从指数分布$\exp(\lambda)$中随机抽得的单个观察值，若取$[x, 2x]$为$1/\lambda$的区间估计，求该区间的置信系数。

3. 设x_1，x_2，…，x_n是来自如下密度函数的一个样本：

$$p(x;\theta)=\begin{cases}\mathrm{e}^{-(x-\theta)}, & x\geqslant\theta\\ 0, & x<\theta\end{cases}$$

(1) 试证明$n(x_{(1)}-\theta)$是枢轴量；

(2) 求θ的$1-\alpha$置信区间。

4. 设x_1，x_2，…，x_n是来自如下密度函数的一个样本：

$$p(x;\theta)=\frac{\theta}{x^2},\quad 0<\theta<x<\infty$$

试求θ的$1-\alpha$置信区间，并使区间长度最短。

5. 设x_1，x_2，…，x_n是来自指数分布$\exp(\lambda)$的一个样本。

(1) 求总体均值的 $1-\alpha$ 置信区间；

(2) 求总体方差的 $1-\alpha$ 置信区间；

(3) 求 $e^{-\lambda}$ 的 $1-\alpha$ 置信区间。

6. 在只知总体分布连续的场合，总体中位数 $x_{0.5}$ 的区间估计可用次序统计量 $x_{(1)}\leqslant x_{(2)}\leqslant\cdots\leqslant x_{(n)}$ 给出。

(1) $[x_{(1)}, x_{(n)}]$ 为 $x_{0.5}$ 的区间估计的置信系数为多少？

(2) $[x_{(2)}, x_{(n-1)}]$ 为 $x_{0.5}$ 的区间估计的置信系数为多少？

(3) $[x_{(k)}, x_{(n-k+1)}]$ $(k<n/2)$ 为 $x_{0.5}$ 的区间估计的置信系数为多少？

3.2 正态总体参数的置信区间

正态分布 $N(\mu, \sigma^2)$ 用途很广，寻求它的两个参数 μ 与 σ^2（或 σ）的置信区间（或置信限）是实际中常遇到的问题。下面分几种情况讨论这类问题。以下设 $\boldsymbol{x}=(x_1, x_2, \cdots, x_n)$ 是来自正态总体 $N(\mu, \sigma^2)$ 的一个样本，其两个充分统计量

$$\bar{x}=\frac{1}{n}\sum_{i=1}^{n}x_i,\qquad Q=\sum_{i=1}^{n}(x_i-\bar{x})^2$$

在构造区间估计中发挥重要作用。

3.2.1 正态均值 μ 的置信区间

下面分两种情况（σ 已知和未知）讨论 μ 的置信区间。

1. σ 已知时 μ 的置信区间

由于 $\bar{x}\sim N(\mu,\sigma^2/n)$，故可取

$$G=\frac{\sqrt{n}(\bar{x}-\mu)}{\sigma}\sim N(0,1)$$

作为枢轴量。再用标准正态分布分位数就可获得 μ 的置信区间。考虑到标准正态分布的密度函数是单峰与对称，若取对称区间可把最高密度点尽量收入区间，使区间长度最短。为实现此想法，可用等尾置信区间，即对给定的置信水平 $1-\alpha$，取标准正态分布的 $\alpha/2$ 和 $1-\alpha/2$ 的分位数 $u_{\alpha/2}$ 和 $u_{1-\alpha/2}$，使

$$P\left(u_{\alpha/2}\leqslant\frac{\sqrt{n}(\bar{x}-\mu)}{\sigma}\leqslant u_{1-\alpha/2}\right)=1-\alpha$$

由于 $u_{\alpha/2}=-u_{1-\alpha/2}$，上式可改写为：

$$P(\bar{x}-u_{1-\alpha/2}\sigma/\sqrt{n}\leqslant\mu\leqslant\bar{x}+u_{1-\alpha/2}\sigma/\sqrt{n})=1-\alpha \tag{3.2.1}$$

由此可看出正态均值 μ 的 $1-\alpha$ 同等置信区间为 $[\bar{x}-u_{1-\alpha/2}\sigma/\sqrt{n},\ \bar{x}+u_{1-\alpha/2}\sigma/\sqrt{n}]$，这是以 $\bar{x}$ 为中心和以 $u_{1-\alpha/2}\sigma/\sqrt{n}$ 为半径的一个对称区间，可简记为 $\bar{x}\pm u_{1-\alpha/2}\sigma/\sqrt{n}$。若还要减少区间的平均长度 $2u_{1-\alpha/2}\sigma/\sqrt{n}$，提高精确度，只有增加样本量 n 了。

类似可求得 μ 的 $1-\alpha$ 单侧置信限，只要把 α 集中于一侧即可，即

$$\mu \text{ 的 } 1-\alpha \text{ 单侧置信下限 } \hat{\mu}_L=\bar{x}-u_{1-\alpha}\sigma/\sqrt{n} \tag{3.2.2}$$

$$\mu \text{ 的 } 1-\alpha \text{ 单侧置信上限 } \hat{\mu}_U=\bar{x}+u_{1-\alpha}\sigma/\sqrt{n} \tag{3.2.3}$$

例 3.2.1

某公司生产的滚珠的直径 X 服从正态分布 $N(\mu,\ \sigma^2)$，其中 $\sigma^2=0.04$。某天从生产线上随机抽取 6 个滚珠，测得其直径（单位：毫米）如下：

14.93　15.10　14.98　14.85　15.15　15.01

若取 $\alpha=0.05$，寻求滚珠平均直径 μ 的置信区间。

解：先算得样本均值 $\bar{x}=15$，又查附表 3 得 $N(0,\ 1)$ 分位数 $u_{0.975}=1.96$。故 μ 的 0.95 置信区间为：

$$\bar{x}\pm u_{0.975}\sigma/\sqrt{6}=15\pm1.96\times0.2/\sqrt{6}=15\pm0.16$$

这表明 μ 的 0.95 置信区间为 $[14.84,\ 15.16]$。

2. σ 未知时 μ 的置信区间

在正态总体场合，可用样本方差 $s^2=Q/(n-1)$ 代替总体方差 σ^2，且有

$$t=\frac{\sqrt{n}(\bar{x}-\mu)}{s}\sim t(n-1)$$

若取 t 作为枢轴量和 t 分布 $1-\alpha/2$ 分位数 $t_{1-\alpha/2}(n-1)$，可得 μ 的 $1-\alpha$ 置信区间

$$\bar{x}\pm t_{1-\alpha/2}(n-1)s/\sqrt{n} \tag{3.2.4}$$

因 t 分布是单峰与对称，故仍有 $t_{\alpha/2}=-t_{1-\alpha/2}$。

这时 μ 的 $1-\alpha$ 单侧置信限亦可把 α 集中于一侧，可得

$$\mu \text{ 的 } 1-\alpha \text{ 单侧置信下限 } \hat{\mu}_L=\bar{x}-t_{1-\alpha}(n-1)s/\sqrt{n} \tag{3.2.5}$$

$$\mu \text{ 的 } 1-\alpha \text{ 单侧置信上限 } \hat{\mu}_U=\bar{x}+t_{1-\alpha}(n-1)s/\sqrt{n} \tag{3.2.6}$$

例 3.2.2

用仪器间接测量炉子的温度，其测量值 X 服从正态分布 $N(\mu,\ \sigma^2)$，现重复测量 5 次，结果（单位：℃）为：

1 250　1 265　1 245　1 260　1 275

若取 $\alpha=0.05$，寻求炉子平均温度 μ 的置信区间。

解：先算得样本均值 $\bar{x}=1\,259$ 和样本偏差平方和 $Q=570$，并得 $s=\sqrt{Q/\ (n-1)}=$

11.94，又查附表4得 $t_{0.975}=2.776$，故 μ 的0.95置信区间为：

$$\bar{x}\pm t_{0.975}(4)s/\sqrt{5}=1\,259\pm2.776\times11.94/\sqrt{5}=1\,259\pm14.82$$

这表明 μ 的0.95置信区间为 $[1\,244.18,\ 1\,273.82]$。

3.2.2 样本量的确定（一）

在统计问题中，样本量越大，一般都可使未知参数的估计精度越高。但大样本的实现所需经费高、实施时间长、投入人力多，致使统计学的应用在某些场合受到限制。所以实际中人们关心的是在一定要求下，至少需要多少样本量。这就是样本量的确定问题。

样本量的确定有多种方法，在不同场合使用不同方法。这里将在区间估计场合，限制置信区间长度不超过 $2d$ 的条件下确定样本量 n，其中 d 是事先给定的置信区间半径。下面介绍三种方法。

1. 标准差 σ 已知场合

在此场合正态均值 μ 的 $1-\alpha$ 置信区间为 $\bar{x}\pm u_{1-\alpha/2}\sigma/\sqrt{n}$。若要该置信区间长度不超过 $2d$，则有

$$2u_{1-\alpha/2}\sigma/\sqrt{n}\leqslant 2d$$

解此不等式，可得

$$n\geqslant\left(\frac{u_{1-\alpha/2}\sigma}{d}\right)^2 \tag{3.2.7}$$

可见，要降低样本量可扩大事先给定的区间半径 d，或减少总体方差 σ^2。

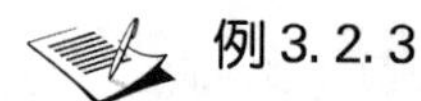 例3.2.3

设一个物体的重量 μ 未知，为估计其重量，可以用天平去称，现在假定称重服从正态分布。如果已知称量的误差的标准差为0.1克（这是根据天平的精度给出的），为使 μ 的95%的置信区间的长度不超过0.2，那么至少应该称多少次？

解：已知 $\sigma=0.1$ 的场合，正态均值 μ 的95%的置信区间长度 $2d$ 不超过0.2，所需的样本量 n 应该满足如下要求：

$$n\geqslant\left(\frac{0.1\times1.96}{0.1}\right)^2=3.84$$

故取样本量 $n=4$ 即可满足要求。若其他不变，把允许的置信区间半径改为 $d=0.05$，于是可类似算得

$$n\geqslant\left(\frac{0.1\times1.96}{0.05}\right)^2=15.37$$

这时样本量上升为 16。可见，要求区间长度越短，即要求精度越高，则所需样本量就越大；反之，要求精度降低，则样本量下降很快。

2. 标准差 σ 未知场合

在此场合，若有近期样本可用，可用其样本方差 s_0^2 去代替 σ^2，同时用 t 分布分位数去代替标准正态分布分位数，若要求该置信区间长度不超过 $2d$，则有

$$2t_{1-\alpha/2}(n_0-1)s_0/\sqrt{n}\leqslant 2d$$

其中，n_0 为近期样本的容量，由此可得

$$n\geqslant\left(\frac{t_{1-\alpha/2}(n_0-1)s_0}{d}\right)^2 \tag{3.2.8}$$

例 3.2.4

为了对垫圈总体的平均厚度做出估计，我们所取的风险是允许在 100 次估计中有 5 次误差超过 0.02cm，近期从另一批产品中抽得一个容量为 10 的样本，得到标准差的估计为 $s_0=0.0359$，问：现在应该取多少样品为宜？

解：这里的“风险”就是样本均值落在置信区间外的概率 α，如今 $\alpha=0.05$。“估计的误差超过 0.02”，表明 $d=0.02$，现在 $s_0=0.0359$，获得该估计的样本量 $n_0=10$，故有 $t_{1-\alpha/2}(n_0-1)=t_{0.975}(9)=2.262$，把这些值代入下界公式（3.2.8），可得

$$n\geqslant\left(\frac{0.0359\times 2.262}{0.02}\right)^2=16.49$$

故应取 $n=17$。这表明若从垫圈批量中抽取容量为 17 的样本，其均值为 $\bar{x}$，那么我们可以 95% 的置信水平认为区间 $[\bar{x}-0.02, \bar{x}+0.02]$ 将包含该批量的平均厚度。

3. Stein 的两步法

在缺少总体标准差 σ 的估计时，Stein 提出两步法来获得所需的样本量 n。该方法的要点是把 n 分为两部分 n_1+n_2，第一步确定第一样本量 n_1，第二步确定第二样本量 n_2。具体操作如下：

第一步：根据经验对 σ 作一推测，譬如为 σ'。根据此推测可用式（3.2.7）的方法确定一个样本量 n'，即

$$n'=\left(\frac{\sigma' u_{1-\alpha/2}}{d}\right)^2$$

选一个比 n' 小得多的整数 n_1 作为第一样本量。选择 n_1 的一个粗略规则是：

当 $n'\geqslant 60$ 时，可取 $n_1\geqslant 30$；

当 $n'<60$ 时，可取 $n_1=0.5n'$ 与 $0.7n'$ 中的某个整数。

第二步：从总体中随机取出容量为 n_1 的样品，并逐个测量，获得 n_1 个数据，由此可算得第一个样本的标准差 s_1，自由度为 n_1-1。对给定的 α，可查得分位数

$t_{1-\alpha/2}(n_1-1)$，然后算得

$$n \geqslant \left(\frac{s_1 t_{1-\alpha/2}(n_1-1)}{d}\right)^2 \tag{3.2.9}$$

这里也需要同前面一样取为整数。由此可得第二个样本量 $n_2=n-n_1$。这两个样本量之和便是我们所需要的样本量。

按此样本量进行抽样（前已经抽了 n_1 个，现在再补抽 n_2 个），获得的样本均值为 $\bar{x}$，则可以认为区间 $[\bar{x}-d,\ \bar{x}+d]$ 将以置信水平 $1-\alpha$ 包含总体均值 μ。

例 3.2.5

有一大批部件，希望确定某特性的均值，若允许此均值的估计值的误差不超过 4 个单位（即 $d=4$），问：在 $\alpha=0.05$ 下需要多少样本量？

解：用 Stein 的两步法。首先从类似部件的资料获得 σ 的估计值 $\sigma'=24$，对 $\alpha=0.05$，可查表得到 $u_{0.975}=1.96$，由此可得

$$n'=\left(\frac{24\times 1.96}{4}\right)^2=138.30$$

据此选取第一样本量为 $n_1=50$。

随机抽取 50 个部件，测其特性，算得标准差 $s_1=20.35$，利用 $d=4$ 和 t 分布分位数 $t_{0.975}(49)=2.01$，可得

$$n=\left(\frac{20.35\times 2.01}{4}\right)^2=104.57\approx 105$$

由此可知第二样本量 $n_2=105-50=55$，这个问题所需样本量为 105。

3.2.3 正态方差 σ^2 的置信区间

在正态总体场合，样本的偏差平方和 Q 是 σ^2 的充分统计量，且有

$$\frac{Q}{\sigma^2}\sim\chi^2(n-1)$$

故可取 Q/σ^2 为枢轴量来构造 σ^2 的置信区间。由于 χ^2 分布是偏态分布，寻求平均长度最短的 $1-\alpha$ 同等置信区间较为困难，实务中常构造等尾的 $1-\alpha$ 置信区间。为此取 $\chi^2(n-1)$ 分布的 $\alpha/2$ 和 $1-\alpha/2$ 分位数，使

$$P\left(\chi^2_{\alpha/2}(n-1)\leqslant\frac{Q}{\sigma^2}\leqslant\chi^2_{1-\alpha/2}(n-1)\right)=1-\alpha$$

利用不等式等价变形立即可得 σ^2 的 $1-\alpha$ 同等置信区间：

$$\left[\frac{Q}{\chi^2_{1-\alpha/2}(n-1)},\frac{Q}{\chi^2_{\alpha/2}(n-1)}\right]$$

两端开方后即得标准差 σ 的 $1-\alpha$ 置信区间：

$$\left[\frac{\sqrt{Q}}{\sqrt{\chi^2_{1-\alpha/2}(n-1)}},\frac{\sqrt{Q}}{\sqrt{\chi^2_{\alpha/2}(n-1)}}\right]$$

若把 α 集中于一侧就可获得方差 σ^2 和标准差 σ 的 $1-\alpha$ 单侧置信限，如 σ 的 $1-\alpha$ 单侧置信下限为 $\hat{\sigma}_L=\sqrt{Q}/\sqrt{\chi^2_{1-\alpha}(n-1)}$。其他置信限亦可类似写出。

 **例 3.2.6**

某种导线的电阻值服从正态分布 $N(\mu,\sigma^2)$。现从中随机抽取 9 根导线，由测得的 9 个电阻值算得样本的标准差 $s=0.0066$（单位：欧姆），试求该导线电阻值标准差的 0.95 单侧置信上限。

解：该问题中 $n=9$，样本偏差平方和 $Q=(n-1)s^2$，由其 $1-\alpha$ 单侧置信上限公式知

$$\hat{\sigma}_U=\frac{\sqrt{Q}}{\sqrt{\chi^2_\alpha(n-1)}}=\frac{\sqrt{8\times 0.0066^2}}{\sqrt{\chi^2_{0.05}(8)}}=\frac{\sqrt{8}\times 0.0066}{\sqrt{2.73}}=0.0113(\text{欧姆})$$

可见，该导线电阻值标准差的 0.95 单侧置信上限为 0.011 3 欧姆。

＊3.2.4　二维参数(μ,σ^2)的置信域

在正态总体下，样本均值 $\bar{x}$ 与偏差平方和 Q 是 μ 与 σ^2 的充分统计量，且

$$\frac{\bar{x}-\mu}{\sigma/\sqrt{n}}\sim N(0,1)$$

$$\frac{Q}{\sigma^2}\sim\chi^2(n-1)$$

就取这两个量作为枢轴量，对给定的置信水平 $1-\alpha$，可以通过标准正态分布的分位数确与 $\chi^2(n-1)$ 的分位数确定三个数 c，d_1，d_2，使得

$$P_{\mu,\sigma^2}\left(\frac{|\bar{x}-\mu|}{\sigma/\sqrt{n}}\leqslant c\right)=\sqrt{1-\alpha}$$

$$P_{\sigma^2}\left(d_1\leqslant\frac{Q}{\sigma^2}\leqslant d_2\right)=\sqrt{1-\alpha}$$

再由 $\bar{x}$ 与 Q 的独立性，有

$$P_{\mu,\sigma^2}\left((\mu-\bar{x})^2\leqslant\frac{c^2\sigma^2}{n},\frac{Q}{d_2}\leqslant\sigma^2\leqslant\frac{Q}{d_1}\right)=1-\alpha$$

所以正态参数 (μ,σ^2) 的 $1-\alpha$ 置信域为：

$$\left\{(\mu,\sigma^2):(\bar{x}-\mu)^2\leqslant\frac{c^2\sigma^2}{n},\frac{Q}{d_2}\leqslant\sigma^2\leqslant\frac{Q}{d_1}\right\}$$

这是两条平行线与一条二次曲线所围成的区域，见图 3.2.1。

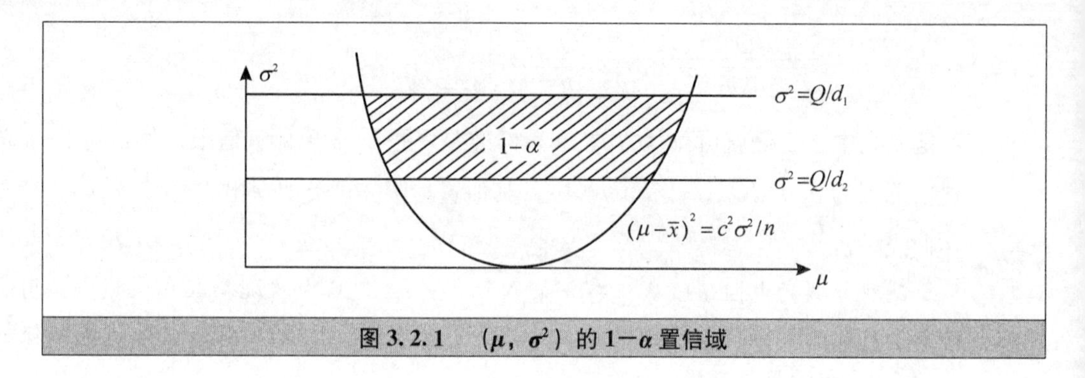

图 3.2.1 (μ, σ^2) 的 $1-\alpha$ 置信域

例 3.2.7

从自动车床加工的一批零件中随机抽取 10 只，测得其直径（单位：厘米）为：

15.2 15.1 14.8 15.3 15.2 15.4 14.8 15.5 15.3 15.4

若零件直径测量值服从正态分布 $N(\mu, \sigma^2)$，试求 (μ, σ^2) 的 0.90 置信域。

解：这里 $n=10$，由样本算得 $\bar{x}=15.2$，$Q=0.52$。由于 $1-\alpha=0.9$，$\sqrt{1-\alpha}=\sqrt{0.9}=0.95$。再由前面讨论知：

$$c=u_{0.975}=1.96, \qquad c^2/n=1.96^2/10=0.384$$
$$d_1=\chi^2_{0.025}(9)=2.70, \qquad Q/d_1=0.52/2.70=0.193$$
$$d_2=\chi^2_{0.975}(9)=19.02, \qquad Q/d_2=0.52/19.02=0.027\,3$$

因此 (μ, σ^2) 的 0.90 置信域为：

$$\{(\mu,\sigma^2):(\mu-15.2)^2\leqslant 0.384\sigma^2, 0.027\,3\leqslant\sigma^2\leqslant 0.193\}$$

3.2.5 两正态均值差的置信区间

设 $x_1, x_2, \cdots, x_n$ 是来自正态总体 $N(\mu_1, \sigma^2)$ 的一个样本，$y_1, y_2, \cdots, y_m$ 是来自另一正态总体 $N(\mu_2, \sigma^2)$ 的一个样本，这两个总体相互独立，且方差相等，现要求两正态均值差 $\mu_1-\mu_2$ 的 $1-\alpha$ 置信区间。

这里涉及三个未知参数：μ_1，μ_2，σ^2，它们有四个相互独立的充分统计量：

$$\bar{x}, \bar{y}, Q_x=\sum_{i=1}^{n}(x_i-\bar{x})^2, Q_y=\sum_{i=1}^{m}(y_i-\bar{y})^2$$

由分布性质知：

$$\bar{x}-\bar{y}\sim N\left(\mu_1-\mu_2, \sigma^2\left(\frac{1}{n}+\frac{1}{m}\right)\right)$$
$$(Q_x+Q_y)/\sigma^2\sim\chi^2(n+m-2)$$

由此可构造如下的 t 枢轴量：

$$t=\frac{[(\overline{x}-\overline{y})-(\mu_1-\mu_2)]/\left(\sigma\sqrt{\frac{1}{n}+\frac{1}{m}}\right)}{\sqrt{(Q_x+Q_y)/(n+m-2)}/\sigma}\sim t(n+m-2)$$

若记 $S_\omega=(Q_x+Q_y)/(n+m-2)$，则 S_ω 是 σ^2 的无偏估计。这时

$$t=\frac{(\overline{x}-\overline{y})-(\mu_1-\mu_2)}{\sqrt{\left(\frac{1}{n}+\frac{1}{m}\right)S_\omega}}\sim t(n+m-2)$$

利用此 t 分布可以构造 $\mu_1-\mu_2$ 的 $1-\alpha$ 置信区间：

$$\overline{x}-\overline{y}\pm t_{1-\alpha/2}(n+m-2)\sqrt{\left(\frac{1}{n}+\frac{1}{m}\right)S_\omega}$$

例 3.2.8

某厂有两条设备相同的自动装番茄酱罐头的流水线，某日从两条流水线上各随机抽取一个样本：

$$x_1,x_2,\cdots,x_6;\qquad y_1,y_2,\cdots,y_7$$

分别称重后算得（单位：克）：

$$\overline{x}=10.6,\qquad \overline{y}=10.1,\qquad Q_x=0.012\,5,\qquad Q_y=0.011\,5$$

若设两条流水线上的番茄酱罐头的称重都服从正态分布，它们的均值分别为 μ_x 与 μ_y，它们的方差相等，其无偏估计为：

$$S_\omega=\frac{0.012\,5+0.011\,5}{6+7-2}=0.002\,2$$

这里均值差 $\mu_x-\mu_y$ 的 0.95 的置信区间为：

$$\begin{aligned}&(10.6-10.1)\pm t_{0.975}(11)\sqrt{\left(\frac{1}{6}+\frac{1}{7}\right)\times S_\omega}\\&=0.5\pm 2.201\times\sqrt{\left(\frac{1}{6}+\frac{1}{7}\right)\times 0.002\,2}\\&=0.5\pm 0.057=[0.443,0.557]\end{aligned}$$

上面假设两正态总体 X 与 Y 相互独立，从而两样本也相互独立。现在我们转入讨论 X 与 Y 相依场合下两均值差的置信区间。这时数据必定成对出现，可设 $(x_1,y_1),(x_2,y_2)\cdots,(x_n,y_n)$ 是来自二维正态总体 $N(\mu_X,\mu_Y,\sigma_X^2,\sigma_Y^2,\rho)$ 的样本，其中 $\rho=\mathrm{Cov}(X,Y)/\sigma_X\sigma_Y$ 是相关系数。这时 $d=X-Y$ 虽是一维正态分布，但

$$d=X-Y\sim N(\mu_X-\mu_Y,\sigma_X^2+\sigma_Y^2-2\rho\sigma_X\sigma_Y)=N(\mu_d,\sigma_d^2)$$

其所含未知参数较多，且可能有 $\sigma_X\neq\sigma_Y$。为回避这些难点，我们考察成对数据的差

$$d_i = x_i - y_i, \quad i=1,2,\cdots,n$$

它可看做来自正态总体 $N(\mu_d, \sigma_d^2)$ 的一个随机样本，这样一来，寻求 $\mu_X - \mu_Y$ 的置信区间就转化为寻求 μ_d 的置信区间，后者可使用 t 分布获得。

记样本 d_1，d_2，…，d_n 的均值与方差分别为：

$$\overline{d} = \frac{1}{n}\sum_{i=1}^{n} d_i, \qquad s_d^2 = \frac{1}{n-1}\sum_{i=1}^{n}(d_i - \overline{d})^2$$

对给定的 α （$0<\alpha<1$），$\mu_d = \mu_X - \mu_Y$ 的 $1-\alpha$ 置信区间为：

$$\overline{d} \pm t_{1-\alpha/2} s_d / \sqrt{n} = \overline{x} - \overline{y} \pm t_{1-\alpha/2} s_d / \sqrt{n}$$

这就是**成对数据下，两正态均值差的 $1-\alpha$ 置信区间**。

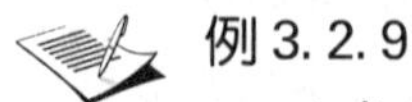

例 3.2.9

为考察两实验室在测水中含氯量上的差异，特在该厂废水中每天取样，共取 11 个样品，每个样品均分两份，分别送至两实验室测定其中氯的含量，具体数据列于表 3.2.1 中。若假设各实验室测定的水中含氯量都服从正态分布，求其均值差的 0.95 置信区间。

表 3.2.1　　两实验室测定水中含氯量数据

样品号 i	x_i（实验室 A）	y_i（实验室 B）	$d_i = x_i - y_i$
1	1.15	1.00	0.15
2	1.86	1.90	−0.04
3	0.76	0.90	−0.14
4	1.82	1.80	0.02
5	1.14	1.20	−0.06
6	1.65	1.70	−0.05
7	1.90	1.95	−0.05
8	1.01	1.02	−0.01
9	1.12	1.23	−0.11
10	0.90	0.97	−0.07
11	1.40	1.52	−0.12

解：这里遇到的是成对数据。样品间差异大，实验室测定值差异小。

由表中最后一列数据算得

$$\overline{d} = -0.0436, \qquad s_d = 0.0796$$

进一步可算得均值差 $\mu_d = \mu_x - \mu_y$ 的 0.95 置信区间为：

$$\begin{aligned}\overline{d} \pm t_{0.975}(10) s_d / \sqrt{11} &= -0.0436 \pm 2.228 \times 0.0796 / \sqrt{11} \\ &= -0.0436 \pm 0.0534 = [-0.097, 0.0098]\end{aligned}$$

习题 3.2

1. 某化纤强力长期以来标准差稳定在$\sigma=1.19$，现抽取了一个容量$n=16$的样本，求得样本均值$\bar{x}=6.35$，试求该化纤强力均值μ的置信水平为0.95的置信区间。

2. 用一仪表测量某物理量，假定测量结果服从正态分布，现在得到9次测量结果的平均值与标准差分别为$\bar{x}=30.1$，$s=6$，试求该物理量真值的置信水平为0.99的置信区间。

3. 假定某商店中某种商品的月销售量服从正态分布$N(\mu, \sigma^2)$，σ未知。为了确定该商品的进货量，需要对μ作估计，该商店前7个月的销售量分别为64，57，49，81，76，70，59，试求μ的置信水平为0.95的置信区间。

4. 假定婴儿体重的分布为$N(\mu, \sigma^2)$，从某医院随机抽取4个婴儿，他们出生时的平均体重为$\bar{x}=3.3$（公斤），体重的标准差为$s=0.42$（公斤），试求μ的置信水平为0.95的置信区间。

5. 某种清漆的9个样品的干燥时间（单位：小时）分别为：

6.0　5.7　5.8　6.5　7.0　6.3　5.6　6.1　5.0

该干燥时间服从正态分布$N(\mu, \sigma^2)$，求μ的0.95单侧置信上限。

6. 设某公司制造的绳索的抗断强度服从正态分布，现随机抽取60根绳索得到的平均抗断强度为300千克，标准差为24千克，试求抗断强度均值的置信水平为0.95的单侧置信下限。

7. 设0.5，1.25，0.90，2.00取自对数正态总体$LN(\mu, 1)$，求μ的0.90单侧置信上限。

8. 考察来自正态总体$N(0, \sigma^2)$的样本，寻求σ^2的$1-\alpha$置信区间。

9. 用仪器测某物理量μ，其测量值服从正态分布，其标准差$\sigma=6.0$。现问至少要重复测量多少次，才能使μ的0.99置信区间的长度为8?

10. 初生婴儿的体重x(单位：公斤）服从正态分布$N(\mu, \sigma^2)$，要使初生婴儿的平均重量μ的0.95置信区间长度不超过0.8公斤，至少应取多少样本量？已对近期出生的4个婴儿体重测得样本标准差$s_0=0.42$（公斤）。

11. 某种聚合物中的含氯量服从正态分布，现已抽取8个样品，测得样本标准差为0.84。为使平均含氯量的0.95置信区间长度不超过1，还需补抽多少个样品?

12. 考察两种不同的挤压机生产的钢棒的直径，各取一个样本测其直径，其样本量n_i、样本均值$\bar{x}_i$与样本方差$s_i(i=1, 2)$分别为：

$$n_1=15,\quad \bar{x}_1=8.73,\quad s_1^2=0.35$$
$$n_2=17,\quad \bar{x}_2=8.68,\quad s_2^2=0.40$$

已知两样本均源自方差相等的正态总体，试给出平均直径差的0.95置信区间。

13. 从两个正态总体$N(\mu_1, \sigma_1^2)$与$N(\mu_2, \sigma_2^2)$各随机抽取一个样本，其样本量

为 n_i，样本方差为 $s_i^2(i=1, 2)$。

(1) 求方差比 σ_1^2/σ_2^2 的 $1-\alpha$ 置信区间；

(2) 求标准差比 σ_1/σ_2 的 $1-\alpha$ 单侧置信下限。

14. 有5个具有共同方差 σ^2 的正态总体，现从中各取一个样本，其样本量分别为 n_i，偏差平方和为 $Q_i(i=1, 2, 3, 4, 5)$，具体如下：

n_i	6	4	3	7	8
Q_i	40	30	20	42	50

试求共同方差 σ^2 的0.95置信区间。

3.3 大样本置信区间

3.3.1 精确置信区间与近似置信区间

前面叙述的枢轴量法是构造精确置信区间的方法，其特点是：对给定的置信水平 $1-\alpha$，按此方法一般可获得置信系数恰好为 $1-\alpha$ 的置信区间。这种方法常在小样本场合使用，当然也可用于大样本场合。还有一类构造置信区间的方法，它们仅能在大样本场合使用，所得的置信区间的置信系数不能精准地达到预先设定的置信水平 $1-\alpha$，只能近似于给定的置信水平 $1-\alpha$，这一类方法常称为大样本方法，所得置信区间称为近似置信区间或大样本置信区间。

在不少场合，数据可以大量收集形成大样本。譬如，为估计比率 p 而要收集成败型数据（又称0—1数据）并不难，在不少场合其花费也不大，在短时间内可收集到大量数据，这时比率 p 的大样本置信区间较容易获得。在另一些场合，要获得某参数的精确置信区间很难，因为有关统计量的精确抽样分布很难得到。但在大样本场合借用其渐近分布就较容易获得大样本置信区间。下面几个例子作出了具体说明。

 **例3.3.1**

从一批产品中随机抽取63件，发现有3件不合格品，借用大样本方法可获得 p 的近似0.90的置信区间

$$\hat{p} \pm u_{0.95}\sqrt{\frac{\hat{p}(1-\hat{p})}{n}}$$

其中，$\hat{p}$ 为 p 的MLE；n 为样本量。在这个例子中 $n=63$，$\hat{p}=3/63=0.047\,6$。故 p 的大样本的0.90置信区间为：

$$\frac{3}{63}\pm 1.645\sqrt{\frac{3}{63}\times\frac{60}{63}\times\frac{1}{63}}=0.047\,6\pm 0.044\,1=[0.003\,5, 0.091\,7]$$

例 3.3.2

中位数 $x_{0.5}$ 是总体的重要参数之一，常用样本中位数 $m_{0.5}$ 作为其点估计。但 $x_{0.5}$ 的精确置信区间较难获得，因为适当的枢轴量至今未获。而总体中位数 $x_{0.5}$ 很少在分布表达式中出现，可在大样本场合和在一定条件下，样本中位数 $m_{0.5}$ 有一个渐近分布（见定理 1.4.4）：

$$m_{0.5} \dot{\sim} N\left(x_{0.5}, \frac{1}{4np^2(x_{0.5})}\right)$$

其中 $p(x)$ 为总体密度函数，且在 $x_{0.5}$ 处连续，$p(x_{0.5})>0$。依据此渐近分布容易获得总体中位数 $x_{0.5}$ 的近似 $1-\alpha$ 的置信区间为：

$$m_{0.5} \pm u_{1-\alpha/2}/\sqrt{4np^2(x_{0.5})}$$

其中 $u_{1-\alpha/2}$ 为标准正态分布的 $1-\alpha/2$ 分位数。

譬如，在指数分布 $\exp(\lambda)$ 场合，其密度函数为 $p(x)=\lambda e^{-\lambda x}(x>0)$，分布函数为 $F(x)=1-e^{-\lambda x}(x>0)$，其中位数 $x_{0.5}$ 可使 $F(x_{0.5})=0.5$，从而有 $p(x_{0.5})=0.5\lambda$。最后可得 $x_{0.5}$ 的近似置信区间为：

$$m_{0.5} \pm \frac{u_{1-\alpha/2}}{2p(x_{0.5})\sqrt{n}} = m_{0.5} \pm \frac{u_{1-\alpha/2}}{\lambda\sqrt{n}}$$

其中 λ 用其相合估计替代即可。

3.3.2　基于 MLE 的近似置信区间

在最大似然估计场合，密度函数 $p(x;\theta)$ 中的参数 θ 常有一列估计量 $\hat{\theta}_n=\hat{\theta}_n(x_1, x_2, \cdots, x_n)$，并有渐近正态分布 $N(\theta, \sigma_n^2(\theta))$，其中渐近方差 $\sigma_n^2(\theta)$ 是参数 θ 和样本量 n 的函数。譬如，在很一般的条件下（见定理 2.2.2），$\hat{\theta}_n$ 的渐近方差可用总体分布的费希尔信息量 $I(\theta)$ 算得，即

$$\sigma_n^2(\theta)=[nI(\theta)]^{-1} \tag{3.3.1}$$

其中

$$I(\theta)=E_\theta\left(\frac{\partial}{\partial\theta}\ln p(x;\theta)\right)^2=-E_\theta\left(\frac{\partial^2}{\partial\theta^2}\ln p(x;\theta)\right) \tag{3.3.2}$$

由此可得

$$\frac{\hat{\theta}_n-\theta}{\sigma_n(\theta)} \xrightarrow{L} N(0,1), \quad n\to\infty \tag{3.3.3}$$

在一般场合，若用 MLE $\hat{\theta}_n$ 代替 $\sigma_n(\theta)$ 中的 θ，上式仍然成立，因为 MLE $\hat{\theta}_n$ 还是 θ 的相合估计。此时对给定的置信水平 $1-\alpha(0<\alpha<1)$，利用标准正态分布的分位数，可得

$$p\left(-u_{1-\alpha/2}<\frac{\hat{\theta}_n-\theta}{\sigma_n(\hat{\theta}_n)}<u_{1-\alpha/2}\right)\doteq 1-\alpha \tag{3.3.4}$$

从而可得 θ 的近似 $1-\alpha$ 的等尾置信区间：

$$\hat{\theta}_n \pm u_{1-\alpha/2}\sigma_n(\hat{\theta}_n) \tag{3.3.5}$$

例 3.3.3

设 x_1，x_2，…，x_n 是来自指数分布 $p(x;\theta)=\frac{1}{\theta}\mathrm{e}^{-x/\theta}$ $(x>0)$ 的一个样本。该总体的费希尔信息量为：

$$I(\theta)=\theta^{-2}$$

参数 θ 的 MLE $\hat{\theta}_n=\bar{x}$，它的渐近正态分布为：

$$\bar{x}\sim N\left(\theta,\frac{1}{nI(\theta)}\right)=N\left(\theta,\frac{\theta^2}{n}\right)$$

若其渐近方差中的 θ 用其 MLE $\hat{\theta}_n$ 替代，则可得 θ 的近似 $1-\alpha$ 的等尾置信区间为：

$$\bar{x}\pm u_{1-\alpha/2}\,\hat{\theta}_n/\sqrt{n}=\bar{x}(1\pm u_{1-\alpha/2}/\sqrt{n})$$

这个结果与例 3.1.3 用 χ^2 分布获得的 $1-\alpha$ 置信区间不同，这里是大样本近似置信区间。在大样本场合两者较为接近。

譬如，某产品的寿命 X 服从指数分布 $\exp(1/\theta)$，θ 为其平均寿命。若从中抽取 60 个样品作寿命试验，试验到全部失效为止，所得 60 个寿命数据之和 $T_n=45\,079$（小时）。故其平均寿命的估计值为 $\hat{\theta}_n=T_n/n=751.32$ 小时，现求其 0.9 的置信区间。

（1）按大样本方法，θ 的近似 0.9 的等尾置信区间为：

$$\bar{x}(1\pm u_{0.95}/\sqrt{n})=751.32(1\pm 1.645/\sqrt{60})=(591.74,\ 910.90)$$

（2）用枢轴量法，用 χ^2 分布获得的 θ 的 0.9 等尾置信区间（见例 3.1.3）为：

$$\left(\frac{2T_n}{\chi^2_{1-\alpha/2}(2n)},\frac{2T_n}{\chi^2_{\alpha/2}(2n)}\right)=\left(\frac{2\times 45\,079}{146.57},\frac{2\times 45\,079}{95.70}\right)=(615.12,\ 942.09)$$

两者较为接近。若改为小样本，两者差距就大了。为此，引用背景相同的例 3.1.3 中的数据，在那里 $n=9$，$T_n=5\,329$(小时)，$\hat{\theta}_n=T_n/9=592.11$，用枢轴量法已算得 θ 的 0.9 等尾置信区间为 [369.17，1 135.04]。而用大样本方法，可算得 θ 的近似 0.9 的等尾置信区间为：

$$\bar{x}(1\pm u_{0.95}/\sqrt{n})=592.11\times(1\pm 1.645/\sqrt{9})=[267.44,\ 916.78]$$

可见两者相差较大。

从上述讨论可见，在小样本场合要尽量使用枢轴量法。而在大样本场合，虽两种方法都可使用，但大样本方法简便，且样本量越大近似程度越好，故可用之。

3.3.3 基于中心极限定理的近似置信区间

在独立同分布样本场合，只要总体均值 μ 与总体方差 σ^2 存在，无论总体分布是什么，据中心极限定理，其样本均值 $\bar{x}$ 有渐近正态分布，即

$$\bar{x} \dot{\sim} N(\mu, \sigma^2/n)$$

由此立即可得总体均值 μ 的近似 $1-\alpha$ 的等尾置信区间：

$$\bar{x} \pm u_{1-\alpha/2}\sigma/\sqrt{n} \tag{3.3.6}$$

若其中 σ 未知，用 σ^2 的相合估计（譬如样本方差 s^2）替代即可。当然，在具体问题中还有一些细节要处理，下面结合一个例子作进一步叙述。

例 3.3.4

设 x_1，x_2，…，x_n 是来自二点分布 $b(1, p)$ 的一个样本，其总体均值与方差分别为：

$$E(x)=p, \quad \mathrm{Var}(x)=p(1-p)$$

当样本量 n 足够大时，据中心极限定理，样本均值 $\bar{x}$ 渐近服从正态分布，即

$$\frac{\bar{x}-p}{\sqrt{p(1-p)/n}} \dot{\sim} N(0,1)$$

对给定的置信水平 $1-\alpha$（$0<\alpha<1$），利用 $N(0, 1)$ 的 $1-\alpha/2$ 分位数可有

$$P\left(\left|\frac{\bar{x}-p}{\sqrt{p(1-p)/n}}\right| \leqslant u_{1-\alpha/2}\right)=1-\alpha$$

可以从

$$\left|\frac{\bar{x}-p}{\sqrt{p(1-p)/n}}\right| \leqslant u_{1-\alpha/2}$$

去解出 p 的范围。由于上式等价于

$$(\bar{x}-p)^2 \leqslant u_{1-\alpha/2}^2 \frac{p(1-p)}{n}$$

亦等价于

$$(n+u_{1-\alpha/2}^2)p^2-(2n\bar{x}+u_{1-\alpha/2}^2)p+n\bar{x}^2 \leqslant 0$$

记 $a=n+u_{1-\alpha/2}^2$，$b=-(2n\bar{x}+u_{1-\alpha/2}^2)$，$c=n\bar{x}^2$，则有 $a>0$，判别式 $b^2-4ac=(2n\bar{x}+u_{1-\alpha/2}^2)^2-4(n+u_{1-\alpha/2}^2)\cdot n\bar{x}^2=4n\bar{x}(1-\bar{x})u_{1-\alpha/2}^2+u_{1-\alpha/2}^4>0$，故二次三项式 ap^2+bp+c 开口向上，有两个实根 $\hat{p}_L$ 与 $\hat{p}_U$（见图 3.3.1），故区间 $[\hat{p}_L, \hat{p}_U]$ 就是 p 的 $1-\alpha$ 置信区间。

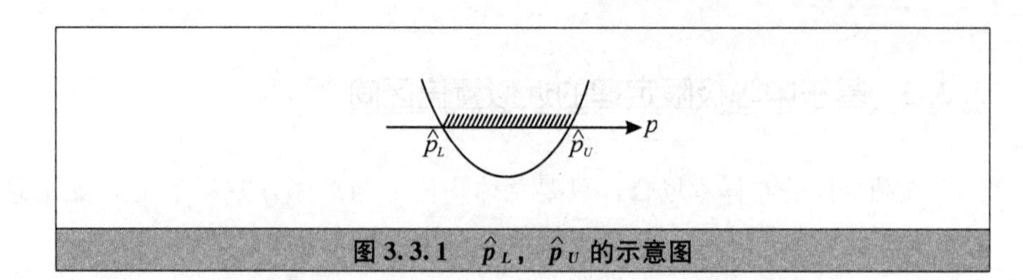

图 3.3.1　$\hat{p}_L$，$\hat{p}_U$ 的示意图

该区间的两个端点分别为（暂记 $u=u_{1-\alpha/2}$）：

$$\hat{p}_L=\frac{-b-\sqrt{b^2-4ac}}{2a}=\frac{2n\bar{x}+u^2-u\sqrt{4n\bar{x}(1-\bar{x})+u^2}}{2(n+u^2)} \tag{3.3.7}$$

$$\hat{p}_U=\frac{-b+\sqrt{b^2-4ac}}{2a}=\frac{2n\bar{x}+u^2+u\sqrt{4n\bar{x}(1-\bar{x})+u^2}}{2(n+u^2)} \tag{3.3.8}$$

在上面两式中，当 $p_L<0$ 时，应取 $p_L=0$；当 $p_U>1$ 时，应取 $p_U=1$。上面两式还可以简化，因为在导出大样本分布中已忽略含有 $1/\sqrt{n}$的项，如今在式（3.3.7）和式（3.3.8）中含 $1/\sqrt{n}$的项，仍可省略，如在式（3.3.7）中分子与分母同时除以 n，可得

$$\hat{p}_L=\frac{2\bar{x}+\left(\frac{u}{\sqrt{n}}\right)^2-u\sqrt{\frac{4\bar{x}(1-\bar{x})}{n}+\left(\frac{u}{\sqrt{n}}\right)^2\cdot\left(\frac{1}{\sqrt{n}}\right)^2}}{2\left[1+\left(\frac{u}{\sqrt{n}}\right)^2\right]}\doteq\bar{x}-u\sqrt{\frac{\bar{x}(1-\bar{x})}{n}}$$

类似可对 $\hat{p}_U$ 进行简化。这样 p 的近似 $1-\alpha$ 的大样本置信区间为：

$$\bar{x}\pm u_{1-\alpha/2}\sqrt{\frac{\bar{x}(1-\bar{x})}{n}} \tag{3.3.9}$$

当样本量足够大时，这个置信区间常在实际中采用。

譬如，在某电视节目的收视率调查中，调查了 400 人，其中有 100 人收看了该电视节目，试求该节目收视率 p 的置信水平为 0.95 的置信区间。

在本例中，$n=400$，当取 $\alpha=0.05$ 时，$u_{0.975}=1.96$，又由样本求得 $\bar{x}=\frac{100}{400}=0.25$，从而

$$a=400+1.96^2=403.841\,6$$
$$b=-(2\times400\times0.25+1.96^2)=-203.841\,6$$
$$c=400\times0.25^2=25$$

代入式（3.3.7）和式（3.3.8），可算得

$$\hat{p}_L=\frac{203.841\,6-34.164\,9}{807.683\,2}=0.210\,1$$

$$\hat{p}_U=\frac{203.841\,6+34.164\,9}{807.683\,2}=0.294\,7$$

从而 p 的置信水平为 0.95 的置信区间是 $[0.2101, 0.2947]$。

我们再用式（3.3.9）来求本例 p 的 0.95 置信区间。由 $n=400$，$k=100$，故 $\bar{x}=k/n=0.25$，又有 $u_{0.975}=1.96$，由式（3.3.9）可得 p 的 0.95 置信区间为：

$$0.25\pm1.96\sqrt{0.25(1-0.25)/400}=0.25\pm0.0424=[0.2076, 0.2924]$$

这与前面求得的结果较为接近，但是后者的计算要简单得多。

类似地，在样本量足够大时，可讨论泊松参数 λ 的近似置信区间。

3.3.4 样本量的确定（二）

这里将讨论在大样本场合，为使比率 p 的估计达到给定精度至少需要多少样本量的问题。很多实际问题中需要估计比率 p，如不合格品率、射击命中率、男婴出生率，以及吸烟率、色盲率、收视率、某项政策支持率等，为了估计这类比率，若要达到一定要求，至少需要调查多少对象呢？

在大样本场合，一种可行而又常用的确定比率中所需样本量的方法是使用 p 的 $1-\alpha$ 置信区间（见式（3.3.9））：

$$\bar{x}\pm u_{1-\alpha/2}\sqrt{\frac{\bar{x}(1-\bar{x})}{n}}$$

其中 $\bar{x}$ 为来自二点分布 $b(1, p)$ 的容量为 n 的样本均值。若要把该区间长度控制在事先设定的 $2d$ 范围内，则可得如下不等式：

$$2u_{1-\alpha/2}\sqrt{\frac{\bar{x}(1-\bar{x})}{n}}\leqslant 2d \tag{3.3.10}$$

考虑到在 $0\leqslant\bar{x}\leqslant1$ 时总有 $\bar{x}(1-\bar{x})\leqslant1/4$，可得样本量

$$n\geqslant\left(\frac{u_{1-\alpha/2}}{2d}\right)^2 \tag{3.3.11}$$

在这种场合，置信水平 $1-\alpha$ 又称为**保证概率**，区间半径 d 又称为**绝对误差**。这时式（3.3.11）有如下解释：要使“频率 $\bar{x}$ 与比率间的绝对误差不超过 d”的保证概率至少为 $1-\alpha$，所需样本量 n 至少为 $(u_{1-\alpha/2}/2d)^2$，即 n 满足如下概率不等式：

$$P(|\bar{x}-p|\leqslant d)\geqslant1-\alpha$$

下面用例子来说明它的使用。

例 3.3.5

某调查公司接受了估计某城市成年男子中的吸烟率 p 的任务，首先遇到的问题是在该城市要对多少成年男子作调查才能有 99%的保证概率使吸烟频率 $\bar{x}$ 与真实吸烟率的差异不大于 0.005？

解：在这个问题中绝对误差 $d=0.005$，保证概率 $1-\alpha=0.99$，$u_{0.995}=2.576$，由式（3.3.11）可得样本量

$$n \geqslant \left(\frac{2.576}{2 \times 0.005}\right)^2 = 66\,357.76$$

这表明，至少要调查 66 358 位成年男子才能以保证概率 0.99 使频率 $\bar{x}$ 与真值 p 间的绝对误差 d 不超过 0.005。

这个调查人数显然偏大，这会产生调查经费、人员和时间上的困难，以至于此项调查工作流产。那如何减少样本量呢？除了为方便计算用 1/4 代替 $\bar{x}(1-\bar{x})$ 外，引起样本量 n 过大的原因主要有以下两点：

（1）绝对误差 d 过小，在此为 0.005，可适当放大；

（2）保证概率 $1-\alpha$ 过高，在此为 0.99，可适当缩小。

改变 d 与 α 可获得诸多调查方案，表 3.3.1 列出了部分（d，$1-\alpha$）组合方案。若我们把绝对误差 d 从 0.005 增加到 0.01，而保证概率 $1-\alpha$ 不变，仍为 0.99，从表 3.3.1 可查得 $n \geqslant 16\,590$，样本量减到原来的 1/4。若把保证概率 $1-\alpha$ 降到 0.95，则可查得 $n \geqslant 9\,604$，样本量减到原来的 1/7，可行性大大增强了。

表 3.3.1　部分（d，$1-\alpha$）组合下的抽样方案

$1-\alpha$ \ d	0.005	0.01	0.015	0.02	0.03	0.05	0.1
0.99	66 357	16 590	7 373	4 147	1 844	664	166
0.95	38 415	9 604	4 269	2 401	1 068	385	97
0.90	27 056	6 764	3 007	1 691	752	271	68
0.85	20 723	5 181	2 303	1 296	576	208	52
0.80	16 424	4 106	1 825	1 027	457	165	42

如果样本量还是过大，现有经费只能支持对 2 000～3 000 人的调查费用，则从表 3.3.1 可以看出有几个可行方案，它们是：

$$\begin{aligned}(d, 1-\alpha) &= (0.025, 0.99) \qquad n \geqslant 2\,654 \\ &\quad\ (0.02, 0.95) \qquad n \geqslant 2\,401 \\ &\quad\ (0.015, 0.85) \qquad n \geqslant 2\,303\end{aligned}$$

其中第二个方案可用，这是因为吸烟率不是一个很重要的参数，绝对误差 $d=0.02$，保证概率为 0.95 可满足需要，还是可以接受的，该市采用了这个建议并实施此方案。结果调查了 2 415 位成年男子，其中吸烟者为 752 人，算得吸烟频率 $\hat{p}=31.14\%$，故该城市成年男子的吸烟率 p 在 0.31 ± 0.02 内的概率约为 0.95。

这个抽样方案表可解决许多比率的估计问题，如一些国家都有竞选总统的做法。在正式选举前一些报刊和咨询机构要进行民意调查，并据此对选举结果加以预测。由于调查结果要在一两天内公布，故样本量不宜过大，以千人左右为宜，在表 3.3.1 中可查得（d，$1-\alpha$）=（0.03，0.95）方案，其样本量 $n \geqslant 1\,068$，此方案意味着调查结果的误差在正负 3 个百分点，而保证概率在 95%以上，这样的结果已能使选民满意。

例 3.3.6

某电视台委托某调查公司对其某综艺节目的收视率作抽样调查，要求绝对误差不超过 0.03 的保证概率为 0.95，但已知该节目收视率不会超过 0.2。

解：在对该节目收视率无所了解的情况下，从表3.3.1中可查得至少需要1 068位调查对象才能以0.95概率保证误差不超过0.03。

如今还知该节目收视率 p 不会超过0.2，故其调查频率 $\bar{x}$ 按大数定律也不会超过0.2，于是 $\bar{x}(1-\bar{x})=0.2\times0.8=0.16=(0.4)^2$。这时由式（3.3.10）可得

$$2u_{1-\alpha/2}\sqrt{\frac{0.16}{n}}\leqslant 2d \text{ 或 } n\geqslant\left(\frac{0.4\times u_{1-\alpha/2}}{d}\right)^2$$

如今 $d=0.03$，$1-\alpha=0.95$，$u_{1-\alpha/2}=u_{0.975}=1.96$，代入上式可得

$$n\geqslant\left(\frac{0.4\times1.96}{0.03}\right)^2=682.95$$

这时所需样本量至少为683，与原样本量1 068相比，约减少了1/3。可见充分用到 p 的有关信息可适当降低对样本量的要求。

习题3.3

1. 在一批货物中随机抽出100件，发现有16件次品，试求该批货物次品率的置信水平为0.95的置信区间。

2. 在某饮料厂的市场调查中，1 000名被调查者中有650人喜欢有酸味的饮料，请对喜欢有酸味饮料的人的比率作置信水平为0.95的区间估计。

3. 某公司对本公司生产的两种自行车型号A，B的销售情况进行调查，随机选取了400人询问他们对A，B的选择，其中224人喜欢A。试求顾客中喜欢A的人数的比例 p 的置信水平为0.99的区间估计。

4. 设 x_1，x_2，…，x_n 是来自泊松分布的一个样本。在大样本场合，证明 λ 的近似 $1-\alpha$ 的置信区间为：

$$[\bar{x}+u_{1-\alpha/2}^2/(2n)]\pm\frac{1}{2}\sqrt{(2\bar{x}+u_{1-\alpha/2}^2/n)^2-4\bar{x}^{\,2}}$$

5. 某商店在单位时间内到来的顾客数 X 服从泊松分布 $P(\lambda)$，现对单位时间内到来的顾客数作了100次观察，共有180人到来，试求 λ 的0.90置信下限。

6. 某地记录了201天建筑工地的150次事故，具体如下表所示。

一天发生的事故数	0	1	2	3	4	5	≥6
天数	102	59	31	8	0	1	0

假如该工地上一天发生的事故数 X 服从泊松分布 $P(\lambda)$，试求 λ 的0.95置信区间。

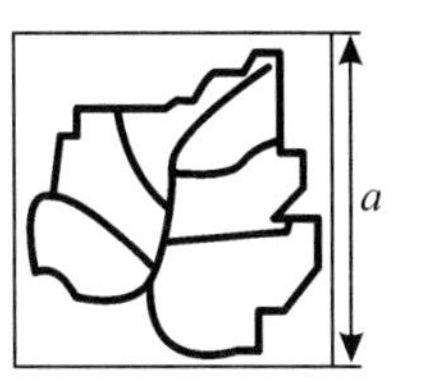

习题3.3
第7题示意图

7. 把一片树叶放在一个边长为 a 的正方形内（见右图），然后向正方形内随机投点，使正方形内任一处都有同等机会有落点。此过程可在计算机上实现，在投了 n 个点后得知有 m 个点落在树叶上，按大数定律，只要 n 充分大，可得树叶面积近似为 $(m/n)a^2$。

如今要求绝对误差不超过千分之一，保证概率不低于0.99，则至少需投多少个点才能达到此精度？

3.4 贝叶斯区间估计

3.4.1 可信区间

对于区间估计问题，贝叶斯方法具有处理方便和含义清晰的优点。

当参数θ的后验分布$\pi(\theta \mid \boldsymbol{x})$获得以后，立即可计算$\theta$落在某区间$[a, b]$内的后验概率，譬如$1-\alpha$，即

$$P(a \leqslant \theta \leqslant b \mid \boldsymbol{x})=1-\alpha$$

反之，若给定概率$1-\alpha$，要找一个区间$[a, b]$使上式成立，这样求得的区间就是θ的贝叶斯区间估计，又称为可信区间，这是在θ为连续随机变量场合。若θ为离散随机变量，对给定的概率$1-\alpha$，满足上式的区间$[a, b]$不一定存在，这时只有略微放大上式左端的概率，才能找到a与b，使得

$$P(a \leqslant \theta \leqslant b \mid \boldsymbol{x})>1-\alpha$$

这样的区间也是θ的贝叶斯可信区间，它的一般定义如下。

定义 3.4.1 设参数θ的后验分布为$\pi(\theta \mid \boldsymbol{x})$，对给定的样本$\boldsymbol{x}$和概率$1-\alpha$（$0<\alpha<1$），若存在这样的两个统计量$\hat{\theta}_L=\hat{\theta}_L(\boldsymbol{x})$与$\hat{\theta}_U=\hat{\theta}_U(\boldsymbol{x})$，使得

$$P(\hat{\theta}_L \leqslant \theta \leqslant \hat{\theta}_U \mid \boldsymbol{x}) \geqslant 1-\alpha \tag{3.4.1}$$

则称区间$[\hat{\theta}_L, \hat{\theta}_U]$为参数$\theta$的**可信水平为$1-\alpha$的贝叶斯可信区间**，或简称为$\theta$的**$1-\alpha$可信区间**。而满足

$$P(\theta \geqslant \hat{\theta}_L \mid \boldsymbol{x}) \geqslant 1-\alpha \tag{3.4.2}$$

的$\hat{\theta}_L$称为θ的**$1-\alpha$（单侧）可信下限**。满足

$$P(\theta \leqslant \hat{\theta}_U \mid \boldsymbol{x}) \geqslant 1-\alpha \tag{3.4.3}$$

的$\hat{\theta}_U$称为θ的**$1-\alpha$（单侧）可信上限**。

这里的可信水平和可信区间与经典统计中的置信水平和置信区间虽是同类的概念，但两者在解释上和寻求上有本质差别，主要表现在如下两点：

(1) 在贝叶斯方法下，对给定的样本$\boldsymbol{x}$和可信水平$1-\alpha$，通过后验分布可求得具体的可信区间，譬如，θ的可信水平为0.9的可信区间是$[1.5, 2.6]$，这时我们可以写出

$$P(1.5\leqslant\theta\leqslant 2.6|\boldsymbol{x})=0.9$$

还可以说θ属于这个区间的概率为0.9或θ落入这个区间的概率为0.9，可对置信区间就不能这么说，因为经典统计认为θ是常量，它要么在［1.5，2.6］内，要么在此区间之外，不能说θ在［1.5，2.6］内的概率为0.9，只能说使用这个置信区间100次，大约90次能盖住θ。此种频率解释对仅使用一次或两次的人来说是毫无意义的，相比之下，前者的解释简单、自然，易被人们理解和采用，实际情况是很多实际工作者把求得的置信区间当作可信区间去理解和使用。

（2）在经典统计中寻求置信区间有时是困难的，因为要设法构造一个枢轴量（含有被估参数的随机变量），使它的分布不含有未知参数，这是一项技术性很强的工作，不熟悉“抽样分布”是很难完成的，可寻求可信区间只需利用后验分布，无须再去寻求另外的分布，两种方法相比，可信区间的寻求要简单得多。

例3.4.1

设x_1，x_2，…，x_n是来自正态总体$N(\theta,\sigma^2)$的一个样本观察值，其中σ^2已知，若正态均值θ的先验分布取为$N(\mu,\tau^2)$，其中μ与τ已知，在例2.5.5中已求得θ的后验分布为$N(\mu_1,\sigma_1^2)$，其中μ_1与σ_1^2如式（2.5.13）所示，由此很容易获得θ的$1-\alpha$的可信区间

$$P(\mu_1-\sigma_1 u_{1-\alpha/2}\leqslant\theta\leqslant\mu_1+\sigma_1 u_{1-\alpha/2})=1-\alpha$$

其中，$u_{1-\alpha/2}$是标准正态分布的$1-\alpha/2$分位数。

在儿童智商测验中设某儿童测验得分$X\sim N(\theta,100)$，其中智商θ的先验分布为$N(100,225)$，在仅取一个样本（$n=1$）的情况下，算得此儿童智商θ的后验分布为$N(\mu_1,\sigma_1^2)$，其中

$$\mu_1=(400+9x)/13,\quad \sigma_1^2=(8.32)^2$$

该儿童在一次智商测验中的得分$x=115$，立即可得其智商θ的后验分布$N(110.38,8.32^2)$及θ的0.95可信区间［94.07，126.69］，即

$$P(94.07\leqslant\theta\leqslant 126.69|x=115)=0.95$$

在这个例子中，若不用先验信息，仅用抽样信息，则按经典方法，由$X\sim N(\theta,100)$和$x=115$亦可求得θ的0.95置信区间：

$$115\pm 1.96\times 10=[95.4,134.6]$$

这两个区间是不同的，区间长度也不等，可信区间的长度短一些是由于使用了先验信息。另一个差别是经典方法不允许说θ位于区间（95.4，134.6）内的概率是0.95，也不允许说区间（95.4，134.6）盖住θ的概率是0.95，在这一束缚下，这个区间（95.4，134.6）还能有什么用处呢？这就是置信区间常受到批评的原因，可不少人仍在使用置信区间的结果，在他们心目中总认为θ在（95.4，134.6）内的概率为0.95，就把此区间当作可信区间去解释。

例3.4.2

经过早期筛选后的彩色电视接收机（简称彩电）的寿命服从指数分布，它的密度函数为：

$$p(t|\theta)=\theta^{-1}e^{-t/\theta}, \quad t>0$$

其中，$\theta>0$是彩电的平均寿命。在例2.5.9中曾选用θ的共轭先验分布——倒伽玛分布$IGa(\alpha, \lambda)$，并利用先验信息确定其中两个参数：$\alpha=1.956$，$\lambda=2\,868$，后又利用样本信息（100台彩电进行400小时试验，无一台失效，即$S=40\,000$，$r=0$）。最后得到后验分布$IGa(\alpha+r, \lambda+S)$，在那里还获得平均寿命θ的贝叶斯估计：

$$\hat{\theta}_B=\frac{\lambda+S}{\alpha+r-1}=\frac{2\,868+40\,000}{1.956+0-1}=44\,841(\text{小时})$$

如今要求平均寿命θ的0.90可信下限$\hat{\theta}_L$，它可用后验分布$IGa(\alpha+r, \lambda+S)$的0.1分位数求得，即

$$P(\theta\geqslant\hat{\theta}_L)=1-0.1$$

可惜没有倒伽玛分布的分位数表，因此不得不利用分布间的关系转用χ^2分布分位数。因为当$\theta\sim IGa(\alpha+r, \lambda+S)$时，$\theta^{-1}\sim Ga(\alpha+r, \lambda+S)$，从而$2(\lambda+S)\theta^{-1}\sim\chi^2[2(\alpha+r)]$。利用$\chi^2$分布的0.90分位数可得

$$P\{2(\lambda+S)\theta^{-1}\leqslant\chi^2_{0.9}[2(\alpha+\gamma)]\}=0.90$$

由此可得平均寿命θ的0.90可信下限

$$\hat{\theta}_L=\frac{2(\lambda+S)}{\chi^2_{0.9}[2(\alpha+\gamma)]}$$

这里$\alpha=1.956$，$\beta=2\,868$，$S=40\,000$，$\gamma=0$，于是自由度$f=2(\alpha+\gamma)=3.912$，当自由度不是自然数时，χ^2分布的分位数表很少见，但这可以通过线性内插求得近似值，可从χ^2分布的分位数表查得$\chi^2_{0.9}(3)=6.251$，$\chi^2_{0.9}(4)=7.779$，再用线性内插法获得近似值$\chi^2_{0.9}=7.645$，最后，θ的0.90可信下限为：

$$\hat{\theta}_L=\frac{2\times(2\,868+40\,000)}{7.645}=11\,215(\text{小时})$$

上述计算表明，20世纪80年代我国彩电的平均寿命接近4.5万小时，而平均寿命的90%可信下限为1.1万小时。

3.4.2 最大后验密度（HPD）可信区间

对给定的可信水平$1-\alpha$，从后验分布$\pi(\theta \mid \boldsymbol{x})$获得的可信区间不止一个，常用的方法是把$\alpha$平分，用$\alpha/2$和$1-\alpha/2$分位数来获得$\theta$的可信区间。

等尾可信区间在实际中经常应用，但不是最理想的，最理想的可信区间应是区间长度最短的，这只要把具有最大后验密度的点都包含在区间内，而使区间外的点上的

后验密度函数值不超过区间内的后验密度函数值，这样的区间称为最大后验密度(highest posterior density，HPD)可信区间，它的一般定义如下。

定义 3.4.2　设参数 θ 的后验密度为 $\pi(\theta \mid \boldsymbol{x})$，对给定的概率 $1-\alpha(0<\alpha<1)$，若在 θ 的直线上存在这样一个子集 C，满足下列两个条件：

(1) $P(C \mid \boldsymbol{x})=1-\alpha$；

(2) 对任给 $\theta_1 \in C$ 和 $\theta_2 \bar{\in} C$，总有 $\pi(\theta_1 \mid \boldsymbol{x}) \geqslant \pi(\theta_2 \mid x)$，则称 C 为 θ 的**可信水平为 $1-\alpha$ 的最大后验密度可信集**，简称 **$(1-\alpha)$ HPD 可信集**。如果 C 是一个区间，则 C 又称为 $(1-\alpha)$ HPD 可信区间。

这个定义仅对后验密度函数而给，这是因为当 θ 为离散随机变量时，HPD 可信集很难实现。从这个定义可见，当后验密度函数 $\pi(\theta \mid \boldsymbol{x})$ 为单峰时（见图 3.4.1a），一般总可找到 HPD 可信区间，而当后验密度函数 $\pi(\theta \mid \boldsymbol{x})$ 为多峰时，可能得到由几个互不连接的区间组成的 HPD 可信集（见图 3.4.1b），此时很多统计学家建议放弃 HPD 准则，采用相连接的等尾可信区间。顺便指出，后验密度函数出现多峰常常是由于先验信息与抽样信息不一致引起的，认识和研究此种抵触信息往往是重要的，共轭先验分布大多是单峰的，这必导致后验分布也是单峰的，它可能会掩盖这种抵触，这种掩盖有时是不好的，这就告诉我们，要慎重对待和使用共轭先验分布。

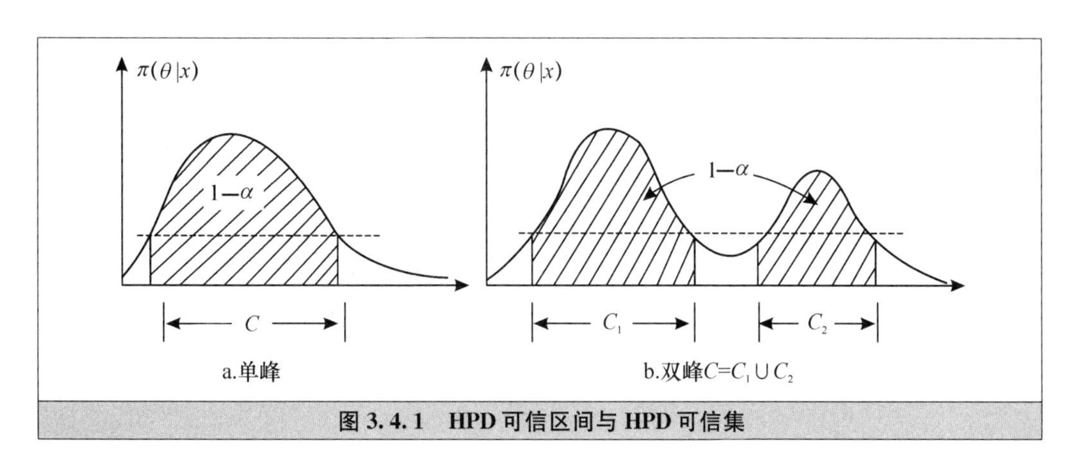

图 3.4.1　HPD 可信区间与 HPD 可信集

当后验密度函数单峰、对称时，寻求 $(1-\alpha)$ HPD 可信区间较为容易，它就是等尾可信区间；当后验密度函数单峰但不对称时，寻求 HPD 可信区间并不容易，这时可借助计算机。譬如，当后验密度函数 $\pi(\theta \mid \boldsymbol{x})$ 是 θ 的单峰连续函数时，可按下述方法逐渐逼近，获得 θ 的 $(1-\alpha)$ HPD 可信区间。

(1) 对给定的 k，建立子程序；解方程 $\pi(\theta \mid \boldsymbol{x})=k$，得解 $\theta_1(k)$ 和 $\theta_2(k)$，从而组成一个区间

$$C(k)=[\theta_1(k),\theta_2(k)]=\{\theta:\pi(\theta \mid \boldsymbol{x}) \geqslant k\}$$

(2) 建立第二个子程序，用来计算概率

$$P(\theta \in C(k) \mid \boldsymbol{x}) = \int_{C(k)} \pi(\theta \mid \boldsymbol{x}) \mathrm{d}\theta$$

（3）对给定的 k，若 $P(\theta \in C(k) \mid \boldsymbol{x}) \approx 1-\alpha$，则 $C(k)$ 为所求的 HPD 可信区间。

若 $P(\theta \in C(k) \mid \boldsymbol{x}) > 1-\alpha$，则增大 k，再转入（1）与（2）。

若 $P(\theta \in C(k) \mid \boldsymbol{x}) < 1-\alpha$，则减小 k，再转入（1）与（2）。

例 3.4.3

在例 3.4.2 中已确定彩电平均寿命 θ 的后验分布为倒伽玛分布 IGa（1.956，42 868），现求 θ 的可信水平为 0.90 的最大后验密度（HPD）可信区间。

为简单起见，这里的 1.956 用近似数 2 代替，于是 θ 的后验密度为：

$$\pi(\theta|\boldsymbol{t}) = \beta^2 \theta^{-3} \mathrm{e}^{-\beta/\theta}, \quad \theta > 0$$

其中 $\beta = 42\,868$，它的分布函数为：

$$F(\theta \mid \boldsymbol{t}) = \left(1 + \frac{\beta}{\theta}\right) \mathrm{e}^{-\beta/\theta}, \quad \theta > 0$$

这将为计算可信区间的后验概率提供方便。

另外，此后验密度是单峰函数，其众数 $\theta_{MD} = \beta/3 = 14\,289$，这就告诉我们，$\theta$ 的 HPD 可信区间的两个端点分别在此众数两侧，在这一点上的后验密度函数值为：

$$\pi(\theta_{MD}|\boldsymbol{t}) = \beta^2 \left(\frac{3}{\beta}\right)^3 \mathrm{e}^{-3} = 0.000\,031\,358$$

这个数过小，对计算不利，在以下计算中我们用 $\beta\pi(\theta \mid \boldsymbol{t})$ 来代替 $\pi(\theta \mid \boldsymbol{x})$，这并不会影响我们寻求 HPD 可信区间，其中

$$\beta\pi(\theta|\boldsymbol{t}) = \left(\frac{\beta}{\theta}\right)^3 \exp\left(-\frac{\beta}{\theta}\right)$$

我们按寻求 HPD 可信区间的程序（1）～（3）进行，经过四轮计算就获得 θ 的 0.90 的 HPD 可信区间（4 735，81 189），即

$$P(4\,735 \leqslant \theta \leqslant 81\,189|\boldsymbol{t}) = 0.90$$

具体计算如下：在第一轮，我们先取 $\theta_U^{(1)} = 42\,868$（由于它大于众数 θ_{MD}，故它是上限），代入 $\beta\pi(\theta \mid \boldsymbol{t})$，算得

$$\beta\pi(\theta_U^{(1)}|\boldsymbol{t}) = 0.367\,879$$

然后在计算机上搜索，发现当 $\theta_L^{(1)} = 6\,387$ 时，有

$$\beta\pi(\theta_L^{(1)}|\boldsymbol{t}) = 0.367\,867$$

这时可认为 $\beta\pi(\theta_U^{(1)} \mid \boldsymbol{t}) = \beta\pi(\theta_L^{(1)} \mid \boldsymbol{t}) = 0.367\,9$，$\theta$ 位于此区间的后验概率可由分布函数算出，即

$$P(\theta_L^{(1)} \leqslant \theta \leqslant \theta_U^{(1)}|\boldsymbol{t}) = F(\theta_U^{(1)}|\boldsymbol{t}) - F(\theta_L^{(1)}|\boldsymbol{t})$$

$$=0.735\,76-0.009\,38=0.726\,38$$

此概率比0.90要小，还需扩大区间。

在第二轮中，我们取 $\theta_U^{(2)}=85\,736$，这时

$$\beta\pi(\theta_U^{(2)}|t)=0.075\,816$$

然后在计算机上搜索，发现当 $\theta_L^{(2)}=4\,632$ 时，有

$$\beta\pi(\theta_L^{(2)}|t)=0.075\,811$$

可以认为 $\beta\pi(\theta_U^{(2)}\mid t)=\beta\pi(\theta_L^{(2)}\mid t)=0.075\,8$，而 θ 位于此区间的后验概率可类似算得，即

$$P(\theta_L^{(2)}\leqslant\theta\leqslant\theta_U^{(2)}|t)=0.909\,800-0.000\,981=0.908\,819$$

此概率又比0.90大一点，还要缩小区间，接着进行第三轮、第四轮计算，最后获得 θ 的0.90HPD可信区间是（4 735，81 189），全部搜索过程及中间结果列于表3.4.1中。

表3.4.1　可信区间的搜索过程

θ_0	β/θ_0	$\beta(\theta_0\mid t)=\left(\frac{\beta}{\theta_0}\right)^3e^{-\beta/\theta_0}$	$P(\theta\leqslant\theta_0\mid t)=\left(1+\frac{\beta}{\theta_0}\right)e^{-\beta/\theta_0}$	$P(\theta_L\leqslant\theta\leqslant\theta_u\mid t)$
$\theta_U^{(1)}=42\,868$	1	0.367 879	0.735 759	
$\theta_L^{(1)}=6\,387$	6.71	0.367 867	0.009 383	0.726 376
$\theta_U^{(2)}=85\,736$	0.5	0.075 816	0.909 800	
$\theta_L^{(2)}=4\,632$	9.255	0.075 811	0.000 981	0.908 819
$\theta_U^{(3)}=80\,883$	0.53	0.087 630	0.900 566	
$\theta_L^{(3)}=4\,742$	9.039	0.087 654	0.001 191	0.899 375
$\theta_U^{(4)}=81\,189$	0.528	0.086 815	0.901 189	
$\theta_L^{(4)}=4\,735$	9.053	0.086 838	0.001 177	0.900 012

习题3.4

1. 对正态分布 $N(\theta,1)$ 作观察，获得三个独立观察值：

$$x_1=2,\ x_2=3,\ x_3=4$$

若 θ 的先验分布为 $N(3,1)$，求 θ 的0.95可信区间。

2. 设 $x_1,x_2,\cdots,x_n$ 是来自泊松分布 $P(\lambda)$ 的一个样本，假如 λ 的先验分布是伽玛分布 $Ga(a,b)$，其中 a，b 为已知常数。求 λ 的 $1-\alpha$ 等尾可信区间。

3. 设 x_1，x_2，…，x_n 是来自均匀分布 $U(0, \theta)$ 的一个样本，其中 θ 的先验分布为 Pareto 分布，其密度函数为：

$$\pi(\theta)=\frac{\beta\theta_0^\beta}{\theta^{\beta+1}}, \quad \theta>\theta_0$$

其中 $\theta_0>0$，$\beta>0$ 为两个已知常数。

(1) 求 θ 的贝叶斯估计。

(2) 求 θ 的 $1-\alpha$ 可信上限。

4. 设 x_1，x_2，…，x_n 是来自正态总体 $N(0, \sigma^2)$ 的一个样本，若 σ^2 的先验分布为倒伽玛分布 $IGa(\alpha, \lambda)$，求 σ^2 的 $1-\alpha$ 等尾可信区间。

5. 设 x_1，x_2，…，x_n 是来自正态总体 $N(\theta, 1)$ 的一个样本，若 θ 的先验分布为正态分布 $N(x_0, 1)$，求 θ 的 $1-\alpha$ 等尾可信区间。

6. 设 x_1，x_2，…，x_n 是来自密度函数

$$p(x|\theta)=\theta x^{\theta-1}, 0<x<1, \theta>0$$

的一个样本，又设 θ 的先验为伽玛分布 $Ga(\gamma, \lambda)$，其中 γ 与 λ 都已知，求 θ 的 $1-\alpha$ 等尾可信区间。

第4章 Chapter 4 假设检验

由样本到总体的推理称为**统计推断**。英国统计学家 R. A. 费希尔认为常用的统计推断有三种基本形式，它们是

- 抽样分布；
- 参数估计，又可分为点估计与区间估计；
- 假设检验，又可分为参数检验与非参数检验。

其中抽样分布与参数估计在前几章已有叙述，今后还会不断补充。从这一章开始将叙述假设检验，并讨论假设检验与区间估计，确定样本量之间的关系。

假设检验是统计学中最具特色的部分，其统计味甚浓。从建立假设，寻找检验统计量，构造拒绝域（或计算 p 值），直到最后作出判断等各个步骤上都能体现多种统计思想的亮点。假设检验的思维方式也独具一格，从其他数学分支学不到这种判断问题的思路。不犯错误、不冒风险的判断是不存在的，问题在于设法控制犯错误的概率。

4.1 假设检验的概念与步骤

4.1.1 假设检验问题

假设检验是研究什么样的问题？请看下面的例子。

例 4.1.1

某厂生产的化纤长度 X 服从正态分布 $N(\mu, 0.04^2)$，其中正态均值 μ 的设计值为 1.40。每天都要对“$\mu=1.40$”作例行检验，以观察生产是否正常进行。若不正常，需对生产设备进行调整和再检验，直到正常为止。

某日从生产线上随机抽取 25 根化纤，测得其长度值为 $x_1, x_2, \cdots, x_n (n=25)$，

算得其平均长度 $\bar{x}=1.38$，问：当日生产是否正常？

几点评论：

- 这不是一个参数估计问题。
- 这里要对命题“$\mu=1.40$”给出回答：“是”或“否”。
- 若把此命题看做一个假设，并记为“$H_0:\mu=1.40$”，对命题的判断转化为对假设 H_0 的检验，此类问题称为（统计）假设检验问题。
- 假设检验问题在生产实际和科学研究中常会遇到，如新药是否有效？新工艺是否可减少不合格品率？不同质料鞋底的耐磨性是否有显著差异？这类问题都可归结为某个假设的检验问题。

4.1.2 假设检验的步骤

假设检验的基本思想是：根据所获样本，运用统计分析方法对总体 X 的某种假设 H_0 作出判断。假设检验应按如下4个步骤进行。下面结合例4.1.1来叙述这4个步骤。

1. 建立假设

一般假设检验问题需要建立两个假设：

$$\begin{aligned}&\textbf{原假设}\quad H_0:\mu=1.40\\&\textbf{备择假设}\quad H_1:\mu\neq 1.40\end{aligned}\tag{4.1.1}$$

其中原假设 H_0 是我们要检验的假设，在这里 H_0 的含义是“与设计值一致”或“当日生产正常”。要使当日生产化纤的平均长度与1.40丝毫不差是办不到的，因为随机误差到处都有。若差异仅是由随机误差引起的，则可认为 H_0 为真。若差异是由其他异常原因（如原料变化、设备退化、操作不当等系统误差）引起的，则可认为 H_0 为假，从而拒绝 H_0。如何区分和比较系统误差与随机误差将在下面指出。

备择假设 H_1 是在原假设被拒绝时而应接受的假设。在例4.1.1中，化纤平均长度过长或过短都不合适，故选用“H_1：$\mu\neq 1.40$”作为备择假设是适当的。也有可能平均长度允许过长，不允许过短，或者反过来。总的来说，可建立如下几对假设：

$$H_0:\mu=1.40 \quad \text{vs} \quad H_1:\mu\neq 1.40，\text{又称双侧检验问题}$$

$$H_0:\mu=1.40 \quad \text{vs} \quad H_1':\mu>1.40，\text{又称右侧检验问题}\tag{4.1.2}$$

$$H_0:\mu=1.40 \quad \text{vs} \quad H_1'':\mu<1.40，\text{又称左侧检验问题}\tag{4.1.3}$$

这表明备择假设的设置有多种选择，需根据实际情况确定。其“名称”由备择假设位置而定。

在参数假设检验中，假设（原假设或备择假设）都是参数空间 Θ 内的一个非空子集。在例4.1.1中平均长度 μ 的参数空间为 $\Theta=\{\mu:-\infty<\mu<\infty\}$，其原假设 H_0：

$\mu\in\Theta_0$，其中 $\Theta_0=\{\mu: \mu=1.40\}$ 是单元素集，又称为**简单假设**。备择假设 $H_1: \mu\in\Theta_1$，其中 $\Theta_1=\{\mu: \mu\neq1.40\}$ 是多元素集，又称为**复杂假设**。它们是参数空间 Θ 的两个子集，并且互不相交。一般来说，参数空间 Θ 中**任意两个不相交的非空子集都可组成一个参数假设检验问题**。

2. 选择检验统计量，确定拒绝域的形式

在 H_0 对 H_1 的检验问题中涉及正态均值 μ，样本均值 $\bar{x}$ 是 μ 的最好估计，且 $\bar{x}\sim N(\mu, \sigma^2/n)$。由于 $\bar{x}$ 的方差 σ^2/n 比 x 的方差 σ^2 缩小 n 倍，使用 $\bar{x}$ 的分布更容易把 $\bar{x}$ 与 $\mu_0=1.40$ 区分开来（见图 4.1.1）。

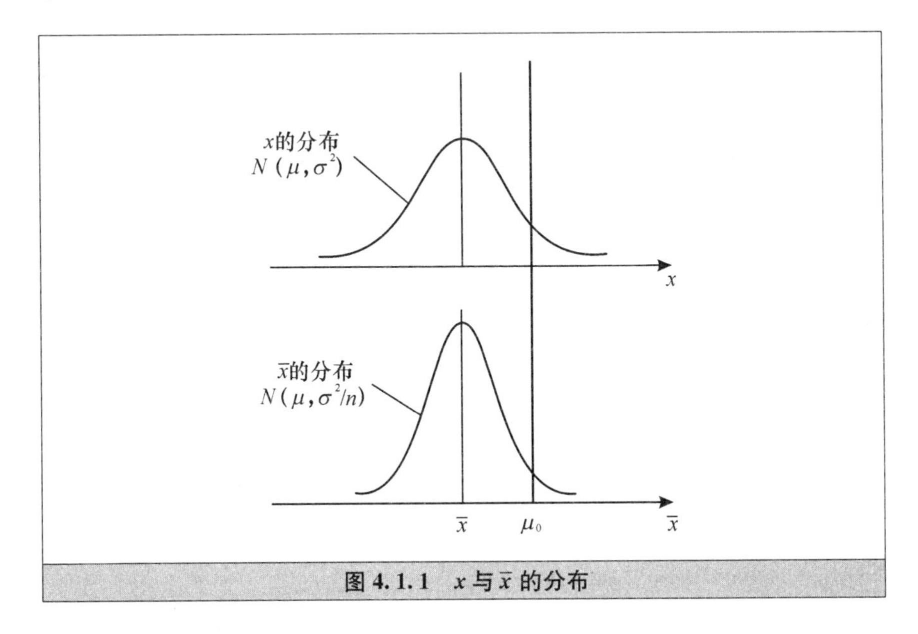

图 4.1.1 x 与 $\bar{x}$ 的分布

在 σ 已知为 σ_0 和原假设 $H_0: \mu=\mu_0$ 为真的情况下，经标准化变换可得

$$u=\frac{\bar{x}-\mu_0}{\sigma_0/\sqrt{n}}\sim N(0,1) \tag{4.1.4}$$

这里的 u 就是今后使用的**检验统计量**，其分子的绝对值 $|\bar{x}-\mu_0|$ 是样本均值 $\bar{x}$ 与总体均值 μ_0 的距离，其大小表征系统误差大小，而分母 $\sigma_0/\sqrt{n}$ 是随机误差大小，两者的比值 $|u|$ 表征系统误差是随机误差的倍数。在随机误差给定下，$|u|$ 越大，系统误差越大，$\bar{x}$ 远离 μ_0，这时应倾向于拒绝 H_0；相反，$|u|$ 越小，系统误差越小，$\bar{x}$ 越接近 μ_0，这时应倾向于不拒绝 H_0。这表明 $|u|$ 的大小可以用来区分是否拒绝 H_0，即

$|u|$ 越大，应倾向于拒绝 H_0

$|u|$ 越小，应倾向于不拒绝 H_0

为便于区分拒绝 H_0 与不拒绝 H_0，需要在 u 轴上找一个**临界值** c，使得

当 $|u|\geqslant c$ 时，拒绝 H_0

当$|u|<c$时，不拒绝H_0

并称u轴上的区域$\{u:|u|\geqslant c\}=\{|u|\geqslant c\}$为该双侧检验问题的**拒绝域**，记为$W$。其中，$u$如式（4.1.4）所示，它可由样本观察值（$x_1$，$x_2$，…，$x_n$）算得，故拒绝域$W=\{|u|\geqslant c\}$仍是样本空间中的一个子集，是一个随机事件，即

$$\begin{aligned} W &= \{(x_1,x_2,\cdots,x_n):|u(x_1,x_2,\cdots,x_n)|\geqslant c\} \\ &= \{u:|u|\geqslant c\}=\{|u|\geqslant c\} \end{aligned} \tag{4.1.5}$$

其中临界值c将在下面用控制犯错误概率确定。

我们为什么把注意力放在拒绝域上呢？如今我们手上只有一个样本，相当于一个例子，用一个例子去证明一个命题（假设）成立的理由是不会充分的，但用一个例子（样本）去推翻一个命题是可能的，理由也是充足的，因为一个正确的命题不允许有任何一个例外。基于此种逻辑推理，我们应把注意力放在拒绝域方面，建立拒绝域。事实上，在拒绝域与接受域之间还有一个模糊域，如今把它并入接受域，仍称为接受域。接受域$\overline{W}$中有两类样本点：

- 一类样本点使原假设H_0为真，是应该接受的；
- 另一类样本点所提供的信息不足以拒绝原假设H_0，不宜列入W，只能保留在$\overline{W}$内，待有新的样本信息后再议。这一点是在今后接受H_0时要引起关注的。

因此，$\overline{W}$的准确称呼应是**"不拒绝域"**，可人们不习惯此种说法。本书中约定："不拒绝域"与"接受域"两种说法是等同的，指的就是$\overline{W}$，它含有"接受"与"保留"两类样本点，要进一步区分"接受"与"保留"已无法由一个样本来完成。

这一判断过程很像法庭法官判案过程，法官办案的逻辑是这样的，他首先建立假设H_0："被告无罪"，谁说被告有罪谁要拿出证据来。原告拿出一次贪污，或一次盗窃，或一次贩毒的证据（相当于一个样本）后，若证据确凿，经双方陈述和辩论，若法官认定罪行成立，就拒绝假设H_0，并立即判刑入狱。若法官认为证据不足，则不会定罪。如此判案在法律界称为"无罪推定论"或"疑罪从无"。这样一来，监狱里的人几乎都是有罪的，但也要看到，监狱外的人不全是好人。国内外多年实践表明，这样判案是合理的，合乎逻辑的，对监狱外的人再区分"好"与"不好"比区别"有罪"与"无罪"不知要难上几百倍。这就是我们在假设检验中把注意力放在确定拒绝域的理由。

3. 给出显著性水平α，定出临界值

要对原假设H_0作判断是会犯错误的，因为原假设H_0是正确还是错误不可能准确知道，除非检查整个总体。而在绝大多数的实际问题中检查整个总体是不可能的，因此在进行假设检验时要允许犯错误。我们的任务是努力控制犯错误的概率，使其在尽量小的范围内波动。

在假设检验中可能犯的错误有如下两类（见图4.1.2）。

统计判断		真实情况：H_0 为真	真实情况：H_0 为假
	接受 H_0	判断正确	第Ⅱ类错误（发生概率为 β）
	拒绝 H_0	第Ⅰ类错误（发生概率为 α）	判断正确

图 4.1.2　统计判断所犯的两类错误

第Ⅰ类错误（拒真错误）：原假设 H_0 为真，但由于抽样的随机性，样本落在拒绝域 W 内，从而导致拒绝 H_0，其发生概率记为 α，又称为显著性水平。

第Ⅱ类错误（取伪错误）：原假设 H_0 不真，但由于抽样的随机性，样本落在 $\overline{W}$ 内，从而导致接受 H_0，其发生概率为 β。

例 4.1.2

计算例 4.1.1 的双侧检验问题中犯两类错误的概率 α 与 β。

(1) 先计算 α。

$$\alpha=P(\text{犯第Ⅰ类错误})=P(\text{当 } H_0 \text{ 为真时拒绝 } H_0)$$

这个概率应是在 H_0：$\mu=\mu_0$ 为真时(即在 $N(\mu_0,\ \sigma_0^2)$ 下）计算拒绝域 $W=\{|u|\geqslant c\}$ 对应的概率（见图 4.1.3a)，此时 $u=\dfrac{\sqrt{n}(\bar{x}-\mu_0)}{\sigma_0}\sim N(0,\ 1)$，故

$$\alpha=P_{\mu_0}(|u|\geqslant c)=2[1-\Phi(c)] \tag{4.1.6}$$

其中 Φ（·）为标准正态分布函数。由上式知，α 是临界值 c 的严减函数，或者说，α 越小，拒绝域 W 也越小。

现转入计算 β。

$$\beta=P(\text{犯第Ⅱ类错误})=P(\text{当 } H_0 \text{ 为假时接受 } H_0)$$

这个概率应在 H_1：$\mu\neq\mu_0$ 下计算接受域 $\overline{W}=\{|u|<c\}$ 对应的概率（见图 4.1.3b)。

此时应在分布 $N(\mu,\ \sigma_0^2)$（记为 P_μ）下计算 $|u|<c$ 的概率，即

$$\begin{aligned}\beta&=P_\mu(|u|<c)=P_\mu\left(-c<\frac{\bar{x}-\mu_0}{\sigma_0/\sqrt{n}}<c\right)\\&=P_\mu\left(-c<\frac{\bar{x}-\mu}{\sigma_0/\sqrt{n}}+\frac{\mu-\mu_0}{\sigma_0/\sqrt{n}}<c\right)\\&=\Phi\left(c+\frac{\mu_0-\mu}{\sigma_0/\sqrt{n}}\right)-\Phi\left(-c+\frac{\mu_0-\mu}{\sigma_0/\sqrt{n}}\right)\end{aligned} \tag{4.1.7}$$

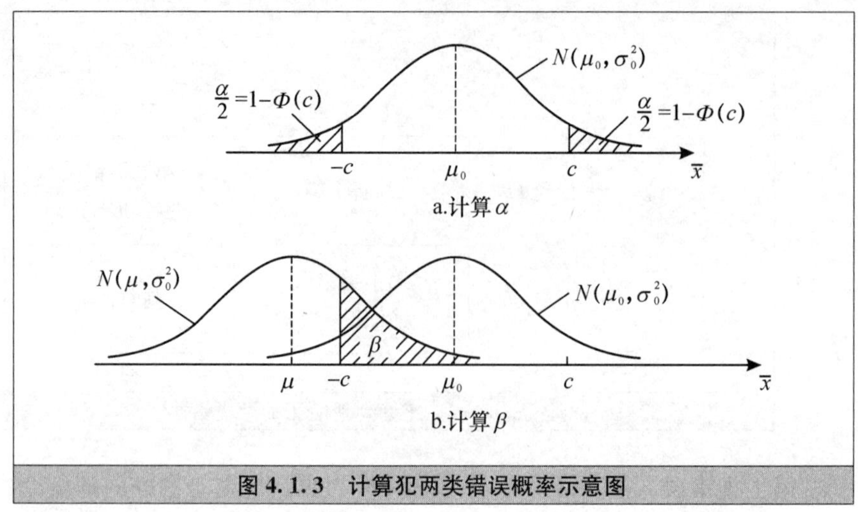

图 4.1.3 计算犯两类错误概率示意图

从上式可以看出，犯第Ⅱ类错误的概率β是μ与c的函数，暂记为$\beta(\mu，c)$，它的计算比计算α（见式（4.1.6））要复杂一些。当μ取定后，如取为μ_1，则$\beta(\mu_1，c)$是c的严增函数，因为c增大，接受域$\overline{W}=\{|u|<c\}$也随着扩大，从而$\beta(\mu_1,c)$也就增大。

把“β是c的严增函数”与“α是c的严减函数”结合起来看就知β是α的严减函数。表 4.1.1 列出了当μ取 1.38 时α与β随着c的变化情况。从表 4.1.1 可见，α的减小会导致β的增大，两者很难调和。这里是一个例子，但反映出了一般情况。

表 4.1.1 例 4.1.1 中犯两类错误的概率 $\boldsymbol{\alpha}$ 与 $\boldsymbol{\beta}$（$\mu=1.38$）

c	0.5	1.0	1.5	2.0	2.5	3.0
α	0.617 0	0.317 4	0.133 6	0.045 4	0.012 4	0.002 7
β（1.38）	0.021 4	0.066 6	0.158 7	0.308 5	0.500 0	0.841 3

一般理论研究表明：

- 在固定样本量n下，要减小α必导致β增大；
- 在固定样本量n下，要减小β必导致α增大；
- 要使α与β皆小，只有不断增大样本量n才能实现，这在实际中常不可行。

如何处理α与β之间不易调和的矛盾呢？很多统计学家根据实际使用情况提出如下建议：

（1）在样本量n已固定的场合，主要控制犯第Ⅰ类错误的概率，并构造出“水平为α的检验”，它的具体定义如下：

定义 4.1.1 在一个假设检验问题中，先选定一个数α（$0<\alpha<1$），若一个检验犯第Ⅰ类错误的概率不超过α，即

$$P(\text{犯第Ⅰ类错误})\leqslant\alpha$$

则称该检验是**水平为$\boldsymbol{\alpha}$的检验**，其中α称为**显著性水平**。若在检验问题中拒绝了原假设，我们说这个检验是**显著**的。

在构造水平为 α 的检验中显著性水平 α 不宜定得过小，α 过小会导致 β 过大，这是不可取的。所以在确定 α 时不要忘记“用 α 去制约 β”。故在实际中常选 $\alpha=0.05$，有时也用 $\alpha=0.10$ 或 $\alpha=0.01$。

(2) 在有需要和可能的场合，适当选择样本量 n 去控制犯第Ⅱ类错误的概率。这一点将在后面讨论。

现在让我们回到例 4.1.1 上来。为构造水平为 α 的检验，需从

$$P(W)=P(|u|\geqslant c)\leqslant\alpha$$

定出临界值 c。这里概率是用连续分布 $N(\mu_0, \sigma_0^2)$ 计算的，为用足给定的显著性水平 α，常使用等式定出临界值，即

$$P(|u|\geqslant c)=\alpha \quad 或 \quad P(|u|<c)=1-\alpha$$

利用标准正态分布分位数可得 $c=u_{1-\alpha/2}$。由此定出该水平为 α 的检验的拒绝域为：

$$W=\{|u|\geqslant u_{1-\alpha/2}\}$$

若取 $\alpha=0.05$，则 $u_{1-\alpha/2}=u_{0.975}=1.96$，即 $W=\{|u|\geqslant 1.96\}$。

4. 判断

上述检验问题的判断法则如下：

- 若根据样本计算的检验统计量的值落入拒绝域 W 内，则拒绝 H_0，即接受 H_1。
- 若根据样本计算的检验统计量的值未落入拒绝域 W 内，则接受 H_0。

根据上述判断法则，我们来完成例 4.1.1 的判断。如今已知 $\mu_0=1.40$，$\sigma_0=0.04$，$n=25$和样本均值 $\bar{x}=1.38$，由此可算得检验统计量 u 的值：

$$u_0=\frac{\bar{x}-\mu_0}{\sigma_0/\sqrt{n}}=\frac{1.38-1.40}{0.04/\sqrt{25}}=-2.5$$

由于 $|u_0|=2.5>1.96=u_{1-\alpha/2}$，样本点落入拒绝域 W 内，故应拒绝 H_0，改为接受 H_1，即在显著性水平 $\alpha=0.05$ 下，当日平均长度 μ 与设计值 1.40 间有显著差异。这样的差异不能用随机误差来解释，而应从原料和生产过程中去找原因，然后加以纠正，使生产恢复正常。

综上所述，进行假设检验都要经过上述四个步骤，即

(1) 建立假设：原假设 H_0 与备择假设 H_1；

(2) 选择检验统计量，确定拒绝域 W 的形式；

(3) 给出显著性水平 α，定出临界值；

(4) 判断：是拒绝 H_0 还是接受 H_0。

提出和使用上述四个步骤是强调正确进行假设检验的方法。当熟悉了这个方法后，有些步骤并不总是需要。但是在开始学习假设检验时，上述四个步骤是一个很有帮助的框架。

注：这里人们会问：样本均值 $\bar{x}=1.38$ 与目标值 $\mu_0=1.40$ 相差很小，只有

0.02，为什么还会拒绝 H_0 呢？因为 $|\bar{x}-\mu_0|=0.02$ 是系统误差，该系统误差是大是小，要在与随机误差的比较中来识别，这里的随机误差就是 $\bar{x}$ 的标准差 $\sigma_{\bar{x}}=\sigma_0/\sqrt{n}=\frac{0.04}{\sqrt{25}}=0.008$，可见随机误差更小。为了控制犯第Ⅰ类错误的概率不超过0.05，两种误差之比不能超过1.96倍，而如今达到2.5倍，故应拒绝 H_0。

$$|u|=\frac{|\bar{x}-\mu_0|}{\sigma_0/\sqrt{n}}=\frac{\text{系统误差}}{\text{随机误差}}=2.5>1.96$$

- 倘若 σ_0 由0.04增加到0.06，这时比值 $|u|=1.67<1.96$，应接受 H_0。
- 倘若 n 由25减少到9，这时比值 $|u|=1.50<1.96$，应接受 H_0。

可见，增加总体标准差 σ_0 或减少样本量 n 都会提高样本均值的标准差 $\sigma_{\bar{x}}$，也就增大随机误差，从而影响最后的判断结果。具体地说：减少 $\sigma_{\bar{x}}$ 会提高检验的识别能力，即使较小的系统误差也能识别；而增大 $\sigma_{\bar{x}}$ 会使增大的随机误差掩盖系统误差，从而降低检验的识别能力。

4.1.3 势函数

在参数假设检验中犯两类错误的概率 α 与 β 都是参数 θ 的函数，常记为 $\alpha(\theta)$ 与 $\beta(\theta)$。为了研究这两个函数的性质，引出势函数概念是很有帮助的。

定义 4.1.2 设检验问题

$$H_0: \theta\in\Theta_0 \quad \text{vs} \quad H_1: \theta\in\Theta_1$$

的拒绝域为 W，则样本观察值 $\boldsymbol{x}=(x_1, x_2, \cdots, x_n)$ 落在拒绝域 W 内的概率称为该检验的**势函数**，记为：

$$g(\theta)=P_\theta(\boldsymbol{x}\in W), \quad \theta\in\Theta_0\cup\Theta_1\subset\Theta \tag{4.1.8}$$

从上述定义可以看出，势函数 $g(\theta)$ 是定义在参数空间 Θ 上的一个函数。当 $\theta\in\Theta_0$ 时，此检验犯第Ⅰ类错误的概率 $\alpha(\theta)$ 就等于势函数 $g(\theta)$；而当 $\theta\in\Theta_1$ 时，该检验犯第Ⅱ类错误的概率为：

$$\beta(\theta)=P_\theta(x\in\overline{W})=1-P_\theta(x\in W)=1-g(\theta)$$

综合即得

$$g(\theta)=\begin{cases}\alpha(\theta), & \theta\in\Theta_0\\ 1-\beta(\theta), & \theta\in\Theta_1\end{cases} \tag{4.1.9}$$

势函数是研究假设检验的重要工具。下面通过离散总体的一个检验问题来考察其势函数的性质，并寻求水平为 α 的检验（拒绝域）。

 **例 4.1.3**

某厂制造的产品长期以来不合格品率不超过0.01。某天开工后，为检验生产过

程是否稳定，随机抽检了 100 件产品，发现其中有 2 件不合格品。试在 0.10 水平上判断该天生产是否稳定。

解：我们按前面所述步骤来进行。

(1) 建立假设。

设总体 X 表示抽检一件产品中不合格品数，则 X 服从二点分布 $b(1, \theta)$，其中 θ ($0<\theta<1$)是产品的不合格率。当生产稳定时，$\theta\leqslant 0.01$；而生产不稳定时，$\theta>0.01$。因此判断该天生产是否稳定可以转化为一个假设检验问题，其假设可设置如下：

$$H_0: \theta\leqslant 0.01 \quad \text{vs} \quad H_1: \theta>0.01 \tag{4.1.10}$$

这是一个离散总体参数 θ（不合格品率）的单边右侧检验问题。

(2) 选择检验统计量，根据备择假设确定拒绝域的形式。

检验统计量的功能是区分 H_0 与 H_1，它通常从参数的点估计出发去寻找，现在 θ 的点估计为 $\bar{x}=\dfrac{1}{n}\sum\limits_{i=1}^{n}x_i$，可以用它作为检验的统计量。在样本量 n 确定时，用 $T=\sum\limits_{i=1}^{n}x_i$ 作为检验统计量更为方便，因为其分布是二项分布 $b(n, \theta)$。现在我们采用 T 作为检验统计量。当 H_0 为真时，T 不应过大，而当 H_0 为假（即 H_1 为真）时，T 应较大，所以拒绝域的形式应取为 $W=\{T\geqslant c\}$。

(3) 选择显著性水平 $\alpha=0.10$，定出临界值 c。

为确定临界值 c，要利用 T 的分布（二项分布）。由二项分布 $b(n, \theta)$ 和拒绝域的形式 $W=\{T\geqslant c\}$ 可写出其势函数：

$$g(\theta)=P_\theta(T\geqslant c)=\sum_{j=c}^{100}\binom{100}{j}\theta^j(1-\theta)^{100-j}, \quad 0<\theta<1 \tag{4.1.11}$$

考虑到二项分布与贝塔分布间的如下关系：

$$g(\theta)=\sum_{x=c}^{n}\binom{n}{x}\theta^x(1-\theta)^{n-x}=\frac{\Gamma(n+1)}{\Gamma(c)\Gamma(n-c+1)}\int_0^\theta u^{c-1}(1-u)^{n-c}\mathrm{d}u$$

上式右端是贝塔分布 $Be(c, n-c+1)$ 的分布函数，当然它是 θ 在 $(0, 1)$ 上的严增函数，从而上式左端（取 $n=100$）的势函数 $g(\theta)$ 也是 $(0, 1)$ 上的严增函数（见图 4.1.4）。

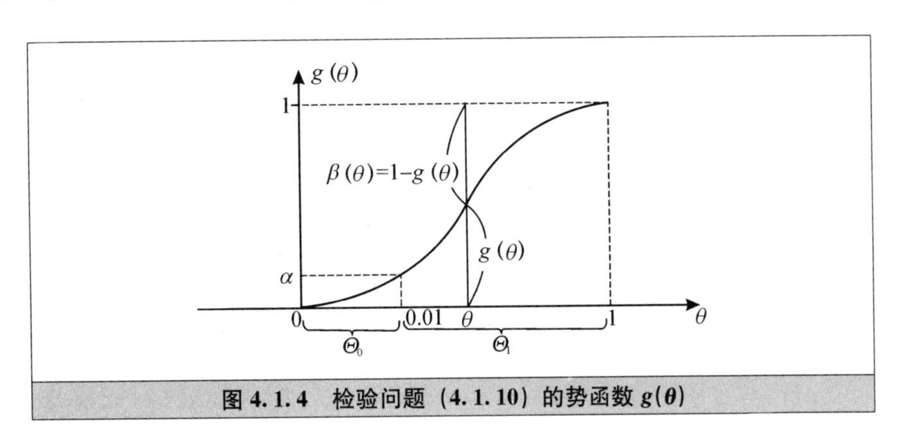

图 4.1.4　检验问题 (4.1.10) 的势函数 $g(\theta)$

据势函数的性质知

$$g(\theta)=\alpha(\theta),\quad \theta\leqslant 0.01$$

即该检验犯第Ⅰ类错误的概率$\alpha(\theta)$在$(0,0.01]$上也是严增函数，且在$\theta=0.01$处使$\alpha(\theta)$达到最大值。这表明要使该检验犯第Ⅰ类错误的概率不超过0.1，只要使

$$\alpha(0.01)=P_{\theta=0.01}(T\geqslant c)\leqslant 0.1$$

利用式（4.1.11），对不同的c计算$\alpha(0.01)$，由表4.1.2可见，取$c=3$使$W=\{T\geqslant 3\}$为水平为0.1的检验的拒绝域。

表4.1.2　α（0.01）的计算表

c	1	2	3	4	5	6
$\alpha(0.01)$	0.634	0.264	0.079	0.018	0.003	0.000 5

（4）根据拒绝域$W=\{T\geqslant 3\}$作出判断，如今由样本可得$T=2$，未落入W。故应接受原假设H_0，认为该天生产稳定。

习题4.1

1. 对下面设置的命题，请指出哪些可为合理的统计假设：

（1）$H:\sigma>100$；　　（2）$H:\bar{x}=45$；

（3）$H:\mu_1-\mu_2\geqslant 7$；　　（4）$H:\sigma_1/\sigma_2>1$；

（5）$H:S\leqslant 20$；　　（6）$H:\bar{x}-\bar{y}<3$；

（7）$H:p\leqslant 0.01$；　　（8）$H:f>0.3$（f为频率）。

2. 对下面成对的命题，请指出哪些可为统计假设检验问题：

（1）$H_0:\mu=100$　vs　$H_1:\mu>100$

（2）$H_0:\sigma=20$　vs　$H_1:\sigma\leqslant 20$

（3）$H_0:p\neq 0.25$　vs　$H_1:p=0.25$

（4）$H_0:\mu_1-\mu_2=25$　vs　$H_1:\mu_1-\mu_2>25$

（5）$H_0:s_1^2=s_2^2$　vs　$H_1:s_1^2\neq s_2^2$

（6）$H_0:\mu=120$　vs　$H_1:\mu=150$

（7）$H_0:\sigma_1/\sigma_2=1$　vs　$H_1:\sigma_1/\sigma_2\neq 1$

（8）$H_0:p_1-p_2=-0.1$　vs　$H_1:p_1-p_2<-0.1$

3. 为某型号小客车配制的刹车系统的新设计被提出。目前在速度为40公里/小时的正常公路上使用刹车时实际平均刹车距离θ为60米，只有在减少θ的场合新设计才会被采用。

要求：

（1）请设置一对假设，组成一个假设检验问题。

（2）若新设计的刹车距离x服从正态分布$N(\theta,10^2)$，在36次使用新刹车系统

中获得刹车距离的样本均值为 $\bar{x}$，下面三个拒绝域哪个是合理的？

$$W_1=\{\bar{x}\geqslant 124.80\}$$
$$W_2=\{\bar{x}\leqslant 115.20\}$$
$$W_3=\{\bar{x}\leqslant 114.87 \quad 或 \quad \bar{x}\geqslant 125.13\}$$

(3) 若取显著性水平 $\alpha=0.001$，指出水平为 α 的检验的拒绝域。

(4) 令 $u=(\bar{x}-60)/(\sigma/\sqrt{n})$，拒绝域 $W=\{u\leqslant -2.33\}$ 的显著性水平 α 为多少？

4. 某糖厂用自动包装机将糖进行包装，每包糖的标准重量为 50mg，据以往经验，每包糖重量 X（单位：mg）服从正态分布 $N(\mu, 0.6^2)$。某日开工后，抽检 4 包，其平均重量为 50.5mg。在显著性水平 $\alpha=0.05$ 下，当日包装机工作是否正常？

5. 每克水泥混合物释放的热量 X(单位：卡路里）近似服从正态分布 $N(\mu, 2^2)$，现用 $n=9$ 的样本来检验 $H_0:\mu=100$ 对 $H_1:\mu\neq 100$。

(1) 若取 $\alpha=0.05$，请写出拒绝域；

(2) 若 $\bar{x}=101.2$，请作出判断；

(3) 在 $\mu=103$ 处计算犯第Ⅱ类错误的概率。

6. 设样本 $x_1, x_2, \cdots, x_n$ 来自均匀分布 $U(0, \theta)$，其中未知参数 $\theta>0$，设 $x_{(n)}=\max\{x_1, x_2, \cdots, x_n\}$，对检验问题 H_0：$\theta\geqslant 2$ vs H_1：$\theta<2$，若取拒绝域为 $W=\{x_{(n)}\leqslant 1.5\}$。

(1) 求犯第Ⅰ类错误的概率的最大值；

(2) 若要使（1）中所得最大值不超过 0.05，n 至少应取多大？

7. 设 $x_1, x_2, \cdots, x_{20}$ 是来自二点分布 $b(1, p)$ 的样本，记 $T=\sum_{i=1}^{20} x_i$，对检验问题 H_0：$p=0.2$ vs H_1：$p=0.4$，取拒绝域 $W=\{T\geqslant 8\}$，求该检验犯两类错误的概率。

8. 在假设检验中，若检验结果是接受原假设，则检验可能犯哪一类错误？若检验结果是拒绝原假设，则又可能犯哪一类错误？

9. 某厂生产的合金钢强度服从正态分布 $N(\theta, 16)$，其中 θ 的设计值为不低于 110(Pa)。为保证质量，该厂每天都要对生产的合金钢强度作例行检查，以判断生产是否正常。某天从生产中随机抽取 25 块合金钢，测得强度值为 $x_1, x_2, \cdots, x_{25}$，其均值为 $\bar{x}=108.2$(Pa)。

(1) 当日生产是否正常($\alpha=0.05$)？

(2) 写出该检验的势函数，并作图。

(3) 在 $\mu=108$ 处求犯第Ⅱ类错误的概率 $\beta(108)$。

10. 设 $x_1, x_2, \cdots, x_n$ 是来自正态分布 $N(\mu, 1)$ 的一个样本，考虑如下检验问题：

$$H_0: \mu=2 \quad \text{vs} \quad H_1: \mu=3$$

若检验由拒绝域 $W=\{\bar{x}\geqslant 2.6\}$ 确定，证明当 $n\to\infty$ 时，犯两类错误的概率 $\alpha\to 0$ 及 $\beta\to 0$。

4.2 正态均值的检验

正态分布 $N(\mu,\sigma^2)$ 是最常用的分布，正态均值 μ 的检验也是实际中常常会遇到的检验问题。本节将讨论这个问题。

设 x_1，x_2，…，x_n 是来自正态总体 $N(\mu,\sigma^2)$ 的一个样本，关于正态均值 μ 的检验问题常有如下三种形式：

Ⅰ. $H_0: \mu\leqslant\mu_0$ vs $H_1: \mu>\mu_0$（右侧检验问题） (4.2.1)

Ⅱ. $H_0: \mu\geqslant\mu_0$ vs $H_1: \mu<\mu_0$（左侧检验问题） (4.2.2)

Ⅲ. $H_0: \mu=\mu_0$ vs $H_1: \mu\neq\mu_0$（双侧检验问题） (4.2.3)

其中 μ_0 是一个已知常数。由于正态方差 σ^2 已知与否对选择 μ 的检验有影响，故要分两种情况讨论，具体是

- σ 已知时，用 u 检验；
- σ 未知时，用 t 检验。

4.2.1 正态均值 μ 的 u 检验（σ 已知）

对各类检验问题分别讨论这个问题。

(1) 先对检验问题Ⅰ的特殊情况，原假设缩为一点的检验问题Ⅰ′：

Ⅰ′. $H'_0: \mu=\mu_0$ vs $H_1: \mu>\mu_0$ (4.2.4)

建立水平为 α 的检验。在原假设 H'_0 和标准差已知为 σ_0 下的正态均值 $\bar{x}$ 的分布为：

$$\bar{x}\sim N\left(\mu_0,\frac{\sigma_0^2}{n}\right) \quad 或 \quad u=\frac{\bar{x}-\mu_0}{\sigma_0/\sqrt{n}}\sim N(0,1)$$

这里 u 可用作检验统计量，在原假设 H'_0 成立下，$\bar{x}$ 应接近 μ_0，当 $\bar{x}$ 超过 μ_0 一定量时应拒绝 H'_0，故拒绝域应有如下形式：

$$W_{\mathrm{I}'}=\{u\geqslant c\}$$

其中临界值 c 待定。当给定显著性水平 α（$0<\alpha<1$）时，犯第Ⅰ类错误的概率应在 μ_0 处为 α，即

$$P_{\mu_0}(W_{\mathrm{I}'})=P_{\mu_0}(u\geqslant c)=\alpha$$

由于 $u\sim N(0,1)$，故可用标准正态分布分位数定出临界值，即 $c=u_{1-\alpha}$，这时检验问题Ⅰ′的拒绝域为：

$$W_{\mathrm{I}'}=\{u\geqslant u_{1-\alpha}\} \tag{4.2.5}$$

下面用势函数来说明该拒绝域 $W_{\mathrm{I}'}$ 也是右侧检验的拒绝域。为此考察检验问题Ⅰ′的势函数。

$$g_{\mathrm{I}'}(\mu)=\begin{cases}P_{\mu_0}(W_{\mathrm{I}'})=\alpha, & \mu=\mu_0\\ P_\mu(W_{\mathrm{I}'}), & \mu>\mu_0\end{cases}$$

其中，在 $\mu>\mu_0$ 时势函数还可在正态分布 $N(\mu,\sigma_0^2)$ 下进一步算出。

$$\begin{aligned}g_{\mathrm{I}'}(\mu)&=P_\mu(W_{\mathrm{I}'})=P_\mu(u\geqslant u_{1-\alpha})\\&=P_\mu\left(\frac{\bar{x}-\mu_0}{\sigma_0/\sqrt{n}}\geqslant u_{1-\alpha}\right)\\&=P_\mu\left(\frac{\bar{x}-\mu}{\sigma_0/\sqrt{n}}\geqslant u_{1-\alpha}-\frac{\mu-\mu_0}{\sigma_0/\sqrt{n}}\right)\\&=1-\Phi\left(u_{1-\alpha}-\frac{\mu-\mu_0}{\sigma_0/\sqrt{n}}\right)\end{aligned}$$

可见，$g_{\mathrm{I}'}(\mu)$ 是 μ 的严增函数（见图 4.2.1），且在 $\mu=\mu_0$ 处恰为 α，因为

$$g_{\mathrm{I}'}(\mu_0)=1-\Phi(u_{1-\alpha})=1-(1-\alpha)=\alpha$$

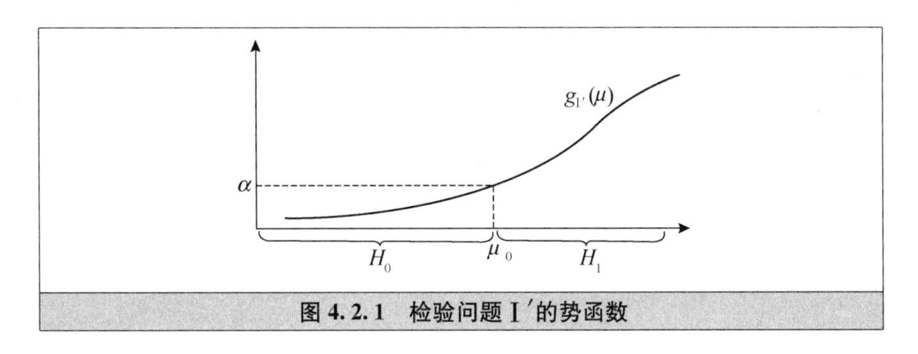

图 4.2.1　检验问题 Ⅰ′的势函数

特别当 $\mu<\mu_0$ 时，还有

$$g_{\mathrm{I}'}(\mu)<\alpha$$

联合上面二式，可知

$$g_{\mathrm{I}'}(\mu)\leqslant\alpha,\quad \mu\leqslant\mu_0$$

这表明当备择假设 H_1：$\mu>\mu_0$ 不变时，可把原假设 H_0'：$\mu=\mu_0$ 拓展到 H_0：$\mu\leqslant\mu_0$，检验问题Ⅰ与Ⅰ′的拒绝域相同：$W_{\mathrm{I}}=W_{\mathrm{I}'}=\{\mu\geqslant u_{1-\alpha}\}$，它既是Ⅰ′的水平为 α 的检验的拒绝域，又是Ⅰ的水平为 α 的检验的拒绝域。使拓展原假设范围成为可能的关键在于势函数的单调性（严增性）。后面我们还要利用这种拓展方法。

综合上述讨论，检验问题Ⅰ与Ⅰ′

Ⅰ. H_0：$\mu\leqslant\mu_0$　vs　H_1：$\mu>\mu_0$

Ⅰ′. H'_0：$\mu=\mu'_0$　vs　H_1：$\mu>\mu_0$

的水平为 α 的检验的拒绝域相同，都为$\{u\geqslant u_{1-\alpha}\}$。

（2）为了获得检验问题Ⅱ的水平为 α 的检验，我们仿照前面的办法先压缩其原假设为 H'_0：$\mu=\mu_0$，获得水平为 α 的检验后再拓展原假设。

如下检验问题Ⅱ′

$$H_0: \mu=\mu_0 \quad \text{vs} \quad H_1: \mu<\mu_0$$

的检验统计量仍为：

$$u=\frac{\overline{x}-\mu_0}{\sigma_0/\sqrt{n}} \sim N(0,1)$$

根据备择假设，Ⅱ′的拒绝域形式应为 $W_{\text{Ⅱ}'}=\{u\leqslant c\}$，其中临界值 c 可用给定的显著性水平 α（$0<\alpha<1$）确定，即

$$P(W_{\text{Ⅱ}'})=P(u\leqslant c)=\alpha, \quad c=u_\alpha$$

故Ⅱ′的拒绝域为：

$$W_{\text{Ⅱ}'}=\{u\leqslant u_\alpha\}$$

而Ⅱ′的势函数为：

$$g_{\text{Ⅱ}'}(\mu)=\begin{cases} P_{\mu_0}(W_{\text{Ⅱ}'})=\alpha, & \mu=\mu_0 \\ P_\mu(W_{\text{Ⅱ}'}), & \mu<\mu_0 \end{cases}$$

其中，在 $\mu<\mu_0$ 时的势函数还可在正态分布 $N(\mu, \sigma_0^2)$ 下进一步算出。

$$\begin{aligned} g_{\text{Ⅱ}'}(\mu) &= P_\mu(W_{\text{Ⅱ}'})=P_\mu(u\leqslant u_\alpha) \\ &= P_\mu\left(\frac{\overline{x}-\mu_0}{\sigma_0/\sqrt{n}}\leqslant u_\alpha\right) \\ &= P_\mu\left(\frac{\overline{x}-\mu}{\sigma_0/\sqrt{n}}\leqslant u_\alpha-\frac{\mu-\mu_0}{\sigma_0/\sqrt{n}}\right) \\ &= \Phi\left(u_\alpha-\frac{\mu-\mu_0}{\sigma_0/\sqrt{n}}\right) \end{aligned}$$

可见，$g_{\text{Ⅱ}'}(\mu)$ 是 μ 的严减函数（见图4.2.2），且在 $\mu=\mu_0$ 处恰为 α，因为

$$g_{\text{Ⅱ}'}(\mu_0)=\Phi(u_\alpha)=\alpha$$

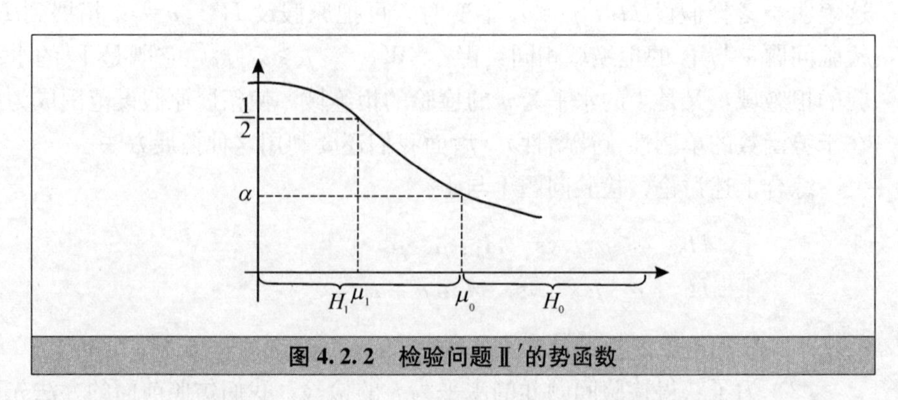

图4.2.2 检验问题Ⅱ′的势函数

特别，当 $\mu>\mu_0$ 时还有 $g_{\text{Ⅱ}'}(\mu)<\alpha$，联合上面两式，可知

$$g_{\mathrm{II}}(\mu)\leqslant\alpha,\quad \mu\geqslant\mu_0$$

这表明在不改变备择假设下，把原假设 H'_0：$\mu=\mu_0$ 拓展到 H_0：$\mu\geqslant\mu_0$ 时，检验问题Ⅱ与Ⅱ′在备择假设上有相同势函数，而在原假设上势函数不超过 α，故Ⅱ与Ⅱ′有相同的拒绝域。这是因势函数是严减函数之故。

综合上述讨论，检验问题Ⅱ与Ⅱ′

$$\mathrm{II}.\ H_0:\mu\geqslant\mu_0 \quad \text{vs} \quad H_1:\mu<\mu_0$$
$$\mathrm{II}'.\ H_0:\mu=\mu_0 \quad \text{vs} \quad H_1:\mu<\mu_0$$

的水平为 α 的检验的拒绝域相同，都为 $\{u\leqslant u_\alpha\}$。

（3）检验问题Ⅲ的水平为 α 的检验已在例 4.1.1 和例 4.1.2 中作过详细讨论，在那里所用的检验统计量仍为 u 统计量：

$$u=\frac{\bar{x}-\mu_0}{\sigma_0/\sqrt{n}}\sim N(0,1)$$

Ⅲ的水平为 α 的检验的拒绝域为 $W_{\mathrm{III}}=\{\,|u|\geqslant u_{1-\alpha/2}\}$。它的势函数为：

$$g_{\mathrm{III}}(\mu)=\begin{cases}P_{\mu_0}(W_{\mathrm{III}})=\alpha, & \mu=\mu_0\\ P_\mu(W_{\mathrm{III}}), & \mu\neq\mu_0\end{cases}$$

其中在 $\mu\neq\mu_0$ 时势函数还可在正态分布 $N(\mu,\sigma_0^2)$ 下进一步算出（见式（4.1.7））：

$$P_\mu(W_{\mathrm{III}})=1-\beta=1-\Phi\left(u_{1-\alpha/2}+\frac{\mu_0-\mu}{\sigma_0/\sqrt{n}}\right)+\Phi\left(-u_{1-\alpha/2}+\frac{\mu_0-\mu}{\sigma_0/\sqrt{n}}\right)$$

可见，$g_{\mathrm{III}}(\mu)$ 是 μ 的下凸函数（见图 4.2.3）。它的拒绝域 $W_{\mathrm{III}}=\{|u|\geqslant u_{1-\alpha/2}\}$ 构成检验问题Ⅲ的水平为 α 的检验。

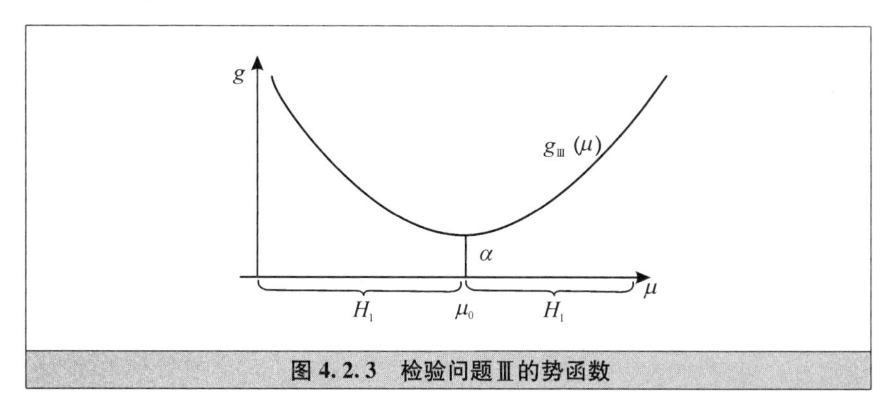

图 4.2.3 检验问题Ⅲ的势函数

（4）小结。我们研究了五对假设检验问题，利用势函数的单调性，把检验问题Ⅰ与Ⅰ′归为一类，把检验问题Ⅱ与Ⅱ′归为一类。这样就把这五对假设检验问题分为三类，分别建立水平为 α 的检验及其拒绝域。注意拒绝域与备择假设中的不等号的方向是相同的（见图 4.2.4），这是因为在判断中拒绝原假设就意味着要接受备择假设，因此拒绝域与备择假设不匹配是不可想象的。最后，这五对假设检验所用的检验统计量是相同的，都用 u 统计量，故所建立的水平为 α 的检验都称为 ***u* 检验**。

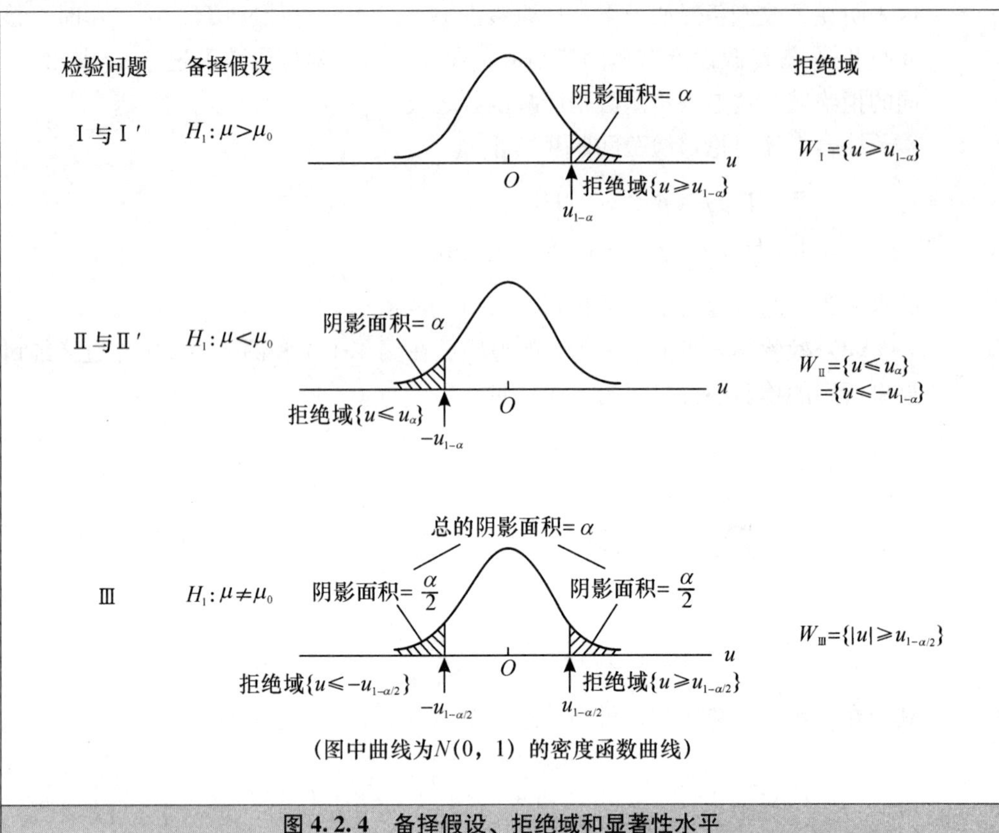

图 4.2.4　备择假设、拒绝域和显著性水平

例 4.2.1

微波炉在炉门关闭时的辐射量是一个重要的质量指标。某厂该指标服从正态分布 $N(\mu, \sigma^2)$，长期以来 $\sigma=0.1$，且均值都符合要求，不超过 0.12。为检查近期产品的质量，抽查了 25 台，得其炉门关闭时辐射量的均值 $\bar{x}=0.120\,3$。试问在 $\alpha=0.05$ 的水平下该厂微波炉炉门关闭时辐射量是否升高了？

解：首先建立假设。由于长期以来该厂 $\mu\leqslant 0.12$，故将其作为原假设，有

$$H_0: \mu\leqslant 0.12,\quad H_1: \mu>0.12$$

在 $\alpha=0.05$ 时，$u_{0.95}=1.645$，拒绝域应为 $\{u\geqslant 1.645\}$。现由观测值求得

$$u=\frac{0.120\,3-0.12}{0.1/\sqrt{25}}=0.015<1.645$$

因而在 $\alpha=0.05$ 水平下，不能拒绝 H_0，即认为当前生产的微波炉关门时的辐射量无明显升高。

4.2.2　正态均值 μ 的 t 检验（σ 未知）

这里将在 σ 未知时考察前面提出的三类检验问题：

Ⅰ. $H_0: \mu \leqslant \mu_0$　vs　$H_1: \mu > \mu_0$

Ⅱ. $H_0: \mu \geqslant \mu_0$　vs　$H_1: \mu < \mu_0$

Ⅲ. $H_0: \mu = \mu_0$　vs　$H_1: \mu \neq \mu_0$

如今不能再用 u 作检验统计量了，因 u 中含有未知参数 σ。一个自然想法是用样本标准差 s 去代替 u 中的 σ，从而形成 t 统计量，其分布是自由度为 $n-1$ 的 t 分布，即

$$t=\frac{\bar{x}-\mu_0}{s/\sqrt{n}}=\frac{\sqrt{n}(\bar{x}-\mu_0)}{s}\sim t(n-1) \tag{4.2.6}$$

由于 t 统计量与 u 统计量很类似，故经类似于 4.2.1 节中的讨论可知，上述三个检验问题的水平为 α 的检验的拒绝域（见图 4.2.5）分别为：

$$W_{\mathrm{I}}=\{t \geqslant t_{1-\alpha}(n-1)\}$$

$$W_{\mathrm{II}}=\{t \leqslant t_{\alpha}(n-1)\}$$

$$W_{\mathrm{III}}=\{|t| \geqslant t_{1-\alpha/2}(n-1)\}$$

其中 $t_p(n-1)$ 是自由度为 $n-1$ 的 t 分布的 p 分位数，可以从附表 4 中查得。W_{I} 与 W_{II} 还是如下检验问题Ⅰ′与Ⅱ′的水平为 α 的检验的拒绝域：

Ⅰ′. $H_0: \mu = \mu_0$　vs　$H_1: \mu > \mu_0$

Ⅱ′. $H_0: \mu = \mu_0$　vs　$H_1: \mu < \mu_0$

上述这些检验统称为（单样本）**t 检验**。由于标准差 σ 未知场合是常见的，故 t 检验更为常用。

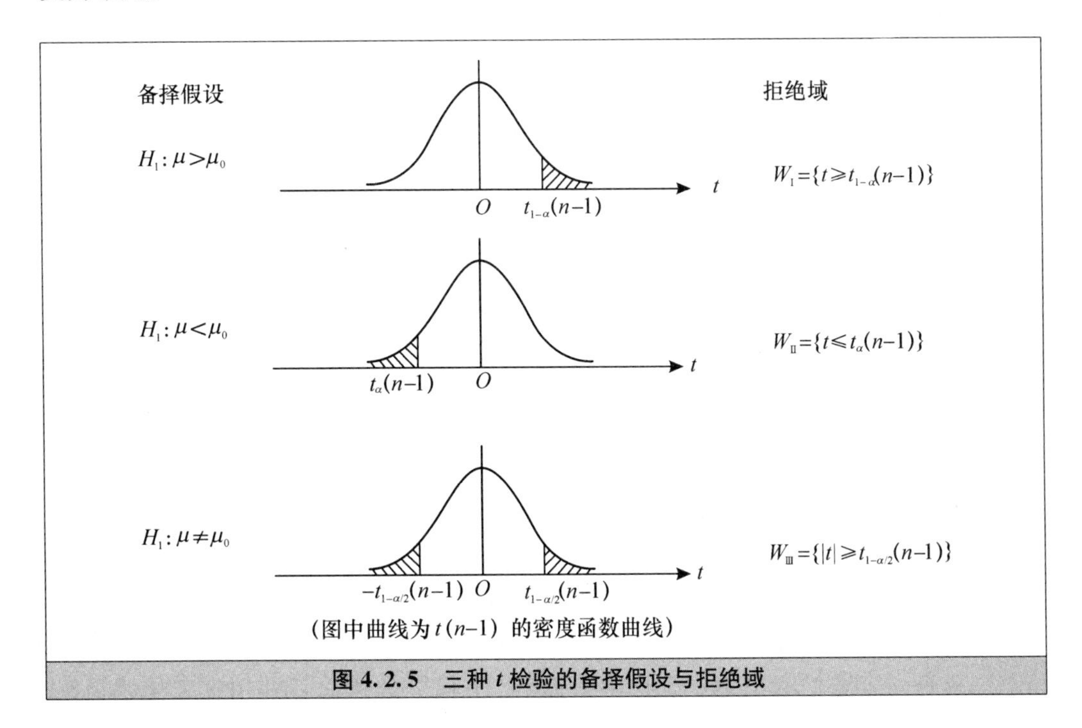

图 4.2.5　三种 t 检验的备择假设与拒绝域

例4.2.2

某地环境保护法规定，倾入河流的废水中某种有毒化学物质的平均含量不得超过3 ppm（1 ppm$=10^{-6}$=百万分之一）。该地区环保组织对沿河某厂进行检查，测定每日倾入河流的废水中该物质的含量（单位：ppm）为：

3.1　3.2　3.3　2.9　3.5　3.4　2.5　4.3　3.0　3.4
2.9　3.6　3.2　3.0　2.7　3.5　2.9　3.3　3.3　3.1

试在显著性水平$\alpha=0.05$上判断该厂所排废水是否符合环保规定（假定废水中有毒物质含量$X\sim N(\mu,\sigma^2)$）。

解：为判断是否符合环保规定，可建立如下假设：

$$H_0: \mu\leqslant 3 \quad \text{vs} \quad H_1: \mu>3$$

由于这里σ未知，故采用t检验。现在$n=20$，在$\alpha=0.05$时$t_{0.95}(19)=1.729$，故拒绝域为$\{t\geqslant 1.729\}$。

现根据样本求得$\bar{x}=3.2$，$s=0.3811$，从而有

$$t_0=\frac{3.2-3}{0.3811/\sqrt{20}}=2.3470>1.729$$

样本落入拒绝域，因此在$\alpha=0.05$水平上认为该厂废水中有毒物质含量超标，不符合环保规定，应采取措施来降低废水中有毒物质的含量。

综上所述，将关于正态总体均值检验的有关结果列在表4.2.1中以便查找。

表4.2.1　**正态总体均值的假设检验**

（显著性水平为α）

检验法	条件	H_0	H_1	检验统计量	拒绝域
u检验	σ已知	$\mu\leqslant\mu_0$	$\mu>\mu_0$	$u=\frac{\bar{x}-\mu_0}{\sigma/\sqrt{n}}$	$\{u\geqslant u_{1-\alpha}\}$
		$\mu\geqslant\mu_0$	$\mu<\mu_0$		$\{u\leqslant u_\alpha\}$
		$\mu=\mu_0$	$\mu\neq\mu_0$		$\{\lvert u\rvert\geqslant u_{1-\alpha/2}\}$
t检验	σ未知	$\mu\leqslant\mu_0$	$\mu>\mu_0$	$t=\frac{\bar{x}-\mu_0}{s/\sqrt{n}}$	$\{t\geqslant t_{1-\alpha}(n-1)\}$
		$\mu\geqslant\mu_0$	$\mu<\mu_0$		$\{t\leqslant t_\alpha(n-1)\}$
		$\mu=\mu_0$	$\mu\neq\mu_0$		$\{\lvert t\rvert\geqslant t_{1-\alpha/2}(n-1)\}$

4.2.3　用p值作判断

在一个假设检验问题中选择不同的显著性水平有时会导致不同的结论，而显著性水平的选择又带有人为因素，因此对判断结果不宜解释得过死。为使这种解释有一个宽松的余地，统计学家提出“p值”的概念，并用它来代替拒绝域作判断。这一想法随着计算机的普及日益受到人们的关注。下面用一个例子说明这一

过程。

例 4.2.3

一支香烟中的尼古丁含量 X 服从正态分布 $N(\mu, 1)$，合格标准规定 μ 不能超过 1.5mg。为对一批香烟的尼古丁含量是否合格作判断，可建立如下假设：

$$H_0: \mu \leqslant 1.5 \quad \text{vs} \quad H_1: \mu > 1.5$$

这是在方差已知情况下对正态分布的均值作右侧检验，所用的检验统计量为：

$$u = \frac{\bar{x} - 1.5}{1/\sqrt{n}}$$

拒绝域是 $W = \{u \geqslant u_{1-\alpha}\}$。

现随机抽取一盒（20 支）香烟，测得平均每支香烟的尼古丁含量为 $\bar{x} = 1.97$mg，则可求得检验统计量的值为 $u_0 = \sqrt{20}(1.97 - 1.5) = 2.10$。

表 4.2.2 对 4 个不同的显著性水平 α 分别列出相应的拒绝域和所下的结论。

表 4.2.2　　例 4.2.3 中不同 α 的拒绝域与结论

显著性水平 α	拒绝域	$u_0 = 2.10$ 时的结论
0.05	$\{u \geqslant 1.645\}$	拒绝 H_0
0.025	$\{u \geqslant 1.96\}$	拒绝 H_0
0.01	$\{u \geqslant 2.33\}$	接受 H_0
0.005	$\{u \geqslant 2.58\}$	接受 H_0

从表 4.2.2 中可看出，随着 α 的减少，临界值 $u_{1-\alpha}$ 在增加，致使判断结论由拒绝 H_0 转到接受 H_0。可见，不同的 α 会得到不同的结论。在这个过程中不变的是检验统计量的观察值 $u_0 = 2.10$，它与临界值 $u_{1-\alpha}$ 的位置谁左谁右（即谁大谁小）决定了对原假设 H_0 是拒绝还是接受。$u_{1-\alpha}$ 与 u_0 的比较等价于如下两个**尾部概率**的比较：

- $\alpha = P(u \geqslant u_{1-\alpha})$，即显著性水平 α 是检验统计量 u 的分布 $N(0, 1)$ 的尾部概率。在这个例子中尾部概率在右尾部。
- $p = P(u \geqslant u_0)$，这也是一个尾部概率，也可用 $N(0, 1)$ 算出。当 $u_0 = 2.10$ 时，$p = P(u \geqslant 2.10) = 1 - \Phi(2.10) = 0.0179$（见图 4.2.6(a)）。

这两个尾部概率在分布的同一端，是可比的。

当 $\alpha > p = 0.0179$（见图 4.2.6(b)）时，$u_0 = 2.10$ 在拒绝域内，从而拒绝 H_0。

当 $\alpha < p = 0.0179$（见图 4.2.6(c)）时，$u_0 = 2.10$ 在拒绝域外，从而保留 H_0。

当 $\alpha = p = 0.0179$ 时，$u_0 = 2.10$ 在拒绝域边界上，也拒绝 H_0，可见 p 是拒绝原假设 H_0 的最小显著性水平。这个 $p = 0.0179$ 就是将要介绍的该检验的 p 值。

这个例子中讨论的尾部概率具有一般性，借此可给出一般场合下 p 值的定义，以及假设检验的另一个判断法则。

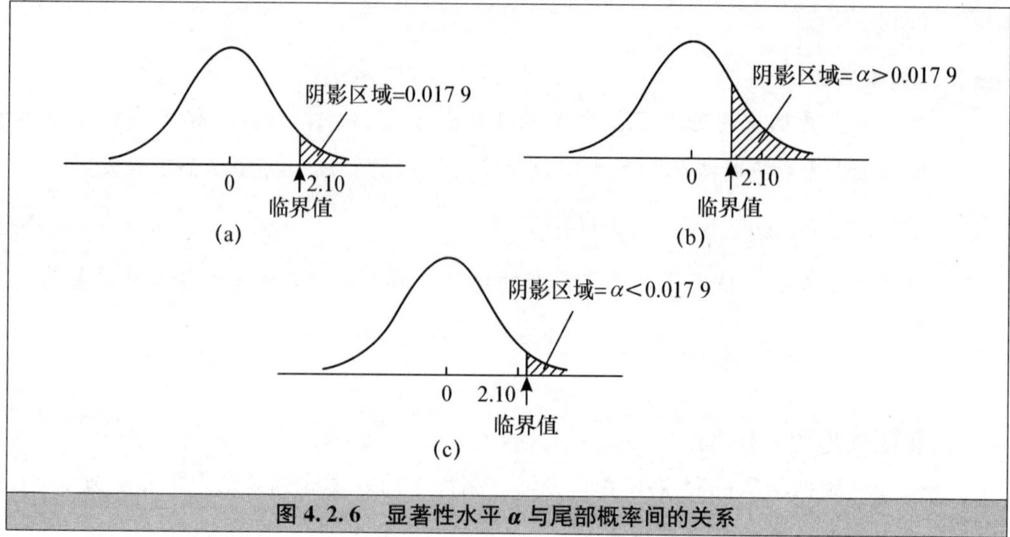

图 4.2.6　显著性水平 α 与尾部概率间的关系

定义 4.2.1　在一个假设检验问题中，拒绝原假设 H_0 的**最小显著性水平称为 p 值**。

利用 p 值和给定的显著性水平 α 可以建立如下判断法则：

- **若 $\alpha \geqslant p$ 值，则拒绝原假设 H_0；**
- **若 $\alpha < p$ 值，则接受原假设 H_0。**

关于 p 值的进一步讨论可见下面例 4.2.4。

 **例 4.2.4**

任一检验问题的 p 值可用相应检验统计量的分布（如标准正态分布、t 分布等）算得。譬如

在 σ 已知的场合，检验正态均值 μ 用 u 统计量：

$$u=\frac{\bar{x}-\mu_0}{\sigma_0/\sqrt{n}}\sim N(0,\ 1)$$

其中，μ_0 与 σ_0 是已知的均值与标准差；$\bar{x}$ 是容量为 n 的样本均值。若由上述诸值算得 u 统计量的观察值 u_0，那么三种典型的检验问题Ⅰ，Ⅱ，Ⅲ（见 4.2.1 节）的 p 值可由$N(0,\ 1)$ 算得：

$$p_{\mathrm{I}}=P(u\geqslant u_0)=1-\Phi(u_0) \qquad \text{在检验问题 I 中}$$

$$p_{\mathrm{II}}=P(u\leqslant u_0)=\Phi(u_0) \qquad \text{在检验问题 II 中}$$

$$p_{\mathrm{III}}=P(|u|\geqslant|u_0|) \qquad \text{在检验问题 III 中}$$

$$=2(1-\Phi(|u_0|))$$

其中不等号与拒绝域中不等号同向；$\Phi(\cdot)$ 为标准正态分布函数。

在 σ 未知的场合，检验正态均值 μ 用 t 统计量：

$$t=\frac{\bar{x}-\mu_0}{s/\sqrt{n}}\sim t(n-1)$$

其中，μ_0 是已知均值；$\bar{x}$ 与 s 分别为容量为 n 的样本均值与样本标准差。若由上述诸值算得 t 统计量的观察值 t_0，那么三种典型的检验问题Ⅰ，Ⅱ，Ⅲ的 p 值可由 $t(n-1)$ 算得：

$$p_{\mathrm{I}}=P(t(n-1)\geqslant t_0)\qquad \text{在检验问题Ⅰ中}$$
$$p_{\mathrm{II}}=P(t(n-1)\leqslant t_0)\qquad \text{在检验问题Ⅱ中}$$
$$p_{\mathrm{III}}=P(|t(n-1)|\geqslant|t_0|)\qquad \text{在检验问题Ⅲ中}$$
$$=2P(t(n-1)\geqslant|t_0|)$$

其中，不等号与拒绝域中不等号同向；t 分布函数值可从统计软件中获得。譬如，在例 4.2.2 中关于 H_0：$\mu\leqslant 3$ vs H_1：$\mu>3$ 的检验问题中，已算得 $t_0=2.347\,0$，由此可得 p 值：

$$p=P(t\geqslant t_0)=1-P(t<2.347\,0)=1-0.982=0.018$$

由于 p 值较小，且远离 0.05，故有充足理由拒绝原假设 H_0，即废水中该有毒物质超过该地区环保法的规定值。这与例 4.2.2 的结论是一致的。

关于这种新的判断法则（指用 p 值作判断）有以下几点评论：

- 新判断法则与原判断法则（见 4.1.2 节）是等价的。
- 新判断法则跳过了拒绝域（回避了构造拒绝域的过程），简化了判断过程，但要计算检验的 p 值。
- 任一检验问题的 p 值都可用相应检验统计量的分布（如标准正态分布、t 分布、χ^2 分布等）算得。很多统计软件都有此功能，在一个检验问题的输出中给出相应的 p 值。此时把 p 值与自己主观确定的 α 进行比较，即可作出判断。譬如，在正常情况下，当 p 值很小（如 $p<0.01$）时，可立即作出拒绝原假设 H_0 的判断；当 p 值较大时（如 $p>0.2$），可立即作出接受原假设 H_0 的判断；在其他场合还需与 α 比较后再作判断。很多统计学家认为，p 值度量了支持原假设 H_0 的证据的强度，p 值越大，支持 H_0 成立的证据越强，故应接受 H_0。
- 这里的 p 值依赖于 u_0 或 t_0，而 u_0 与 t_0 又依赖于样本。当样本变了，p 也会改变，故每次使用时都要重新计算 p 值。

例 4.2.5

某厂制造的产品长期以来不合格品率不超过 0.01，某天开工后随机抽检了 100 件产品，发现其中有 2 件不合格品，试在 0.10 水平上判断该天生产是否正常？

解：设 θ 为该厂产品的不合格品率，它是二点分布 b（1，θ）中的参数。本例要检验的假设是

$$H_0:\theta\leqslant 0.01\quad \text{vs}\quad H_1:\theta>0.01$$

这是一个离散总体的右侧检验问题。

设 x_1，x_2，…，x_n 是从二点分布 $b(1，\theta)$ 中抽取的样本，样本之和 $T=x_1+x_2+\cdots+x_{100}$服从二项分布 $b(100，\theta)$。这里可用 T 作为检验统计量，则在原假设

H_0 下，$T\sim b(100,\ 0.01)$。如今 T 的观察值 $t_0=2$，由备择假设 H_1 知，此检验的 p 值为：

$$\begin{aligned}p&=P(T\geqslant 2)=1-P(T=0)-P(T=1)\\&=1-(0.99)^{100}-100\times 0.01\times(0.99)^{99}\\&=1-0.366-0.370=0.264\end{aligned}$$

由于 $p>\alpha=0.1$，故应作“保留原假设”的判断，即当日生产正常。

这个例子就是例 4.1.3，在那里为构造拒绝域花较多精力，这里用 p 值作判断简单不少。所以在离散场合作假设检验时，计算 p 值，并用 p 值作判断特别方便，要尽量使用。

4.2.4 假设检验与置信区间的对偶关系

比较参数的双侧检验与置信区间就会发现它们之间有密切联系。譬如所用的检验统计量与枢轴量，实际上是同一个量；检验的显著性水平 α 与置信区间的置信水平 $1-\alpha$ 是相互对立的两事件的概率，若水平为 α 的检验的拒绝域为 W，则其对立事件 $\overline{W}$（接受域）就是相应参数的 $1-\alpha$ 置信区间。反之，用置信区间也可作假设检验，若原假设 H_0：$\theta=\theta_0$ 在某 $1-\alpha$ 置信区间内，则应接受 H_0；否则拒绝 H_0，从而也可建立双侧检验的拒绝域。这种对应关系称为**对偶关系**，由其一对偶关系立即可得其二。这种对偶关系在单侧检验和置信限也存在。下面以正态均值 μ 为例具体说明这种对偶关系。

（1）正态总体 $N(\mu,\ \sigma^2)$ 的均值 μ 的如下双侧检验问题

$$\text{Ⅲ}.\ H_0:\mu=\mu_0 \quad \text{vs} \quad H_1\quad \mu\neq\mu_0 \tag{4.2.7}$$

在 σ 已知下，水平为 α 的检验的拒绝域为 $W=\{|u|\geqslant u_{1-\alpha/2}\}$，由于 μ_0 的任意性，其接受域 $\overline{W}$ 可改写为 μ 的 $1-\alpha$ 置信区间：

$$\left\{\left|\frac{\bar{x}-\mu}{\sigma/\sqrt{n}}\right|\leqslant u_{1-\alpha/2}\right\}=\{\bar{x}-u_{1-\alpha/2}\sigma/\sqrt{n}\leqslant\mu\leqslant\bar{x}+u_{1-\alpha/2}\sigma/\sqrt{n}\} \tag{4.2.8}$$

其中，等号发生的概率为零，可以不计；反之，若区间（4.2.8）含有式（4.2.7）原假设 μ_0，则接受原假设，否则拒绝 H_0。

（2）正态总体 $N(\mu,\ \sigma^2)$ 的均值 μ 的如下左侧检验问题

$$\text{Ⅱ}.\ H_0:\mu\geqslant\mu_0 \quad \text{vs} \quad H_1:\mu<\mu_0$$

在 σ 已知下，水平为 α 的检验的拒绝域为 $W=\{u\leqslant u_\alpha\}$。由完全类似的讨论可知，其接受域 $\overline{W}=\{u\geqslant u_\alpha\}$ 可改写为均值 μ 的置信水平为 $1-\alpha$ 的置信上限 $\mu_U=\bar{x}-u_\alpha\dfrac{\sigma}{\sqrt{n}}$，因为

$$\{u\geqslant u_\alpha\}=\left\{\frac{\bar{x}-\mu}{\sigma/\sqrt{n}}\geqslant u_\alpha\right\}=\left\{\mu\leqslant\bar{x}-u_\alpha\frac{\sigma}{\sqrt{n}}\right\} \tag{4.2.9}$$

其中 $u_\alpha<0$，这个不等式成立的概率为 $1-\alpha$，其中等号发生的概率为零，可以不计。反之，若置信上限式（4.2.9）中的含有检验Ⅱ的原假设 μ_0，或者说，μ_0 位于区间

$(-\infty,\ \hat{\mu}_U]$ 内，则接受原假设，否则拒绝 H_0。

(3) 正态总体 $N(\mu,\ \sigma^2)$ 的均值 μ 的如下右侧检验问题

$$\text{Ⅰ}.\ H_0: \mu\leqslant\mu_0 \quad \text{vs} \quad H_1: \mu>\mu_0$$

在 σ 已知下，水平为 α 的检验的拒绝域为 $W=\{u\geqslant u_{1-\alpha}\}$。由完全类似讨论可知，其接受域 $\overline{W}=\{u\leqslant u_{1-\alpha}\}$ 可以改写为均值 μ 的置信水平为 $1-\alpha$ 的单侧置信下限 $\hat{\mu}_L=\bar{x}-u_{1-\alpha}\dfrac{\sigma}{\sqrt{n}}$，因为

$$\{u\leqslant u_{1-\alpha}\}=\left\{\frac{\bar{x}-\mu}{\sigma/\sqrt{n}}\leqslant u_{1-\alpha}\right\}=\left\{\mu\geqslant\bar{x}-u_{1-\alpha}\frac{\sigma}{\sqrt{n}}\right\} \tag{4.2.10}$$

这个不等式成立的概率为 $1-\alpha$，其中等号发生的概率为零，可以不计；反之，若置信下限（4.2.10）含有检验问题Ⅰ的原假设 μ_0，或者说，μ_0 位于区间 $[\hat{\mu}_L,\ \infty)$ 内，则接受原假设 H_0，否则拒绝 H_0。

(4) 假设检验与置信区间之间的联系不是单向的，而是双向的。假如 μ 的 $1-\alpha$ 置信区间为 $[\hat{\mu}_L,\ \hat{\mu}_U]$，则该区间为某双侧检验问题的接受域，而由一切不属于区间 $[\hat{\mu}_L,\ \hat{\mu}_U]$ 的样本点组成的集合就是该双侧检验的拒绝域。单侧检验场合亦有类似结果。这就是假设检验与置信区间之间的对偶关系（见表 4.2.3）。

表 4.2.3　　参数 μ 的假设检验与置信区间之间的对偶关系

假设检验（σ 已知）	置信区间	用置信区间作检验
双侧检验问题： $H_0: \mu=\mu_0$ vs $H_1: \mu\neq\mu_0$ 水平为 α 的检验的拒绝域 $W=\{\lvert u\rvert\geqslant u_{1-\alpha/2}\}$	参数 μ 的 $1-\alpha$ 置信区间： $\bar{x}\pm u_{1-\alpha/2}\dfrac{\sigma}{\sqrt{n}}$	若 μ_0 在置信区间内，则接受 H_0，否则拒绝 H_0
单侧检验问题： $H_0: \mu\geqslant\mu_0$ vs $H_1: \mu<\mu_0$ 水平为 α 的检验的拒绝域 $W=\{u\leqslant u_\alpha\}$	参数 μ 的 $1-\alpha$ 单侧置信上限： $\hat{\mu}_U=\bar{x}-u_\alpha\dfrac{\sigma}{\sqrt{n}}$	若 $\mu_0\leqslant\hat{\mu}_U$，则接受 H_0，否则拒绝 H_0
单侧检验问题： $H_0: \mu\leqslant\mu_0$ vs $H_1: \mu>\mu_0$ 水平为 α 的检验的拒绝域 $W=\{u\geqslant u_{1-\alpha}\}$	参数 μ 的 $1-\alpha$ 单侧置信下限： $\hat{\mu}_L=\bar{x}-u_{1-\alpha}\dfrac{\sigma}{\sqrt{n}}$	若 $\mu_0\geqslant\hat{\mu}_L$，则接受 H_0，否则拒绝 H_0

(5) 在 σ 未知场合，只需用 s 替换 σ，用 t 分布分位数替换标准正态分布分位数，上述讨论仍然有效，对偶关系仍然成立。

(6) 若把参数 μ 换为 σ^2，则只要能找到正态方差 σ^2 的检验问题的检验统计量，就可用其接受域获得 σ^2 的置信区间或单侧置信限。一般来说，若在总体分布 $F(x;\ \theta)$ 中对未知参数 θ 建立水平 α 的检验，很快就能获得 θ 的相应的 $1-\alpha$ 置信区间或单侧置信限。反之，由 θ 的 $1-\alpha$ 置信区间（或单侧置信限）亦可构造 θ 的某个水平 α 的检验法则。这样一来，很多置信区间（或单侧置信限）可从相应参数的假设检验中获得。假设检验也可从置信区间获得。

（7）参数的假设检验与参数的置信区间（或置信限）之间的对偶关系是由其理论结构决定的。假设检验中使用的检验统计量与置信区间中所使用的枢轴量是相同的，但其注意力的放置不同。假设检验的注意力放在拒绝域上，而置信区间的注意力放在接受域上。

 例 4.2.6

白炽灯泡的寿命（单位：小时）服从正态分布。按标准工艺生产此种灯泡，其平均寿命为 $\theta_0=1\,400$。某厂为提高白炽灯泡的平均寿命，改进了当前的生产工艺，并试制了一批新的灯泡。为了考察新工艺能否提高平均寿命，需要进行假设检验。为此设置如下一对假设：

$$H_0: \theta=\theta_0=1\,400 \quad \text{vs} \quad H_1: \theta>\theta_0$$

我们如此设置原假设 H_0 是希望能获得拒绝 H_0 的结论。

为了检验这对假设，特从新总体（新工艺生产的白炽灯泡）中抽取 n 只做寿命试验，该样本的平均寿命 $\bar{x}=1\,550$。这显示新工艺比老工艺可能会好一些，具体如何还要看样本标准差 s 是大是小。经计算，这个样本均值 $\bar{x}$ 的标准差 $\sigma_{\bar{x}}$ 的估计值为 $s/\sqrt{n}=118$。

下面我们用置信下限来作检验。在正态总体假设下，平均寿命 θ 的 0.95 置信下限为：

$$\hat{\theta}_L=\bar{x}-u_{0.95}s/\sqrt{n}=1\,550-1.645\times118=1\,356$$

由于 $\hat{\theta}_L<\theta_0=1\,400$，说明 θ_0 在置信区间 $[\hat{\theta}_L, \infty)$ 内，故不应拒绝原假设 H_0，即均值 $\bar{x}$ 为 1 550 的样本很可能从均值为 1 400 的正态总体中产生。

工厂分析试验数据觉得过程的标准差过大，还应继续改进工艺。经努力，把 $s/\sqrt{n}$ 缩小到 50，若样本均值 $\bar{x}$ 仍为 1 550，此时有

$$\hat{\theta}_L=\bar{x}-u_{0.95}s/\sqrt{n}=1\,550-1.645\times50=1\,468$$

由于 $\hat{\theta}_L>\theta_0=1\,400$，这说明 θ_0 没有落在置信下限内，故可拒绝原假设 H_0，可以说生产白炽灯泡的新工艺比老工艺可明显提高平均寿命。

这个例子显示用置信区间或置信限也可作假设检验，两者是等价的。

4.2.5 大样本下的 u 检验

在 4.2.1 节中讨论的“在 σ 已知下正态均值 μ 的 u 检验”还可在大样本场合（如 $n>30$）扩大其使用范围。为此要解除它的一些约束。

- **首先解除“正态性”约束**。由中心极限定理知，无论总体是正态或非正态，只要其均值 μ 和方差 σ^2 存在，其样本均值 $\bar{x}$ 在大样本场合就近似服从正态分布，即

$$\bar{x}\dot{\sim}N\left(\mu, \frac{\sigma^2}{n}\right) \quad 或 \quad u=\frac{\bar{x}-\mu}{\sigma/\sqrt{n}}\dot{\sim}N(0, 1)$$

在总体方差 σ^2 已知下，可用统计量 u 对原假设 H_0：$\mu=\mu_0$ 作出检验。所以 u 检验在大样本场合可对任意总体均值 μ 作出检验。

- 其次还可**解除对“已知 σ”的限制**。因为在大样本场合，样本方差 s^2 是总体方差 σ^2 的相合估计，故在 σ 未知下，用 s 代替 σ 后对渐近分布没有多大影响，实际上，在大样本场合（$n>30$），$t(n-1)$ 分布与标准正态分布已很接近，故在 σ 未知下，$t=\dfrac{\bar{x}-\mu}{s/\sqrt{n}}\dot{\sim}N(0,1)$，故 u 检验仍可使用。

从上述两点可知：u 检验还是一个大样本检验，无论 σ 已知或未知都可使用。不要小看 u 检验，还可派大用场。

 **例 4.2.7**

某市 2009 年每户每月平均花费在食品上的费用不超过 600 元，该市为了解 2010 年此种费用是否有变化，特委托该市某市场调查公司作抽样调查。该公司对该市 100 户作了调查，算得此项花费平均为 642 元，标准差为 141 元。问：该市 2010 年此项平均花费与 2009 年是否有显著差异?

解：该市每户每月花费在食品上的费用分布不详，但调查的样本量 $n=100$ 户较大，可用 u 统计量对如下检验问题

$$H_0:\mu\leqslant 600 \quad \text{vs} \quad H_1:\mu>600$$

作出检验。由于 $\bar{x}=642$，$s=141$，可得 u 统计量的观察值

$$u=\frac{\bar{x}-\mu_0}{s/\sqrt{n}}=\frac{642-600}{141/\sqrt{100}}=2.98$$

用 p 值作判断。在该单侧检验问题中 p 值为：

$$p=P(u>2.98)=1-\Phi(2.98)=0.0014$$

由于 p 值较小，应拒绝原假设 H_0：$\mu\leqslant 600$，这意味着该市 2010 年每户每月用于食品的平均花费超过 600 元，比 2009 年有显著增加。

利用大样本下的 u 检验还可求出总体均值 μ 的 $1-\alpha$ 置信下限。若在此例中取 $\alpha=0.05$，则平均花费 u 的 0.95 置信下限为：

$$\begin{aligned}\hat{\mu}_L &=\bar{x}-u_{1-\alpha}s/\sqrt{n}=642-u_{0.95}\times 141/\sqrt{100}\\ &=642-1.645\times 14.1\\ &=618.81\end{aligned}$$

由此置信下限亦可对本例中的右侧检验作判断：拒绝 H_0，因为

$$\mu_0=600<\hat{\mu}_L=618.81$$

4.2.6　控制犯两类错误概率确定样本量

在 4.1 节中曾指出，犯两类错误的概率 α 与 β 都依赖于样本量 n。在水平为 α 的检验中，人们已选定 α，确定犯第 I 类错误概率的上限，但对 β 与 n 并无太多限制，

只知它们之间有依赖关系。β 与 n 的这种自由状态给人们提供出施展的空间，如适当选定 β 来确定 n。本小节将在正态总体标准差 σ 已知场合对正态均值 μ 的单侧和双侧检验分别讨论这个问题。

（1）对右侧检验问题

$$H_0: \mu \leqslant \mu_0 \quad \text{vs} \quad H_1: \mu > \mu_0$$

在原假设 H_0 为真时，所用检验统计量为 u，且

$$u = \frac{\overline{x} - \mu_0}{\sigma/\sqrt{n}} \sim N(0,1)$$

对给定的显著性水平 α（$0<\alpha<1$），其拒绝域为 $W=\{u \geqslant u_{1-\alpha}\}$，这时犯第Ⅰ类错误（弃真错误）的概率不超过 α。

在原假设 H_0 为假时，若检验统计量 u 的值落入接受域 $\overline{W}=\{u<u_{1-\alpha}\}$，则犯第Ⅱ类错误（取伪错误），其发生概率为：

$$\beta = P_{\mu}(u < u_{1-\alpha})$$

其中 μ 为 H_1 中某个点，为确定起见，设 $\mu_1=\mu_0+\delta>\mu_0$（$\delta>0$）为 H_1 中某个点，则在 $\mu=\mu_1$ 下，有

$$\begin{aligned}\beta &= P_{\mu_1}(u<u_{1-\alpha}) = P_{\mu_1}\left(\frac{\overline{x}-\mu_0}{\sigma/\sqrt{n}} < u_{1-\alpha}\right) \\ &= P_{\mu_1}\left(\frac{\overline{x}-\mu_1}{\sigma/\sqrt{n}} < u_{1-\alpha} - \frac{\mu_1-\mu_0}{\sigma/\sqrt{n}}\right) = \Phi\left(u_{1-\alpha} - \frac{\delta}{\sigma/\sqrt{n}}\right)\end{aligned}$$

利用标准正态分布的 β 分位数 u_β，可得

$$u_{1-\alpha} - \frac{\delta}{\sigma/\sqrt{n}} = u_\beta$$

由此解得

$$n = \frac{(u_{1-\alpha}+u_{1-\beta})^2\sigma^2}{\delta^2} \tag{4.2.11}$$

其中 $\delta=\mu_1-\mu_0$，这就是在 $\mu=\mu_1$ 处控制 β 所需的样本量。它依赖于 α 与 β，并与两个均值差 δ 的平方成反比。这是好解释的，因 δ 越小越难辨，故需样本量较大。

对另一个左侧检验问题，经完全类似讨论，亦可得式（4.2.11），只要注意这时 $\delta=\mu_1-\mu_0$，其中 $\mu_1=\mu_0+\delta<\mu_0$（$\delta<0$）。若取 $\delta=|\mu_0-\mu_1|$，则式（4.2.11）对两种单侧检验问题都适用。

（2）对双侧检验问题

$$H_0: \mu = \mu_0 \quad \text{vs} \quad H_1: \mu \neq \mu_0$$

其水平为 α 的检验的拒绝域 $W=\{|u| \geqslant u_{1-\alpha/2}\}$。

在原假设 H_0 为假时，若检验统计量 u 落入接受域 $\overline{W}=\{|u|<u_{1-\alpha/2}\}$，则犯第

Ⅱ类错误的概率为：

$$\beta=P_{\mu_1}(-u_{1-\alpha/2}<u<u_{1-\alpha/2})$$

其中 $\mu_1=\mu_0+\delta$，这里 δ 可为正，亦可为负。此时

$$\begin{aligned}\beta&=P_{\mu_1}\left(-u_{1-\alpha/2}<\frac{\bar{x}-\mu_0}{\sigma/\sqrt{n}}<u_{1-\alpha/2}\right)\\&=P_{\mu_1}\left(-u_{1-\alpha/2}<\frac{\bar{x}-\mu_1}{\sigma/\sqrt{n}}+\frac{\mu_1-\mu_0}{\sigma/\sqrt{n}}<u_{1-\alpha/2}\right)\\&=\Phi\left(u_{1-\alpha/2}-\frac{\delta}{\sigma/\sqrt{n}}\right)-\Phi\left(-u_{1-\alpha/2}-\frac{\delta}{\sigma/\sqrt{n}}\right)\end{aligned}\tag{4.2.12}$$

其中 $\delta=\mu_1-\mu_0$，进一步精确计算发生困难，故改为近似计算。当 $\delta>0$ 时，式（4.2.12）中的第二项接近于 0；当 $\delta<0$ 时，式（4.2.12）中第一项近似为 1，于是 β 有如下近似式

$$\beta\approx\begin{cases}\Phi\left(u_{1-\alpha/2}-\dfrac{\delta\sqrt{n}}{\sigma}\right), & \delta>0\\ 1-\Phi\left(-u_{1-\alpha/2}-\dfrac{\delta\sqrt{n}}{\sigma}\right)=\Phi\left(u_{1-\alpha/2}+\dfrac{\delta\sqrt{n}}{\sigma}\right), & \delta<0\end{cases}$$

$$=\Phi\left(u_{1-\alpha/2}-\frac{|\delta|\sqrt{n}}{\sigma}\right)$$

利用标准正态分布的 β 分位数 u_β，可得

$$u_{1-\alpha/2}-\frac{|\delta|\sqrt{n}}{\sigma}=u_\beta$$

由此解得

$$n\approx\frac{(u_{1-\alpha/2}+u_{1-\beta})^2\sigma^2}{\delta^2}\tag{4.2.13}$$

此近似解与式（4.2.11）相似，它与两均值差 δ 的平方成反比，与总体方差 σ^2 成正比，它仍依赖于 α 与 β，只是把 $u_{1-\alpha}$（单侧要求）换为 $u_{1-\alpha/2}$（双侧要求）。

例 4.2.8

某厂生产的化纤长度 X 服从正态分布 $N(\mu, 0.04^2)$，其中 μ 的设计值为 1.40，每天都要对"$\mu=1.40$"作例行检验，一旦均值变成 1.38，产品就发生了质量问题。那么我们应该抽多少样品进行检验，才能保证在 $\mu=1.40$ 时犯第Ⅰ类错误的概率不超过 0.05，在 $\mu=1.42$ 时犯第Ⅱ类错误的概率不超过 0.10?

解：这个例子曾在例 4.1.2 中讨论过，在那里作为双侧检验问题

$$H_0: \mu=1.40 \quad \text{vs} \quad H_1: \mu\neq1.40$$

用容量为 25 的样本作出拒绝原假设 H_0 的决策。现继续用这个例子讨论样本量确定，即

当 $\mu=1.40$ 时，犯第Ⅰ类错误的概率不超过0.05；

当 $\mu=1.42$ 时，犯第Ⅱ类错误的概率不超过0.10。

在这些要求下讨论需要多少样本量，分两种情况进行。

（1）把 $\mu=1.42$ 看做右侧检验问题

$$H_0: \mu\leqslant 1.40 \quad \text{vs} \quad H_1: \mu>1.40$$

中备择假设 H_1 中的一点，这时按式（4.2.11）可算得需要的样本量：

$$\begin{aligned} n &= \frac{(u_{1-\alpha}+u_{1-\beta})^2\sigma^2}{(\mu_1-\mu_0)^2} = \frac{(u_{0.95}+u_{0.90})^2\times 0.04^2}{(1.42-1.40)^2} \\ &= \frac{(1.645+1.282)^2\times 0.04^2}{0.02^2} = 34.27 \end{aligned}$$

实际应用可取 $n=35$。

（2）把 $\mu=1.42$ 看做上述双侧检验中备择假设 H_1：$\mu\neq 1.40$ 中的一点。这时按式（4.2.13）可近似算得需要的样本量。

$$\begin{aligned} n &\approx \frac{(u_{1-\alpha/2}+u_{1-\beta})^2\sigma^2}{\delta} = \frac{(u_{0.975}+u_{0.90})^2\times 0.04^2}{(1.42-1.4)^2} \\ &= \frac{(1.96+1.282)^2\times 0.04^2}{0.02^2} = 42.04 \end{aligned}$$

实际应用可取 $n=43$。顺便指出，在上述近似中忽略了式（4.2.12）中的一项，这一项为：

$$\begin{aligned} \Phi\left(-u_{1-\alpha/2}-\frac{\delta\sqrt{n}}{\sigma}\right) &= \Phi\left(-u_{0.975}-\frac{0.02\times\sqrt{43}}{0.04}\right) = \Phi\left(-1.96-\frac{\sqrt{43}}{2}\right) \\ &= \Phi(-5.24)\approx 0 \end{aligned}$$

这说明上述近似程度还是很好的。

比较上述两个结果可见：在正态均值检验中，双侧检验所需样本量比单侧检验所需样本量要大一些，这是可以理解的。

*4.2.7 两个注释

在实际中用假设检验有两点要注意。

1. 注意区别统计显著性与实际显著性

先看一个例子。

例4.2.9

一汽车制造商声称，某型号轿车在高速公路上每加仑汽油燃料平均可行驶35英里。一消费者组织试验了39辆此种型号的轿车，发现燃料消耗的平均值为34.5英里/加仑。在正态分布 $N(\mu, 1.5^2)$ 假设下对如下单侧检验问题

$$H_0: \mu=35 \quad \text{vs} \quad H_1: \mu<35$$

进行 u 检验，其拒绝域为 $W=\{u<u_\alpha\}$。若取 $\alpha=0.05$，$u_\alpha=-1.96$，故拒绝域 $W=\{u<-1.96\}$。另一方面，可算得 u 统计量的观察值

$$u_0=\frac{\bar{x}-\mu_0}{\sigma_0/\sqrt{n}}=\frac{34.5-35}{1.5/\sqrt{39}}=-2.08$$

由于 $-2.08<-1.96$，故应拒绝原假设 H_0，可认为 34.5 与 35 在统计上有显著差异，但实际工作者都认为这二者之间没有实际显著性差异。

一个被拒绝的原假设意味着有统计显著性，但未必意味着都有实际显著性。特别在大样本场合或精确测量场合常有这种情况发生，即使与原假设之间的微小差别都将被认为有统计显著性，但未必有实际显著性。历史上这种现象有一个有趣例子。Kaplar 的行星运行第一定律表明，行星的轨道都是椭圆。当时这个模型与实测数据吻合得很好。但用 100 年后的测量数据再作检验，“轨道是椭圆的”的原假设被拒绝了。这是由于科学发展了，测量仪器更精确了，行星之间的交互作用引起的行星沿着椭圆轨道左右摄动也被测量出来了。显然，椭圆轨道模型基本上是正确的，由摄动引起的误差是次要的。如果人们不考虑现实中的差异大小而盲目地使用统计显著性，那么一个基本上正确的模型可能被太精确的数据拒绝。

2. 显著性水平 α 的选择

选择 α 要注意如下两个方面：

- α 应是较小的数，但不宜过小。这是为了控制犯第Ⅰ类错误（弃真错误）的概率和制约犯第Ⅱ类错误（取伪错误）的概率。
- 另一方面也要注意，α 的选择与判断发生错误时要付出的代价大小有关。如“实际没有差异而判断有显著差异”导致要付很大代价，譬如要投资 350 万元购置新设备，这时要慎重，可把 α 定得小一些，从 0.05 降到 0.03 或 0.01；如“实际存在显著差异而没有被发现”的代价很高，如药品毒性、飞机的强度等，一出事故就会涉及人们的健康与生命，这时也要慎重，可把 α 增大一些，从 0.05 增加到 0.08 或 0.1。这两种极端情况即使在用 p 值作判断时也要慎重。从这个意义上说，α 的选择与其说是统计问题，不如说是经营决策问题。

习题 4.2

1. 某自动装罐机灌装净重 500g 的洗洁精，据以往经验知其净重服从 $N(\mu, 5^2)$。为保证净重的均值为 500g，需每天对生产过程进行例行检查，以判断灌装线工作是否正常。某日从灌装线上随机抽取 25 瓶称其净重，得 25 个数据，其均值 $\bar{x}=496$g。若取 $\alpha=0.05$，问：当天灌装线工作是否正常？

2. 某纤维的强力服从正态分布 $N(\mu, 1.19^2)$，原设计的平均强力为 6g。现经过

工艺改进后，某天测得100个强力数据，其均值为6.35。假定标准差不变，试问均值的提高是不是工艺改进的结果（取$\alpha=0.05$）？

3. 某印刷厂旧机器每台每周的开工成本（单位：元）服从正态分布$N(100, 25^2)$。现安装了一台新机器，观察了9周，平均每周的开工成本$\bar{x}=75$元。假定标准差不变，试用p值检验每周开工的平均成本是否有所下降。

4. 若矩形的宽与长之比为0.618将给人们一个良好的感觉。某工艺品厂的矩形工艺品框架的宽与长之比服从正态分布，现随机抽取20个测得其比值为：

0.699　0.749　0.645　0.670　0.612　0.672　0.615
0.606　0.690　0.628　0.668　0.611　0.606　0.609
0.601　0.553　0.570　0.844　0.576　0.933

能否认为其均值为0.618（取$\alpha=0.05$）？

5. 某医院用一种中药治疗高血压，记录了50例治疗前后病人舒张压数据之差，得到其均值为16.28，样本标准差为10.58。假定舒张压之差服从正态分布，问：在$\alpha=0.05$水平上该中药对治疗高血压是否有效？

6. 有一批枪弹出厂时，其初速（单位：m/s）服从$N(950, 100)$。经过一段时间的储存后，取9发进行测试，得初速的样本观察值如下：

914　920　910　934　953　945　912　924　940

据经验，枪弹经储存后其初速仍然服从正态分布，能否认为这批枪弹的初速有显著降低？请用p值作检验。

7. 在一个检验问题中采用u检验，其拒绝域为$\{|u|\geqslant 1.96\}$，据样本求得$u_0=-1.25$，求检验的p值。

8. 在一个检验问题中采用u检验，其拒绝域为$\{|u|\geqslant 1.645\}$，据样本求得$u_0=2.94$，求检验的p值。

9. 在一个检验问题中采用t检验，其拒绝域为$\{t\leqslant -2.33\}$。若$n=10$，又据样本求得$t_0=-3$，求检验的p值。

10. 某种乐器上用的镍合金弦线的抗拉强度X服从正态分布，现要求在$\mu_0=1\,035$MPa时犯第Ⅰ类错误的概率不超过$\alpha=0.05$，在$\mu_1=1\,038$MPa时犯第Ⅱ类错误的概率不超过0.2，若综合历史上的数据得$s_0=3$MPa，要求在下列两种场合寻求需要的样本量：

（1）单侧检验问题：H_0：$\mu=\mu_0$　vs　H_1：$\mu>\mu_0$；

（2）双侧检验问题：H_0：$\mu=\mu_0$　vs　H_1：$\mu\neq\mu_0$。

4.3　两正态均值差的推断

设$x_1, x_2, \cdots, x_n$是来自正态总体$N(\mu_1, \sigma_1^2)$的一个样本，$y_1, y_2, \cdots, y_m$是

来自另一正态总体 $N(\mu_2, \sigma_2^2)$ 的一个样本，且两个总体独立（见图4.3.1）。

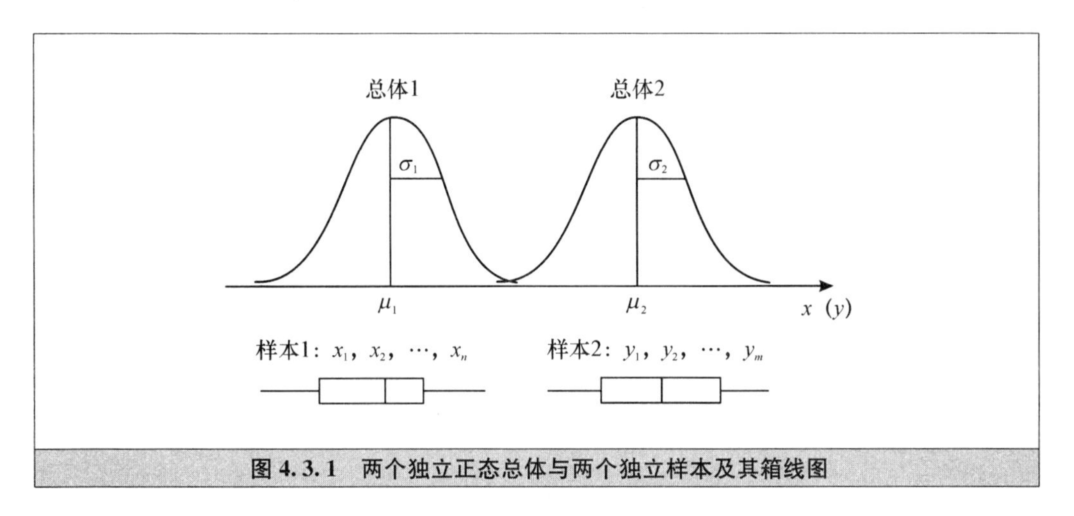

图4.3.1　两个独立正态总体与两个独立样本及其箱线图

两个正态均值 μ_1 和 μ_2 的比较常有如下三个检验问题：

Ⅰ. $H_0: \mu_1 \leqslant \mu_2$　vs　$H_1: \mu_1 > \mu_2$

Ⅱ. $H_0: \mu_1 \geqslant \mu_2$　vs　$H_1: \mu_1 < \mu_2$

Ⅲ. $H_0: \mu_1 = \mu_2$　vs　$H_1: \mu_1 \neq \mu_2$

这三个检验问题分别等价于如下三个检验问题：

Ⅰ. $H_0: \mu_1 - \mu_2 \leqslant 0$　vs　$H_1: \mu_1 - \mu_2 > 0$

Ⅱ. $H_0: \mu_1 - \mu_2 \geqslant 0$　vs　$H_1: \mu_1 - \mu_2 < 0$

Ⅲ. $H_0: \mu_1 - \mu_2 = 0$　vs　$H_1: \mu_1 - \mu_2 \neq 0$

由于两个正态均值 μ_1 与 μ_2 常用各自的样本均值 $\bar{x}$ 与 $\bar{y}$ 估计，其差的分布容易获得：

$$\bar{x} - \bar{y} \sim N\left(\mu_1 - \mu_2, \frac{\sigma_1^2}{n} + \frac{\sigma_2^2}{m}\right) \tag{4.3.1}$$

但该分布含有两个多余参数 σ_1^2 与 σ_2^2，给寻找水平为 α 的检验带来困难。这是因为标准差是度量总体分散程度的统计单位，单位相同的量比较大小较为容易实现，而单位不同的量比较大小就较为麻烦。目前在几种特殊场合寻找到水平为 α 的检验，在一般场合，至今只寻找到水平近似为 α 的检验，水平精确为 α 的检验尚未找到，这在统计发展史上就是有名的 Behrens-Fisher 问题。

对两正态均值的推断将分为两种情况进行讨论：（1）方差 σ_1^2 与 σ_2^2 已知；（2）方差 σ_1^2 与 σ_2^2 未知。本节讨论（1）。

4.3.1　两正态均值差的 u 检验（方差已知）

先考察如下检验问题：

$$H_0': \mu_1 = \mu_2 \quad \text{vs} \quad H_1: \mu_1 > \mu_2 \tag{4.3.2}$$

在 σ_1^2 与 σ_2^2 已知场合，在 H_0' 为真情况下，上述两样本均值差的分布为：

$$\bar{x}-\bar{y}\sim N\left(0,\frac{\sigma_1^2}{n}+\frac{\sigma_2^2}{m}\right) \quad 或 \quad u=\frac{\bar{x}-\bar{y}}{\sqrt{\frac{\sigma_1^2}{n}+\frac{\sigma_2^2}{m}}}\sim N(0,1)$$

因此可选用 u 作为检验统计量。

在原假设 H_0' 为真时，$\bar{x}$ 与 $\bar{y}$ 应较为接近，若 $\bar{x}\gg\bar{y}$（表示 $\bar{x}$ 远大于 $\bar{y}$），应拒绝 H_0'，故此检验问题的拒绝域 $W=\{u\geqslant c\}$。若用给定的显著性水平 α 来控制犯第Ⅰ类错误的概率，可得

$$P(u\geqslant c)=\alpha \quad 或 \quad c=u_{1-\alpha}$$

由此可得检验问题（4.3.2）的拒绝域 $W=\{u\geqslant u_{1-\alpha}\}$。下面我们来拓展这个拒绝域的使用范围，使该拒绝域对检验问题Ⅰ也是适当的。

当 $\mu_1<\mu_2$ 时，利用式（4.3.1）显示的分布可以算得犯第Ⅰ类错误的概率：

$$\begin{aligned}\alpha(\mu_1-\mu_2)&=P(u\geqslant c)=P\left(\frac{\bar{x}-\bar{y}}{\sqrt{\frac{\sigma_1^2}{n}+\frac{\sigma_2^2}{m}}}\geqslant c\right)\\&=P\left(\frac{(\bar{x}-\bar{y})-(\mu_1-\mu_2)}{\sqrt{\frac{\sigma_1^2}{n}+\frac{\sigma_2^2}{m}}}\geqslant c-\frac{\mu_1-\mu_2}{\sqrt{\frac{\sigma_1^2}{n}+\frac{\sigma_2^2}{m}}}\right)\\&=1-\Phi\left(c-\frac{\mu_1-\mu_2}{\sqrt{\frac{\sigma_1^2}{n}+\frac{\sigma_2^2}{m}}}\right)\end{aligned}$$

由标准正态分布函数 $\Phi(\cdot)$ 的严增性质可知，$\alpha(\mu_1-\mu_2)$ 是差 $\mu_1-\mu_2$ 的严增函数，并在 $\mu_1=\mu_2$ 处达到最大值，即

$$\alpha(\mu_1-\mu_2)\leqslant\alpha(0)=1-\Phi(c)$$

故当 $c=u_{1-\alpha}$ 时，就有

$$\alpha(\mu_1-\mu_2)\leqslant\alpha$$

这表明当 $\mu_1<\mu_2$ 时，犯第Ⅰ类错误的概率不会超过 α。所以上述拒绝域 $\{u\geqslant u_{1-\alpha}\}$ 也是检验问题Ⅰ的拒绝域，即

$$W_{\text{Ⅰ}}=\{u\geqslant u_{1-\alpha}\}$$

由完全类似讨论，可分别获得检验问题Ⅱ与Ⅲ的如下拒绝域：

$$W_{\text{Ⅱ}}=\{u\leqslant u_{\alpha}\}, \qquad W_{\text{Ⅲ}}=\{|u|\geqslant u_{1-\alpha/2}\}$$

例 4.3.1

某开发商对减少底漆的烘干时间非常感兴趣。将选择两种配方的底漆：配方 1 是原标准配方；配方 2 是在原配方中增加干燥材料，以减少烘干时间。

开发商选 20 个相同样品，其中 10 个涂上配方 1 的漆，另 10 个涂上配方 2 的漆。

这20个样品涂漆顺序是随机的，经试验，两个样本的平均烘干时间分别为$\bar{x}=121$分钟和$\bar{y}=112$分钟。根据经验，烘干时间的标准差都是8分钟，不会受到新材料的影响。现要在$\alpha=0.05$下对新配方能否减少烘干时间作出检验。

解：这里假设两种烘干时间都服从正态分布，且标准差相等，即

$$X\sim N(\mu_1,\sigma^2),\qquad Y\sim N(\mu_2,\sigma^2)$$

其中$\sigma=8$。要检验的假设是

$$H_0:\mu_1=\mu_2\quad \text{vs}\quad H_1:\mu_1>\mu_2$$

如果新配方能减少平均烘干时间，那就应拒绝H_0。

由于$\bar{x}=121$，$\bar{y}=112$，$\sigma^2=8^2=64$，故检验统计量u的值u_0为：

$$u_0=\frac{\bar{x}-\bar{y}}{\sqrt{\frac{\sigma^2}{n}+\frac{\sigma^2}{m}}}=\frac{121-112}{\sqrt{\frac{64}{10}+\frac{64}{10}}}=2.52$$

如今$\alpha=0.05$，其拒绝域

$$W_{\mathrm{I}}=\{u\geqslant u_{1-\alpha}\}=\{u\geqslant 1.645\}$$

由于$u_0>1.645$，u_0落入拒绝域，故应拒绝原假设H_0，即新配方的平均烘干时间显著减少。另外，我们可计算该检验问题的p值：

$$p=P(u\geqslant u_0)=P(u\geqslant 2.52)=1-\Phi(2.52)=0.005\,9$$

可见拒绝原假设H_0的理由还是充足的。

在两正态总体方差σ_1^2与σ_2^2已知场合，其均值差$\mu_1-\mu_2$的$1-\alpha$置信区间和置信限都可从相应水平α的检验（双侧或单侧）的接受域$\overline{W}_{\mathrm{I}}$，$\overline{W}_{\mathrm{II}}$，$\overline{W}_{\mathrm{III}}$获得，也可从如下的枢轴量获得：

$$u=\frac{\bar{x}-\bar{y}-(\mu_1-\mu_2)}{\sqrt{\frac{\sigma_1^2}{n}+\frac{\sigma_2^2}{m}}}\sim N(0,1)$$

两条途径得到相同结果。

- $\mu_1-\mu_2$的$1-\alpha$置信区间为$\bar{x}-\bar{y}\pm u_{1-\alpha/2}\sqrt{\frac{\sigma_1^2}{n}+\frac{\sigma_2^2}{m}}$；
- $\mu_1-\mu_2$的$1-\alpha$置信下限为$(\mu_1-\mu_2)_L=\bar{x}-\bar{y}-u_{1-\alpha}\sqrt{\frac{\sigma_1^2}{n}+\frac{\sigma_2^2}{m}}$；
- $\mu_1-\mu_2$的$1-\alpha$置信上限为$(\mu_1-\mu_2)_U=\bar{x}-\bar{y}+u_{1-\alpha}\sqrt{\frac{\sigma_1^2}{n}+\frac{\sigma_2^2}{m}}$。

上述置信区间或置信限还有两个用途：

(1) 用置信区间作两正态均值差检验很方便，只要查看区间$[(\mu_1-\mu_2)_L,(\mu_1-\mu_2)_U]$，或$[(\mu_1-\mu_2)_L,\infty)$，或$(-\infty,(\mu_1-\mu_2)_U]$中是否含有零点。若含有零点，则接受原假设$H_0$，否则拒绝$H_0$。

(2) 控制置信区间长度还可确定样本量，具体如下：

在两方差 σ_1^2 与 σ_2^2 已知，且两样本量相等即 $n=m$ 场合，在置信水平 $1-\alpha$ 下，用 $\bar{x}-\bar{y}$ 估计 $\mu_1-\mu_2$ 的误差不超过 d，即 $1-\alpha$ 置信区间长度不超过 $2d$，即

$$2u_{1-\alpha/2}\sqrt{\frac{\sigma_1^2+\sigma_2^2}{n}}\leqslant 2d$$

解之得

$$n\geqslant\left(\frac{u_{1-\alpha/2}}{d}\right)^2(\sigma_1^2+\sigma_2^2) \tag{4.3.3}$$

例 4.3.2

某种飞机上用的铝制加强杆有两种类型，它们的抗拉强度（kg/mm^2）都服从正态分布。由生产过程知其标准差分别为 $\sigma_1=1.2$ 与 $\sigma_2=1.5$。现要求两类加强杆的平均抗拉强度之差 $\mu_1-\mu_2$ 的 0.90 置信区间，使置信区间长度不超过 $2.5kg/mm^2$ 需要多少样本量。

解：(1) 设两类加强杆的样本量相等，且为 n。如今 $\alpha=0.10$，$u_{1-\alpha/2}=u_{0.95}=1.645$。故 0.90 置信区间长度不超过 $2d=2.5$ 时所需样本量为：

$$n\geqslant\left(\frac{1.645}{1.25}\right)^2(1.2^2+1.5^2)=6.39$$

故取 $n=7$。

(2) 对两类加强杆各随机抽取 7 根，分别测其抗拉强度，其样本均值分别为 $\bar{x}=87.6$，$\bar{y}=74.5$。现求其均值差 $\mu_1-\mu_2$ 的 0.90 置信区间：

$$\begin{aligned}(\bar{x}-\bar{y})\pm u_{0.95}\sqrt{\frac{\sigma_1^2+\sigma_2^2}{n}}&=(87.6-74.5)\pm 1.645\times\sqrt{\frac{1.2^2+1.5^2}{7}}\\&=13.1\pm 1.19=[11.91,14.29]\end{aligned}$$

两种类型加强杆的平均强度之差的 90% 的置信区间为 [11.91, 14.29]。由于该区间不含零，故两类加强杆的平均强度间有显著差异。由于 $\bar{x}>\bar{y}$，故可认为第一类加强杆平均强度较大。

*4.3.2 控制犯两类错误概率确定样本量

在双侧检验问题Ⅲ中，当原假设 $\mu_1-\mu_2=0$ 被拒绝，而两均值差的真实值 $\mu_1-\mu_2=\delta>0$ 时（当 $\delta<0$ 时，改用 $\mu_2-\mu_1=\delta>0$ 即可），两样本均值差的真实分布为：

$$\bar{x}-\bar{y}\sim N\left(\delta,\frac{\sigma_1^2}{n_1}+\frac{\sigma_2^2}{n_2}\right) \tag{4.3.4}$$

用这个分布计算前面用 α 确定的接受域 $\overline{W}$ 发生的概率就是犯第Ⅱ类错误的概率 β。在双侧检验问题Ⅲ中，拒绝域 $W=\{|u|\geqslant u_{1-\alpha/2}\}$，故在上述情况下，犯第Ⅱ类错误的概率为：

$$\beta=P_\delta(|u|\leqslant u_{1-\alpha/2})=P_\delta(-u_{1-\alpha/2}\leqslant u\leqslant u_{1-\alpha/2})$$

其中 P_δ 表示用式 (4.3.4) 的分布计算概率。在两样本量相等的情况下，检验统计量 u 可

改写为：

$$u=\frac{\bar{x}-\bar{y}}{\sqrt{(\sigma_1^2+\sigma_2^2)/n}}=\frac{\bar{x}-\bar{y}-\delta}{\sqrt{(\sigma_1^2+\sigma_2^2)/n}}+\frac{\delta}{\sqrt{(\sigma_1^2+\sigma_2^2)/n}}$$

代回原式，可得

$$\beta=\Phi\left(u_{1-\alpha/2}-\frac{\delta}{\sqrt{(\sigma_1^2+\sigma_2^2)/n}}\right)-\Phi\left(-u_{1-\alpha/2}-\frac{\delta}{\sqrt{(\sigma_1^2+\sigma_2^2)/n}}\right) \tag{4.3.5}$$

其中因 $\delta>0$，上式第二项很接近于 0。再利用标准正态分布 $1-\beta$ 分位数 $u_{1-\beta}$ 可把上式改写为：

$$-u_{1-\alpha/2}+\frac{\delta}{\sqrt{(\sigma_1^2+\sigma_2^2)/n}}\approx u_{1-\beta}$$

解之得（在 $n=m$ 下）

$$n\approx\frac{(u_{1-\alpha/2}+u_{1-\beta})^2(\sigma_1^2+\sigma_2^2)}{\delta^2} \tag{4.3.6}$$

可见样本量 n 与两总体均值差 $\mu_1-\mu_2=\delta$ 的平方成反比。两均值 μ_1 与 μ_2 相距越远，所需样本量越少，这是符合人们的实际体验的。

类似地，在单侧检验问题Ⅰ或Ⅱ中，在给定犯第Ⅱ类错误概率为 β 的条件下，所需的样本量（$n=m$）为：

$$n=\frac{(u_{1-\alpha}+u_{1-\beta})^2(\sigma_1^2+\sigma_2^2)}{\delta^2} \tag{4.3.7}$$

 **例 4.3.3**

为说明所需样本量的计算，我们继续考察例 4.3.1。若两真实平均烘干时间差 $\delta=\mu_1-\mu_2=10$ 分钟，希望以概率 0.9 能检测出这差异，这时犯第Ⅱ类错误的概率 $\beta=1-0.9=0.1$。在单侧检验问题Ⅰ下，若取 $\alpha=0.05$，则所需样本量

$$n\approx\frac{(u_{0.95}+u_{0.90})^2(\sigma_1^2+\sigma_2^2)}{\delta^2}=\frac{(1.645+1.282)^2(8^2+8^2)}{10^2}=10.97\approx 11$$

在上述诸条件下，要区分 μ_1 和 μ_2 间相距 10 分钟需要样本量 $n=m=11$，两个样本共需 22 个样品。若要区分 $\mu_1-\mu_2=9$ 分钟，所需样本量为：

$$n=\frac{(1.645+1.282)^2(8^2+8^2)}{9^2}=13.54\approx 14$$

每个样本量增加了 3 个。总样本量为 28，需增加 6 个，这是因要检验的两正态均值间距离缩小了的缘故。

4.3.3　两正态均值差的 t 检验（方差未知）

在两个方差 σ_1^2 与 σ_2^2 都未知场合，两正态均值差 $\mu_1-\mu_2$ 的假设检验的研究要分几种情况讨论。

- 两正态方差未知但相等，即 $\sigma_1^2=\sigma_2^2=\sigma^2$。
- 两正态方差未知且不等，即 $\sigma_1^2\neq\sigma_2^2$。
- 大样本场合，即 n 与 m 都较大。

下面将逐个讨论，同时利用对偶关系指出 $\mu_1-\mu_2$ 的置信区间与置信限。

1. $\sigma_1^2=\sigma_2^2=\sigma^2$

若记两相互独立样本的样本均值分别为 $\bar{x}$ 与 $\bar{y}$，则其差

$$\bar{x}-\bar{y}\sim N\left(\mu_1-\mu_2,\sigma^2\left(\frac{1}{n}+\frac{1}{m}\right)\right)$$

其中共同方差 σ^2 可用两个样本的合样本作出估计，具体如下：

记两个独立样本方差分别为 s_x^2 与 s_y^2，其偏差平方和

$$(n-1)s_x^2=\sum_{i=1}^{n}(x_i-\bar{x})^2 \text{ 有自由度 } n-1$$

$$(m-1)s_y^2=\sum_{i=1}^{m}(y_i-\bar{y})^2 \text{ 有自由度 } m-1$$

其合样本的偏差平方和

$$\sum_{i=1}^{n}(x_i-\bar{x})^2+\sum_{i=1}^{m}(y_i-\bar{y})^2=(n-1)s_x^2+(m-1)s_y^2 \text{ 有自由度 } n+m-2$$

据独立性的假设可知，该合样本的偏差平方和除以 σ^2 后服从卡方分布 $\chi^2(n+m-2)$。由此可得 σ^2 的一个无偏估计：

$$s_w^2=\frac{(n-1)s_x^2+(m-1)s_y^2}{n+m-2} \tag{4.3.8}$$

考虑到如此得到的 s_w^2 还与 $\bar{x}-\bar{y}$ 相互独立，可得 t 变量

$$t=\frac{\bar{x}-\bar{y}-(\mu_1-\mu_2)}{s_w\sqrt{\dfrac{1}{n}+\dfrac{1}{m}}}\sim t(n+m-2) \tag{4.3.9}$$

利用这个结论，与单样本情况类似，可选用

$$t=\frac{\bar{x}-\bar{y}}{s_w\sqrt{\dfrac{1}{n}+\dfrac{1}{m}}} \tag{4.3.10}$$

作为检验统计量，对上述三个检验问题构造水平为 α 的检验，其拒绝域分别为：

$$\begin{aligned}W_{\mathrm{I}}&=\{t\geqslant t_{1-\alpha}(n+m-2)\}\\ W_{\mathrm{II}}&=\{t\leqslant t_{\alpha}(n+m-2)\}\\ W_{\mathrm{III}}&=\{|t|\geqslant t_{1-\alpha/2}(n+m-2)\}\end{aligned} \tag{4.3.11}$$

这些检验都称为**双样本 t 检验**。使用这些 t 检验有两个前提：一是两个总体都是正态或近似正态分布；二是方差相等。这可用正态概率图或等方差检验（见后面 4.5 节）来验证。有一项研究成果值得参考，当来自两正态总体的两样本量相等（$n=m$）时，上述 t 检验对方差相等的假设是很稳健的，或者说不很敏感，即两个方差略有相差，t 检验结果仍然是可信的。故在比较两正态均值时尽量选择样本量相等去做。

利用对偶关系，可立即由接受域 $\overline{W}_{\mathrm{I}}$，$\overline{W}_{\mathrm{II}}$，$\overline{W}_{\mathrm{III}}$ 写出 $\mu_1-\mu_2$ 的 $1-\alpha$ 置信区间。

$$\bar{x}-\bar{y}\pm t_{1-\alpha/2}(n+m-2)s_w\sqrt{\frac{1}{n}+\frac{1}{m}}$$

其中，s_w 如式（4.3.8）所示。容易看出，$\mu_1-\mu_2$ 的 $1-\alpha$ 单侧置信上限为：

$$\bar{x}-\bar{y}+t_{1-\alpha}(n+m-2)s_w\sqrt{\frac{1}{n}+\frac{1}{m}}$$

$\mu_1-\mu_2$ 的 $1-\alpha$ 单侧置信下限为：

$$\bar{x}-\bar{y}-t_{1-\alpha}(n+m-2)s_w\sqrt{\frac{1}{n}+\frac{1}{m}}$$

例 4.3.4

某公司的生产中正在使用催化剂 A，另一种更便宜的催化剂 B 问世。公司认为：使用催化剂 B 如果不能使收益明显提高就继续使用催化剂 A。公司收益大小可用回收率表示。试验车间为此各选 8 个样品分别进行试验，其回收率如表 4.3.1 所示。现要对两种催化剂平均回收率 μ_A 与 μ_B 是否相等作出检验。

表 4.3.1　　两种催化剂的回收率数据

编号	回收率（%）	
	催化剂 A	催化剂 B
1	91.50	89.19
2	94.18	90.95
3	92.18	90.46
4	95.39	93.21
5	91.79	97.19
6	89.07	97.04
7	94.72	91.07
8	89.21	92.75
	$\bar{x}_A=92.255$ $s_A=2.39$	$\bar{x}_B=92.733$ $s_B=2.98$

解：为了把这个问题纳入两正态均值相等的 t 检验框架，首先要对这两个样本是否分别来自两个正态总体作出检验。这可用两样本在正态概率纸上描点来检验（见图 4.3.2），从正态概率图上看，正态性不成问题，两直线斜率亦相近。可认为实行双样本 t 检验前提近似满足。

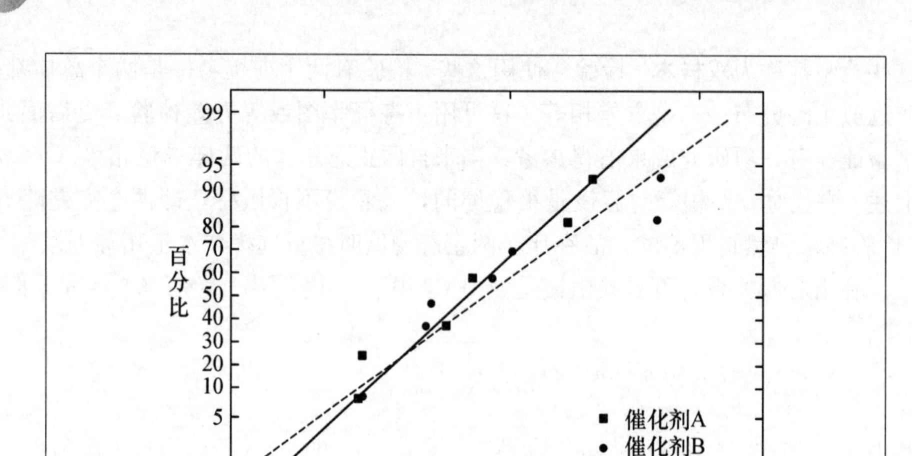

图 4.3.2 两种催化剂样本的正态概率图

下面转入双样本 t 检验，为此先计算合样本的方差：

$$s_w^2=\frac{7\times2.39^2+7\times2.99^2}{8+8-2}=7.3261=2.71^2$$

而双样本 t 检验统计量的值 t_0 为：

$$t_0=\frac{92.255-92.733}{2.71\times\sqrt{\frac{1}{8}+\frac{1}{8}}}=-0.3528$$

若取显著性水平 $\alpha=0.05$，其拒绝域为：

$$W=\{|t|\geqslant t_{1-\alpha/2}(n+m-2)\}=\{|t|\geqslant t_{0.975}(14)\}=\{|t|\geqslant 2.1488\}$$

可见 t_0 未落入拒绝域内，不能拒绝原假设 H_0：$\mu_A=\mu_B$，即在显著性水平 $\alpha=0.05$ 下，没有证据说明催化剂 B 能给公司带来更高的平均收益。

还可计算这个检验的 p 值：

$$p=P(|t|\geqslant|t_0|)=P(|t|\geqslant 0.3528)=2P(t\geqslant 0.3528)=0.73$$

故仍应接受原假设 H_0：$\mu_1=\mu_2$。

2. $\sigma_1^2\neq\sigma_2^2$

当我们不能合理地假设未知方差 σ_1^2 与 σ_2^2 相等时，要检验两均值相等至今尚无精确方法，下面叙述的是一较好的近似检验。

若 $\bar{x}\sim N\left(\mu_1,\frac{\sigma_1^2}{n}\right)$，$\bar{y}\sim N\left(\mu_2,\frac{\sigma_2^2}{m}\right)$，且两者独立，则

$$\bar{x}-\bar{y}\sim N\left(\mu_1-\mu_2,\frac{\sigma_1^2}{n}+\frac{\sigma_2^2}{m}\right)$$

故在 $\mu_1=\mu_2$ 时：

$$\frac{\bar{x}-\bar{y}}{\sqrt{\frac{\sigma_1^2}{n}+\frac{\sigma_2^2}{m}}}\sim N(0,1)$$

当 σ_1^2 与 σ_2^2 分别用其无偏估计 s_x^2，s_y^2 代替后，记

$$t^*=\frac{\bar{x}-\bar{y}}{\sqrt{\frac{s_x^2}{n}+\frac{s_y^2}{m}}} \tag{4.3.12}$$

这时 t^* 就不再服从 $N(0,1)$ 分布了，也无理由说它服从 t 分布，但其形式很像 t 统计量。因此人们称其为 t 化统计量，并设法用 t 统计量去拟合，结果发现，取

$$l=\left(\frac{s_x^2}{n}+\frac{s_y^2}{m}\right)^2\Big/\left[\frac{s_x^4}{n^2(n-1)}+\frac{s_y^4}{m^2(m-1)}\right] \tag{4.3.13}$$

若 l 为非整数时取最接近的整数，则 t^* 近似服从自由度是 l 的 t 分布，即 $t^*\sim t(l)$。于是可用 t^* 作为检验统计量，对上述三类检验问题分别得到如下拒绝域：

$$\begin{aligned}W_{\mathrm{I}}&=\{t^*\geqslant t_{1-\alpha}(l)\}\\W_{\mathrm{II}}&=\{t^*\leqslant t_{\alpha}(l)\}\\W_{\mathrm{III}}&=\{|t^*|\geqslant t_{1-\alpha/2}(l)\}\end{aligned} \tag{4.3.14}$$

利用对偶关系，可从式（4.3.14）的对立事件写出对应的置信区间与置信限。具体是：$\mu_1-\mu_2$ 的近似 $1-\alpha$ 置信区间为：

$$\bar{x}-\bar{y}\pm t_{1-\alpha/2}(l)\sqrt{\frac{s_x^2}{n}+\frac{s_y^2}{m}}$$

其中 l 如式（4.3.13）所示。类似地，也可写出 $\mu_1-\mu_2$ 的近似 $1-\alpha$ 单侧置信上限为：

$$\bar{x}-\bar{y}+t_{1-\alpha}(l)\sqrt{\frac{s_x^2}{n}+\frac{s_y^2}{m}}$$

而 $\mu_1-\mu_2$ 的近似 $1-\alpha$ 置信下限为：

$$\bar{x}-\bar{y}-t_{1-\alpha}(l)\sqrt{\frac{s_x^2}{n}+\frac{s_y^2}{m}}$$

3. 大样本场合

当 n 与 m 都较大时，式（4.3.13）中的 l 也随之增大，譬如在 $n=m=31$ 时，可算得 $l\geqslant 30$。大家知道，当 $l\geqslant 30$ 时自由度为 l 的 t 分布就很近似标准正态分布 $N(0,1)$，故在 n 与 m 都较大时，可将式（4.3.12）中的 t^* 改记为 u，且 u 近似服从 $N(0,1)$。从而可用双样本的 u 检验得到上述三类检验问题的拒绝域：

$$W_{\mathrm{I}}=\{u\geqslant u_{1-\alpha}\}$$
$$W_{\mathrm{II}}=\{u\leqslant u_{\alpha}\} \tag{4.3.15}$$
$$W_{\mathrm{III}}=\{|u|\geqslant u_{1-\alpha/2}\}$$

利用对偶关系，可从上述拒绝域获得接受域，最后改写为置信区间与置信限。此时 $\mu_1-\mu_2$ 的近似 $1-\alpha$ 置信区间为：

$$\bar{x}-\bar{y}\pm u_{1-\alpha/2}\sqrt{\frac{s_x^2}{n}+\frac{s_y^2}{m}}$$

其中 $u_{1-\alpha/2}$ 为标准正态分布的 $1-\alpha/2$ 分位数。类似可得 $\mu_1-\mu_2$ 的近似 $1-\alpha$ 单侧置信上限为：

$$\bar{x}-\bar{y}+u_{1-\alpha}\sqrt{\frac{s_x^2}{n}+\frac{s_y^2}{m}}$$

$\mu_1-\mu_2$ 的近似 $1-\alpha$ 单侧置信下限为：

$$\bar{x}-\bar{y}-u_{1-\alpha}\sqrt{\frac{s_x^2}{n}+\frac{s_y^2}{m}}$$

利用上述结果中的近似置信区间亦可作假设检验。若上述置信区间或置信限中不含零点，就可拒绝原假设。

综上所述，两个正态均值差的假设检验汇总于表 4.3.2 中。

表 4.3.2　　两个总体均值的假设检验

（显著性水平为 α）

检验法	条件	H_0	H_1	检验统计量	拒绝域
双样本 u 检验	σ_1，σ_2 已知	$\mu_1\leqslant\mu_2$ $\mu_1\geqslant\mu_2$ $\mu_1=\mu_2$	$\mu_1>\mu_2$ $\mu_1<\mu_2$ $\mu_1\neq\mu_2$	$u=\dfrac{\bar{x}-\bar{y}}{\sqrt{\dfrac{\sigma_1^2}{n}+\dfrac{\sigma_2^2}{m}}}$	$\{u\geqslant u_{1-\alpha}\}$ $\{u\leqslant u_{\alpha}\}$ $\{\|u\|\geqslant u_{1-\alpha/2}\}$
双样本 t 检验	$\sigma_1=\sigma_2$ 未知	$t_1\leqslant t_2$ $t_1\geqslant t_2$ $t_1=t_2$	$t_1>t_2$ $t_1<t_2$ $t_1\neq t_2$	$t=\dfrac{\bar{x}-\bar{y}}{s_w\sqrt{\dfrac{1}{n}+\dfrac{1}{m}}}$	$\{t\geqslant t_{1-\alpha}(n+m-2)\}$ $\{t\leqslant t_{\alpha}(n+m-2)\}$ $\{\|t\|\geqslant t_{1-\alpha/2}(n+m-2)\}$
近似双样本 u 检验	σ_1，σ_2 未知，m，n 充分大	$\mu_1\leqslant\mu_2$ $\mu_1\geqslant\mu_2$ $\mu_1=\mu_2$	$\mu_1>\mu_2$ $\mu_1<\mu_2$ $\mu_1\neq\mu_2$	$u=\dfrac{\bar{x}-\bar{y}}{\sqrt{\dfrac{s_x^2}{n}+\dfrac{s_y^2}{m}}}$	$\{u\geqslant u_{1-\alpha}\}$ $\{u\leqslant u_{\alpha}\}$ $\{\|u\|\geqslant u_{1-\alpha/2}\}$
近似双样本 t 检验	σ_1，σ_2 未知，m，n 不太大	$\mu_1\leqslant\mu_2$ $\mu_1\geqslant\mu_2$ $\mu_1=\mu_2$	$\mu_1>\mu_2$ $\mu_1<\mu_2$ $\mu_1\neq\mu_2$	$t^*=\dfrac{\bar{x}-\bar{y}}{\sqrt{\dfrac{s_x^2}{n}+\dfrac{s_y^2}{m}}}$	$\{t^*\geqslant t_{1-\alpha}(l)\}$ $\{t^*\leqslant t_{\alpha}(l)\}$ $\{\|t^*\|\geqslant t_{1-\alpha/2}(l)\}$

注：表中 $s_w=\sqrt{\dfrac{(n-1)s_x^2+(m-1)s_y^2}{n+m-2}}$，$l=\left(\dfrac{s_x^2}{n}+\dfrac{s_y^2}{m}\right)^2\Big/\left[\dfrac{s_x^4}{n^2(n-1)}+\dfrac{s_y^4}{m^2(m-1)}\right]$。

例 4.3.5

设甲、乙两种矿石中的含铁量分别服从 $N(\mu_1,\sigma_1^2)$ 与 $N(\mu_2,\sigma_2^2)$。现分别从两

种矿石中取若干样品测其含铁量，其样本量、样本均值和样本无偏方差分别为：

甲矿石：$n=10$，　$\bar{x}=16.01$，　$s_x^2=10.80$

乙矿石：$m=5$，　$\bar{y}=18.98$，　$s_y^2=0.27$

试在 $\alpha=0.01$ 水平下检验“甲矿石含铁量不低于乙矿石的含铁量”这种传统看法是否成立。

解：这里的检验问题为：

$$H_0: \mu_1 \geqslant \mu_2 \quad \text{vs} \quad H_1: \mu_1 < \mu_2$$

由于这里 n，m 都不大，且 s_x^2 与 s_y^2 又相差甚大，故拟采用式（4.3.12）中的 t^* 统计量作检验。此时

$$l=\left(\frac{s_x^2}{n}+\frac{s_y^2}{m}\right)^2 \Big/ \left[\frac{s_x^4}{n^2(n-1)}+\frac{s_y^4}{m^2(m-1)}\right]=9.87$$

取与其最接近的整数代替，即取 $l=10$。在 $\alpha=0.01$ 时，$t_{0.01}(10)=-2.7638$，则拒绝域为 $W=\{t^*\leqslant -2.7638\}$。

现由样本求得 $t^*=-2.789$。由于样本落入拒绝域，故在 $\alpha=0.01$ 水平下拒绝原假设 H_0，即传统看法不成立。

习题 4.3

1. 某厂铸造车间为提高钢体的耐磨性试制了一种镍合金铸件以取代一种铜合金铸件。现从两种铸件中各抽取一个样本进行硬度测试（代表耐磨性的一种考核指标），其结果如下：

含镍铸件 X：72.0　69.5　74.0　70.5　71.8

含铜铸件 Y：69.8　70.0　72.0　68.5　73.0　70.0

根据以往经验知，硬度 $X\sim N(\mu_1, \sigma_1^2)$，$Y\sim N(\mu_2, \sigma_2^2)$，且 $\sigma_1=\sigma_2=2$。试在 $\alpha=0.05$ 水平上比较镍合金铸件比铜合金铸件的硬度有无显著提高。

2. 灌装某种液体有两条生产线，规定每瓶装该液体 1 磅（=16 盎司），其标准差分别为 $\sigma_1=0.020$ 盎司与 $\sigma_2=0.025$ 盎司。现在两条生产线各抽取 10 瓶，测得各瓶净装液体重量如下：

生产线 1		生产线 2	
16.03	16.01	16.02	16.03
16.04	15.96	15.97	16.04
15.98	16.05	16.02	15.96
16.05	16.02	16.01	16.01
16.02	15.99	15.99	16.00

若各瓶净装液体重量（盎司）服从正态分布，请考察如下问题：

（1）请对 $H_0: \mu_1=\mu_2$ vs $H_1: \mu_1\neq\mu_2$ 作出判断；

（2）计算检验的 p 值；

（3）给出 $\mu_1-\mu_2$ 的 0.95 置信区间；

（4）在样本量相等下，要使真实差异 0.04 盎司下 $\beta=0.01$，需要的样本量至少是多少？

3. 某公司生产电子元件常年需使用某种塑料。如今有一种新型塑料问世，并声称其断裂强度有明显增大。公司领导对此表示：除非新型塑料比原塑料在平均断裂强度上大 10psi，否则不会采用新型塑料。公司质检部门从两种塑料中各取一个样本进行断裂强度试验，试验情况与结果如下：

新型塑料	样本量 $n=10$	样本均值 $\bar{x}=162.7$	$\sigma_1=1$psi（已知）
原塑料	样本量 $m=12$	样本均值 $\bar{y}=151.8$	$\sigma_2=1$psi（已知）

在断裂强度服从正态分布假设下，考察如下几个问题：

（1）请对 $H_0: \mu_1-\mu_2\leqslant 10$ vs $H_1: \mu_1-\mu_2>10$ 给出检验统计量及其拒绝域；

（2）在 $\alpha=0.05$ 时对两种塑料平均断裂强度之差是否超过 10psi 作出判断；

（3）给出 $\mu_1-\mu_2$ 的 0.95 单侧置信下限。

4. 某物质在化学处理前后的含脂率如下：

处理前：0.19　0.18　0.21　0.30　0.66　0.42　0.08　0.12　0.30　0.27

处理后：0.15　0.13　0.00　0.07　0.24　0.24　0.19　0.04　0.08　0.20
0.12

假定处理前后的含脂率分别服从正态分布，问：处理后是否降低了含脂率(取 $\alpha=0.05$)？

5. 某生产线是按两种操作平均装配时间之差为 5 分钟而设计的。两种装配操作的独立样本情况分别为 $n=100$，$m=50$，$\bar{x}=14.8$ 分钟，$\bar{y}=10.4$ 分钟，$s_x=0.8$ 分钟，$s_y=0.6$ 分钟。试就这些数据说明：两种操作平均装配时间差为 5 分钟的设计要求达到与否（$\alpha=0.05$)？

6. 考察两种不同挤压机生产的钢棒的直径，各取一个样本测其直径，其样本量、样本均值与样本方差分别为：

$$n_1=15,\quad \bar{x}_1=8.73,\quad s_1^2=0.35$$
$$n_2=17,\quad \bar{x}_2=8.68,\quad s_2^2=0.40$$

已知两样本源自方差相同的两正态总体，试研究以下问题：

（1）在 $\alpha=0.05$ 水平下是否有证据支持两种机器生产的钢棒的平均直径相同的论断；

（2）求出检验的 p 值；

(3) 构造钢棒直径差的95%置信区间。

7. 有两种喷射装置：(1) 兑水成泡沫液；(2) 兑酒精成泡沫液。现对两种装置各做5次试验测其泡沫膨胀体积，算得各样本均值与样本标准差分别为：

$$\bar{x}_1=4.340,\quad s_1=0.508$$
$$\bar{x}_2=7.091,\quad s_2=0.430$$

已知两样本来自标准差相等的两个正态总体，寻求该正态均值差的90%的置信区间，并用此区间对两个总体均值的差异作出解释。

8. 半导体生产中蚀刻是重要工序，其蚀刻率是重要特性并知其服从正态分布。现有两种不同蚀刻方法，为比较其蚀刻率的大小，特对每种方法各在10个晶片上进行蚀刻，记录的蚀刻率（单位：mils/min）数据如下：

方法1		方法2	
9.9	10.6	10.2	10.0
9.4	10.3	10.6	10.2
9.3	10.0	10.7	10.4
9.6	10.3	10.4	10.3
10.2	10.1	10.5	10.2

(1) 在等方差假设下，用 $\alpha=0.05$ 对两种方法的蚀刻率是否相等作出判断；

(2) 计算 (1) 的 p 值；

(3) 求出平均蚀刻率的差的95%置信区间；

(4) 作出两样本的正态概率图，考察其正态性与等方差假设成立与否。

4.4 成对数据的比较

4.4.1 成对数据的 t 检验

在对两正态均值 μ_1 与 μ_2 进行比较时有一种特殊情况值得注意。当对两个感兴趣总体的观察值是成对收集的时候，每一对观察值（x_i，y_i）是在近似相同条件下而用不同方式获得的，为了比较两种方式对观察值的影响差异是否显著而进行多次重复试验。具体请看下面的例子。

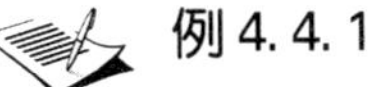

例 4.4.1

为比较两种谷物种子A与B的平均产量的高低，特选取10块土地，每块按面积均分为两小块，分别种植A与B两种种子。生长期间的施肥等田间管理在20小块土地上都一样，表4.4.1列出各小块土地上的单位产量。试问：两种种子A与B的单位产量在显著性水平 $\alpha=0.05$ 下有无显著差别？

表 4.4.1 种子A与B的单位产量

土地号	A单位产量 x_i	B单位产量 y_i	差 $d_i=x_i-y_i$
1	23	30	−7
2	35	39	−4
3	29	35	−6
4	42	40	2
5	39	38	1
6	29	34	−5
7	37	36	1
8	34	33	1
9	35	41	−6
10	28	31	−3
样本均值	$\overline{x}=33.1$	$\overline{y}=35.7$	$\overline{d}=-2.6$
样本方差	$s_x^2=33.2110$	$s_y^2=14.2333$	$s_d^2=12.2668$

解：初看起来，这个问题可归结为在单位产量服从正态分布的前提下要对两个正态均值是否相等作出判断，即对如下检验问题

$$H_0: \mu_A=\mu_B \quad \text{vs} \quad H_1: \mu_A\neq\mu_B$$

使用双样本 t 检验作出判断。按此想法对表 4.4.1 上的数据作出处理，然后再作分析。

在例 4.4.1 中两正态方差是未知的且不知是否相等，故应使用 t 化统计量，据表 4.4.1 上的数据可算得

$$t^*=\frac{\overline{x}-\overline{y}}{\sqrt{\frac{s_A^2}{n}+\frac{s_B^2}{m}}}=\frac{33.1-35.7}{\sqrt{\frac{33.2110}{10}+\frac{14.2333}{10}}}=\frac{-2.6}{2.1782}=-1.1936 \tag{4.4.1}$$

统计量 t^* 服从自由度为 l 的 t 分布，其中自由度为：

$$l=\frac{\left(\frac{s_A^2}{n}+\frac{s_B^2}{m}\right)^2}{\frac{s_A^4}{n^2(n-1)}+\frac{s_B^4}{m^2(m-1)}}=\frac{\frac{(47.4443)^2}{100}}{\frac{1305.5774}{900}}=15.517$$

故取 $l=16$。在显著性水平 $\alpha=0.05$ 下，$t_{1-\alpha/2}(l)=t_{0.975}(16)=2.120$。由于 $|t^*|<2.120$，故不应拒绝 H_0，即两种种子的单位产量的均值间无显著差异。

上述结果值得讨论，t 化统计量 t^* 的分母中有两个样本方差 s_A^2 与 s_B^2，其中 s_A^2（s_B^2 也一样）是种子A在10小块土地上单位产量的样本方差，它既含有种子A单位产量的波动，还含有10小块土地的土质的差异，致使 s_A^2 与 s_B^2 较大，从而在式(4.4.1)中的分母较大，最后导致不拒绝 H_0。

为了使人信服，必须设法从数据分析中排除土质差异的影响。大家知道，表 4.4.1 中 x_i 与 y_i 是在同一块土地上长出谷物的单位重量。组成成对（或配对）数据，它们之间的差别将体现种子A与B的优劣。一个最简单有效的方法是用减法把第 i

块土地上两个单位产量中所含土质影响部分消除，剩下来的差

$$d_i=x_i-y_i,\quad i=1,2,\cdots,n \tag{4.4.2}$$

仅为两种子对产量的影响差异。故用 d_1，d_2，…，d_n 对两种子的优劣作出评价更为合理。这就用上了成对数据带来的信息。

经上述分析，我们已把双总体与双样本在成对数据场合转化为单总体与单样本问题。该总体分布为：

$$d=x-y\sim N(\mu_d,\sigma_d^2)$$

其中，$\mu_d=\mu_A-\mu_B$，$\sigma_d^2=\sigma_A^2+\sigma_B^2-2\mathrm{Cov}(x,y)$。它们都可用样本（4.4.2）直接作出估计，如

$$\hat{\mu}_d=\bar{d}=\frac{1}{n}\sum_{i=1}^{n}d_i,\quad \hat{\sigma}_d^2=s_d^2=\frac{1}{n-1}\sum_{i=1}^{n}(d_i-\bar{d})^2$$

而我们要检验的问题改为如下：

$$H_0:\mu_d=0\quad \text{vs}\quad H_1:\mu_d\neq 0 \tag{4.4.3}$$

对此双侧检验问题用单样本 t 检验即可。利用表 4.4.1 上最后一列的数据，可以算得 t 统计量的值

$$t=\frac{\bar{d}}{s_d/\sqrt{n}}=\frac{-2.6}{3.502\,4/\sqrt{10}}=\frac{-2.6}{1.107\,5}=-2.347\,6 \tag{4.4.4}$$

而拒绝域 $W=\{|t|\geqslant t_{1-\alpha/2}(n-1)\}$。若取 $\alpha=0.05$，则有

$$t_{1-\alpha/2}(n-1)=t_{0.975}(9)=2.262$$

如今 $|t|>2.262$，故应拒绝 H_0，即两种子的单位产量间有显著差异。因 $\bar{d}=-2.6<0$，故种子 B 的产量比种子 A 显著地高。

为什么会导致不同的结论呢？哪一个结论更可信呢？这要从它们所使用检验统计量的差别上找原因。在我们的例子中：

$$\text{双样本 } t \text{ 化统计量 } t^*=\frac{\bar{x}-\bar{y}}{\sqrt{\frac{s_A^2}{n}+\frac{s_B^2}{m}}}=\frac{-2.6}{2.178\,2}$$

$$\text{单样本 } t \text{ 统计量 } t=\frac{\bar{d}}{s_d/\sqrt{n}}=\frac{-2.6}{1.107\,5}$$

这两个检验统计量的分子是相同的，差别在分母的标准差上。t^* 的标准差

$$\hat{\sigma}_t^*=\sqrt{\frac{s_A^2+s_B^2}{n}}$$

中既含有不同种子 A 与 B 引起的差异，又含有 10 块土地间的差异；而单样本 t 的标准差 $\hat{\sigma}_d=\sqrt{\frac{s_d^2}{n}}$ 仅含不同种子 A 与 B 引起的差异，而 10 块土地间的差异在 d_1，d_2，…，d_n 中已不复存在了，或者说 10 块土地间的差异对两种种子的单位产量的干

扰已先行排除了。由此可见，在这个例子中使用单样本 t 检验是合理的，结论也是可信的。更一般的分析见下一小节。

在成对数据场合还有两对单侧检验问题：

$$\text{Ⅰ}. \quad H_0: \mu_d \leqslant 0 \quad \text{vs} \quad H_1: \mu_d > 0$$

$$\text{Ⅱ}. \quad H_0: \mu_d \geqslant 0 \quad \text{vs} \quad H_1: \mu_d < 0$$

它们仍可使用如下 t 统计量：

$$t=\frac{\bar{d}}{s_d/\sqrt{n}} \sim t(n-1)$$

其拒绝域分别为：

$$W_{\text{Ⅰ}}=\{t \geqslant t_{1-\alpha}(n-1)\}, \quad W_{\text{Ⅱ}}=\{t \leqslant t_{\alpha}(n-1)\}$$

利用对偶关系，可从上述诸拒绝域写出两正态均值差的 $1-\alpha$ 置信区间：

$$\bar{d} \pm t_{1-\alpha/2}(n-1) s_d/\sqrt{n} \tag{4.4.5}$$

μ_d 的 $1-\alpha$ 单侧置信上限 $\bar{d}+t_{1-\alpha}(n-1)s_d/\sqrt{n}$ 和 μ_d 的 $1-\alpha$ 单侧置信下限 $\bar{d}-t_{1-\alpha}(n-1)s_d/\sqrt{n}$。

反之，若这些置信区间或置信限不含有零点，则应拒绝原假设，否则接受原假设。

例 4.4.2

某工厂的两个实验室每天同时从工厂的冷却水中取样，分别测定水中的含氯量各一次，表 4.4.2 给出了 11 天的记录。试求两实验室测定的含氯量的均值差 μ_d 的 0.95 置信区间。

表 4.4.2　　两个实验室测定的水中含氯量数据

序号 i	x_i（实验室 A）	y_i（实验室 B）	$d_i=x_i-y_i$
1	1.15	1.00	0.15
2	1.86	1.90	−0.04
3	0.76	0.90	−0.14
4	1.82	1.80	0.02
5	1.14	1.20	−0.06
6	1.65	1.70	−0.05
7	1.92	1.95	−0.03
8	1.01	1.02	−0.01
9	1.12	1.23	−0.11
10	0.90	0.97	−0.07
11	1.40	1.52	−0.12
均值	$\bar{x}=1.339$	$\bar{y}=1.381$	$\bar{d}=-0.0418$
标准差	$s_x=0.412$	$s_y=0.403$	$s_d=0.0796$

解：把表 4.4.2 上已算得的数据 $\overline{d}=-0.0418$，$s_d=0.0796$ 代入式（4.4.5）中，可得

$$\overline{d}\pm t_{1-\alpha/2}(n-1)\frac{s_d}{\sqrt{n}}=-0.0418\pm2.228\times\frac{0.0796}{\sqrt{11}}=-0.0418\pm0.0535$$
$$=[-0.0953,0.0117]$$

注意：所获得的置信区间包含零。这显示在 95%置信水平下，表 4.4.2 上的数据不支持两实验室的测定有不同的平均含氯量的说法。

4.4.2　成对与不成对数据的处理

在需要对两正态均值进行比较时，数据收集有两种方式：

- 不成对收集。两总体常处于独立状态，并不成对，常用双样本 t 检验，其检验统计量如式（4.4.1）所示。
- 成对收集。两总体常呈较强的正相关状态，常用单样本 t 检验，其检验统计量如式（4.4.4）所示。

为方便比较，设两样本量相等，即 $n=m$。首先，注意到

$$\overline{d}=\frac{1}{n}\sum_{i=1}^{n}d_i=\frac{1}{n}\sum_{i=1}^{n}(x_i-y_i)=\overline{x}-\overline{y}$$

这表明两个 t 检验统计量式（4.4.1）与式（4.4.4）的分子是相同的。另外

$$\mathrm{Var}(\overline{d})=\mathrm{Var}(\overline{x}-\overline{y})=\mathrm{Var}(\overline{x})+\mathrm{Var}(\overline{y})-2\mathrm{Cov}(\overline{x},\overline{y})$$
$$=\frac{\sigma_1^2}{n}+\frac{\sigma_2^2}{n}-\frac{2\rho\sigma_1\sigma_2}{n}\leqslant\frac{\sigma_1^2}{n}+\frac{\sigma_2^2}{n}$$

这表明 $\overline{x}-\overline{y}$ 的方差在正相关场合比在独立场合的方差要小一些。若用 s_d^2/n 估计 $\overline{d}$ 的方差，当两总体间存在正相关时，成对数据的 t 检验的分母不会超过双样本 t 检验的分母。若在成对数据的 t 检验中分母误用双样本 t 检验的分母，那将使成对数据检验的显著性大打折扣。

成对数据处理中常使 $\overline{x}-\overline{y}$ 的方差较小，但它也有一个缺点，即成对数据 t 检验的自由度 $n-1$ 比双样本 t 检验的自由度 $2n-2$ 要少 $n-1$。这表明成对数据的 t 检验中数据使用效率欠佳。假如参试的个体间差异甚微，使用双样本 t 检验会更好一些，因这时不会失去部分自由度。

在实际中我们在两种数据收集方法（成对与不成对）中如何选择呢？在这个问题上显然没有一般答案，要根据实际情况决定。譬如：

- 在个体差异较大时常用成对数据收集法，即在一个个体上先后作两种不同处理，收集成对数据。
- 在个体差异较小且施行两种处理结果相关性也小时，可用独立样本采集方法（不成对数据收集方法）。这样的方法可提高数据使用效率。

例 4.4.3

为了比较用于做皮鞋后跟两种材料（A与B）的耐磨性能，选取15名成年在职男子，每人穿一双新鞋，其中一只用材料A做后跟，另一只用材料B做后跟，每只后跟厚度都是10mm。一个月后再测厚度，所测数据列于表4.4.3中。现要求对两种材料是否同样耐磨作出判断。

表 4.4.3　　后跟耐磨数据

序号	材料A（x_i）	材料B（y_i）	差 $x_i-y_i=d_i$
1	6.6	7.4	−0.8
2	7.0	5.4	1.6
3	8.3	8.8	−0.5
4	8.2	8.0	0.2
5	5.2	6.8	−1.6
6	9.3	9.1	0.2
7	7.9	6.3	1.6
8	8.5	7.5	1.0
9	7.8	7.0	0.8
10	7.5	6.5	1.0
11	6.1	4.4	1.7
12	8.9	7.7	1.2
13	6.1	4.2	1.9
14	9.4	9.4	0.0
15	9.1	9.1	0.0

解：这组成对数据的获得是经过精心设计的。在这个例子中个体（成年男子）差异是很大的，有的经常走路，有的坐办公室较少走路，为了消除这种个体差异对材料评价的影响，最好的方法是按对收集数据。如今每位成年男子两只脚各穿一种材料做后跟的皮鞋，就是实现成对数据收集的方法。

按成对数据的 t 检验方法先计算差值 $d_i=x_i-y_i$，现已列入表的最后一列。然后计算诸 d_i 的样本均值与样本标准差：

$$\bar{d}=0.553,\quad s_d=1.023$$

要检验的一对假设是：

$$H_0: \mu_d=0 \quad \text{vs} \quad H_1: \mu_d\neq 0$$

其中 μ_d 是差 $d=x-y$ 的均值。在 $\alpha=0.05$ 水平下，该检验的拒绝域为：

$$W=\{|t|\geqslant t_{0.975}(14)\}=\{|t|\geqslant 2.1448\}$$

现用 t 检验统计量算得

$$t=\frac{\bar{d}}{s_d/\sqrt{n}}=\frac{0.553}{1.023/\sqrt{15}}=2.10$$

可见样本未落入拒绝域中，故不能拒绝 H_0，即在 $\alpha=0.05$ 水平下，认为两种材料的耐磨性能并无显著差异。

习题 4.4

1. 某企业员工在开展质量管理活动中，为提高产品的一个关键参数，有人提出需要增加一道工序。为验证这道工序是否有用，从所生产的产品中随机抽取 7 件产品，首先测得其参数值，然后通过增加的工序加工后再次测定其参数值，结果如下表所示。

序号	1	2	3	4	5	6	7
加工前	25.6	20.8	19.4	26.2	24.7	18.1	22.9
加工后	28.7	30.6	25.5	24.8	19.5	25.9	27.8

试问：在 $\alpha=0.05$ 水平下能否认为该道工序对提高参数值有用？

2. 字处理系统的好坏通常依能否提高秘书工作效率来评定。以前使用电子打字机现在使用计算机处理系统的 7 名秘书的打字速度（字数/分钟）如下所示。

秘书	1	2	3	4	5	6	7
电子打字机 x_i	72	68	55	58	52	55	64
计算机处理系统 y_i	75	66	60	64	55	57	64

在打字速度的正态分布假设下能否说明计算机打字处理系统平均打字速度提高了（$\alpha=0.05$）？

3. 为比较测定污水中氯含量的两种方法，特在各种场合收集到 8 个污水水样，每个水样均用这两种方法测定氯含量，具体数据如下：

单位：mg/L

水样号	1	2	3	4	5	6	7	8
方法 1（x）	0.36	1.35	2.56	3.92	5.35	8.33	10.70	10.91
方法 2（y）	0.39	0.84	1.76	3.35	4.69	7.70	10.52	10.92

试比较两种测定方法是否有显著差异（$\alpha=0.05$）。

4. 为比较钢板强度的两种测定方法，随机选出 9 张钢板分别用两种方法测其强度，测定结果如下：

钢板号	方法 1（x）	方法 2（y）	差 $d=x-y$
1	1.186	1.061	0.125
2	1.151	0.992	0.159
3	1.322	1.063	0.259
4	1.339	1.062	0.277
5	1.200	1.056	0.135
6	1.402	1.178	0.224
7	1.365	1.037	0.328
8	1.537	1.086	0.451
9	1.559	1.052	0.507

试在 $\alpha=0.05$ 水平下比较两种测定方法是否存在差异，并计算 p 值。

5. 有两辆车具有不同的轴距和四轮半径，请 14 位驾驶员分别用这两辆车进行倒车停靠试验，所需时间记录（单位：秒）如下：

驾驶员号	车辆 1（x）	车辆 2（y）	差 $d=x-y$
1	37.0	17.8	19.2
2	25.8	20.2	5.6
3	16.2	16.8	−0.6
4	24.2	41.4	−17.2
5	22.0	21.4	0.6
6	33.4	38.4	−5.0
7	23.8	16.8	7.0
8	58.2	32.2	26.0
9	33.6	37.8	−4.2
10	24.4	23.2	1.2
11	23.4	29.6	−6.2
12	21.2	20.6	0.6
13	36.2	32.2	4.0
14	29.8	53.8	−24.0

试给出平均倒车停靠时间差的 90%置信区间。

6. 15 位 35～50 岁之间的男子参与一项评价饮食和锻炼对血液胆固醇影响的研究。最初测量每位参加者的胆固醇水平，然后测量 3 个月有氧训练和低脂肪饮食后的胆固醇水平，数据如下表所示。

个体号	初期胆固醇 x	后期胆固醇 y	差 $d=x-y$
1	265	229	36
2	240	231	9
3	258	227	31
4	295	240	55
5	251	238	13
6	245	241	4
7	287	234	53
8	314	256	58
9	260	247	13
10	279	239	40
11	283	246	37
12	240	218	22
13	238	219	19
14	225	226	−1
15	247	233	14

（1）数据是否支持低脂肪饮食和有氧锻炼对减少血液胆固醇有价值的论断($\alpha=0.05$)；

（2）计算 p 值；

（3）求 3 个月内血液胆固醇降低量的 95%置信区间。

4.5　正态方差的推断

前面我们用较多篇幅讨论正态均值的假设检验及其与置信区间（置信限）之间的对偶关系。本节将转入正态方差的类似讨论。

4.5.1　正态方差 σ^2 的 χ^2 检验

设 x_1，x_2，…，x_n 是来自正态总体 $N(\mu, \sigma^2)$ 的一个样本，关于正态方差 σ^2 的检验问题常有如下三种形式：

Ⅰ. $H_0: \sigma^2 \leqslant \sigma_0^2 \quad \text{vs} \quad H_1: \sigma^2 > \sigma_0^2$

Ⅱ. $H_0: \sigma^2 \geqslant \sigma_0^2 \quad \text{vs} \quad H_1: \sigma^2 < \sigma_0^2$

Ⅲ. $H_0: \sigma^2 = \sigma_0^2 \quad \text{vs} \quad H_1: \sigma^2 \neq \sigma_0^2$

其中 σ_0^2 是一个已知常数。

先考察检验问题Ⅰ的特殊情况，原假设 H_0 为简单假设的如下右侧检验问题：

Ⅰ′. $H_0: \sigma^2 = \sigma_0^2 \quad \text{vs} \quad H_1: \sigma^2 > \sigma_0^2$

由于 σ^2 的估计常选用样本方差 $s^2 = \dfrac{1}{n-1}\sum\limits_{i=1}^{n}(x_i - \bar{x})^2$，在原假设 H_0 成立下，有

$$\chi^2 = \frac{(n-1)s^2}{\sigma_0^2} \sim \chi^2(n-1) \tag{4.5.1}$$

故可选 χ^2 为检验统计量。考虑到备择假设 H_1，样本方差 s^2 越大应倾向于拒绝 H_0，故检验问题Ⅰ′的拒绝域为 $W_{\text{I}'} = \{\chi^2 \geqslant c\}$，其中临界值 c 可由给定的显著性水平 α（$0<\alpha<1$）确定，即

$$P_{\sigma_0}(\chi^2 \geqslant c) = \alpha \quad \text{或} \quad c = \chi^2_{1-\alpha}(n-1)$$

其中 $\chi^2_{1-\alpha}(n-1)$ 为卡方分布 $\chi^2(n-1)$ 的 $1-\alpha$ 分位数，可从附表 5 中查得。

综合上述，检验问题Ⅰ′的水平为 α 的检验的拒绝域为：

$$W_{\text{I}'} = \{\chi^2 \geqslant \chi^2_{1-\alpha}(n-1)\} \tag{4.5.2}$$

现在指出上述拒绝域 $W_{\text{I}'}$ 对检验问题Ⅰ仍适用。这只要指出复杂原假设 H_0：$\sigma^2 \leqslant \sigma_0^2$ 为真时，犯第Ⅰ类错误概率 $\alpha(\sigma^2)$ 不超过 α 即可，这一点可从下式看出。

$$\begin{aligned}
\alpha(\sigma^2) &= P_{\sigma^2}(\chi^2 \geqslant \chi^2_{1-\alpha}(n-1)) \\
&= P_{\sigma^2}\left(\frac{(n-1)s^2}{\sigma_0^2} \geqslant \chi^2_{1-\alpha}(n-1)\right) \\
&= 1 - P_{\sigma^2}\left(\frac{(n-1)s^2}{\sigma^2} < \frac{\sigma_0^2}{\sigma^2}\chi^2_{1-\alpha}(n-1)\right) \\
&= 1 - K\left(\frac{\sigma_0^2}{\sigma^2}\chi^2_{1-\alpha}(n-1)\right)
\end{aligned} \tag{4.5.3}$$

其中K为卡方分布$\chi^2(n-1)$的分布函数；$\alpha(\sigma^2)$是σ^2的严增函数，因此在$\sigma^2\leqslant\sigma_0^2$场合有

$$\sup_{\sigma^2\leqslant\sigma_0^2}\alpha(\sigma^2)=\alpha(\sigma_0^2)=1-K(\chi_{1-\alpha}^2(n-1))=1-(1-\alpha)=\alpha$$

这表明拒绝域$W_{\mathrm{I}'}$（见式（4.5.2））也是检验问题Ⅰ的拒绝域（见图4.5.1a），即

$$W_{\mathrm{I}}=W_{\mathrm{I}'}=\{\chi^2\geqslant\chi_{1-\alpha}^2(n-1)\}$$

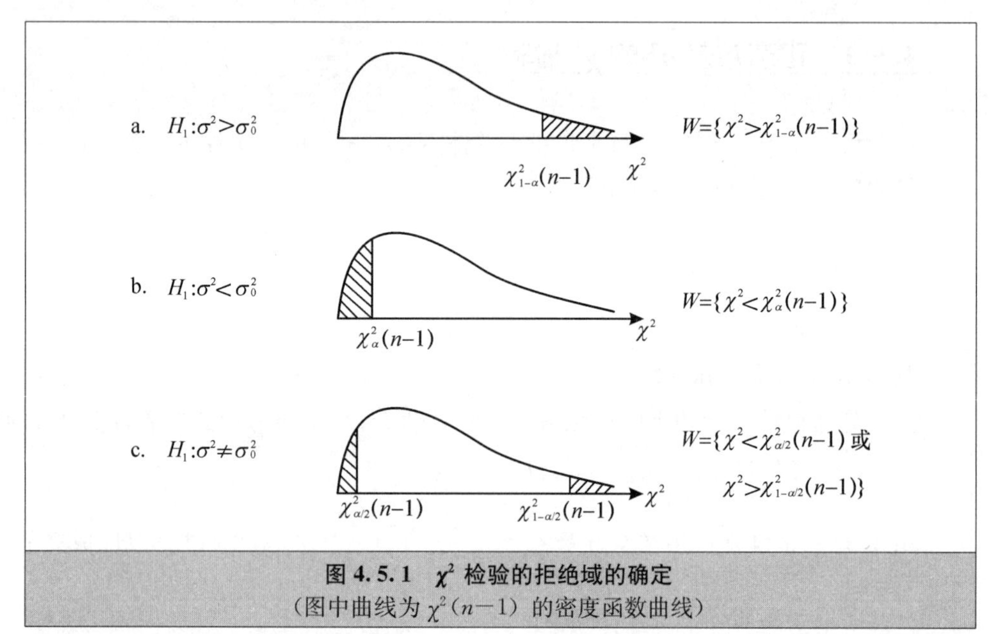

图 4.5.1　χ^2 检验的拒绝域的确定

（图中曲线为$\chi^2(n-1)$的密度函数曲线）

完全类似地讨论，对单侧检验问题Ⅱ和双侧检验问题Ⅲ亦可分别得到水平为α的检验，其拒绝域为（见图4.5.1b与图4.5.1c）：

$$W_{\mathrm{II}}=\{\chi^2\leqslant\chi_{\alpha}^2(n-1)\}$$
$$W_{\mathrm{III}}=\{\chi^2\leqslant\chi_{\alpha/2}^2(n-1)\quad\text{或}\quad\chi^2\geqslant\chi_{1-\alpha/2}^2(n-1)\}$$

上述五个检验问题（包括Ⅰ′与Ⅱ′）的水平为α的检验统称为χ^2检验。综合于表4.5.1中。

表 4.5.1　　正态方差 σ^2 的 χ^2 检验

（显著性水平为α）

检验	H_0	H_1	检验统计量	拒绝域
χ^2 检验	$\sigma^2\leqslant\sigma_0^2$（或$\sigma^2=\sigma_0^2$） $\sigma^2\geqslant\sigma_0^2$（或$\sigma^2=\sigma_0^2$） $\sigma^2=\sigma_0^2$	$\sigma^2>\sigma_0^2$ $\sigma^2<\sigma_0^2$ $\sigma^2\neq\sigma_0^2$	$\chi^2=\dfrac{(n-1)s^2}{\sigma_0^2}$	$\{\chi^2\geqslant\chi_{1-\alpha}^2(n-1)\}$ $\{\chi^2\leqslant\chi_{\alpha}^2(n-1)\}$ $\{\chi^2\leqslant\chi_{\alpha/2}^2(n-1)$ 或 $\chi^2\geqslant\chi_{1-\alpha/2}^2(n-1)\}$

关于χ^2检验还应指出下面几个注释。

（1）上述所列的五个检验不仅用于正态方差检验，还可用于正态标准差检验，因

为假设 H_0'：$\sigma\leqslant\sigma_0$ 与假设 H_0：$\sigma^2\leqslant\sigma_0^2$ 是等价的，故其检验法则也是相同的。

（2）上述诸检验的 p 值亦可由卡方分布算得。若记 χ_0^2 为据样本算得的检验统计量（4.5.1）的值，自由度 $f=n-1$，则有

$$\text{检验问题 I 与 I}'\text{的 } p \text{ 值}=P(\chi_f^2\geqslant\chi_0^2)$$
$$\text{检验问题 II 与 II}'\text{的 } p \text{ 值}=P(\chi_f^2\leqslant\chi_0^2)$$
$$\text{检验问题 III 的 } p \text{ 值}=2\min(P(\chi_f^2\leqslant\chi_0^2),P(\chi_f^2\geqslant\chi_0^2))$$

（3）利用对偶关系，由各种检验问题的接受域改写成正态方差 σ^2 和正态标准差 σ 的置信限与置信区间。详见表 4.5.2。

表 4.5.2　　σ^2 与 σ 的置信区间与单侧置信限

接受域 $\overline{W}$	σ^2	σ
Ⅰ的接受域 $\overline{W}_{\text{I}}=\{\chi^2\leqslant\chi_{1-\alpha}^2(n-1)\}$	$1-\alpha$ 单侧置信下限 $\sigma^2\geqslant\dfrac{(n-1)s^2}{\chi_{1-\alpha}^2(n-1)}$	$1-\alpha$ 单侧置信下限 $\sigma\geqslant\dfrac{s\sqrt{n-1}}{\sqrt{\chi_{1-\alpha}^2(n-1)}}$
Ⅱ的接受域 $\overline{W}_{\text{II}}=\{\chi^2\geqslant\chi_{\alpha}^2(n-1)\}$	$1-\alpha$ 单侧置信上限 $\sigma^2\leqslant\dfrac{(n-1)s^2}{\chi_{\alpha}^2(n-1)}$	$1-\alpha$ 单侧置信上限 $\sigma\leqslant\dfrac{s\sqrt{n-1}}{\sqrt{\chi_{\alpha}^2(n-1)}}$
Ⅲ的接受域 $\overline{W}_{\text{III}}=\{\chi_{\alpha/2}^2(n-1)\leqslant\chi^2\leqslant\chi_{1-\alpha/2}^2(n-1)\}$	$1-\alpha$ 双侧置信区间 $\dfrac{(n-1)s^2}{\chi_{1-\alpha/2}^2(n-1)}\leqslant\sigma^2\leqslant\dfrac{(n-1)s^2}{\chi_{\alpha/2}^2(n-1)}$	$1-\alpha$ 双侧置信区间 $\dfrac{s\sqrt{n-1}}{\sqrt{\chi_{1-\alpha/2}^2(n-1)}}\leqslant\sigma\leqslant\dfrac{s\sqrt{n-1}}{\sqrt{\chi_{\alpha/2}^2(n-1)}}$

例 4.5.1

某种导线的电阻服从 $N(\mu,\ \sigma^2)$，μ 未知，其中一个质量指标是电阻标准差不得大于 0.005Ω。现从中抽取了 9 根导线测其电阻，测得样本标准差 $s=0.006\,6$，试问：在 $\alpha=0.05$ 水平上能否认为这批导线的电阻波动合格？

解：首先建立假设

$$H_0:\sigma\leqslant 0.005 \quad \text{vs} \quad H_1:\sigma>0.005$$

这是一个单边检验，在 $n=9$，$\alpha=0.05$ 时，$\chi_{0.95}^2(8)=15.507$，拒绝域为 $W=\{\chi^2\geqslant 15.507\}$。

现由样本求得

$$\chi^2=\frac{8\times 0.006\,6^2}{0.005^2}=13.94<15.507$$

故不能拒绝原假设，在 $\alpha=0.05$ 水平上认为这批导线的电阻波动合格。

这项检验的 p 值$=0.083\,3$ 可从统计软件中算得。

例 4.5.2

某光谱仪可测材料中各金属含量（百分含量），为估计该台光谱仪的测量误差，特选出大小相同、金属含量不同的 5 个试块，设每一试块的测量值都服从方差相同的

正态分布，其均值可不同。如今对每一试块各重复独立地测量5次，分别计算各试块的样本标准差，它们是

$$s_1=0.09,\quad s_2=0.11,\quad s_3=0.14,\quad s_4=0.10,\quad s_5=0.11$$

试求光谱仪测量值标准差σ的0.95置信区间。

解：在正态分布假定下，每个样本方差与总体方差之比

$$\frac{(5-1)s_i^2}{\sigma^2}\sim\chi^2(4),\quad i=1,2,\cdots,5$$

由测量值间的独立性知，5个样本方差也相互独立，再由χ^2分布的可加性知

$$\sum_{i=1}^{5}\frac{4s_i^2}{\sigma^2}\sim\chi^2(20)$$

对给定的置信水平$1-\alpha=0.95$，$\alpha=0.05$，可得$\chi^2(20)$的分位数

$$\chi_{0.025}^2(20)=9.5908,\quad \chi_{0.975}^2(20)=34.1696$$

可得如下概率陈述：

$$P\left(\chi_{0.025}^2(20)\leqslant\frac{4}{\sigma^2}\sum_{i=1}^{5}s_i^2\leqslant\chi_{0.975}^2(20)\right)=1-\alpha$$

由此可得σ^2的0.95置信区间

$$P\left(\frac{4\sum\limits_{i=1}^{5}s_i^2}{\chi_{0.975}^2(20)}\leqslant\sigma^2\leqslant\frac{4\sum\limits_{i=1}^{5}s_i^2}{\chi_{0.025}^2(20)}\right)=0.95$$

其中$\sum\limits_{i=1}^{5}s_i^2=0.0619$。对上述不等式两端开方后，即得$\sigma$的0.95置信区间：

$$\left[\frac{2\times\sqrt{0.0619}}{\sqrt{34.1696}},\frac{2\times\sqrt{0.0619}}{\sqrt{9.5908}}\right]=[0.085,0.161]$$

*例4.5.3

某种钢板每块重量X（单位：kg）服从正态分布，它有一项质量指标是钢板重量的方差Var(X)不得超过0.018。现从某天生产的钢板中随机抽取25块，测其重量，算得样本方差$s^2=0.025$。

(1) 该钢板重量的方差是否满足要求。

(2) 求该种钢板重量标准差σ的0.95置信区间。

解：(1) 这里要考察的一对假设为：

$$H_0:\sigma^2\leqslant0.018\quad \text{vs}\quad H_1:\sigma^2>0.018$$

此处$n=25$，$\alpha=0.05$，故拒绝域为$\{\chi^2\geqslant\chi_{1-\alpha}^2(24)\}=\{\chi^2\geqslant36.415\}$，而检验统计量$\chi^2$的值为：

$$\chi^2=\frac{24\times 0.025}{\sigma_0^2}=\frac{24\times 0.025}{0.018}=33.33<36.415$$

故不能拒绝原假设 H_0，认为该天生产的钢板重量的方差是符合要求的。

(2) 钢板重量的标准差 σ 是重要参数，在正态分布下，σ 的 $1-\alpha$ 置信区间为：

$$\left[\frac{s\sqrt{n-1}}{\sqrt{\chi^2_{1-\alpha/2}(n-1)}},\frac{s\sqrt{n-1}}{\sqrt{\chi^2_{\alpha/2}(n-1)}}\right]$$

其中 $s=\sqrt{0.025}=0.1581$，$n=5$，$\chi^2_{0.025}(24)=12.4012$，$\chi^2_{0.975}(24)=39.3641$，由此可得 σ 的 0.95 置信区间为：

$$\left[\frac{0.1581\times\sqrt{24}}{\sqrt{39.3641}},\frac{0.1581\times\sqrt{24}}{\sqrt{12.4012}}\right]=[0.1234,0.2199]$$

讨论：这个置信区间长度为 0.096 5，厂方认为较大，若想把此置信区间长度缩小到 0.05，其他不变，应取多少样本量为宜？

要使 σ 的 $1-\alpha$ 置信区间长度等于事先给定的 $2d$（d 为区间半径），可得如下方程

$$\frac{s\sqrt{n-1}}{\sqrt{\chi^2_{\alpha/2}(n-1)}}-\frac{s\sqrt{n-1}}{\sqrt{\chi^2_{1-\alpha/2}(n-1)}}=2d \tag{4.5.4}$$

从上述方程求解 n 是困难的，因为 χ^2 分布分位数中还含有 n。一般可用试探法，即让 $n=31$，32，…先后代入上式，最接近 $2d$ 的 n 就为所求，这是一件麻烦的事。

幸好在大样本场合（$n>30$）χ^2 分布分位数有如下近似公式：

$$\chi^2_\alpha(n)\approx\frac{1}{2}(u_\alpha+\sqrt{2n-1})^2 \tag{4.5.5}$$

其中 u_α 为标准正态分布的 α 分位数。在这个问题中所求样本量 n 一定会大于 30，故可将上述近似公式代入上述方程，可得

$$\frac{s\sqrt{2(n-1)}}{u_{\alpha/2}+\sqrt{2n-3}}-\frac{s\sqrt{2(n-1)}}{u_{1-\alpha/2}+\sqrt{2n-3}}=2d$$

由于 $u_{\alpha/2}=-u_{1-\alpha/2}$，上式可化简为：

$$2s\sqrt{2(n-1)}u_{1-\alpha/2}=2d[2n-3-u^2_{1-\alpha/2}]$$

若令 $x=\sqrt{n-1}$，上式可转化为 x 的二次方程

$$2dx^2-\sqrt{2}su_{1-\alpha/2}x-d(1+u^2_{1-\alpha/2})=0$$

由于其判别式大于零，故有两个实根，其中一个负根舍弃，另一个正根为：

$$\sqrt{n-1}=\frac{\sqrt{2}u_{1-\alpha/2}}{4}\left(\frac{s}{d}\right)+\frac{1}{4}\sqrt{2\left(\frac{s}{d}\right)^2u^2_{1-\alpha/2}+8(1+u^2_{1-\alpha/2})}$$

如令 $\alpha=0.05$，$u_{1-\alpha/2}=u_{0.975}=1.96$。这里仍用 $s=0.1581$，$d=0.025$，于是 $s/d=6.324$，把这些代入上式可得

$$\sqrt{n-1}=4.3823+4.6503$$

$$n=9.0326^2+1=82.59\approx 83$$

这表明要使 σ 的 0.95 置信区间长度为 0.05，近似需要样本量 n 约为 83。若认为此样本量过大，可把置信水平减少为 0.90。在其他条件不变的情况下可算得样本量 n 约为 59。

上述近似计算成为可能完全在于 χ^2 分布分位数在大样本场合有一个近似公式 (4.5.5)。

4.5.2 两正态方差比的 *F* 检验

设 x_1，x_2，…，x_n 是来自正态总体 $N(\mu_1, \sigma_1^2)$ 的一个样本，y_1，y_2，…，y_m 是来自另一个正态总体 $N(\mu_2, \sigma_2^2)$ 的一个样本，且两个总体相互独立。关于两个正态方差的比较常有如下三类检验问题：

Ⅰ. $H_0: \sigma_1^2 \leqslant \sigma_2^2$ vs $H_1: \sigma_1^2 > \sigma_2^2$

Ⅱ. $H_0: \sigma_1^2 \geqslant \sigma_2^2$ vs $H_1: \sigma_1^2 < \sigma_2^2$

Ⅲ. $H_0: \sigma_1^2 = \sigma_2^2$ vs $H_1: \sigma_1^2 \neq \sigma_2^2$

这三类检验问题分别等价于如下三个检验问题：

Ⅰ. $H_0: \dfrac{\sigma_1^2}{\sigma_2^2} \leqslant 1$ vs $H_1: \dfrac{\sigma_1^2}{\sigma_2^2} > 1$

Ⅱ. $H_0: \dfrac{\sigma_1^2}{\sigma_2^2} \geqslant 1$ vs $H_1: \dfrac{\sigma_1^2}{\sigma_2^2} < 1$

Ⅲ. $H_0: \dfrac{\sigma_1^2}{\sigma_2^2} = 1$ vs $H_1: \dfrac{\sigma_1^2}{\sigma_2^2} \neq 1$

在两个均值未知场合，两个正态方差 σ_1^2 与 σ_2^2 常用各自样本方差 s_1^2 与 s_2^2 去估计：

$$s_1^2 = \frac{1}{n-1}\sum_{i=1}^{n}(x_i-\bar{x})^2, \quad s_2^2 = \frac{1}{m-1}\sum_{i=1}^{m}(y_i-\bar{y})^2$$

由两个样本方差 s_1^2 与 s_2^2 的独立性可知，其比值服从 F 分布，具体是

$$F=\frac{s_1^2/\sigma_1^2}{s_2^2/\sigma_2^2}\sim F(n-1,m-1) \tag{4.5.6}$$

特别在 $\sigma_1^2=\sigma_2^2$ 的假设下，有

$$F=\frac{s_1^2}{s_2^2}\sim F(n-1,m-1) \tag{4.5.7}$$

类似于前面的讨论方式，先考察检验问题Ⅰ的特殊情况，原假设为简单假设的右侧检验问题：

Ⅰ′. $H_0: \dfrac{\sigma_1^2}{\sigma_2^2} = 1$ vs $H_1: \dfrac{\sigma_1^2}{\sigma_2^2} > 1$

这时可选用 $F=s_1^2/s_2^2$ 作为检验统计量，且 F 越大越倾向于拒绝原假设，因此检验问

题Ⅰ′的拒绝域应有如下形式：

$$W_{\mathrm{I}'}=\{F\geqslant c\}$$

在原假设为真时，对给定的显著性水平 α（$0<\alpha<1$），临界值 c 可用如下等式确定：

$$P_{\sigma_1^2=\sigma_2^2}(F\geqslant c)=\alpha,\quad c=F_{1-\alpha}(n-1,m-1)$$

其中，$F_{1-\alpha}(n-1,\ m-1)$ 为自由度为 $n-1$ 和 $m-1$ 的 F 分布的 $1-\alpha$ 分位数。这样我们就得到检验问题Ⅰ′的拒绝域为 $W_{\mathrm{I}'}=\{F\geqslant F_{1-\alpha}(n-1,m-1)\}$。

上述拒绝域 $W_{\mathrm{I}'}$ 对检验问题Ⅰ仍适用。因为当简单原假设 H_0：$\sigma_1^2=\sigma_2^2$ 扩展到复杂假设 H_0：$\sigma_1^2\leqslant\sigma_2^2$ 时，犯第Ⅰ类错误的概率 $\alpha(\sigma_1^2/\sigma_2^2)$ 不会超过 α，即

$$\begin{aligned}\alpha\left(\frac{\sigma_1^2}{\sigma_2^2}\right)&=P_{\sigma_1^2\leqslant\sigma_2^2}(F\geqslant F_{1-\alpha}(n-1,m-1))\\&=P_{\sigma_1^2\leqslant\sigma_2^2}\left(\frac{s_1^2}{s_2^2}\geqslant F_{1-\alpha}(n-1,m-1)\right)\\&=P_{\sigma_1^2\leqslant\sigma_2^2}\left(\frac{s_1^2/\sigma_1^2}{s_2^2/\sigma_2^2}\geqslant\frac{\sigma_2^2}{\sigma_1^2}F_{1-\alpha}(n-1,m-1)\right)\\&=1-F\left(\frac{\sigma_2^2}{\sigma_1^2}F_{1-\alpha}(n-1,m-1)\right)\end{aligned}$$

其中 F 为 F 分布 $F(n-1,\ m-1)$ 的分布函数，它是 σ_1^2/σ_2^2 的严增函数，因此在 $\sigma_1^2/\sigma_2^2\leqslant 1$ 场合有

$$\sup_{\sigma_1^2\leqslant\sigma_2^2}\alpha\left(\frac{\sigma_1^2}{\sigma_2^2}\right)=\alpha(1)=1-F(F_{1-\alpha}(n-1,m-1))=1-(1-\alpha)=\alpha$$

这表明拒绝域 $W_{\mathrm{I}'}$ 也是检验问题Ⅰ的拒绝域，即

$$W_{\mathrm{I}}=W_{\mathrm{I}'}=\{F\geqslant F_{1-\alpha}(n-1,m-1)\}$$

完全类似地讨论，对单边检验问题Ⅱ和双边检验问题Ⅲ亦可分别得到其水平为 α 的检验的拒绝域为：

$$W_{\mathrm{II}}=\{F\leqslant F_{\alpha}(n-1,m-1)\}$$
$$W_{\mathrm{III}}=\{F\leqslant F_{\alpha/2}(n-1,m-1)\quad\text{或}\quad F\geqslant F_{1-\alpha/2}(n-1,m-1)\}$$

这类检验称为 F 检验。用于两个正态总体方差比的检验汇总在表 4.5.3 中。

表 4.5.3　两个正态总体方差比的 F 检验

（μ_1，μ_2 未知，显著性水平 α）

检验	H_0	H_1	检验统计量	拒绝域
F 检验	$\sigma_1^2\leqslant\sigma_2^2$（或 $\sigma_1^2=\sigma_2^2$）	$\sigma_1^2>\sigma_2^2$	$F=\frac{s_x^2}{s_y^2}$	$\{F\geqslant F_{1-\alpha}(n-1,m-1)\}$
	$\sigma_1^2\geqslant\sigma_2^2$（或 $\sigma_1^2=\sigma_2^2$）	$\sigma_1^2<\sigma_2^2$		$\{F\leqslant F_{\alpha}(n-1,m-1)\}$
	$\sigma_1^2=\sigma_2^2$	$\sigma_1^2\neq\sigma_2^2$		$\{F\leqslant F_{\alpha/2}(n-1,m-1)$ 或 $F\geqslant F_{1-\alpha/2}(n-1,m-1)\}$

几个注释：

（1）上述五个检验的拒绝域也适用于相应两个正态标准差比的检验。

（2）上述诸检验的 p 值亦可用 $F(n-1, m-1)$ 分布算得，若记 F_0 为由样本算得检验统计量的值，则有

$$\text{检验问题 I 与 I}' \text{的 } p \text{ 值} = P_{\sigma_1^2=\sigma_2^2}(F \geqslant F_0)$$
$$\text{检验问题 II 与 II}' \text{的 } p \text{ 值} = P_{\sigma_1^2=\sigma_2^2}(F \leqslant F_0)$$
$$\text{检验问题 III 的 } p \text{ 值} = 2\min(P_{\sigma_1^2=\sigma_2^2}(F \leqslant F_0), P_{\sigma_1^2=\sigma_2^2}(F \geqslant F_0))$$

（3）利用对偶关系，可由各检验的接受域改写两正态方差比的置信区间与置信限，对其开方即得两正态标准差之比的置信区间和置信限。譬如，考虑到 F 分布是偏态分布，可得 σ_1^2/σ_2^2 的 $1-\alpha$ 等尾置信区间为：

$$\left[\frac{s_1^2}{s_2^2}\frac{1}{F_{1-\alpha/2}(n-1,m-1)}, \frac{s_1^2}{s_2^2}F_{1-\alpha/2}(m-1,n-1)\right]$$

两边开方后可得两标准差之比 σ_1/σ_2 的 $1-\alpha$ 等尾置信区间：

$$\left[\frac{s_1}{s_2}\frac{1}{\sqrt{F_{1-\alpha/2}(n-1,m-1)}}, \frac{s_1}{s_2}\sqrt{F_{1-\alpha/2}(m-1,n-1)}\right]$$

其中用到如下 F 分布分位数间的关系：

$$F_{\alpha/2}(n-1,m-1) = \frac{1}{F_{1-\alpha/2}(m-1,n-1)}$$

例 4.5.4

甲、乙两台机床分别加工某种机械轴，轴的直径分别服从正态分布 $N(\mu_1, \sigma_1^2)$ 与 $N(\mu_2, \sigma_2^2)$。为比较两台机床的加工精度与平均直径有无显著差异，从各自加工的轴中分别抽取若干根测其直径（单位：mm），结果如表 4.5.4 所示（取 $\alpha=0.05$）。

表 4.5.4　两机床加工机械轴直径数据

总体	样本容量	直径							
X（机床甲）	8	20.5	19.8	19.7	20.4	20.1	20.0	19.0	19.9
Y（机床乙）	7	20.7	19.8	19.5	20.8	20.4	19.6	20.2	

解：首先建立假设

$$H_0: \sigma_1^2=\sigma_2^2 \quad \text{vs} \quad H_1: \sigma_1^2 \neq \sigma_2^2。$$

在 $n=8$，$m=7$，$\alpha=0.05$ 时，由附表 6 可得

$$F_{0.025}(7,6) = \frac{1}{F_{0.975}(6,7)} = \frac{1}{5.12} = 0.195$$
$$F_{0.975}(7,6) = 5.70$$

故拒绝域为 $W=\{F \leqslant 0.195 \text{ 或 } F \geqslant 5.70\}$。

现由样本求得 $s_x^2=0.2164$，$s_y^2=0.2729$，从而 $F=0.793$，在 $\alpha=0.05$ 水平上样本未

落入拒绝域，因而可认为两台机床加工精度无显著差异。

其次，由上述拒绝域 W 可得两方差比 σ_1^2/σ_2^2 的 $1-\alpha=0.95$ 置信区间：

$$0.139\leqslant\sigma_1^2/\sigma_2^2\leqslant 4.060$$

两边开方后就得 σ_1/σ_2 的 $1-\alpha=0.95$ 置信区间

$$0.373\leqslant\sigma_1/\sigma_2\leqslant 2.015$$

这两个置信区间都含有 1，也表明 σ_1^2 与 σ_2^2 间无显著差异。

最后，在 σ_1^2 与 σ_2^2 无显著差异场合常可把这两个样本方差合并使用，由于样本量不等，其合样本的方差为：

$$s_w^2=\frac{(n-1)s_1^2+(m-1)s_2^2}{n+m-2}=\frac{7\times 0.2164+6\times 0.2729}{13}=0.2425$$

合样本的标准差为 $s_w=\sqrt{0.2425}=0.49$，然后用此样本标准差对如下一对假设

$$H_0: \mu_1=\mu_2 \quad \text{vs} \quad H_1: \mu_1\neq\mu_2$$

作出检验。这可用两样本 t 检验，其拒绝域

$$W=\{|t|\geqslant t_{1-\alpha/2}(n+m-2)\}=\{|t|\geqslant t_{0.975}(13)\}=\{|t|\geqslant 2.16\}$$

而检验统计量 t 的值可由两样本均值 $\bar{x}=19.925$，$\bar{y}=20.14$ 算得：

$$t=\frac{\bar{x}-\bar{y}}{s_w\sqrt{\dfrac{1}{n}+\dfrac{1}{m}}}=\frac{19.925-20.14}{0.49\times\sqrt{\dfrac{1}{8}+\dfrac{1}{7}}}=-0.848$$

由于 $|t|=0.848$ 没落入拒绝域 W 中，故认为两机床加工轴的平均直径亦无显著差异。

习题 4.5

1. 新设计的一种测量膨胀系数的仪器，要求标准差不得超过 1 个单位才算合格。现测定某标准件的膨胀系数 10 次，算得样本方差 $s^2=1.34$。若测量值服从正态分布，试问在 $\alpha=0.05$ 水平上，该仪器是否合格？

2. 设某自动车床加工的零件尺寸的偏差 X 服从 $N(\mu, \sigma^2)$，现从加工的一批零件中随机抽出 10 个，其偏差（单位：μm）分别为：

$$2 \quad 1 \quad -2 \quad 3 \quad 2 \quad 4 \quad -2 \quad 5 \quad 3 \quad 4$$

试求 μ 与 σ 的置信水平为 0.90 的置信区间。

3. 设某种钢材的强度服从 $N(\mu, \sigma^2)$，现从中获得容量为 10 的样本，求得样本均值 $\bar{x}=41.3$，样本标准差为 $s=1.05$。

(1) 求 μ 的置信水平为 0.95 的置信下限；

(2) 求 σ 的置信水平为 0.90 的置信上限。

4. 随机选取 9 发炮弹，测得炮弹的炮口速度的样本标准差 $s=11\text{m/s}$。若炮弹的

炮口速度服从 $N(\mu,\ \sigma^2)$，求其标准差 σ 的0.95单侧置信上限。

5. 设 x_1，x_2，…，x_n 是来自正态分布 $N(\mu,\ \sigma^2)$ 的一个样本，为使 $\frac{1}{4}\sqrt{\sum_{i=1}^{n}(x_i-\overline{x})^2}$ 是 σ 的0.95单侧置信上限，样本量至少应取多少？

6. 随机抽取51个用于航空制造的零件，测量了合金中钛的百分含量，算得样本标准差 $s=0.37$。试构造总体标准差 σ 的95%的置信区间，并用此置信区间对 H_0：$\sigma=0.35$ vs H_1：$\sigma\neq 0.35$ 作出判断。（注：大样本下 χ^2 分位数可用附表5下脚注计算。）

7. 要把一个铆钉插入一个孔中。如果孔直径的标准差超过0.02mm，铆钉很可能不适合。现随机抽取15个样品，测其孔直径，算其样本标准差 $s=0.016$mm。

（1）取 $\alpha=0.05$，是否有证据说明孔直径的标准差超过0.02mm?

（2）求出检验的 p 值。

（3）构造 σ 的95%的置信下限，并用此下限检验原假设。

8. 设有5个具有共同方差 σ^2 的正态总体。现从中各取一个样本，其样本量 n_j 与偏差平方和 $Q_j=\sum_{i=1}^{n_j}(x_{ij}-\overline{x}_j)^2$（这里 x_{ij} 为第 j 个总体的第 i 个观察值，$\overline{x}_j$ 为第 j 个总体的样本均值）的值如下表所示。

n_j	6	4	3	7	8	$n=n_1+\cdots+n_5=28$
Q_j	40	30	20	42	50	$Q=Q_1+\cdots+Q_5=182$

试求共同方差 σ^2 的0.95置信区间。

9. 考察两种不同挤压机生产的钢棒直径，各抽取一个样本。

样本1：容量 $n_1=15$，样本方差 $s_1^2=0.35$；

样本2：容量 $n_2=17$，样本方差 $s_2^2=0.40$。

在正态分布的假设下：

（1）判断两种钢棒直径的方差间有无显著差异（$\alpha=0.05$）；

（2）作出 σ_1/σ_2 的90%的置信区间。

10. 假定 X_1，X_2，X_3，X_4 为取自 $N(\mu,\ \sigma^2)$ 的一个样本，求

$$P\left(\frac{(X_3-X_4)^2}{(X_1-X_2)^2}<40\right)$$

11. 假定制造厂A生产的灯泡寿命（单位：小时）服从 $N(\mu_1,\ \sigma_1^2)$，从中随机抽取100个灯泡测定其寿命，得 $\overline{x}=1\,190$，$s_A=90$；制造厂B生产的同种灯泡寿命服从 $N(\mu_2,\ \sigma_2^2)$，从中随机抽取75个灯泡测定其寿命，得 $\overline{y}=1\,230$，$s_B=100$。

（1）求 σ_1/σ_2 的置信水平为0.95的置信区间；

（2）若上述置信区间含1，则可以认为 $\sigma_1=\sigma_2$，在此条件下求 $\mu_1-\mu_2$ 的置信水平为0.95的置信区间。

12. 要考察男性和女性在印好的电路板上组装电路所需时间的分散程度上是否有显著差异。选取25位男性和21位女性两个样本，其样本标准差分别为 $s_{男}=0.914$ 分

钟，$s_{女}=1.093$ 分钟。试问：在散布程度上男性低于女性吗（$\alpha=0.01$）?

13. 某公司经理听说他们生产的一种主要商品的价格波动甲地比乙地大，为此他对两地所售的本公司该种商品作了随机调查。在甲地调查了 51 处，其价格标准差为 $s_1=8.5$，在乙地调查了 179 处，其价格标准差为 $s_2=6.75$。假设两地的价格分别服从正态分布，试问：在 $\alpha=0.05$ 水平上能支持上述说法吗?

4.6 比率的推断

比率是指特定的一组个体（人或物等）在总体中所占的比例，如不合格品率、命中率、电视节目收视率、男婴出生率、色盲率、某年龄段的死亡率、某项政策的支持率等。比率 p 是在实际中常遇到的一种参数。

比率 p 可看做某二点分布 $b(1, p)$ 中的一个参数，若 $X\sim b(1, p)$，则 X 仅可能取 0 或 1 两个值，且 $E(X)=p$，$\mathrm{Var}(X)=p(1-p)$。这一节将讨论有关 p 的假设检验、置信区间与样本量确定等统计推断问题。

4.6.1 比率 p 的假设检验

设 $x_1, x_2, \cdots, x_n$ 是来自二点分布 $b(1, p)$ 的一个样本，其中参数 p 的检验常有如下三个类型：

Ⅰ. $H_0: p\leqslant p_0$ vs $H_1: p>p_0$

Ⅱ. $H_0: p\geqslant p_0$ vs $H_1: p<p_0$

Ⅲ. $H_0: p=p_0$ vs $H_1: p\neq p_0$

其中 p_0 已知。在样本量 n 给定时，样本之和（即累计频数）服从二项分布，即

$$T=\sum_{i=1}^{n} x_i \sim b(n, p)$$

样本之和是 p 的充分统计量，它概括了样本中的主要信息，它等于样本中“1”的个数，$\bar{x}=T/n$ 就是“1”出现的频率，它是比率 p 的很好估计。由于 $\bar{x}$ 的分布较难操作，而与 $\bar{x}$ 只差一个因子的样本之和 T 较易操作，故常用 T 作为检验统计量。

我们先讨论假设检验问题Ⅰ的拒绝域。由于 T 与比率 p 的估计 $\bar{x}$ 成正比例，T 较大，比率 p 也会较大，故在检验问题Ⅰ中，T 较大倾向于拒绝原假设 $H_0: p\leqslant p_0$。故其拒绝域常有形式 $W_{\text{Ⅰ}}=\{T\geqslant c\}$，其中 c 是待定的临界值。

类似地，在检验问题Ⅱ中，较小的 T 倾向于拒绝原假设 $H_0: p\geqslant p_0$，故其拒绝域为 $W_{\text{Ⅱ}}=\{T\leqslant c'\}$。在检验问题Ⅲ中，$T$ 较大或较小都会倾向于拒绝原假设 $H_0: p=p_0$，故其拒绝域为 $W_{\text{Ⅲ}}=\{T\leqslant c_1$ 或 $T\geqslant c_2\}$，其中 $c_1<c_2$。综合上述，上述三个检验

问题的拒绝域形式分别为：

$$W_{\mathrm{I}}=\{T\geqslant c\}$$
$$W_{\mathrm{II}}=\{T\leqslant c'\}$$
$$W_{\mathrm{III}}=\{T\leqslant c_1 \text{ 或 } T\geqslant c_2\},\quad c_1<c_2$$

为获得水平为 α 的检验，就需要定出各自拒绝域中的临界值 c，c'，c_1，c_2。下面分小样本与大样本两种情况给出确定临界值的方法。

1. 小样本方法

在检验问题Ⅰ中，犯第Ⅰ类错误（拒真错误）的概率可用二项分布计算：

$$\alpha(p)=P(T\geqslant c)=\sum_{i=c}^{n}\binom{n}{i}p^i(1-p)^{n-i},\quad p\leqslant p_0$$

可以看出 $\alpha(p)$ 是 p 的增函数，故要使上式成立只要控制在 $p=p_0$ 处达到 α 即可，即

$$\sup_{p\leqslant p_0}\alpha(p)=\alpha(p_0)=\sum_{i=c}^{n}\binom{n}{i}p_0^i(1-p_0)^{n-i}\leqslant\alpha \tag{4.6.1}$$

上式最后使用不等号是由于 T 是离散分布，等式成立是罕见的。

由类似的讨论可知，检验问题Ⅱ的拒绝域 W_{II} 的临界值 c' 是满足如下不等式的最大正整数：

$$P(T\leqslant c')=\sum_{i=0}^{c'}\binom{n}{i}p_0^i(1-p_0)^{n-i}\leqslant\alpha \tag{4.6.2}$$

而检验问题Ⅲ的拒绝域 W_{III} 的第一个临界值 c_1 是满足如下不等式的最大正整数：

$$P(T\leqslant c_1)=\sum_{i=0}^{c_1}\binom{n}{i}p_0^i(1-p_0)^{n-i}\leqslant\frac{\alpha}{2} \tag{4.6.3}$$

而第二个临界值 c_2 是满足如下不等式的最小正整数：

$$P(T\geqslant c_2)=\sum_{i=c_2}^{n}\binom{n}{i}p_0^i(1-p_0)^{n-i}\leqslant\frac{\alpha}{2} \tag{4.6.4}$$

在样本量不太大时，按上述各式确定各临界值 c，c'，c_1 和 c_2 的方法还是可以算得其值的，详见下面例子。

例 4.6.1

在 $n=12$，$p_0=0.4$ 场合，分别确定上述三个检验问题的拒绝域。

解：首先算出二项分布 $b(12,\ 0.4)$ 中 13 个点上的概率及累计概率，详见表 4.6.1。

表 4.6.1　　二项分布 $b(12,\ 0.4)$ 表

k	$P(T=k)$	$P(T\leqslant k)$	k	$P(T=k)$	$P(T\leqslant k)$
0	0.002 2	0.002 2	7	0.100 9	0.942 7
1	0.017 4	0.019 6	8	0.042 0	0.984 7
2	0.063 9	0.083 4	9	0.012 5	0.997 2
3	0.141 9	0.225 3	10	0.002 5	0.999 7
4	0.212 8	0.438 2	11	0.000 3	1.000 0
5	0.227 0	0.665 2	12	0.000 0	1.000 0
6	0.176 6	0.841 8			

若取 $\alpha=0.05$，从表 4.6.1 上可看出：

- 满足不等式（4.6.1）的最小正整数 $c=9$，即 $W_{\mathrm{I}}=\{T\geqslant 9\}$；
- 满足不等式（4.6.2）的最大正整数 $c'=1$，即 $W_{\mathrm{II}}=\{T\leqslant 1\}$；
- 满足不等式（4.6.3）的最大正整数 $c_1=1$；
- 满足不等式（4.6.4）的最小正整数 $c_2=9$，即

$$W_{\mathrm{III}}=\{T\leqslant 1\ 或\ T\geqslant 9\}$$

这三个拒绝域 W_{I}，W_{II}，W_{III} 分别是检验问题Ⅰ，Ⅱ，Ⅲ的水平为 $\alpha=0.05$ 的检验拒绝域。譬如在 $n=12$ 的观察中，事件 A 发生 6 次，能否认为 $P(A)\leqslant 0.4$ 是适当的？这是要对检验问题Ⅰ：

$$H_0:\ p\leqslant 0.4 \quad \text{vs} \quad H_1:\ p>0.4$$

作出判断，按上述，其拒绝域 $W_{\mathrm{I}}=\{T\geqslant 9\}$，如今观察值 $T_0=6$，不在拒绝域内，没有理由拒绝原假设。

这类问题用 p 值作检验更为方便，如在此问题中，p 值为：

$$p=P(T\geqslant 6)=1-P(T\leqslant 5)=1-0.665\,2=0.334\,8$$

这个 p 值大于 0.05，故不能拒绝原假设。一般来说，在离散总体用 p 值作检验更为简便，它回避构造拒绝域的复杂性。若记 T_0 为 T 的实际观察值，则三个检验问题的 p 值分别为：

$$\begin{aligned} &p_{\mathrm{I}}=P(T\geqslant T_0)\\ &p_{\mathrm{II}}=P(T\leqslant T_0)\\ &p_{\mathrm{III}}=\begin{cases}2P(T\leqslant T_0), & T_0\leqslant n/2\\ 2P(T\geqslant T_0), & T_0>n/2\end{cases}\end{aligned} \tag{4.6.5}$$

注意：若用 p 值作检验，因回避了拒绝域，已无法导出 p 的 $1-\alpha$ 置信区间。若需 p 的 $1-\alpha$ 置信区间，要另外设法获得。

2. 大样本方法

在大样本场合，二项概率计算困难，这时可用二项分布的正态近似，即当 $T\sim b(n,\ p)$，$E(T)=np$，$\text{Var}(T)=np(1-p)$，按中心极限定理，当样本量 n 较大时，当 $p=p_0$ 时有

$$u=\frac{T-np_0}{\sqrt{np_0(1-p_0)}}=\frac{\bar{x}-p_0}{\sqrt{p_0(1-p_0)/n}}\dot{\sim}N(0,1) \tag{4.6.6}$$

这样就把检验统计量 T 转化为检验统计量 u。由于 u 与 T 是同增同减的量，当用 u 代替 T 时，三个检验问题的拒绝域形式不变。当给定显著性水平 α 后，上述三个检验问题的水平为 α 的检验拒绝域分别为（其中 u 如式（4.6.6）所示）：

$$W_{\mathrm{I}}=\{u\geqslant u_{1-\alpha}\}$$
$$W_{\mathrm{II}}=\{u\leqslant u_{\alpha}\}$$
$$W_{\mathrm{III}}=\{|u|\geqslant u_{1-\alpha/2}\}$$

在使用比率 p 的检验中所涉及的数据都为成败型数据（成功与失败、合格与不合格等），在很多场合都可大量收集，花费也不大，故比率 p 的大样本 u 检验常被选用。使用中还需注意：不仅要求样本量 n 较大，还要求 p 不要很靠近 0 或 1，且使 $np\geqslant5$ 和 $n(1-p)\geqslant5$ 都满足。

 例 4.6.2

某厂的产品不合格品率不超过 3%，在一次例行检查中随机抽检 200 个，发现有 8 个不合格品，试问在 $\alpha=0.05$ 下能否认为不合格品率不超过 3%？

解：这是关于不合格品率 p 的检验，其一对假设为：

$$H_0:p\leqslant0.03 \quad \text{vs} \quad H_1:p>0.03$$

如今 $n=200$，$p_0=0.03$，$np_0=6(>5)$，$n(1-p_0)=194(>5)$，故可用大样本 u 检验。在 $\alpha=0.05$ 下，该检验的拒绝域为：

$$W_{\mathrm{I}}=\{u\geqslant u_{1-\alpha}\}=\{u\geqslant1.645\}$$

其中

$$u=\frac{T-np_0}{\sqrt{np_0(1-p_0)}}=\frac{8-6}{\sqrt{6\times0.97}}=0.829(=u_0)$$

由于 $0.829<1.645$，故应接受原假设 H_0，即认为该产品的不合格品率没有超过 3%。

在大样本场合亦可用 p 值作检验，在例 4.6.2 中，检验的 p 值为：

$$\begin{aligned}p&=P(u\geqslant u_0)=p(u\geqslant0.829)=1-\Phi(0.829)\\&=1-0.7967=0.2033\end{aligned}$$

此 p 值较大，不应拒绝原假设。

其他场合的 p 值也可仿此作类似计算。

*4.6.2　控制犯两类错误概率确定样本量

在对比率 p 作检验时，控制犯两类错误概率 α 与 β 可确定所需最少样本量。这一小节将在大样本场合讨论这个问题。讨论将对单侧检验问题与双侧检验问题分别进行。

1. 对右侧检验问题

$$H_0: p \leqslant p_0 \quad \text{vs} \quad H_1: p > p_0$$

若原假设 H_0 为真，所用检验统计量为：

$$u=\frac{\bar{x}-p_0}{\sqrt{p_0(1-p_0)/n}} \dot{\sim} N(0,1)$$

对给定显著性水平 α（$0<\alpha<1$），其拒绝域 $W_{\mathrm{I}}=\{u \geqslant u_{1-\alpha}\}$，这时犯第Ⅰ类错误的概率不超过 α。

若原假设 H_0 为假，而检验统计量 u 的值落入接受域 $\overline{W}=\{u<u_{1-\alpha}\}$，则犯第Ⅱ类错误，其发生概率为：

$$\beta=P_{p_1}(u \leqslant u_{1-\alpha})$$

其中，p_1 为备择假设 H_1 中的某个点，为确定起见，设 $p_1=p_0+\delta$（$\delta>0$）为 H_1 中某个点，则在 $p=p_1$ 下，用近似正态分布 $N(p_1,\ p_1(1-p_1)/n)$ 计算犯第Ⅱ类错误的概率：

$$\begin{aligned}
\beta &= P_{p_1}\left(\frac{\bar{x}-p_0}{\sqrt{p_0(1-p_0)/n}} \leqslant u_{1-\alpha}\right) \\
&= P_{p_1}\left[\left(\frac{\bar{x}-p_1}{\sqrt{p_1(1-p_1)/n}}+\frac{\delta}{\sqrt{p_1(1-p_1)/n}}\right)\frac{\sqrt{p_1(1-p_1)/n}}{\sqrt{p_0(1-p_0)/n}} \leqslant u_{1-\alpha}\right] \\
&= \Phi\left(\frac{u_{1-\alpha}\sqrt{p_0(1-p_0)/n}-\delta}{\sqrt{p_1(1-p_1)/n}}\right)
\end{aligned}$$

$$u_\beta=\frac{u_{1-\alpha}\sqrt{p_0(1-p_0)/n}-\delta}{\sqrt{p_1(1-p_1)/n}}$$

解之（注意 $u_\beta=-u_{1-\beta}$，$\delta=p_1-p_0$）得

$$n=\left(\frac{u_{1-\alpha}\sqrt{p_0(1-p_0)}+u_{1-\beta}\sqrt{p_1(1-p_1)}}{p_1-p_0}\right)^2 \tag{4.6.7}$$

这就是在 $p=p_0$ 处控制 α 和在 $p=p_1$ 处控制 β 时右侧检验所需最少样本量的近似值。它与两点距离 p_1-p_0 平方成反比。即距离 $|p_1-p_0|$ 越远越容易区别，故所需样本量越少，该距离越近越难区别，故所需样本量就越多，这是可以理解的。

对左侧检验问题Ⅱ，经完全类似讨论，亦可得式（4.6.7）。

2. 对双侧检验问题

$$H_0: p=p_0 \quad \text{vs} \quad H_1: p\neq p_0$$

其水平为 α 的检验的拒绝域为 $W=\{|u|\geqslant u_{1-\alpha/2}\}$。

在原假设 H_0 为假而被接受，则犯第Ⅱ类错误，其发生概率为：

$$\beta=P_{p_1}(-u_{1-\alpha/2}<u<u_{1-\alpha/2})$$

其中 $p_1=p_0+\delta$，这里 δ 可为正，亦可为负。此时可用近似正态分布 $N(p_1, p_1(1-p_1)/n)$ 算得

$$\beta=\Phi\left(\frac{u_{1-\alpha/2}\sqrt{p_0(1-p_0)/n}-\delta}{\sqrt{p_1(1-p_1)/n}}\right)-\Phi\left(\frac{-u_{1-\alpha/2}\sqrt{p_0(1-p_0)/n}-\delta}{\sqrt{p_1(1-p_1)/n}}\right)$$

式中 δ 可正可负。当 $\delta>0$ 时，第二项近似为 0；当 $\delta<0$ 时，第一项近似为 1。综合可得

$$\beta\approx\Phi\left(\frac{u_{1-\alpha/2}\sqrt{p_0(1-p_0)/n}-|\delta|}{\sqrt{p_1(1-p_1)/n}}\right)$$

用标准正态分布的 β 分位数可得

$$u_\beta=\frac{u_{1-\alpha/2}\sqrt{p_0(1-p_0)/n}-|\delta|}{\sqrt{p_1(1-p_1)/n}}$$

$$n=\left(\frac{u_{1-\alpha/2}\sqrt{p_0(1-p_0)}+u_{1-\beta}\sqrt{p_1(1-p_1)}}{p_1-p_0}\right)^2 \tag{4.6.8}$$

这就是在 $p=p_0$ 处控制 α 和在 $p=p_1$ 处控制 β 时双侧检验所需最少样本量的近似值。与式（4.6.7）很类似，差别仅在 $u_{1-\alpha}$ 与 $u_{1-\alpha/2}$ 上。

例 4.6.3

某仪器厂向某电容器厂订购大批量电容器，双方约定：（1）当电容器厂提供的产品的不合格品率 $p\leqslant 1\%$ 时，仪器厂应以高概率 0.95 接受；（2）当产品的不合格品率 $p\geqslant 2.4\%$ 时，仪器厂将以高于 0.90 的概率拒收。按此要求，应抽取多少产品进行检验才能保证双方利益？

解：这是一个关于不合格品率 p 的右侧检验问题，其拒绝域 $W=\{u\geqslant u_{1-\alpha}\}$。

按约定（1），当 $p\leqslant 0.01$ 时，被拒绝的概率（犯第Ⅰ类错误的概率）不超过 0.05，即

$$\alpha(p)\leqslant 0.05, \quad p\leqslant 0.01 \tag{4.6.9}$$

按约定（2），当 $p\geqslant 0.024$ 时，被接受的概率（犯第Ⅱ类错误的概率）不超过 0.10，即

$$\beta(p)\leqslant 0.10, \quad p\geqslant 0.024 \tag{4.6.10}$$

可以证明：这个问题的势函数 $g(p)=P_p(W)$ 是 p 的严增函数。考虑到 $g(p)$ 与

犯两类错误概率 $\alpha(p)$ 与 $\beta(p)$ 间的关系：

$$g(p)=\begin{cases}\alpha(p), & p\leqslant p_0\\ 1-\beta(p), & p>p_1\end{cases}$$

其中 $p_0=0.01$。由单调性知只要在 $p_0=0.01$ 处控制住 α，$\alpha(p_0)=0.05$，在 $p_1=0.024$ 处控制住 β，$\beta(p_1)=0.10$ 就可保证式（4.6.9）与式（4.6.10）成立。这样一来，寻求样本量就转化为控制犯两类错误的概率确定样本量的问题。

如今在本例中 $p_0=0.01$，$p_1=0.024$，$\alpha=0.05$，$\beta=0.10$，其分位数 $u_{1-\alpha}=u_{0.95}=1.645$，$u_{1-\beta}=u_{0.90}=1.282$，把这些数据代入式（4.6.7），可算得最小样本量为：

$$n=\left(\frac{1.645\sqrt{0.01\times0.99}+1.282\sqrt{0.024\times0.976}}{0.024-0.01}\right)^2=661$$

这个样本量较大，若要减少样本量就要双方再次协商，若把约定（2）中的 $p_1=0.024$ 提高到 $p_1=0.035$，其他不变，则可算得

$$n=\left(\frac{1.645\sqrt{0.01\times0.99}+1.282\sqrt{0.035\times0.965}}{0.035-0.01}\right)^2=256$$

由于放宽了约定，样本量有较大减少。一般来说，四个参数 p_0，p_1，α，β 中只要有一个发生变化都会影响最后的样本量。

4.6.3　两个比率差的大样本检验

设 x_1，x_2，…，x_n 是来自二点分布 $b(1，p_1)$ 的一个样本，y_1，y_2，…，y_m 是来自另一个二点分布 $b(1，p_2)$ 的一个样本，且两个样本独立。这里将在大样本场合讨论两比率差 p_1-p_2 的假设检验、置信区间与样本量确定等问题。

1. 两个比率差的假设检验

两个比率差的检验问题常有如下三种形式：

Ⅰ. H_0：$p_1-p_2\leqslant0$　vs　H_1：$p_1-p_2>0$

Ⅱ. H_0：$p_1-p_2\geqslant0$　vs　H_1：$p_1-p_2<0$

Ⅲ. H_0：$p_1-p_2=0$　vs　H_1：$p_1-p_2\neq0$

其中，p_1 与 p_2 分别用各自样本均值

$$\hat{p}_1=\frac{1}{n}\sum_{i=1}^{n}x_i,\quad \hat{p}_2=\frac{1}{m}\sum_{i=1}^{m}y_i$$

给出估计。在 n 与 m 都很大的场合，$\hat{p}_1$ 与 $\hat{p}_2$ 都近似服从正态分布。考虑到两样本的独立性，差 $\hat{p}_1-\hat{p}_2$ 也近似服从正态分布，即

$$\hat{p}_1-\hat{p}_2\dot{\sim}N\left(p_1-p_2,\frac{p_1(1-p_1)}{n}+\frac{p_2(1-p_2)}{m}\right)$$

或者

$$u=\frac{\hat{p}_1-\hat{p}_2-(p_1-p_2)}{\sqrt{\frac{p_1(1-p_1)}{n}+\frac{p_2(1-p_2)}{m}}}\dot{\sim}N(0,1) \tag{4.6.11}$$

可以证明：上述三种检验问题都在 $p_1=p_2$ 时犯第Ⅰ类错误的概率最大，故只要在 $p_1=p_2=p$ 处使犯第Ⅰ类错误的概率为 α，就可获得水平为 α 的检验。而在 $p_1=p_2=p$ 时，可用合样本的频率来估计 p，即用

$$\hat{p}=\frac{\sum_{i=1}^{n}x_i+\sum_{i=1}^{m}y_i}{n+m}=\frac{n\hat{p}_1+m\hat{p}_2}{n+m} \tag{4.6.12}$$

估计共同的 p，它仍是 p 的组合估计，这时可用如下检验统计量：

$$u=\frac{\hat{p}_1-\hat{p}_2}{\sqrt{\hat{p}(1-\hat{p})\left(\frac{1}{n}+\frac{1}{m}\right)}}\dot{\sim}N(0,1) \tag{4.6.13}$$

对给定的显著性水平 α，前述三个检验问题的拒绝域分别为：

$$\begin{aligned} &W_{\mathrm{I}}=\{u\geqslant u_{1-\alpha}\}\\ &W_{\mathrm{II}}=\{u\leqslant u_{\alpha}\}\\ &W_{\mathrm{III}}=\{|u|\geqslant u_{1-\alpha/2}\} \end{aligned} \tag{4.6.14}$$

若设 u_0 为从两样本用式（4.6.13）算得的检验统计量 u 的观察值，则上述三个检验问题的 p 值分别为：

$$\begin{aligned} &p_{\mathrm{I}}=P(u\geqslant u_0)\\ &p_{\mathrm{II}}=P(u\leqslant u_0)\\ &p_{\mathrm{III}}=P(|u|\geqslant|u_0|)=2P(u\geqslant|u_0|) \end{aligned}$$

例4.6.4

甲、乙两厂生产同一种产品，为比较两厂的产品质量是否一致，现随机从甲厂的产品中抽取300件，发现有14件不合格品，在乙厂的产品中抽取400件，发现有25件不合格品。在 $\alpha=0.05$ 水平下检验两厂的不合格品率有无显著差异。

解：设甲厂的不合格品率为 p_1，乙厂的不合格品率为 p_2，此时要检验的假设为：

$$H_0: p_1=p_2 \quad \text{vs} \quad H_1: p_1\neq p_2$$

由所给出的备择假设，利用大样本的正态近似得在 $\alpha=0.05$ 水平下的拒绝域为 $\{|u|\geqslant 1.96\}$。

由样本数据知

$$n=300,\ m=400$$

$$\hat{p}_1=\frac{14}{300}=0.046\,7,\ \hat{p}_2=\frac{25}{400}=0.062\,5,\ \hat{p}=\frac{14+25}{300+400}=0.055\,7$$

于是

$$u_0=\frac{\hat{p}_1-\hat{p}_2}{\sqrt{\left(\frac{1}{n}+\frac{1}{m}\right)\hat{p}(1-\hat{p})}}=\frac{0.0467-0.0625}{\sqrt{\left(\frac{1}{300}+\frac{1}{400}\right)\times0.0557\times(1-0.0557)}}$$
$$=-0.9020$$

由于 $|u_0|<1.96$，未落在拒绝域中，所以在 $\alpha=0.05$ 水平下认为两厂的不合格品率无显著差异。

该检验问题的 p 值为：

$$p=2P(u\geqslant|u_0|)=2P(u\geqslant0.902)$$
$$=2\times(1-0.8164)=0.3672$$

该 p 值较大，说明该数据不支持“两厂不合格品率有显著差异”的说法。

2. 两个比率差的置信区间

两个比率差 p_1-p_2 的 $1-\alpha$ 置信区间可由诸拒绝域式（4.6.14）得接受域，再改写成区间形式即可，其中检验统计量 u 要用式（4.6.11）表示的枢轴量。这时在大样本场合，p_1-p_2 的近似 $1-\alpha$ 置信区间为：

$$\hat{p}_1-\hat{p}_2\pm u_{1-\alpha/2}\sqrt{\frac{\hat{p}_1(1-\hat{p}_1)}{n}+\frac{\hat{p}_2(1-\hat{p}_2)}{m}}$$

而 p_1-p_2 的近似 $1-\alpha$ 单侧置信上限为：

$$\hat{p}_1-\hat{p}_2+u_{1-\alpha}\sqrt{\frac{\hat{p}_1(1-\hat{p}_1)}{n}+\frac{\hat{p}_2(1-\hat{p}_2)}{m}}$$

p_1-p_2 的近似 $1-\alpha$ 单侧置信下限为：

$$\hat{p}_1-\hat{p}_2-u_{1-\alpha}\sqrt{\frac{\hat{p}_1(1-\hat{p}_1)}{n}+\frac{\hat{p}_2(1-\hat{p}_2)}{m}}$$

例 4.6.5

在一个由 85 个（汽车发动机用的）机轴组成的样本中有 10 个因表面加工较为粗糙而成为次品。对表面抛光进行改进，随之又得由 75 个机轴组成的第二个样本，其中 5 件为次品。现要求两个次品率差的 95%置信区间。

解：从题意知，$n=85$，$\hat{p}_1=\frac{10}{85}$；$m=75$，$\hat{p}_2=\frac{5}{75}$。由上述可知，两次品率之差的 95%置信区间为：

$$\frac{10}{85}-\frac{5}{75}\pm u_{0.975}\sqrt{\left(\frac{2}{17}\times\frac{15}{17}\right)\Big/85+\left(\frac{1}{15}\times\frac{14}{15}\right)\Big/75}$$
$$=0.05098\pm1.96\times0.04529$$
$$=0.05098\pm0.08877$$
$$=[-0.03779,0.13975]$$

该区间包含零，所以从数据上看，改进表面抛光工序并无显著减少次品率。

＊3. 控制犯两类错误概率确定样本量

为确定起见，我们将在双侧检验问题下和两样本量相等 $n=m$ 场合计算犯第Ⅱ类错误的概率 β。在原假设 H_0：$p_1=p_2$ 不真下而接受 H_0 的概率为：

$$\beta=P(|u|\leqslant u_{1-\alpha/2})=P\left(-u_{1-\alpha/2}\leqslant\frac{\hat{p}_1-\hat{p}_2}{\sqrt{\hat{p}(1-\hat{p})\frac{2}{n}}}\leqslant u_{1-\alpha/2}\right) \tag{4.6.15}$$

其中概率是在 $p_1\neq p_2$ 下计算，即 $P=P_{p_1\neq p_2}$，如今 $\hat{p}$ 是在 $p_1=p_2=p$ 的假设下对 p 所作出的估计，见式（4.6.15），上式分母（根号部分）也是在 $p_1=p_2=p$ 下对标准差 $\sigma_{(\hat{p}_1-\hat{p}_2)}$ 作出的估计。如今 $p_1\neq p_2$，$\hat{p}_1-\hat{p}_2$ 的标准差也改变了，其近似分布为：

$$\hat{p}_1-\hat{p}_2\dot{\sim}N\left(p_1-p_2,\frac{p_1q_1+p_2q_2}{n}\right)$$

其中 $q_1=1-p_1$；$q_2=1-p_2$。为计算 β 还需把检验统计量 u 改写一下：

$$\begin{aligned}u&=\frac{\hat{p}_1-\hat{p}_2}{\sqrt{\hat{p}(1-\hat{p})\frac{2}{n}}}\\&=\frac{\hat{p}_1-\hat{p}_2-(p_1-p_2)}{\sqrt{\frac{p_1q_1+p_2q_2}{n}}}\cdot\frac{\sqrt{\frac{p_1q_1+p_2q_2}{n}}}{\sqrt{\hat{p}(1-\hat{p})\frac{2}{n}}}+\frac{p_1-p_2}{\sqrt{\hat{p}(1-\hat{p})\frac{2}{n}}}\end{aligned}$$

把上式代回式（4.6.15），再经一些运算可得

$$\begin{aligned}\beta&=\Phi\left(\frac{u_{1-\alpha/2}\sqrt{2\hat{p}(1-\hat{p})}-\sqrt{n}(p_1-p_2)}{\sqrt{p_1q_1+p_2q_2}}\right)\\&\quad-\Phi\left(\frac{-u_{1-\alpha/2}\sqrt{2\hat{p}(1-\hat{p})}-\sqrt{n}(p_1-p_2)}{\sqrt{p_1q_1+p_2q_2}}\right)\\&\doteq\Phi\left(\frac{u_{1-\alpha/2}\sqrt{2\hat{p}(1-\hat{p})}-\sqrt{n}|p_1-p_2|}{\sqrt{p_1q_1+p_2q_2}}\right)\end{aligned}$$

最后近似等式成立是因为在 $p_1>p_2$ 时第二项接近于0；在 $p_1<p_2$ 时第一项接近于1。再用标准正态分布 β 分位数 u_β 可得

$$u_{1-\alpha/2}\sqrt{2\hat{p}(1-\hat{p})}-\sqrt{n}|p_1-p_2|=u_\beta\sqrt{p_1q_1+p_2q_2}$$

其中

$$\hat{p}=\frac{n\hat{p}_1+m\hat{p}_2}{n+m}=\frac{\hat{p}_1+\hat{p}_2}{2}$$

如今在确定样本量场合，可用已知值 p_1 与 p_2 去代替 $\hat{p}_1$ 与 $\hat{p}_2$，这样一来，有

$$2\hat{p}(1-\hat{p})=\frac{(p_1+p_2)(q_1+q_2)}{2}$$

再考虑到$-u_\beta=u_{1-\beta}$，故从上式可解得样本量n的表达式：

$$n=\left(\frac{u_{1-\alpha/2}\sqrt{\dfrac{(p_1+p_2)(q_1+q_2)}{2}}+u_{1-\beta}\sqrt{p_1q_1+p_2q_2}}{p_1-p_2}\right)^2 \tag{4.6.16}$$

这个表达式虽复杂一些，但还是一个可行的方案，具体看下面的例子。

例 4.6.6

在$\alpha=0.05$与$\beta=0.10$场合，考察区分p_1与p_2所需的样本量。此时$u_{1-\alpha/2}=u_{0.975}=1.96$，$u_{1-\beta}=u_{0.9}=1.282$。以下为确定起见先考虑区别$p_1=0.01$，$p_2=0.05$时所需的样本量。为此特设计如下计算表：

$p_1=0.01$	$p_2=0.05$	$p_1+p_2=0.06$
$q_1=0.99$	$q_2=0.95$	$q_1+q_2=1.94$
$p_1q_1=0.009\,9$	$p_2q_2=0.047\,5$	

把上表中算得的 4 个中间结果p_1+p_2，q_1+q_2，p_1q_1，p_2q_2代入式（4.6.16），可得

$$n=\frac{\left(1.96\times\sqrt{\dfrac{0.06\times1.94}{2}}+1.282\times\sqrt{0.009\,9+0.047\,5}\right)^2}{(0.01-0.05)^2}$$
$$=380.24$$

近似取$n=381$。这表明为区分$p_1=0.01$与$p_2=0.05$，并使犯第Ⅰ，Ⅱ类错误的概率分别不超过 0.05 与 0.10，所需样本量至少各为 381。

类似地，对不同的p_2和不同的β可算得所需样本量，所得结果都列在表 4.6.2 上。

表 4.6.2　若干参数下所需样本量

$\alpha=0.05$，$\beta=0.10$
$p_1=0.01$，$p_2=0.03$，$n=1019$（×2）
$p_1=0.01$，$p_2=0.05$，$n=381$（×2）
$p_1=0.01$，$p_2=0.07$，$n=223$（×2）
$\alpha=0.05$，$\beta=0.05$
$p_1=0.01$，$p_2=0.03$，$n=1271$（×2）
$p_1=0.01$，$p_2=0.05$，$n=470$（×2）
$p_1=0.01$，$p_2=0.07$，$n=275$（×2）

从表 4.6.2 可以看出，当增大p_1与p_2的距离时，区分p_1与p_2所需样本量n在减少；当减少犯第Ⅱ类错误的概率β时，区分p_1与p_2所需样本量在增大。这些都与人们的直观认知是吻合的。

在单侧检验场合亦可类似导出所需样本量，它与式（4.6.16）的差别仅在$u_{1-\alpha/2}$

上，把 $u_{1-\alpha/2}$ 改为 $u_{1-\alpha}$ 即可。这时

$$n=\frac{\left(u_{1-\alpha}\sqrt{\frac{(p_1+p_2)(q_1+q_2)}{2}}+u_{1-\beta}\sqrt{p_1q_1+p_2q_2}\right)^2}{(p_1-p_2)^2} \tag{4.6.17}$$

其中 $q_1=1-p_1$，$q_2=1-p_2$。

习题 4.6

1. 有人称某城镇成年人中大学毕业生人数达30%，为检验这一假设，随机抽取了15名成年人，结果有3名大学毕业生。试问该人看法是否合适（取 $\alpha=0.05$）？

2. 一批电子元件，规定抽30件产品进行检验，要求以显著性水平0.05去检验不合格品率是否不超过 $p=0.01$，求检验的拒绝域。

3. 一名研究者声称他所在地区至少有80%的观众对电视剧中间插播广告表示厌烦。现随机询问了120位观众，有70人赞成他的观点，在 $\alpha=0.05$ 水平上，该样本是否支持这位研究者的观点？

4. 某厂产品的不合格品率为10%，在一次例行检查中，随机抽取80件，发现有11件不合格品，在 $\alpha=0.05$ 水平上能否认为不合格品率仍为10%？

5. 在一批货物中，随机抽出100件，发现有16件次品，试求该批货物次品率的置信水平为0.95的置信区间。

6. 在某饮料厂的市场调查中，1 000名被调查者中有650人喜欢含有酸味的饮料。请对喜欢含有酸味饮料的人的比率作置信水平为0.95的区间估计。在 $\alpha=0.05$ 水平上能否认为喜欢酸味饮料的比率为70%？

7. 从随机抽取的467名男性中发现有8人色盲，而433名女性中发现1人色盲，在 $\alpha=0.01$ 水平下能否认为女性色盲比率比男性低？

8. 为确定A，B两种肥料的效果是否有显著差异，取1 000株植物做试验。在施A肥料的100株植物中，有53株长势良好，在施B肥料的900株植物中，有783株长势良好。在 $\alpha=0.01$ 水平下检验这两种肥料的效果有无显著差异。

9. 用铸造与锻造两种不同方法制造某种零件，从各自制造的零件中分别随机抽取100个，其中铸造的有10个废品，锻造的有3个废品。在 $\alpha=0.05$ 水平下，能否认为废品率与制造方法有关？

10. 两种不同类型的注射机器生产同一种塑料零件。为考察其不合格品率，从每台机器各抽取300个零件，其中不合格品数分别为15个与8个。考察下列问题：

(1) 认为两种机器的不合格品率相同合理吗？

(2) 计算该检验问题的 p 值。

(3) 寻求两种不合格品率之差的95%置信区间。

11. 若设 $p_1=0.05$，$p_2=0.02$，在犯第Ⅰ，Ⅱ类错误的概率分别为 $\alpha=0.05$，$\beta=0.10$ 下为区分 p_1 与 p_2 需要多大样本量？

12. 在上题条件下，其他不变，只把犯第Ⅱ类错误的概率 β 从 0.10 分别改为 0.05 与 0.15，其需要样本量各为多少？

13. 某公司生产 A 与 B 两种型号自行车。为调查市场在某地投放两种型号自行车各 200 辆，半个月后得知型号 A 已出售 61 辆，型号 B 已出售 75 辆。试求两种型号自行车销售率之差 $p_A - p_B$ 的 0.95 置信区间。

*4.7 广义似然比检验

这一节我们将介绍用广义似然比去构造检验的另一种方法，它既可用于参数的假设检验，也可用于分布的假设检验。

4.7.1 广义似然比检验

设 $\boldsymbol{x}=(x_1, x_2, \cdots, x_n)$ 是来自密度函数 $p(x; \theta)$ 的一个样本，而参数 θ 的似然函数记为 $L(\theta; \boldsymbol{x})=\prod_{i=1}^{n} p(x_i; \theta)$，其中参数空间为 $\Theta=\{\theta\}$。又设 Θ_0 与 Θ_1 为 Θ 的两个非空不相交的子集（即 $\Theta_0 \cap \Theta_1=\varnothing$），且 $\Theta_0 \cup \Theta_1=\Theta$。

考察如下假设检验问题：

$$H_0: \theta \in \Theta_0 \quad \text{vs} \quad H_1: \theta \in \Theta_1 \tag{4.7.1}$$

设 $\hat{\theta}$ 是似然函数 $L(\theta; \boldsymbol{x})$ 在参数空间 Θ 上的最大似然估计，即 $\hat{\theta}$ 满足

$$L(\hat{\theta}; \boldsymbol{x})=\max_{\theta \in \Theta} L(\theta; \boldsymbol{x})$$

又设 $\hat{\theta}_0$ 是似然函数 $L(\theta; \boldsymbol{x})$ 在原假设 Θ_0 上的最大似然估计，即

$$L(\hat{\theta}_0; \boldsymbol{x})=\max_{\theta \in \Theta_0} L(\theta; \boldsymbol{x})$$

由于两个似然函数值 $L(\hat{\theta}; \boldsymbol{x})$ 与 $L(\hat{\theta}_0; \boldsymbol{x})$ 都与 θ 无关，且都是样本 $\boldsymbol{x}$ 的函数，故其比值

$$\lambda(\boldsymbol{x})=\frac{\max\limits_{\theta \in \Theta_0} L(\theta; \boldsymbol{x})}{\max\limits_{\theta \in \Theta} L(\theta; \boldsymbol{x})}=\frac{L(\hat{\theta}_0; \boldsymbol{x})}{L(\hat{\theta}; \boldsymbol{x})} \tag{4.7.2}$$

也与 θ 无关，也是样本 $\boldsymbol{x}$ 的函数，故是统计量，这个统计量称为**广义似然比统计量**。

显然有 $0 \leqslant \lambda(\boldsymbol{x}) \leqslant 1$，因为 $\Theta_0 \subset \Theta$。

还可看出：$\lambda(\boldsymbol{x})$ 是检验统计量，因为 $\lambda(\boldsymbol{x})$ 的大小能区分检验问题（4.7.1）中的原假设 H_0 与备择假设 H_1，在样本 $\boldsymbol{x}$ 给定下，似然函数是 θ 出现可能性大小的一种度量。如今在广义似然比统计量 $\lambda(\boldsymbol{x})$ 中分母相对固定，$\lambda(\boldsymbol{x})$ 大小主要取决于其分子，若 $\lambda(\boldsymbol{x})$ 的分子偏小，说明参数 θ 的真实值不在原假设 H_0 中，故倾向

于拒绝 H_0；反之，若拒绝 H_0，θ 的真实值应在备择假设 H_1 中，从而 $L(\hat{\theta};\boldsymbol{x})$ 远大于$L(\hat{\theta}_0;\boldsymbol{x})$，故 $\lambda(\boldsymbol{x})$ 偏小，由此可见拒绝 H_0 当且仅当 $\lambda(\boldsymbol{x})\leqslant c$，即拒绝域为 $W=\{\lambda(\boldsymbol{x})\leqslant c\}$，其中临界值 c 是介于 0～1 之间的一个常数，它由给定的显著性水平 α（$0<\alpha<1$）确定，即 c 由下式确定。

$$P(\lambda(\boldsymbol{x})\leqslant c)=\alpha \tag{4.7.3}$$

这就确定了一个检验，这个检验称为**广义似然比检验**。

一般来说，广义似然比检验是一个很好的检验，很多地方要用到它。它在假设检验中的地位好比最大似然估计在参数估计中的地位。构造似然比检验的最大困难在于寻找广义似然比统计量$\lambda(\boldsymbol{x})$的概率分布。缺失 $\lambda(\boldsymbol{x})$ 的分布就很难从式（4.7.3）中定出临界值 c，从而不能形成一个检验。

经过多年研究，统计学家已提出多种方法来确定临界值，譬如：

- $\lambda(\boldsymbol{x})$ 是另一个统计量 $T(\boldsymbol{x})$ 的严格单调函数：$\lambda(\boldsymbol{x})=f(T(\boldsymbol{x}))$。而 $T(\boldsymbol{x})$ 的分布较容易确定，若 f 是严增函数，则“$\lambda(\boldsymbol{x})\leqslant c$”与“$T(\boldsymbol{x})\leqslant c'$”等价；若 f 是严减函数，则“$\lambda(\boldsymbol{x})\leqslant c$”与“$T(\boldsymbol{x})\geqslant c'$”等价，其中 c'可由 $T(\boldsymbol{x})$ 的分布确定。具体见下面的例子。
- 在许可的条件下，用随机模拟法获得$\lambda(\boldsymbol{x})$ 的近似分布，从而获得近似临界值 c。
- 在大样本场合，在一定条件下，$-2\ln\lambda(\boldsymbol{x})$ 随 n 增大而依分布收敛于卡方分布。详见参考文献［4］。

例 4.7.1

设 $\boldsymbol{x}=(x_1, x_2, \cdots, x_n)$ 是来自指数分布 $\exp(\lambda)$ 的一个样本，其密度函数为：

$$p(x;\lambda)=\lambda e^{-\lambda x},\quad x\geqslant 0,\quad \lambda\in\Theta=(0,\infty)$$

现要考察如下单侧检验问题：

$$H_0:\lambda\leqslant\lambda_0 \quad \text{vs} \quad H_1:\lambda>\lambda_0 \tag{4.7.4}$$

下面用广义似然比方法寻求该检验问题的拒绝域。

大家知道，指数分布 $\exp(\lambda)$ 在参数空间 $\Theta=(0,\infty)$ 上的最大似然估计为 $\hat{\lambda}=n\Big/\sum\limits_{i=1}^{n}x_i=1/\bar{x}$。此时似然函数的最大值为：

$$\max_{\lambda\in\Theta}L(\lambda;\boldsymbol{x})=\max_{\lambda>0}\Big[\lambda^n\exp\Big(-\lambda\sum_{i=1}^{n}x_i\Big)\Big]=\Big(\frac{1}{\bar{x}}\Big)^n e^{-n}$$

而该似然函数 L 在 $\Theta_0=(0,\lambda_0)$ 上的极大值为：

$$\begin{aligned}\max_{\lambda\in\Theta_0}L(\lambda;\boldsymbol{x})&=\max_{\lambda\leqslant\lambda_0}\Big[\lambda^n\exp\Big(-\lambda\sum_{i=1}^{n}x_i\Big)\Big]\\&=\begin{cases}\Big(\dfrac{1}{\bar{x}}\Big)^n e^{-n}, & \dfrac{1}{\bar{x}}\leqslant\lambda_0\\ \lambda_0^n\exp\Big(-\lambda_0\sum\limits_{i=1}^{n}x_i\Big), & \dfrac{1}{\bar{x}}>\lambda_0\end{cases}\end{aligned}$$

这是因为 $p(x;\lambda)$ 是 λ 的严减函数，L 在 Θ_0 上的极大值依赖于 λ 的 MLE $\hat{\lambda}=1/\overline{x}$ 是在 λ_0 左边还是右边。

由此可以导出其广义似然比：

$$\lambda(\boldsymbol{x})=\begin{cases}1, & \dfrac{1}{\overline{x}}\leqslant\lambda_0\\ \dfrac{\lambda_0^n\exp\left(-\lambda_0\sum\limits_{i=1}^{n}x_i\right)}{(1/\overline{x})^n\mathrm{e}^{-n}}, & \dfrac{1}{\overline{x}}>\lambda_0\end{cases}$$
$$=\begin{cases}1, & \lambda_0\overline{x}\geqslant 1\\ (\lambda_0\overline{x})^n\mathrm{e}^{-n(\lambda_0\overline{x}-1)}, & \lambda_0\overline{x}<1\end{cases}$$

按广义似然比检验要求，要寻找这样的 c（$0<c<1$），使得当 $\lambda(\boldsymbol{x})\leqslant c$ 发生时就拒绝原假设。在这个例子中，使 $\lambda(\boldsymbol{x})=1$ 的那些样本点一定不属于拒绝域 W。因此其拒绝域有如下形式：

$$W=\{\boldsymbol{x}:\lambda(\boldsymbol{x})=(\lambda_0\overline{x})^n\mathrm{e}^{-n(\lambda_0\overline{x}-1)}\leqslant c\quad 且\quad \lambda_0\overline{x}<1\}\tag{4.7.5}$$

若记 $y=\lambda_0\overline{x}$，则广义似然比 $\lambda(\boldsymbol{x})$ 仅是 y 的函数

$$\lambda(\boldsymbol{x})=g(y)=y^n\mathrm{e}^{-n(y-1)},\quad y<1$$

这个函数在 $y=1$ 处达到最大值 $g(1)=1$，而在 $(0,1)$ 上 $g(y)$ 是严增函数（见图4.7.1）。这表明广义似然比 $\lambda(\boldsymbol{x})$ 是 $\lambda_0\overline{x}$ 的严增函数，故有这样的 c'，使

$$W=\{\lambda(\boldsymbol{x})\leqslant c\}=\{\lambda_0\overline{x}\leqslant c'\}=\left\{\lambda_0\sum x_i\leqslant nc'\right\}\tag{4.7.6}$$

其中 c' 可由 $\lambda_0\overline{x}$ 的分布和给定的显著性水平 $\alpha(0<\alpha<1)$ 确定，即 c' 满足

$$P_{\lambda_0}\left(\lambda_0\sum x_i\leqslant nc'\right)=\alpha\tag{4.7.7}$$

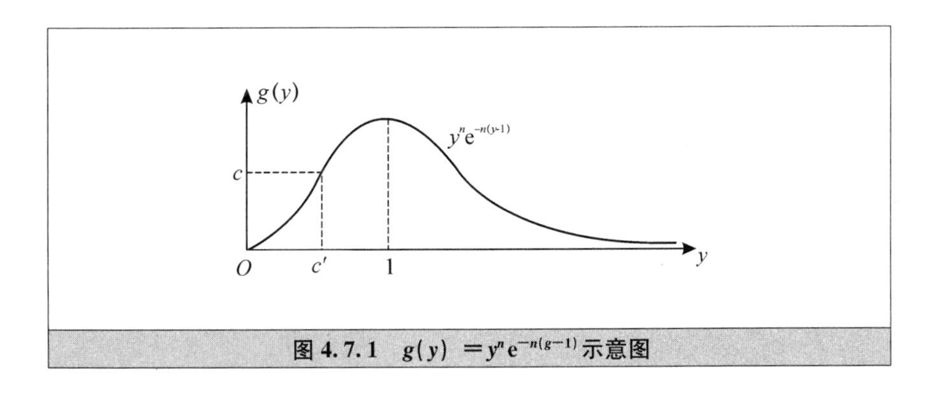

图4.7.1　$g(y)=y^n\mathrm{e}^{-n(g-1)}$ 示意图

现转入讨论 c' 的确定问题。在 $\lambda=\lambda_0$ 处：

$$x_i\sim\exp(\lambda_0)=Ga(1,\lambda_0),\quad i=1,2,\cdots,n$$
$$\sum_{i=1}^{n}x_i\sim Ga(n,\lambda_0)$$

$$2\lambda_0\sum_{i=1}^{n}x_i\sim Ga\left(\frac{2n}{2},\frac{1}{2}\right)=\chi^2(2n)$$

故由式（4.7.7）可得

$$P_{\lambda_0}\left(2\lambda_0\sum_{i=1}^{n}x_i\leqslant 2nc'\right)=\alpha$$

利用卡方分布分位数可得

$$2nc'=\chi_\alpha^2(2n)\quad 或\quad c'=\frac{\chi_\alpha^2(2n)}{2n}$$

另外，对$\lambda\leqslant\lambda_0$，有

$$P_\lambda(\lambda_0\overline{x}\leqslant c')=P_\lambda\left(\lambda\overline{x}\leqslant\frac{\lambda c'}{\lambda_0}\right)\leqslant P_\lambda(\lambda\overline{x}\leqslant c')=P_\lambda\left(2\lambda\sum_{i=1}^{n}x_i\leqslant\chi_\alpha^2(2n)\right)=\alpha$$

这表明当原假设H_0：$\lambda\leqslant\lambda_0$为真时而拒绝$H_0$所犯的第Ⅰ类错误概率不会超过$\alpha$，故上述导出的拒绝域$W=\left\{\lambda_0\sum_{i=1}^{n}x_i\leqslant\chi_\alpha^2(2n)/2\right\}$是水平为$\alpha$的检验的拒绝域。

从这个例子可以看出，从广义似然比检验第一次导出的拒绝域（4.7.5）是难以处理的，通过单调性的讨论，把它转化为较为简单的形式（4.7.6），从而可获得可用卡方分布分位数表示的临界值c'。这种方法在广义似然比检验中常常用到。下面再看一个大家熟悉的例子。

例 4.7.2

设$\boldsymbol{x}=(x_1, x_2, \cdots, x_n)$是来自正态分布$N(\mu, \sigma^2)$的一个样本，其似然函数为：

$$L(\mu,\sigma^2;\boldsymbol{x})=(2\pi\sigma^2)^{-\frac{n}{2}}\exp\left\{-\frac{1}{2\sigma^2}\sum_{i=1}^{n}(x_i-\mu)^2\right\}$$

其参数空间为：

$$\Theta=\{(\mu, \sigma^2);\ -\infty<\mu<\infty, \sigma^2>0\}$$

现要考察如下的双侧检验问题：

$$H_0:\ \mu=\mu_0\quad \text{vs}\quad H_1:\ \mu\neq\mu_0$$

其中μ_0为已知常数。现用广义似然比检验来获得其检验统计量及其拒绝域。

在Θ上μ与σ^2的最大似然估计为：

$$\hat{\mu}=\overline{x},\quad \hat{\sigma}^2=\frac{1}{n}\sum_{i=1}^{n}(x_i-\overline{x})^2$$

这时似然函数L的最大值为：

$$\max_{(\mu,\sigma^2)\in\Theta}L(\mu,\sigma^2;\boldsymbol{x})=\left[\frac{2\pi}{n}\sum_{i=1}^{n}(x_i-\overline{x})^2\right]^{-\frac{n}{2}}\cdot e^{-\frac{n}{2}}$$

而在原假设$\Theta_0=\{(\mu, \sigma^2):\ \mu=\mu_0, \sigma^2>0\}$上，$\sigma^2$的最大似然估计为：

$$\hat{\sigma}_0^2 = \frac{1}{n}\sum_{i=1}^{n}(x_i - \mu_0)^2$$

这时似然函数 L 的最大值为：

$$\max_{(\mu,\sigma^2)\in\Theta_0} L(\mu_0, \sigma^2; \boldsymbol{x}) = \left[\frac{2\pi}{n}\sum_{i=1}^{n}(x_i - \mu_0)^2\right]^{-\frac{n}{2}} \cdot \mathrm{e}^{-\frac{n}{2}}$$

两式之比就是广义似然比统计量：

$$\begin{aligned}
\lambda(\boldsymbol{x}) &= \left[\frac{\sum_{i=1}^{n}(x_i - \mu_0)^2}{\sum_{i=1}^{n}(x_i - \overline{x})^2}\right]^{-\frac{n}{2}} = \left[\frac{\sum_{i=1}^{n}(x_i - \overline{x})^2 + n(\mu_0 - \overline{x})^2}{\sum_{i=1}^{n}(x_i - \overline{x})^2}\right]^{-\frac{n}{2}} \\
&= \left[1 + \frac{n(\mu_0 - \overline{x})^2}{\sum_{i=1}^{n}(x_i - \overline{x})^2}\right]^{-\frac{n}{2}} \\
&= \left[1 + \frac{t^2}{n-1}\right]^{-\frac{n}{2}}
\end{aligned}$$

其中

$$t = \sqrt{n(n-1)}\,\frac{\overline{x} - \mu_0}{\sqrt{\sum_{i=1}^{n}(x_i - \overline{x})^2}} \overset{H_0}{\sim} t(n-1)$$

由此可见，上述广义似然比统计量 $\lambda(\boldsymbol{x})$ 是 t 统计量的平方的严减函数。故此广义似然比检验的拒绝域 $W=\{\lambda(\boldsymbol{x}) \leqslant c\}$ 等价于 t 检验的拒绝域 $\{|t| \geqslant c'\}$。对给定的显著性水平 α $(0<\alpha<1)$，可由 $P(|t| \geqslant c') = \alpha$ 定出临界值 $c' = t_{1-\alpha/2}(n-1)$，这与 4.2 节中的 t 检验是完全一致的。

广义似然比检验是寻找检验统计量及其拒绝域的另一条思路，这种思路很直观，从广义似然比统计量 $\lambda(\boldsymbol{x})$ 的大小来区分原假设的真伪。很多参数的假设检验都可从广义似然比检验获得。此外，区分两个分布也常用广义似然比检验。

4.7.2　区分两个分布的广义似然比检验

设有一个样本 $\boldsymbol{x}=(x_1, x_2, \cdots, x_n)$，它可能来自两个不同的密度函数 $p_0(x; \theta)$ 与 $p_1(x; \tau)$ 中的某一个，对此如何作出统计判断？这是**区分两个指定分布的假设检验问题**。它的两个假设是：

原假设 H_0：样本 $\boldsymbol{x}$ 来自 $p_0(x; \theta)$，　$\theta \in \Theta_0$

备择假设 H_1：样本 $\boldsymbol{x}$ 来自 $p_1(x; \tau)$，　$\tau \in \Theta_1$

其中 θ 与 τ 都可以是参数向量，它们所在的参数空间 Θ_0 与 Θ_1 之间可能无任何包含关系。Θ_0 与 Θ_1 在这里仅表示各自参数的活动范围，并不示意两个假设，区分两个假设的是各自的总体分布，广义似然比检验很适合作这类检验，只要把前述的广义似然比检验稍作改变就可用作区分两个分布的检验统计量。

在 H_0 下，参数 θ 的似然函数为 $L_0(\theta;\ \boldsymbol{x})=\prod_{i=1}^{n}p_0(x_i;\ \theta)$，设 $\hat{\theta}$ 为 θ 在 Θ_0 上的MLE；在 H_1 下，参数 τ 的似然函数为 $L_1(\tau;\ \boldsymbol{x})=\prod_{i=1}^{n}p_1(x_i;\ \tau)$，又设 $\hat{\tau}$ 为 τ 在 Θ_1 上的MLE。定义广义似然比统计量如下：

$$\lambda(\boldsymbol{x})=\frac{\max\limits_{\tau\in\Theta_1}L_1(\tau;\ \boldsymbol{x})}{\max\limits_{\theta\in\Theta_0}L_0(\theta;\ \boldsymbol{x})}=\frac{L_1(\hat{\tau};\ \boldsymbol{x})}{L_0(\hat{\theta};\ \boldsymbol{x})}\tag{4.7.8}$$

当 $\lambda(\boldsymbol{x})$ 相对较大时，说明样本 $\boldsymbol{x}$ 来自 p_1 比来自 p_0 的可能性大，应倾向于拒绝原假设 H_0，故其拒绝域的形式应为：

$$W=\{\lambda(\boldsymbol{x})\geqslant c\}\tag{4.7.9}$$

其中，临界值 c 可由 $\lambda(\boldsymbol{x})$ 的分布和给定的显著性水平 α（$0<\alpha<1$）确定。这就是区分两个分布的广义似然比检验。

这里的困难在于确定 $\lambda(\boldsymbol{x})$ 的精确分布，但所涉及的两个分布已被指定，对它们施行随机模拟获得近似分布有时是可行的措施之一。具体操作可看下面的例子。

例 4.7.3

区分正态分布 $N(\mu,\ \sigma^2)$ 与双参数指数分布 $\exp(a,\ b)$ 的检验。设有一个样本 $\boldsymbol{x}=(x_1,\ x_2,\ \cdots,\ x_n)$，它来自下面两个分布之一。

H_0：样本 $\boldsymbol{x}$ 来自正态分布 $N(\mu,\ \sigma^2)$，$\Theta_0=\{(\mu,\ \sigma^2),\ -\infty<\mu<\infty,\ \sigma>0\}$

H_1：样本 $\boldsymbol{x}$ 来自双参数指数分布 $\exp(a,\ b)$，其密度函数为：

$$p_1(x;\ a,\ b)=\frac{1}{b}\exp\left\{-\frac{x-a}{b}\right\},\quad x\geqslant a,\quad \Theta_1=\{(a,\ b),\ -\infty<a<\infty,\ b>0\}$$

这两个分布都是位置—尺度分布族的成员。为区分这两个分布，可构造如下的广义似然比统计量：

$$\lambda(\boldsymbol{x})=\frac{\max\limits_{(a,b)\in\Theta_1}\left\{\prod\limits_{i=1}^{n}\frac{1}{b}\exp\left(-\frac{x_i-a}{b}\right)\right\}}{\max\limits_{(\mu,\sigma^2)\in\Theta_0}\left\{\prod\limits_{i=1}^{n}\frac{1}{\sqrt{2\pi}\sigma}\exp\left\{-\frac{(x_i-\mu)^2}{2\sigma^2}\right\}\right\}}$$

$$=\frac{\left(\frac{1}{\hat{b}}\right)^n\exp\left\{-\frac{1}{\hat{b}}\sum\limits_{i=1}^{n}(x_i-\hat{a})\right\}}{\left(\frac{1}{\sqrt{2\pi}\,\hat{\sigma}}\right)^n\exp\left\{-\frac{1}{2\hat{\sigma}^2}\sum\limits_{i=1}^{n}(x_i-\hat{\mu})^2\right\}}$$

其中 $\hat{a}$ 与 $\hat{b}$ 分别是 a 与 b 的MLE，$\hat{\mu}$ 与 $\hat{\sigma}^2$ 分别是 μ 与 σ^2 的MLE，具体是

$$\hat{a}=x_{(1)}, \qquad \hat{b}=\frac{1}{n}\sum_{i=1}^{n}(x_i-x_{(1)})$$

$$\hat{\mu}=\overline{x}, \qquad \hat{\sigma}^2=\frac{1}{n}\sum_{i=1}^{n}(x_i-\overline{x})^2$$

把这些 MLE 代回原式，化简后得

$$\lambda(\boldsymbol{x})=(2\pi/\mathrm{e})^{\frac{n}{2}}\cdot(D(\boldsymbol{x}))^n,\quad D(\boldsymbol{x})=\frac{\hat{\sigma}}{\hat{b}}=\frac{\sqrt{n\sum_{i=1}^{n}(x_i-\overline{x})^2}}{\sum_{i=1}^{n}(x_i-x_{(1)})} \tag{4.7.10}$$

可见，$\lambda(\boldsymbol{x})$ 是 $D(\boldsymbol{x})$ 的严增函数，这意味着：

- 可用 $D(\boldsymbol{x})$ 代替 $\lambda(\boldsymbol{x})$ 作为该检验问题的检验统计量；
- 拒绝域 $W=\{\lambda(\boldsymbol{x})\geqslant c\}$ 等价于 $\{D(\boldsymbol{x})\geqslant c_1\}$。

对给定的显著性水平 α $(0<\alpha<1)$，在 H_0 为真下，由

$$P(D(\boldsymbol{x})\geqslant c_1)=\alpha \tag{4.7.11}$$

可得 $c_1=D_{1-\alpha}$，其中 $D_{1-\alpha}$ 为 $D(\boldsymbol{x})$ 的 $1-\alpha$ 分位数。由于难以获得 $D(\boldsymbol{x})$ 的精确分布，我们转而用随机模拟法获得 $D(\boldsymbol{x})$ 的近似 $1-\alpha$ 分位数。

"在 H_0 为真下"意味着样本 $\boldsymbol{x}=(x_1, x_2, \cdots, x_n)$ 来自正态分布 $N(\mu, \sigma^2)$，经过标准化变换 $u_i=(x_i-\mu)/\sigma$ $(i=1, 2, \cdots, n)$，可得来自 $N(0, 1)$ 的样本 $\boldsymbol{u}=(u_1, u_2, \cdots, u_n)$，此时，统计量 $D(\boldsymbol{x})$ 可以改写为 $D(\boldsymbol{u})$，即

$$D(\boldsymbol{x})=D(\boldsymbol{u})=\frac{\sqrt{n\sum_{i=1}^{n}(u_i-\overline{u})^2}}{\sum_{i=1}^{n}(u_i-u_{(1)})} \tag{4.7.12}$$

由于来自 $N(0, 1)$ 的伪随机数可以大量产生，譬如产生 10 万个，每 10（$=n$）个看做一个样本，用式（4.7.12）算得一个 $D(\boldsymbol{u})$ 的观察值，这样就可得 1 万个 D 的观察值，从小到大进行排序，得 $D(\boldsymbol{u})$ 的一个有序样本，最后用样本分位数去估计总体分位数，如用第 9 000 个观察值估计 $D_{0.90}$，用第 9 500 个观察值估计 $D_{0.95}$，余类推。这是在样本量 $n=10$ 的场合所得 $D(\boldsymbol{u})$ 的分位数，若 $n=15, 20, \cdots$，则可类似重复，表 4.7.1 对部分 α 与 n 列出了 D 的各种近似 $1-\alpha$ 分位数。据此就可作出统计判断。

表 4.7.1　对假设 H_0：正态分布，H_1：双参数指数分布 检验的临界值及 β

n	$\alpha=0.01$		$\alpha=0.05$		$\alpha=0.10$	
	$D_{1-\alpha}$	β	$D_{1-\alpha}$	β	$D_{1-\alpha}$	β
10	1.01	0.61	0.87	0.35	0.80	0.23
15	0.88	0.35	0.77	0.14	0.72	0.07
20	0.80	0.14	0.71	0.04	0.67	0.02
25	0.76	0.06	0.68	0.01	0.64	0.01
30	0.72	0.02	0.65	0.00	0.61	0.00

表4.7.1中还列出了相应场合下犯第Ⅱ类错误的概率β，它也可用随机模拟法近似求出。大家知道β是在H_1为真时接受H_0的概率，即$\beta=P_{H_1}(D\leqslant D_{1-\alpha})$。为估计$\beta$，先产生来自双参数指数分布$\exp(a,b)$的一个样本$\boldsymbol{x}=(x_1,x_2,\cdots,x_n)$，经过变换$v_i=(x_i-a)/b$，可得标准双参数指数分布$\exp(0,1)$的一个样本$\boldsymbol{v}=(v_1,v_2,\cdots,v_n)$，此时$D(\boldsymbol{x})$也可改写为式（4.7.12），只要把$u_i$改为$v_i$即可，具体是

$$D(\boldsymbol{x})=D(\boldsymbol{v})=\frac{\sqrt{n\sum_{i=1}^{n}(v_i-\overline{v})^2}}{\sum_{i=1}^{n}(v_i-v_{(1)})} \tag{4.7.13}$$

由于来自$\exp(0,1)$的伪随机数亦可大量产生，譬如产生10万个，每$10(=n)$个为一组，算得一个$D(\boldsymbol{v})$的观察值。对1万个$D(\boldsymbol{v})$观察值排序，获得有序样本。若取$\alpha=0.01$，从表4.7.1得，在$n=10$场合的临界值$D_{1-\alpha}=D_{0.99}=1.01$，统计事件“$D\leqslant1.01$”发生的频率，该频率就是$\beta$（在$\alpha=0.01$，$n=10$的场合），一次随机模拟结果得$\hat{\beta}=0.61$。改变$n$与$\alpha$可得不同场合下$\beta$的估计值，表4.7.1上列出了部分$\beta$的值。从表4.7.1上可以看出，随着样本量$n$的增大，$\beta$在迅速降低。当然$\alpha$的增大也会使$\beta$减小，这些都符合统计规律和人们的共识。

例4.7.4

测量20个某种产品的强度，得如下数据：

35.15　44.62　40.85　45.32　36.08　38.97　32.48　34.36　38.05　26.84
32.68　42.90　35.57　36.64　33.82　42.26　37.88　38.57　32.05　41.50

试问这批数据是来自正态分布，还是双参数指数分布？

解：假如这批数据来自正态分布$N(\mu,\sigma^2)$，则可算得μ与σ^2的MLE：

$$\hat{\mu}=\overline{x}=37.23,\quad \hat{\sigma}^2=\frac{1}{n}\sum_{i=1}^{n}(x_i-\overline{x})^2=4.6^2$$

假如这批数据来自双参数指数分布$\exp(a,b)$，则可算得a与b的MLE：

$$\hat{a}=x_{(1)}=26.84,\ \hat{b}=\frac{1}{n}\sum_{i=1}^{n}(x_i-x_{(1)})=10.39$$

根据要求，先计算检验统计量$D(\boldsymbol{x})$的值：

$$D=\frac{\hat{\sigma}}{\hat{b}}=\frac{4.6}{10.39}=0.44$$

如给出显著性水平$\alpha=0.10$，从表4.7.1查得$D_{0.9}=0.67$，由于$D<0.67$，故不应拒绝H_0，这意味着，相对于双参数指数分布而言，认为产品的强度数据服从正态分布是妥当的。

从表4.7.1可见，在$\alpha=0.10$，$n=20$场合犯第Ⅱ类错误的概率$\beta=0.02$，这是一个很小的概率。

例 4.7.5

在例 4.7.3 区分两个分布的检验问题中，原假设 H_0 为正态分布，这样设置可保护正态分布不轻易被拒绝。这样对备择假设 H_1（样本来自双参数指数分布）公平吗?

假如我们不想轻易放弃双参数指数分布，则可把它放置在原假设位置上，形成一个新的检验问题：

H_0：样本 $\boldsymbol{x}$ 来自双参数指数分布 $\exp(a, b)$

H_1：样本 $\boldsymbol{x}$ 来自正态分布 $N(\mu, \sigma^2)$

重复前面的类似过程就可发现，如今的广义似然比检验统计量 E 恰好是原检验统计量 D 的倒数，即

$$E = D^{-1} = \frac{\sum_{i=1}^{n}(x_i - x_{(1)})}{\sqrt{n\sum_{i=1}^{n}(x_i - \overline{x})^2}}$$

对给定的显著性水平 α（$0<\alpha<1$），其拒绝域为 $W=\{E \geqslant E_{1-\alpha}\}$，其中分位数 $E_{1-\alpha}$ 可用标准指数分布 $\exp(0, 1)$ 的样本经随机模拟获得，具体列于表 4.7.2 上，同时列出犯第Ⅱ类错误的概率。

表 4.7.2　对 H_0：双参数指数分布 / H_1：正态分布 检验的临界值及 β

n	$\alpha=0.01$		$\alpha=0.05$		$\alpha=0.10$	
	$E_{1-\alpha}$	β	$E_{1-\alpha}$	β	$E_{1-\alpha}$	β
10	1.75	0.61	1.51	0.35	1.40	0.23
15	1.65	0.35	1.43	0.13	1.34	0.07
20	1.55	0.14	1.38	0.04	1.30	0.02
25	1.50	0.06	1.34	0.01	1.27	0.00
30	1.44	0.02	1.31	0.00	1.25	0.00

譬如，在例 4.7.4 中，若把 H_0 与 H_1 中的分布对换一下，其检验统计量的值 $E=D^{-1}=0.44^{-1}=2.27$。若取显著性水平 $\alpha=0.10$，从表 4.7.2 中查得其临界值为 1.30，由于 $E>1.30$，落入拒绝域，故应拒绝“样本 $\boldsymbol{x}$ 来自双参数指数分布”的原假设，而接受来自正态分布的备择假设。这与例 4.7.4 的结论是一致的。

假如不同原假设的设置导致不同的结论，建议增加样本量再作检验或扩大 α（如 $\alpha=0.20$）再作检验，这会导致风险增加。

习题 4.7

1. 设 $\boldsymbol{x}_1=(x_{11}, x_{12}, \cdots, x_{1n_1})$ 是来自正态总体 $N(\mu_1, \sigma^2)$ 的一个样本，$\boldsymbol{x}_2=(x_{21}, x_{22}, \cdots, x_{2n_2})$ 是来自另一个正态总体 $N(\mu_2, \sigma^2)$ 的一个样本，两个样本独立，两方差相等但未知，对如下一对假设

$$H_0: \mu_1=\mu_2 \quad \text{vs} \quad H_1: \mu_1 \neq \mu_2$$

寻求广义似然比检验。具体如下：

(1) 写出参数空间Θ及其子集Θ_0。

(2) 写出Θ与Θ_0上两个似然函数的最大值。

(3) 写出广义似然比统计量$\lambda(\boldsymbol{x}_1, \boldsymbol{x}_2)$及其拒绝域。

(4) 指出λ与t变量的关系，其中$t \sim t(n_1+n_2-2)$。

2. 设$\boldsymbol{x}_j=(x_{j1}, x_{j2}, \cdots, x_{jn_j})$是来自正态总体$N(\mu_j, \sigma^2)$ $(j=1, 2, \cdots, k)$的一个样本。这k个样本相互独立，我们的目标是考察k个正态均值是否全等，要对如下一对假设

$$H_0: \mu_1=\cdots=\mu_k$$
$$H_1: \text{诸}\ \mu_j\ \text{不全相等}$$

寻求广义似然比统计量$\lambda(\boldsymbol{x}_1, \boldsymbol{x}_2, \cdots, \boldsymbol{x}_k)$，并给出水平为$\alpha$的检验。

3. 设$\boldsymbol{x}_j=(\boldsymbol{x}_{j1}, \boldsymbol{x}_{j2}, \cdots, x_{jn_j})$是来自正态总体$N(\mu_j, \sigma_j^2)$ $(j=1, 2, \cdots, k)$的一个样本。这k个样本相互独立，我们的目标是考察k个正态方差是否全等，要对如下一对假设

$$H_0: \sigma_1^2=\cdots=\sigma_k^2=\sigma^2 \quad (\sigma^2\ \text{是未知常数})$$
$$H_1: \text{诸}\ \sigma_j^2\ \text{不全相等}$$

给出广义似然比统计量$\lambda(\boldsymbol{x}_1, \boldsymbol{x}_2, \cdots, \boldsymbol{x}_k)$；在大样本场合，用统计量$-2\ln\lambda$给出水平为$\alpha$的拒绝域。

4. 从某批产品中抽取10个产品进行寿命试验获得如下寿命数据（单位：小时）：

150　530　910　700　830　450　600　500　650　610

试问这批数据是来自正态分布，还是双参数指数分布？

第 5 章 分布的检验

Chapter 5

设 x_1，x_2，…，x_n 是来自总体 X 的一个样本，根据实践经验，可对总体 X 的分布提出如下假设：

$$H_0: X \text{ 的分布为 } F(x)=F_0(x)$$

其中 $F_0(x)$ 可以是一个完全已知的分布，也可以是含有若干未知参数的已知分布，这类检验问题统称为**分布的检验问题**。这类问题很重要，是统计推断的基础性工作。明确了总体分布或其类型就可进一步做深入的统计推断。

1964 年我国某研究所带来一批数据问我们："苏联的轴承寿命服从对数正态分布，美国的轴承寿命服从威布尔分布，我国的轴承寿命服从什么分布?"经过多年研究，最后确定我国的轴承寿命服从两参数威布尔分布。随后也选定了估计其中两个参数的估计方法——最好线性无偏估计（BLUE)。这类问题在国内外经常出现，又如一种新的电子元件设计和制造出来了，它的平均寿命的 0.95 单侧置信下限是多少?这对其销售量影响很大，因此就要先确定该元件的寿命分布。

分布的检验问题一般只给出原假设 H_0，因为它所涉及的备择假设很多，不可能全部列出，也说不清楚。如 $F_0(x)$ 为正态分布，那么一切非正态分布都可以作为备择假设。若只想构造水平为 α 的检验，有了 H_0 也够了。若想考察犯第Ⅱ类错误概率 β 是多少，那就要明确备择假设中的分布是什么，否则无法确定 β。

这一章将先研究正态分布的检验问题，然后研究一般分布的检验问题。

5.1 正态性检验

对一个样本是否来自正态分布的检验称为**正态性检验**。在这种检验中"样本来自正态分布"是作为原假设 H_0 而设立的，在 H_0 为真下，人们根据正态分布特性和特定的统计思想可构造一个统计量或一种特定方法，观察其是否偏离正态性。若偏离到一定程度就拒绝原假设 H_0，否则就接受原假设 H_0，所以"正态性检验"是指"偏离正态性检验"。譬如，正态概率图就是根据正态分布性质构造一张图，如果其上样本明显不在一条直线上，就认为该样本偏离正态性，从而拒绝正态性假设。这是一种简单、快速检验正态性的方法，值得首先使用，当在正态概率图上发生疑惑时，才转入以下的定量方法。

由于正态分布的重要性，吸引很多统计学家参与正态性检验的研究，先后提出几十种正态性检验的定量方法，经过国内外多人多次用随机模拟方法对它们进行比较，筛选出如下两种正态性检验：

- 夏皮洛-威尔克(Shapiro-Wilk)检验($8\leqslant n\leqslant 50$)；
- 爱泼斯-普利(Epps-Pully)检验($n\geqslant 8$)。

这两个检验方法对检验各种非正态分布偏离正态性较为有效，已被国际标准化组织(ISO)认可，形成国际标准ISO 5479—1997，我国也采用这两种方法，形成国家标准GB/T 4882—2001，推广使用。这里先叙述夏皮洛-威尔克检验，然后再讲爱泼斯-普利检验。它们在 $n\leqslant 8$ 场合都无效。

5.1.1 夏皮洛-威尔克检验

夏皮洛-威尔克检验又简称为 W 检验，于1965年提出，我们分以下几步来叙述 W 检验产生的思想和使用方法。

(1) 设 $x_1, x_2, \cdots, x_n$ 是来自正态总体 $N(\mu, \sigma^2)$ 的一个样本，$x_{(1)}, x_{(2)}, \cdots, x_{(n)}$ 为其次序统计量。令 $u_{(i)}=(x_{(i)}-\mu)/\sigma$，则 $u_{(1)}, u_{(2)}, \cdots, u_{(n)}$ 为来自标准正态分布 $N(0, 1)$ 的次序统计量，且有如下关系

$$x_{(i)}=\mu+\sigma u_{(i)}, \quad i=1,2,\cdots,n \tag{5.1.1}$$

若把上式中 $u_{(i)}$ 用期望 $E(u_{(i)})=m_i$ 代替，会产生误差，记此误差为 ε_i，这样上式可改写为：

$$x_{(i)}=\mu+\sigma m_i+\varepsilon_i, \quad i=1,2,\cdots,n \tag{5.1.2}$$

这是一元线性回归模型。由于次序统计量的关系，其中诸 ε_i 是相关的。若记 $\boldsymbol{\varepsilon}=(\varepsilon_1, \varepsilon_2,\cdots, \varepsilon_n)'$，则 $\boldsymbol{\varepsilon}$ 是均值为零向量，协方差矩阵为 $\boldsymbol{V}=(v_{ij})$ 的 n 维随机向量。

若暂时不考虑诸 ε_i 间的相关性，只考察 $x_{(i)}$ 与 m_i 间的线性相关性，则 n 个点 $(x_{(1)}, m_1), \cdots, (x_{(n)}, m_n)$ 应大致呈一条直线，其间误差是由 ε_i 引起的。$\boldsymbol{x}=(x_{(1)}, x_{(2)}, \cdots, x_{(n)})'$ 与 $\boldsymbol{m}=(m_1, m_2, \cdots, m_n)'$ 间的线性相关程度可用其样本相关系数 r 的平方来度量：

$$r^2=\frac{\left[\sum_{i=1}^{n}(x_{(i)}-\overline{x})(m_i-\overline{m})\right]^2}{\sum_{i=1}^{n}(x_{(i)}-\overline{x})^2\cdot\sum_{i=1}^{n}(m_i-\overline{m})^2} \tag{5.1.3}$$

r^2 越接近 1，$\boldsymbol{x}$ 与 $\boldsymbol{m}$ 间的线性关系越密切。

（2）从另一个角度来看这个相关系数的平方。由于关于原点对称的分布的次序统计量的期望也是对称的，即 $m_i=-m_{n+1-i}$（$i=1，2，\cdots，n$），且 $\overline{m}=\frac{1}{n}\sum_{i=1}^{n}m_i=0$，由此可把式（5.1.3）化简为：

$$r^2=\frac{\left(\sum_{i=1}^{n}m_i x_{(i)}\right)^2}{\sum_{i=1}^{n}(x_{(i)}-\overline{x})^2\cdot\sum_{i=1}^{n}m_i^2}=\frac{\left(\sum_{i=1}^{n}m_i^2\right)\hat{\sigma}_1^2}{Q}=k_n\cdot\frac{\hat{\sigma}_1^2}{s^2} \tag{5.1.4}$$

其中，$k_n=\sum_{i=1}^{n}m_i^2\Big/(n-1)$ 是不依赖样本的常数，而

$$\hat{\sigma}_1=\sum_{i=1}^{n}\frac{m_i}{\sum_{i=1}^{n}m_i^2}x_{(i)},\qquad Q=\sum_{i=1}^{n}(x_{(i)}-\overline{x})^2,s^2=\frac{Q}{n-1}$$

可以看出：$\hat{\sigma}_1$ 是 σ 的线性无偏估计，这只要注意到 $E(x_{(i)})=\mu+\sigma m_i$ 和 $\sum_{i=1}^{n}m_i=0$ 即可。

还可看出，式（5.1.4）中除去一个与样本无关的因子，其主体是总体方差 σ^2 的两个估计之比，其中

- 分母：s^2 对任何总体方差 σ^2 都是很好的估计，不依赖于正态性假设是否为真。
- 分子：由于 $\hat{\sigma}_1$ 依赖于诸 x_i，所以仅在正态性假设为真时 $\hat{\sigma}_1^2$ 才能成为正态总体 σ^2 的估计。

可见，在正态性假设为真时，σ^2 的这两个估计之间应该相差不大。而当正态性假设不成立时，它们之间的差别就会增大。这种增大的趋势有利于我们识别正态性假设是否成立。这就是我们从 σ^2 的估计量的角度来看 r^2 所得到的启示。

（3）为了进一步扩大这个差异，夏皮洛和威尔克把 $\hat{\sigma}_1$ 换成方差更小的线性估计

$$\hat{\sigma}_2=\sum_{i=1}^{n}a_i x_{(i)}$$

其中系数 $\boldsymbol{a}'=(a_1，\cdots，a_n)$ 有如下性质

- $a_i=-a_{n+1-i}$；
- $a_1+\cdots+a_n=0$；
- $\boldsymbol{a}'\boldsymbol{a}=1$。

这样就把检验统计量定为：

$$W=\frac{\left[\sum_{i=1}^{n}a_i x_{(i)}\right]^2}{\sum_{i=1}^{n}(x_i-\overline{x})^2}=\frac{\left[\sum_{i=1}^{n}(x_{(i)}-\overline{x})(a_i-\overline{a})\right]^2}{\sum_{i=1}^{n}(x_{(i)}-\overline{x})^2\sum_{i=1}^{n}(a_i-\overline{a})^2}$$

并简称为W检验，它实际上是n个数对

$$(x_{(1)},a_1)\cdots(x_{(n)},a_n)$$

之间的相关系数的平方。

（4）W检验的拒绝域。由于W是n个数对（$x_{(1)}$，a_1），…，（$x_{(n)}$，a_n）之间的相关系数的平方，所以W仅在［0，1］上取值。

在正态性假设为真下，$\boldsymbol{x}=(x_{(1)},x_{(2)},\cdots,x_{(n)})'$与$\boldsymbol{m}=(m_1,m_2,\cdots,m_n)'$呈正相关，研究表明（见参考文献［25］）：$\boldsymbol{m}'$与$\boldsymbol{a}'=(a_1,a_2,\cdots,a_n)$亦呈正相关，所以$\boldsymbol{x}$与$\boldsymbol{a}$亦呈正相关，且$W$值越小越倾向于拒绝正态性假设，在给定显著性水平$\alpha$（$0<\alpha<1$）下，$W$检验的拒绝域为$\{W\leqslant W_\alpha\}$，且有

$$P\{W\leqslant W_\alpha\}=\alpha$$

其中，W_α为W分布的α分位数，见附表8。

检验统计量W的式（5.1.10）的计算还可简化，由$a_i=-a_{n+1-i}$可把式（5.1.10）改写为：

$$W=\frac{\left[\sum_{i=1}^{[n/2]}a_i(x_{(n+1-i)}-x_{(i)})\right]^2}{\sum_{i=1}^{n}(x_{(i)}-\bar{x})^2}$$

其中，系数表a_1，a_2，…，$a_{[n/2]}$（$n\leqslant 50$）的数值已编制成表，见附表7，该表是用随机模拟法编制的。

 **例 5.1.1**

在一台磨损试验设备上对某种材料进行磨损试验，获得15个数据，列于表5.1.1（已排序）。

表 5.1.1　　某种材料的磨损数据

i	$x_{(i)}$	$x_{(15-i+1)}$	$x_{(15-i+1)}-x_{(i)}$	a_i	$a_i[x_{(15-i+1)}-x_{(i)}]$
1	0.200	8.800	8.600	0.515 0	4.429 0
2	0.330	7.000	6.670	0.330 6	2.205 1
3	0.445	3.650	3.205	0.249 5	0.799 6
4	0.490	2.275	1.785	0.187 8	0.335 2
5	0.780	2.220	1.440	0.135 3	0.194 8
6	0.920	1.710	0.790	0.088 0	0.069 5
7	0.950	1.040	0.090	0.040 3	0.003 9
8	0.970	—	—	0.000 0	0.000 0
					$\sum a_i[x_{(15-i+1)}-x_{(i)}]=8.037\,1$

由表5.1.1已算得

$$\sum_{i=1}^{8}a_i[x_{(15-i+1)}-x_{(i)}]=8.037\,1$$

还可算得 15 个磨损数据的偏差平方和：

$$Q=\sum_{i=1}^{15}(x_{(i)}-\bar{x})^2=90.4263$$

从而得检验统计量 W 的值：

$$W=\frac{8.0371^2}{90.4263}=0.7143$$

若取 $\alpha=0.05$，由附表 8 查得：$n=15$ 时，$W_{0.05}=0.881$。由于 $0.7143<0.881$，从而拒绝正态性假设，即这批磨损数据不是来自正态总体。

进一步考察这组磨损数据是否来自对数正态分布，为了避免出现负数，我们对表 5.1.1 上的诸 $x_{(i)}$ 乘以 10 后再取十进对数，即 $y=\lg(10x)$，然后再仿照上面列表计算，具体见表 5.1.2

表 5.1.2　　磨损数据的对数 $y_{(i)}=\lg(10x_{(i)})$

i	$y_{(i)}$	$y_{(15-i+1)}$	$y_{(15-i+1)}-y_{(i)}$	a_i	$a_i[y_{(15-i+1)}-y_{(i)}]$
1	0.301	1.944	1.643	0.5150	0.8461
2	0.519	1.845	1.326	0.3306	0.4384
3	0.648	1.562	0.914	0.2495	0.2280
4	0.690	1.357	0.667	0.1878	0.1253
5	0.892	1.346	0.454	0.1353	0.0614
6	0.964	1.233	0.269	0.0880	0.0236
7	0.978	1.017	0.039	0.0433	0.0017
8	0.987	—	—	0.0000	0.0000
					$\sum a_i[y_{(15-i+1)}-y_{(i)}]=1.7245$

再算诸 $y_{(i)}$ 的偏差平方和 Q 及检验统计量 W 的值：

$$Q=\sum_{i=1}^{15}(y_{(i)}-\bar{y})^2=3.0666$$

$$W=\frac{1.7245^2}{3.0666}=0.9698$$

仍取 $\alpha=0.05$，$W_\alpha=0.881$，由于 $0.9698>0.881$，故不能拒绝正态性假设。可认为 $y=\lg(10x)=\lg10+\lg x=1+\lg x$ 服从正态分布 $N(\mu,\sigma^2)$，或 $\lg x\sim N(\mu-1,\sigma^2)$。

5.1.2　爱泼斯-普利检验

爱泼斯-普利检验简称 EP 检验。这个检验对 $n\geqslant8$ 都可使用，它是利用样本的特征函数与正态分布特征函数之差的模的平方产生的一个加权积分形成的，详细请见参考文献 [26]，这里只给出 EP 检验统计量及其拒绝域。

EP 检验的原假设是

H_0：总体是正态分布

设样本的观察值为 x_1，x_2，…，x_n，样本均值为 $\bar{x}$，记

$$m_2 = \frac{1}{n}\sum_{i=1}^{n}(x_i - \bar{x})^2$$

则检验统计量为：

$$T_{EP} = 1 + \frac{n}{\sqrt{3}} + \frac{2}{n}\sum_{k=2}^{n}\sum_{j=1}^{k-1}\exp\left\{-\frac{(x_j - x_k)^2}{2m_2}\right\} - \sqrt{2}\sum_{j=1}^{n}\exp\left\{-\frac{(x_j - \bar{x})^2}{4m_2}\right\}$$

对给定的显著性水平 α，拒绝域为 $W=\{T_{EP}\geqslant T_{EP,1-\alpha}\ (n)\}$，临界值可以在附表 9 中查到。由于 $n=200$ 时，统计量 T_{EP} 的分位数已非常接近 $n=\infty$ 的分位数。故 $n>200$ 时，T_{EP} 的分位数可以用 $n'=200$ 时的分位数代替。

此统计量的计算较为复杂，在大样本时可以通过编写程序来完成。下面的步骤可帮助我们完成编程计算：

（1）存储样本量 n 与样本观察值 x_1，x_2，…，x_n；

（2）计算并存储样本均值 $\bar{x}$ 与样本二阶中心矩 $m_2 = \frac{1}{n}\sum_{j=1}^{n}(x_j - \bar{x})^2$；

（3）计算并存储 $A = \sum_{j=1}^{n}\exp\left\{-\frac{(x_j - \bar{x})^2}{4m_2}\right\}$；

（4）计算并存储 $B = \sum_{k=2}^{n}\sum_{j=1}^{k-1}\exp\left\{-\frac{(x_j - x_k)^2}{2m_2}\right\}$；

（5）计算并输出 $T_{EP} = 1 + \frac{n}{\sqrt{3}} + \frac{2}{n}B - \sqrt{2}A$。

最后将输出的 T_{EP} 与查表所得的 $T_{EP,1-\alpha}(n)$ 比较，并给出结论。

例 5.1.2

上海中心气象台测定的上海市 1884—1982 年间的年降雨量数据（单位：mm）如下：

1 184.4	1 113.4	1 203.9	1 170.7	975.4	1 462.3	947.8	1 416.0
709.2	1 147.5	935.0	1 016.3	1 031.6	1 105.7	849.9	1 233.4
1 008.6	1 063.8	1 004.9	1 086.2	1 022.5	1 330.9	1 439.4	1 236.5
1 088.1	1 288.7	1 115.8	1 217.5	1 320.7	1 078.1	1 203.4	1 480.0
1 269.0	1 049.2	1 318.3	1 171.2	1 161.7	791.2	1 143.8	1 602.0
986.1	794.7	1 318.4	1 192.0	1 016.0	1 508.2	1 159.6	1 021.3
951.4	1 003.2	840.4	1 061.4	985.0	1 025.2	1 265.0	1 196.5
1 120.7	1 659.3	9 427	1 123.3	910.2	1 398.5	1 208.6	1 305.5
1 242.3	1 572.3	1 416.9	1 256.1	1 285.9	984.8	1 390.3	1 062.2
1 287.3	1 477.0	1 017.9	1 217.7	1 197.1	1 143.0	1 018.8	1 243.7
909.3	1 030.3	1 124.4	811.4	820.9	1 184.1	1 107.5	991.4
901.7	1 176.5	1 113.5	1 272.9	1 200.3	1 508.7	772.3	813.0
1 392.3	1 006.2	1 108.8					

试在 $\alpha=0.05$ 水平上检验年降雨量是否服从正态分布。

解：由于 $n=99$，故用 EP 检验，在 $\alpha=0.05$ 时，由附表 9 查得临界值为 0.376，故拒绝域是 $W=\{T_{EP}\geqslant 0.376\}$。

现通过编程计算，得 $T_{EP}=0.154\,56$。由于样本未落入拒绝域，故在 $\alpha=0.05$ 时可认为年降雨量服从正态分布。

习题 5.1

1. 用克矽平可治疗矽肺患者，现抽查 10 名患者，他们治疗前后血红蛋的差值如下：

2.7　−1.2　−1.0　0，0.7　2.0　3.7　−0.6　0.8　−0.3

检验治疗前后血红蛋白的差是否服从正态分布。

2. 为检验一批煤灰砖中各砖块的抗压强度是否服从正态分布，从这批砖中随机取出 20 块，得抗压强度如下（已按从小到大排列）：

57	62	65	67	74	76	77	80	81	86
87	89	91	94	95	96	97	103	109	122

试用正态性检验统计量 W 作检验（取 $\alpha=0.05$）。

3. 下面给出了 84 个伊特鲁里亚人男子头颅的最大宽度（单位：mm）：

141	148	133	138	154	142	150	145	155	158
150	140	147	148	144	150	149	145	149	158
143	141	144	144	126	140	144	142	141	140
145	135	147	146	141	136	140	146	142	137
148	154	137	139	143	140	131	143	141	149
148	135	148	152	143	144	141	143	147	146
150	132	142	142	143	153	149	146	149	138
142	149	142	137	134	144	146	147	140	142
140	137	152	145						

试检验其是否服从正态分布（取 $\alpha=0.05$）。

4. 考察某种人造丝纱线的断裂强度的分布类型，为此进行 25 次实验，获得容量为 25 的如下样本：

147	186	141	183	190	123	155	164	183
150	134	170	144	99	156	176	160	174
153	162	167	179	78	173	168		

(1) 该样本是否来自正态分布。

(2) 若不服从正态分布，作 10 进对数变换 $\lg(204-x)$ 后是否服从正态分布。

5.2 柯莫哥洛夫检验

现在转入讨论连续分布的检验问题。

设 x_1，x_2，…，x_n 是来自某连续分布函数 $F(x)$ 的一个样本，要检验的原假设是

$$H_0: F(x)=F_0(x) \tag{5.2.1}$$

其中 $F_0(x)$ 是一个已知特定的连续分布函数，且不含任何未知参数。

在 1.2.3 节中曾给出样本经验分布函数 $F_n(x)$ 的概念，在那里 $F_n(x)$ 定义为：

$$F_n(x)=\frac{1}{n}\sum_{i=1}^{n} I_i(x)$$

其中 $I_i(x)$ 为如下示性函数：

$$I_i(x)=\begin{cases}1, & x_i\leqslant x \\ 0, & x_i>x\end{cases}; \qquad i=1,2,\cdots,n$$

并指出，诸 $I_i(x)$ 是相互独立同分布于 $b(1, F(x))$ 的随机变量。由此可知，不论 $F(x)$ 是什么形式，对固定的 x，$F_n(x)$ 总是 $F(x)$ 的无偏估计和相合估计。再由中心极限定理知，对固定的 x，在 n 较大时 $F_n(x)$ 有渐近正态分布。

$$F_n(x)\sim N(F(x),F(x)(1-F(x))/n)$$

或

$$\sqrt{n}[F_n(x)-F(x)]\sim N(0,F(x)(1-F(x)))$$

这里的分布收敛性是对每一个 $x\in(-\infty, \infty)$ 而言的，即点点收敛，不是一致收敛，这对构造检验统计量（用于检验原假设 H_0）是十分不利的。幸好格里汶科用 $F_n(x)$ 与 $F(x)$ 在 $(-\infty, \infty)$ 上的最大距离

$$D_n=\sup_{-\infty<x<\infty}|F_n(x)-F(x)| \tag{5.2.2}$$

定义一个统计量，并证明 $P(\lim\limits_{n\to\infty}D_n=0)=1$（见定理 1.2.1）。这虽然说明：$D_n$ 几乎处处以概率 1 趋于零，但还没有获得 D_n 的精确分布或其渐近分布，以至于还不能用 D_n 作检验统计量，完成检验原假设 H_0 的工作。这个问题在 1933 年被原苏联数学家柯莫哥洛夫（Kolmogonov）解决。下面我们将不作证明地叙述这些重要结果。

首先指出最大距离 D_n 的一种算法。由于 $F_0(x)$ 与 $F_n(x)$ 都是单调非减函数，故距离 $|F_n(x)-F_0(x)|$ 的上确界可在几个有序样本点 $x_{(1)}\leqslant\cdots\leqslant x_{(n)}$ 上找到，如图 5.2.1 所示，这也就是说

$$D_n=\max\left\{\left|F_0(x_{(i)})-\frac{i-1}{n}\right|,\left|F_0(x_{(i)})-\frac{i}{n}\right|,i=1,2,\cdots,n\right\} \tag{5.2.3}$$

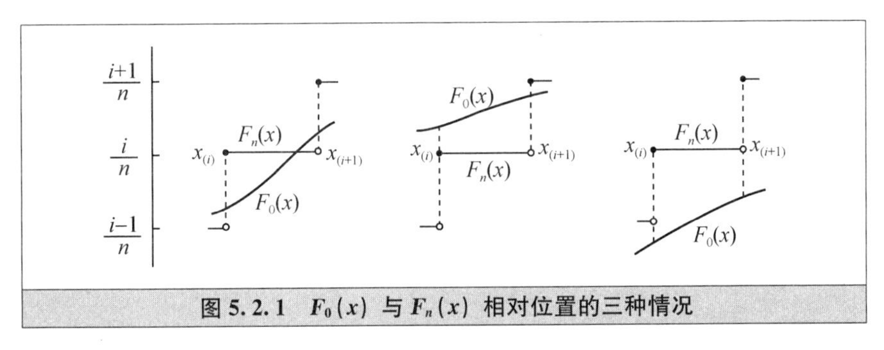

图 5.2.1 $F_0(x)$ 与 $F_n(x)$ 相对位置的三种情况

下面用两个定理来叙述柯莫哥洛夫获得的两个重要结果。

定理 5.2.1 设理论分布 $F_0(x)$ 是连续分布函数，则在原假设 H_0 为真时：

$$P\left(D_n \leqslant \lambda+\frac{1}{2n}\right)=\begin{cases}0, \lambda \leqslant 0 \\ \int_{\frac{1}{2n}-\lambda}^{\frac{1}{2n}+\lambda}\int_{\frac{3}{2n}-\lambda}^{\frac{3}{2n}+\lambda}\cdots\int_{\frac{2n-1}{2n}-\lambda}^{\frac{2n-1}{2n}+\lambda} f(y_1,\cdots,y_n)\mathrm{d}y_1\cdots\mathrm{d}y_n, \\ \quad 0<\lambda \leqslant \frac{2n-1}{2n} \\ 1, \lambda>\frac{2n-1}{2n}\end{cases} \tag{5.2.4}$$

其中

$$f(y_1,\cdots,y_n)=\begin{cases}n!, & 0<y_1<\cdots<y_n<1 \\ 0, & \text{其他}\end{cases}$$

这个定理并不要求已知 $F_0(x)$ 的具体形式，只要求 $F_0(x)$ 是连续分布函数，因此该定理给出的精确分布函数与 $F_0(x)$ 的形式无关，只与样本量 n 有关。由于最大距离 D_n 越大，越倾向于拒绝原假设 H_0，故检验 H_0 的拒绝域应有形式 $W=\{D_n \geqslant c\}$。对给定的显著性水平 α（$0<\alpha<1$），可由式（5.2.4）给出的精确分布定出 D_n 分布的上侧分位数 $D_{n,\alpha}$，使得

$$P(D_n \geqslant D_{n,\alpha})=\alpha$$

对 $n \leqslant 100$，上侧分位数 $D_{n,\alpha}$ 已编制成表，见附表 10。

譬如，在 $\alpha=0.05$，$n=10$ 时，由附表 10 查得临界值 $D_{10,0.05}=0.409$，这时判断规则为：

当 $D_{10} \geqslant 0.409$ 时，拒绝 H_0，否则接受 H_0

又如，在 $\alpha=0.05$，$n=100$ 时，由附表 10 查得临界值 $D_{100,0.05}=0.134$，这时判断规则为：

当 $D_{100} \geqslant 0.134$ 时，拒绝 H_0，否则接受 H_0

在 $n>100$ 时，由定理 5.2.1 计算 D_n 的分位数已非常烦琐，这时可用柯莫哥洛

夫对 D_n 给出的渐近分布算得拒绝域，具体如下。

定理 5.2.2 设理论分布 $F_0(x)$ 是连续分布函数，且不含任何未知参数，则在原假设 H_0 为真且 n 趋于无穷时：

$$P(\sqrt{n}\cdot D_n<\lambda)$$
$$\to K(\lambda)=\begin{cases}\sum\limits_{j=-\infty}^{\infty}(-1)^j\cdot\exp(-2j^2\lambda^2), & \lambda>0\\ 0, & \lambda<0\end{cases} \tag{5.2.5}$$

这个定理给出最大距离 D_n 的渐近分布函数 $K(\lambda)$。附表 11 对 $\lambda=0.2\sim2.49$ 列出算得的 $K(\lambda)$ 的值。由于对原假设 H_0 作检验时的拒绝域仍为 $W=\{D_n\geqslant c\}$，故对给定的显著性水平 α（$0<\alpha<1$），可用式（5.2.5）定出 D_n 的上侧分位数 $D'_{n,\alpha}$，使

$$P(D_n\geqslant D'_{n,\alpha})=\alpha \quad 或 \quad P(D_n<D'_{n,\alpha})=1-\alpha$$

其中 $D'_{n,\alpha}=\lambda/\sqrt{n}$；$n$ 为样本量；λ 可由 $1-\alpha$ 在附表 11 中查得。

譬如，在 $\alpha=0.05$ 时，可用 $1-\alpha=0.95$ 在附表 11 中查得 $\lambda=1.36$，再用 $\sqrt{n}$ 除之可得 $D'_{n,\alpha}$，若取 $n=100$，则

$$D'_{n,\alpha}=\frac{\lambda}{\sqrt{n}}=\frac{1.36}{\sqrt{100}}=0.136$$

这与用精确分布（5.2.4）获得的 $D'_{n,\alpha}=0.134$ 很接近。

实际上，当 $n\geqslant30$ 时，用精确分布（5.2.4）与用渐近分布（5.2.5）定出的临界值很接近。譬如在 $\alpha=0.05$，$n=30$ 时，有

$$D_{30,0.05}=0.242, \quad D'_{30,0.05}=\frac{1.36}{\sqrt{30}}=0.248$$

还可用附表 11 算得近似的检验的 p 值。

例 5.2.1

问：在水平 0.10 下，是否可以认为下列 10 个数

0.034　0.437　0.863　0.964　0.366

0.469　0.637　0.623　0.804　0.261

是来自于（0，1）区间上均匀分布的随机数？

解：由于均匀分布 $U(0,1)$ 不含任何未知参数，其分布函数为：

$$F_0(x)=\begin{cases}x, & 0<x<1\\ 0, & 其他\end{cases}$$

另外，样本量 $n=10$，可用柯莫哥洛夫精确分布对其进行检验，为此先计算检验统计量 D_n 之值，具体见表 5.2.1。

表 5.2.1　　最大距离统计量 D_n 的计算表

i	$x_{(i)}$	$F_0(x_{(i)})$	$(i-1)/n$	i/n	δ_i
1	0.034	0.034	0	0.1	0.066
2	0.261	0.261	0.1	0.2	0.161
3	0.366	0.366	0.2	0.3	0.166
4	0.437	0.437	0.3	0.4	0.137
5	0.469	0.469	0.4	0.5	0.069
6	0.623	0.623	0.5	0.6	0.123
7	0.637	0.637	0.6	0.7	0.063
8	0.804	0.804	0.7	0.8	0.104
9	0.863	0.863	0.8	0.9	0.063
10	0.964	0.964	0.9	1.0	0.064

注：$\delta_i=\max\{|F_0(x_{(i)})-(i-1)/n|, |F_0(x_{(i)})-i/n|\}$。

从表 5.2.1 上可读出 $D_n=0.166$。

另一方面，由 $n=10$，$\alpha=0.10$ 可从附表 10 上查得临界值，并构造拒绝域

$$D_{10,0.10}=0.37, \qquad W=\{D_n\geqslant 0.37\}$$

由于 $0.166\notin W$，故没有理由拒绝这批数据来自均匀分布 $U(0, 1)$ 的原假设。

最后，我们仍要强调：柯莫哥洛夫检验（用精确分布或用渐近分布）所适用的原假设 H_0 一定是简单假设，它只含有一个特定的连续分布，它可以是任一连续分布，但不能含有未知参数。当原假设是复杂假设时，譬如由某参数分布族 $\{F(x; \theta), \theta\in\Theta\}$ 组成复杂假设时，最大距离 $D_n=\sup\limits_x|F_n(x)-F(x; \theta)|$已不是统计量，因它依赖于未知参数 θ。当用某个估计 $\hat{\theta}$ 去代替 θ 时，$D_n=\sup\limits_x|F_n(x)-F(x; \hat{\theta})|$ 的分布或渐近分布是未知的，附表 10 与附表 11 已无法使用。这时常转而使用下一节给出的 χ^2 拟合优度检验。

在许多实际问题中，经常要求比较两个总体的真实分布是否相同。斯米尔诺夫(Smirnov) 借助于比较两个经验分布函数的差异给出了类似于柯尔莫哥洛夫检验的检验统计量。这就是通常所说的两样本 K-S 检验。对此这里不做详细介绍，有兴趣的读者，可以参阅其他书籍。

习题 5.2

1. 试用柯莫哥洛夫检验对如下 25 个数据是否来自标准正态分布 $N(0, 1)$ 作出判断。

−2.46	−2.11	−1.23	−0.99	−0.42	−0.39
−0.21	−0.15	−0.10	−0.07	−0.02	0.27
0.40	0.42	0.44	0.70	0.81	0.88
1.07	1.39	1.40	1.47	1.62	1.64
1.76					

2. 对10台设备进行寿命试验，其首次发生故障的时间为：

420	500	920	1 380	1 510
1 650	1 760	2 100	2 320	2 350

试用柯莫哥洛夫检验判断这批数据是否来自指数分布 exp(1/1 500)。

3. 在样本量 $n=120$ 场合利用附表11计算柯莫哥洛夫检验的 p 值。

(1) 由样本算得的最大距离 D_n 为 0.079 5。

(2) 由样本算得的最大距离 D_n 为 0.189。

4. (一个有趣的问题，见参考文献 [27]) 某市一天24小时内从各医院收集到37个婴儿出生时间，它们是：

中午12时以前：3:56，8:12，8:40，1:24，8:25，10:07，9:06，7:40，3:02，10:45，6:26，0:26，5:08，5:49，6:32，2:28，10:06，11:19

中午12时以后：7:02，11:08，0:25，10:07，2:02，11:46，1:53，3:57，3:06，4:44，2:17，11:45，0:40，1:30，0:55，3:22，4:09，7:46，4:31

试问：该市婴儿出生时间（单位：分）是否来自均匀分布 $U(0, 1\,440)$？

5.3 χ^2 拟合优度检验

χ^2 拟合优度检验是著名英国统计学家老皮尔逊（K. Pearson，1857—1936年）于1900年结合检验分类数据的需要而提出的，然后又用于分布的拟合检验与列联表的独立性检验，这些将在这一节内逐一叙述。

χ^2 拟合优度检验又简称 χ^2 检验，但它与第4章中的正态方差 σ^2 的 χ^2 检验是不同的，虽然它们都是用 χ^2 分布去确定各自的拒绝域，但所用的检验统计量是不同的，在正态方差检验中主要用样本方差 s^2 构成检验统计量，在这里将主要用观察频数 O_i 与期望频数 E_i 之差的平方 $(O_i-E_i)^2$ 构成检验统计量。

5.3.1 总体可分为有限类，但其分布不含未知参数

先看一个遗传学的例子。

例 5.3.1

19世纪生物学家孟德尔（Mendel）按颜色与形状把豌豆分为4类：

A_1=黄而圆的　　A_2=青而圆的

A_3=黄而有角的　A_4=青而有角的

孟德尔根据遗传学的理论指出，这4类豌豆个数之比为9∶3∶3∶1，这相当于说，任取一粒豌豆，它属于这4类的概率分别为：

$$p_1=\frac{9}{16},\quad p_2=\frac{3}{16},\quad p_3=\frac{3}{16},\quad p_4=\frac{1}{16}$$

孟德尔在一次收获的 $n=556$ 粒豌豆的观察中发现 4 类豌豆的个数分别为：

$$O_1=315,\quad O_2=108,\quad O_3=101,\quad O_4=32$$

显然 $O_1+O_2+O_3+O_4=n$。由于随机性的存在，诸观察数 O_i 不会恰好呈 9∶3∶3∶1 的比例，因此就需要根据这些观察数据对孟德尔的遗传学说进行统计检验，孟德尔的实践向统计学家提出一个很有意义的问题：一组实际数据与一个给定的多项分布的拟合程度。老皮尔逊研究了这个问题，提出了 χ^2 拟合优度检验，解决了这类问题。后经英国统计学家费希尔推广，这个检验更趋完善，就这样统计学在实践的基础上逐渐得到发展，开创了假设检验的理论与实践。

上述分类数据的检验问题的一般提法如下。

设总体 X 可以分为 r 类，记为 A_1，A_2，…，A_r，如今要检验的假设为：

$$H_0: P(A_i)=p_i,\quad i=1,2,\cdots,r \tag{5.3.1}$$

其中各 p_i 已知，且 $p_i\geqslant 0, \sum\limits_{i=1}^{r} p_i=1$。现对总体作了 n 次观察，各类出现的观察频数分别记为 O_1，O_2，…，O_r，且

$$\sum_{i=1}^{r} O_i=n$$

若 H_0 为真，则各概率 p_i 与频率 O_i/n 应相差不大，或各观察频数 O_i 对期望频数 $E_i=np_i$ 的偏差（O_i-E_i）不大。据此想法，英国统计学家老皮尔逊提出了一个检验统计量

$$\chi^2=\sum_{i=1}^{r}\frac{(O_i-E_i)^2}{E_i} \tag{5.3.2}$$

其中取偏差平方是为了把偏差积累起来，每项除以 E_i 是要求在期望频数 E_i 较小时，偏差平方（O_i-E_i）^{2} 更小才是合理的。在此基础上，老皮尔逊还证明了如下定理。

定理 5.3.1　设某随机试验有 r 个互不相容事件 A_1，A_2，…，A_r 之一发生，且 $p_i=P(A_i)$（$i=1$，2，…，r），$\sum\limits_{i=1}^{r} p_i=1$。又设在 n 次独立重复试验中事件 A_i 的观察频数为 O_i($i=1$，2，…，r)，$\sum\limits_{i=1}^{r} O_i=n$，若记事件 A_i 的期望频数为 $E_i=np_i$，则

$$\chi^2=\sum_{i=1}^{r}\frac{(O_i-E_i)^2}{E_i}$$

在 $n\to\infty$ 时的极限分布是自由度为 $r-1$ 的 χ^2 分布。

我们将不给出这个定理的证明，但在最简单场合（$r=2$）给出证明，在 $r=2$ 场

合，$O_1+O_2=n$，$p_1+p_2=1$，且 $O_1\sim b(n,\ p_1)$，于是

$$\begin{aligned}\chi^2&=\frac{(O_1-E_1)^2}{E_1}+\frac{(O_2-E_2)^2}{E_2}\\&=\frac{(O_1-np_1)^2}{np_1}+\frac{[n-O_1-n(1-p_1)]^2}{n(1-p_1)}\\&=\frac{(O_1-np_1)^2}{np_1}+\frac{(np_1-O_1)^2}{n(1-p_1)}\\&=\frac{(O_1-np_1)^2}{np_1(1-p_1)}=\left(\frac{O_1-np_1}{\sqrt{np_1(1-p_1)}}\right)^2\end{aligned}$$

由中心极限定理，上式最后的括号里应为渐近标准正态分布的变量，其平方为自由度是1的卡方变量，这就给出了 $r=2$ 时的定理的证明。

从 χ^2 统计量（5.3.2）的结构看，当 H_0 为真时，和式中每一项的分子 $(O_i-E_i)^2$ 相对 E_i 都不应太大，从而总和也不会太大。若 χ^2 过大，人们就会认为原假设 H_0 不真。基于此想法，检验的拒绝域应有如下形式：

$$W=\{\chi^2\geqslant c\} \tag{5.3.3}$$

对于给定的显著性水平 α，由分布 $\chi^2(r-1)$ 可定出 $c=\chi^2_{1-\alpha}(r-1)$。

例 5.3.1（续）

如今在例 5.3.1 中要检验的假设为：

$$H_0:P(A_1)=\frac{9}{16},\ P(A_2)=P(A_3)=\frac{3}{16},\ P(A_4)=\frac{1}{16}$$

如果孟德尔遗传学说（H_0）正确，则在被观察的 556 粒豌豆中，属于这 4 类的期望频数应分别为：

$$E_1=np_1=556\times\frac{9}{16}=312.75$$

$$E_2=np_2=556\times\frac{3}{16}=104.25$$

$$E_3=np_3=556\times\frac{3}{16}=104.25$$

$$E_4=np_4=556\times\frac{1}{16}=34.75$$

它们与实际频数 315，108，101，32 对应之差的绝对值分别为 2.25，3.75，3.25，2.75，由此可算得 χ^2 统计量的值为：

$$\chi^2=\sum_{i=1}^{4}\frac{(O_i-E_i)^2}{E_i}=\frac{2.25^2}{312.75}+\frac{3.75^2}{104.25}+\frac{3.25^2}{104.25}+\frac{2.75^2}{34.75}=0.47$$

若取显著性水平 $\alpha=0.05$，由于 $\chi^2_{1-\alpha}(r-1)=\chi^2_{0.95}(3)=7.81$，故拒绝域为：

$$W=\{\chi^2\geqslant 7.81\}$$

如今 $\chi^2=0.47$ 没落入拒绝域，故应接受 H_0，即孟德尔的遗传学说是可接受的。

上述计算可用统计软件完成，也可列表进行（见表 5.3.1）。

表 5.3.1　　孟德尔豌豆试验数据的 χ^2 检验计算表

i	O_i	p_i	$E_i=np_i$	$\|O_i-E_i\|$	$\frac{(O_i-E_i)^2}{E_i}$
1	315	$\frac{9}{16}$	312.75	2.25	0.016 2
2	108	$\frac{3}{16}$	104.25	3.75	0.134 9
3	101	$\frac{3}{16}$	104.25	3.25	0.101 3
4	32	$\frac{1}{16}$	34.75	2.75	0.217 6
和	556	1.00	556.00	—	0.470 0

例 5.3.2

在股票投资中有一个流行的说法：盈利、持平和亏损的比例为 1∶2∶7。2003 年 2 月 8 日《上海青年报》第 16 版上发表了一个调查数据，在 1 270 位被调查的股民中盈利者 273 人，持平者 240 人，亏损者 757 人。根据这些调查数据能否认可流行的说法——盈∶平∶亏＝1∶2∶7？这个问题归结为检验如下假设的问题：

$$H_0: P(\text{盈})=0.1,\ P(\text{平})=0.2,\ P(\text{亏})=0.7$$

若取显著性水平 $\alpha=0.05$，该 χ^2 拟合优度检验的拒绝域为 $W=\{\chi^2\geqslant c\}$，其中 $c=\chi^2_{0.95}(2)=5.99$。

余下要计算 χ^2 统计量的值，具体计算在表 5.3.2 上完成。由于 $\chi^2=188.21>5.99$，故应拒绝 H_0，即流行说法——盈∶平∶亏＝1∶2∶7 缺乏依据，不能接受。

如今又有人提出一个看法：盈∶平∶亏＝1∶1∶3。我们再用上述数据对这个看法作 χ^2 检验，所涉及的原假设 H_0 为：

$$H_0: P(\text{盈})=0.2,\ P(\text{平})=0.2,\ P(\text{亏})=0.6$$

若取 $\alpha=0.05$，其拒绝域仍为 $W=\{\chi^2\geqslant 5.99\}$。$\chi^2$ 值的计算见表 5.3.3。

由于 $\chi^2=2.222<5.99$，故不应拒绝原假设 H_0，即新的说法盈∶平∶亏＝1∶1∶3 受到《上海青年报》上数据的支持。

表 5.3.2　　股民盈亏数据的 χ^2 检验计算表

i	O_i	p_i	$E_i=np_i$	$\|O_i-E_i\|$	$\frac{(O_i-E_i)^2}{E_i}$
1	273	0.1	127	146	167.84
2	240	0.2	254	14	0.77
3	757	0.7	889	132	19.60
和	1 270	1.0	1 270	/	188.21

表 5.3.3　　股民盈亏数据的 χ^2 检验计算表

i	O_i	p_i	$E_i=np_i$	$\lvert O_i-E_i\rvert$	$\frac{(O_i-E_i)^2}{E_i}$
1	273	0.2	254	19	1.42
2	240	0.2	254	14	0.77
3	757	0.6	762	5	0.032
和	1 270	1.0	1 270	/	2.222

从这个例子的研究中可以看出，股民盈亏人数比例在各个时期可能是不同的，股市呈牛市或熊市时股民盈亏人数比例肯定不同，但有一点可能是真实的，亏的人数总比盈利人数要多一些。所以“股市有风险，涉市要谨慎”。

在结束本小节前，对“拟合优度”作一些说明。

“拟合优度”是什么？简单的回答是：分布检验中的 p 值就是“拟合优度”。在分布检验中常要问：（1）实际数据与理论分布是否符合？（2）若符合，符合程度如何？在分布检验中对原假设 H_0（如式（5.3.1）所示）作判断，只用“拒绝”与“接受”（即非此即彼）作回答常显得不够，能否再提供一个（介于0～1之间的）数字作为符合程度的数量指标。老皮尔逊研究了这个问题，找到了这个数量指标，并称之为“拟合优度”（goodness of fit）。下面结合例子来说明。

譬如在豌豆试验中孟德尔的一组豌豆分类数据能否用一个完全已知的多项分布去拟合呢？若能拟合，拟合程度如何？老皮尔逊选用式（5.3.2）所示的 χ^2 检验统计量度量，对给定的显著性水平 $\alpha=0.05$，其拒绝域为 $W=\{\chi^2(3)\geqslant\chi^2_{1-\alpha}(3)=7.81\}$，再据豌豆分类数据可算得 χ^2 统计量的值为 $\chi_0^2=0.47$。这就可作如下判断：

- 由 $\chi_0^2=0.47$ 没落在拒绝域 W 内，应接受原假设 H_0。
- 由 $\chi_0^2=0.47$ 还可算得该检验的 p 值：

$$p=P(\chi^2(3)\geqslant\chi_0^2)=P(\chi^2(3)\geqslant0.47)=0.924$$

这个 p 值很大，这表明在 $\chi^2(3)$ 变量的取值范围 $[0,\infty)$ 中 $\chi_0^2=0.47$ 是较小的，即分类数据与已知多项分布间的差异是很小的，这会使人们更相信原假设 H_0 是真的。相信程度来源于 p 值，这个 $p=0.924$ 就是两者的拟合优度。

由此可见，拟合优度（即 p 值）越大，表示实际数据与理论分布拟合得越好，该理论分布就获得更多实际数据支持。而显著性水平 α 只是人们设置的一个门槛，当拟合优度低于 α 时拒绝 H_0，拟合优度越低，人们放弃 H_0 越放心；当拟合优度高于 α 时，接受 H_0，若取 $\alpha=0.05$，当 $p=0.06$ 或 $p=0.90$ 时虽都接受 H_0，但后者使数据对理论分布的支持比前者强得多，前者勉强过关，后者接近完美。

从历史上看，先有“拟合优度”，后有“p 值”，但拟合优度仅在分布检验中使用，而 p 值可在任一显著性检验中使用。所以柯莫哥洛夫检验也是一种拟合优度检验，用完全已知的连续分布去拟合经验分布函数，有精确分布或渐近分布，其 p 值

（即拟合优度）也可算出。

5.3.2　总体可分为有限类，但其分布含有未知参数

先看一个例子。

例 5.3.3

在某交叉路口记录每 15 秒钟内通过的汽车数量，共观察了 25 分钟，得 100 个记录，经整理得表 5.3.4。在 $\alpha=0.05$ 水平上检验如下假设：通过该交叉路口的汽车数量服从泊松分布 $P(\lambda)$。

表 5.3.4　　15 秒内通过某交叉路口的汽车数

通过的汽车数量	0	1	2	3	4	5	6	7	8	9	10	11
频数 O_i	4	2	15	17	26	11	9	8	2	3	1	2

在本例中，要检验总体是否服从泊松分布。大家知道服从泊松分布的随机变量可取所有的非负整数，然而尽管它可取可数个值，但取大值的概率非常小，因而可以忽略不计。另一方面，在对该随机变量进行实际观察时也只能观察到有限个不同值，譬如在本例中，只观察到 0，1，…，11 等 12 个值。这相当于把总体分成 12 类，每一类出现的概率分别为：

$$p_i(\lambda)=\frac{\lambda^i}{i!}e^{-\lambda},\quad i=0,1,\cdots,10$$

$$p_{11}(\lambda)=\sum_{i=11}^{\infty}\frac{\lambda^i}{i!}e^{-\lambda} \tag{5.3.4}$$

从而把所要检验的原假设记为：

$$H_0:P(A_i)=p_i(\lambda),\quad i=0,1,\cdots,11$$

其中 A_i 表示 15 秒钟内通过交叉路口的汽车为 i 辆（$i=0$，1，…，10）；A_{11}表示事件"15 秒钟内通过交叉路口的汽车超过 10 辆"，各 $p_i(\lambda)$ 如式（5.3.4）所示。

这里还遇到另一个麻烦，即总体分布中含有未知参数 λ，当然这个 λ 可以用样本均值 $\bar{x}=4.27$ 去估计。当时老皮尔逊仍采用统计量（5.3.2），并认为其在 H_0 为真时服从 $\chi^2(r-1)$，直到 1924 年英国统计学家费希尔纠正了这一错误，他证明了在总体分布中含有 k 个独立的未知参数时，若这 k 个参数用最大似然估计代替，即式（5.3.4）中的 $p_i(\lambda)$ 用 $\hat{p}_i=p_i(\hat{\lambda})$ 代替，则在样本容量 n 充分大时：

$$\chi^2=\sum_{i=1}^{r}\frac{(O_i-E_i)^2}{E_i} \tag{5.3.5}$$

近似服从自由度为 $r-k-1$ 的 χ^2 分布，其中 $E_i=n\hat{p}_i$。现综合于下。

定理 5.3.2 设某个随机试验有 r 个互不相容事件 A_1，A_2，…，A_r 之一发生。记 $p_i=P(A_i)$（$i=1, 2, \cdots, r$），$\sum_{i=1}^{r} p_i=1$，又设诸 p_i 依赖于 k 个未知参数 θ_1，θ_2，…，θ_k，即

$$p_i=p_i(\theta_1,\theta_2,\cdots,\theta_k), \quad i=1,2,\cdots,r$$

再设在该试验的 n 次独立重复中事件 A_i 的观察频数为 O_i，$\sum_{i=1}^{r} O_i = n$，假如 $\hat{\theta}_1$，$\hat{\theta}_2$，…，$\hat{\theta}_k$ 分别是在 O_1，O_2，…，O_r 基础上的相合估计（如最大似然估计），则诸 p_i 在某些一般条件下

$$\chi^2=\sum_{i=1}^{r}\frac{(O_i-E_i)^2}{E_i},\ E_i=n\hat{p}_i,\ \hat{p}_i=p(\hat{\theta}_1,\hat{\theta}_2,\cdots,\hat{\theta}_k),\ i=1,2,\cdots,r$$

和在 $n\to\infty$ 时的极限分布是自由度为 $r-k-1$ 的 χ^2 分布。

这项关键修正扩大了 χ^2 拟合优度检验的使用范围，因为各类出现概率 $P(A_i)$ 中常含有未知参数，且未知参数个数 k 将会影响 χ^2 分布的自由度，从而影响其分位数与拒绝域的大小。要记住，“多一个未知参数，就要少一个自由度”。

另外，在实际使用中还要注意每类中的期望频数 $E_i=np_i$ 不应过小，若某些 E_i 过小，会使检验统计量 χ^2 不能反映观察频数与期望频数间的偏离。关于期望频数 E_i 最小值应是多少尚无共同意见，大多数作者都建议 $E_i\geqslant4$ 或 5，本书建议取 $E_i\geqslant5$ 为宜。当其小于 5 时，常将邻近的若干类合并，这样就使分类数 r 减少，从而极限分布（χ^2 分布）的自由度减少，最后也会影响拒绝域的临界值。

现在我们回到例 5.3.3 中。首先用诸观察数据 O_i 获得泊松分布中未知参数 λ 的最大似然估计 $\hat{\lambda}=\bar{x}=4.27$，从而获得诸 p_i 的估计 $\hat{p}_i$（见表 5.3.5）。

$$\hat{p}_i=\frac{4.27^i\mathrm{e}^{-4.27}}{i!}, \quad i=0,1,\cdots,10$$

$$\hat{p}_{11}=\sum_{i=11}^{\infty}\frac{4.27^i\mathrm{e}^{-4.27}}{i!}$$

其中 $\hat{p}_0=0.013\,98$，$\hat{p}_1=0.059\,70$。在 $n=100$ 时

$$n\hat{p}_0=1.398<5, \quad n\hat{p}_1=5.97$$

故可把 $i=0$ 并入 $i=1$，这样就减少一类。类似地，对 $i\geqslant8$ 的各类，$E_i=n\hat{p}_i$ 都小于 5，也应将它们合并。这样一来，总类数 $r=8$，未知参数个数 $k=1$，这时检验统计量 χ^2 的极限分布为 $\chi^2(8-1-1)=\chi^2(6)$。若取显著性水平 $\alpha=0.05$，可得拒绝域为：

$$W=\{\chi^2\geqslant\chi^2_{0.95}(6)=12.592\}$$

检验统计量 χ^2 值的计算见表 5.3.5。由于 $\chi^2=5.777\,6<12.592$，故在 $\alpha=0.05$

水平上可接受 H_0，即可认为 15 秒内通过交叉路口的汽车数量服从泊松分布。

表 5.3.5　　例 5.3.3 的 χ^2 值计算表

i	O_i	$\hat{p}_i$	$E_i=n\hat{p}_i$	$\frac{(O_i-E_i)^2}{E_i}$
≤1	6	0.073 7	7.368 4	0.254 1
2	15	0.127 5	12.746 4	0.398 4
3	17	0.181 5	18.142 4	0.071 9
4	26	0.193 7	19.367	2.271 7
5	11	0.165 4	16.539 4	1.855 3
6	9	0.117 7	11.770 6	0.652 1
7	8	0.071 8	7.180 0	0.093 6
≥8	8	0.068 9	6.885 7	0.180 3
和	100	1.000 0	100.00	5.777 6

讨论：若在上例中不按 $E_i\geqslant 5$ 的要求实行并类，会发生什么结果呢？表 5.3.6 按原始 12 类计算 χ^2 值。

表 5.3.6　　并类前的 χ^2 值计算表

i	O_i	$\hat{p}_i$	$E_i=n\hat{p}_i$	$\frac{(O_i-E_i)^2}{E_i}$
0	4	0.014 0	1.398 2	4.841 6
1	2	0.059 7	5.970 2	2.640 2
2	15	0.127 5	12.746	0.398 4
3	17	0.181 4	18.142	0.071 9
4	26	0.193 7	19.367	2.271 7
5	11	0.165 4	16.539	1.855 3
6	9	0.117 7	11.771	0.652 1
7	8	0.071 8	7.180	0.093 6
8	2	0.038 3	3.832 3	0.876 1
9	3	0.018 2	1.818 2	0.768 1
10	1	0.007 8	0.776 4	0.064 4
≥11	2	0.004 6	0.458 7	5.178 5
和	100	1.000 0	100.00	$\chi_0^2=19.712\,0$

在这种场合，类数 $r=12$，未知参数个数 $k=1$，这时检验统计量 χ^2 的极限分布为 $\chi^2(12-1-1)=\chi^2(10)$。若取 $\alpha=0.05$，可得拒绝域为：

$$W_1=\{\chi^2\geqslant\chi^2_{0.95}(10)=18.31\}$$

由于 $\chi_0^2=19.712\,0>18.31$，故在 $\alpha=0.05$ 水平上应拒绝 H_0，即 15 秒内通过交叉路口的汽车数量不服从泊松分布。这与前面实行并类的结果不同。什么原因呢？从表 5.3.6 的最后一列可见最大的两项（第一项 4.841 6，最后一项 5.178 5）都是由于期望频数 E_i 过小致使偏离 $(O_i-E_i)^2/E_i$ 过大。适当并类后，观察频数增大，期望频数稳定致使表 5.3.5 上就没有这种现象。适当并类可减少随机性的干扰。

5.3.3 连续分布的拟合检验

设 x_1，x_2，…，x_n 是来自连续总体 X 的一个样本，其总体分布未知，现想用一个已知连续分布函数 $F_0(x)$ 去拟合这批数据，故需要对如下假设作出检验：

$$H_0: X \text{ 服从连续分布 } F_0(x) \tag{5.3.6}$$

这类问题称为**连续分布的拟合检验问题**，实际中常会遇到。这类问题常可转化为分类数据的 χ^2 检验，具体操作如下。

（1）把 X 的取值范围分成 r 个区间，为此在数轴上插入如下 $r-1$ 个点：

$$-\infty=a_0<a_1<a_2<\cdots<a_{r-1}<a_r=\infty$$

可得 r 个区间为 $A_1=(a_0, a_1]$，$A_2=(a_1, a_2]$，…，$A_{r-1}=(a_{r-2}, a_{r-1}]$，$A_r=(a_{r-1}, a_r)$。

（2）统计样本落入这 r 个区间的频数为 O_1，O_2，…，O_r，并用 $F_0(x)$ 计算落入这 r 个区间内的概率 p_1，p_2，…，p_r，其中

$$p_i=P\{a_{i-1}<X\leqslant a_i\}=F_0(a_i)-F_0(a_{i-1}), \quad i=1,2,\cdots,r$$

（3）若 $F_0(x)$ 还含有 k 个未知参数，则用样本作出这些未知参数的最大似然估计；若 $k=0$，则 $F_0(x)$ 完全已知。

（4）计算期望频数 $E_i=np_i$，若有 $E_i<5$，则把相邻区间合并。

这样就把连续分布的拟合检验转化为分类数据的 χ^2 检验问题，以下就按 χ^2 拟合优度检验进行，具体见下面的例子。

例 5.3.4

为研究混凝土抗压强度的分布，抽取了 200 件混凝土制件测定其抗压强度，经整理得频数表，如表 5.3.7 所示。试在 $\alpha=0.05$ 水平上检验抗压强度的分布是否为正态分布。

表 5.3.7 抗压强度的频数分布表

抗压强度区间 $(a_{i-1}, a_i]$	观察频数 O_i
(190，200]	10
(200，210]	26
(210，220]	56
(220，230]	64
(230，240]	30
(240，250]	14
合计	200

解：若用 $F_0(x)$ 表示 $N(\mu, \sigma^2)$ 的分布函数，则本例要检验假设

$$H_0\text{:抗压强度的分布为 } F_0(x)=\Phi\left(\frac{x-\mu}{\sigma}\right)$$

又由于 $F_0(x)$ 中含有两个未知参数 μ 与 σ^2，因而需用它们的最大似然估计去替代。这里仅给出了样本的分组数据，因此只能用组中值（即区间中点）去代替原始数据，然后求 μ 与 σ^2 的 MLE。现在 6 个组中值分别为 $x_1=195$，$x_2=205$，$x_3=215$，$x_4=225$，$x_5=235$，$x_6=245$，于是

$$\hat{\mu}=\bar{x}=\frac{1}{200}\sum_{i=1}^{6}O_i x_i=221$$

$$\hat{\sigma}^2=s_n^2=\frac{1}{200}\sum_{i=1}^{6}O_i(x_i-\bar{x})^2=152,\ \hat{\sigma}=s_n=12.33$$

在 $N(221,\ 152)$ 分布下，求出落在区间 $(a_{i-1},\ a_i]$ 内的概率的估计值

$$\hat{p}_i=\Phi\left(\frac{a_i-221}{\sqrt{152}}\right)-\Phi\left(\frac{a_{i-1}-221}{\sqrt{152}}\right),\quad i=1,2,\cdots,6$$

不过常将 a_0 定为 $-\infty$，将 a_r 定为 $+\infty$。本例中 $r=6$。采用式（5.3.5）作为检验统计量，在 $\alpha=0.05$ 时，$\chi^2_{0.95}(6-2-1)=\chi^2_{0.95}(3)=7.81$，因而拒绝域为 $W=\{\chi^2\geqslant 7.81\}$。

由样本计算 χ^2 值的过程列于表 5.3.8 中。由此可知 $\chi^2=1.332<7.81$，这表明样本落入接受域，可接受抗压强度服从正态分布的假定。

表 5.3.8　　χ^2 值计算表

区间	O_i	$\hat{p}_i$	$E_i=n\hat{p}_i$	$\frac{(O_i-E_i)^2}{E_i}$
$(-\infty,\ 200]$	10	0.045	9.0	0.111
$(200,\ 210]$	26	0.142	28.4	0.203
$(210,\ 220]$	56	0.281	56.2	0.001
$(220,\ 230]$	64	0.299	59.8	0.295
$(230,\ 240]$	30	0.171	34.2	0.516
$(240,\ \infty)$	14	0.062	12.4	0.206
合计	200	1.000	200.0	1.332

由本例可见，当 $F_0(x)$ 为连续分布时需将取值区间进行分组，从而检验结论依赖于分组，不同分组有可能得出不同的结论，这便是在连续分布场合 χ^2 拟合优度检验的不足之处。

5.3.4　两个多项分布的等同性检验

在实践中有一个问题常需要考察：几个样本是否来自同一个总体？在这里我们首先对两个多项分布是否相同给出一个检验，然后推广到更多个多项分布场合。这一类检验有时称为**分布的齐性检验**，这里我们称为**分布的等同性检验**。

设有两个多项总体，它们都被分为 r 个类，各类发生的概率分别为：

第一个多项总体：$p_{11}, p_{12}, \cdots, p_{1r}$

第二个多项总体：$p_{21}, p_{22}, \cdots, p_{2r}$

要检验的原假设为：

$$H_0: p_{1j}=p_{2j}=p_j, \quad j=1,2,\cdots,r \tag{5.3.7}$$

为此，从两个多项总体中分别抽取样本量为 n_1 和 n_2 的样本，它们在 r 个类中的观察频数分别为：

第一样本：$O_{11}, O_{12}, \cdots, O_{1r}$，且 $O_{11}+O_{12}+\cdots+O_{1r}=n_1$

第二样本：$O_{21}, O_{22}, \cdots, O_{2r}$，且 $O_{21}+O_{22}+\cdots+O_{2r}=n_2$

而各类的期望频数为：

$$E_{ij}=n_i p_{ij}, \quad i=1,2; j=1,2,\cdots,r$$

据定理 5.3.1 知

$$\sum_{j=1}^{r}\frac{(O_{ij}-E_{ij})^2}{E_{ij}} \text{ 的渐近分布为 } \chi^2(r-1), i=1,2$$

考虑到两个样本相互独立，还有

$$\sum_{i=1}^{2}\sum_{j=1}^{r}\frac{(O_{ij}-E_{ij})^2}{E_{ij}} \text{ 的渐近分布为 } \chi^2(2r-2)$$

下面要分两种情况讨论。(1) 若原假设 H_0（即式 (5.3.7)）为真，且诸 p_j 已知，若记

$$E'_{ij}=n_i p_j, \quad i=1,2; \quad j=1,2,\cdots,r \tag{5.3.8}$$

则

$$\chi^2=\sum_{i=1}^{2}\sum_{j=1}^{r}\frac{(O_{ij}-E'_{ij})^2}{E'_{ij}} \text{ 的渐近分布为 } \chi^2(2r-2) \tag{5.3.9}$$

且可用 χ^2 作为检验统计量对原假设 H_0 作出判断。

(2) 若原假设 H_0 为真，但诸 p_j 未知，这时可用合样本（容量为 n_1+n_2）对诸 p_j 作出估计，如诸 p_j 的最大似然估计

$$\hat{p}_j=\frac{O_{1j}+O_{2j}}{n_1+n_2}, \quad j=1,2,\cdots,r$$

这时自由度要减少 $r-1$ 个，因为 $\sum p_j=1$，所以只需要估计 p_1，p_2，…，p_{r-1}。若诸 p_j 仅依赖于 k 个参数，$p_j=p_j(\theta_1, \theta_2, \cdots, \theta_k)$，则先用合样本求诸 θ 的 MLE，然后获得 $\hat{p}_j=p_j(\hat{\theta}_1, \hat{\theta}_2, \cdots, \hat{\theta}_k)$，这时自由度要减少 k 个。

利用上述诸估计 $\hat{p}_j$ 可求得各类的期望频数

$$E''_{ij}=n_i\hat{p}_j, \quad i=1,2; \quad j=1,2,\cdots,r \tag{5.3.10}$$

据定理 5.3.2，可得检验统计量

$$\chi^2=\sum_{i=1}^{2}\sum_{j=1}^{r}\frac{(O_{ij}-E''_{ij})^2}{E''_{ij}} \text{ 渐近服从 } \chi^2(2r-k-2) \tag{5.3.11}$$

这里的自由度 $2r-k-2$ 是依据“估计一个参数要减少一个自由度”的原则确定的。

综上所述，关于两个多项分布是否相同，或者说两个观察样本（O_{11}，O_{12}，…，O_{1r}）和（O_{21}，O_{22}，…，O_{2r}）是否来自同一个多项分布，我们获得了两个检验统计量。

- 若诸分类概率 p_1，p_2，…，p_r 已知，可用渐近分布 $\chi^2(2r-2)$ 的检验统计量式（5.3.9）进行检验，其中期望频数 E'_{ij} 如式（5.3.8）所示。
- 若诸分类概率 p_1，p_2，…，p_r 未知，可用渐近分布 $\chi^2(2r-k-2)$ 的检验统计量式（5.3.11）进行检验，其中期望频数 E''_{ij} 如式（5.3.10）所示。

例 5.3.5

某项政策的群众意见有三种：支持、反对和未决。电话调查 2 500 人，其中1 000 人为 18～25 岁的年轻人，其余 1 500 人为 25 岁以上。调查结果见表 5.3.9。

表 5.3.9

i \ O_{ij} \ j	支持（1）	反对（2）	未决（3）	合计
18～25 岁（1）	419	406	175	$1\,000=n_1$
25 岁以上（2）	743	507	250	$1\,500=n_2$
合计	1 162	913	425	2 500

试问：不同年龄群中的意见的分布是否相同？

解：设 p_{ij} 为第 i 个人群中持第 j 种意见的比率，其中“$i=1$”表示 18～25 岁人群，“$i=2$”表示 25 岁以上人群。“$j=1$”表示支持，“$j=2$”表示反对，“$j=3$”表示未决。我们要检验的假设是

$$H_0: p_{1j}=p_{2j}=p_j,\quad j=1,2,3$$

其中 p_1 与 p_2 是需要估计的。记 O_{ij} 为第 i 个人群中第 j 种意见的观察频数，则诸 p_j 的 MLE 为：

$$\hat{p}_j=\frac{O_{1j}+O_{2j}}{n_1+n_2},\quad j=1,2,3$$

由此可得

$$\hat{p}_1=0.464\,8,\ \hat{p}_2=0.365\,2,\ \hat{p}_3=0.170\,0$$

下面我们来计算期望频数 $E_{ij}=n_i\hat{p}_j(i=1,2;\ j=1,2,3)$，其中 $n_1=1\,000$，$n_2=1\,500$，计算结果如表 5.3.10 所示。

表 5.3.10

E_{ij} i \ j	1	2	3	合计
1	464.8	365.2	170.0	1 000
2	697.2	547.8	255.0	1 500
合计	1 162.0	913.0	425.0	2 500

最后计算检验统计量的值：

$$\chi^2=\sum_{i=1}^{2}\sum_{j=1}^{3}\frac{(O_{ij}-E_{ij})^2}{E_{ij}}=\frac{(419-464.8)^2}{464.8}+\cdots+\frac{(250-255)^2}{255}=15.363\,8$$

在这个例子中，渐近 χ^2 分布的自由度为 2。若给定显著性水平 $\alpha=0.05$，可查得 $\chi^2_{0.95}(2)=5.99$，故拒绝域为 $W\{\chi^2\geqslant 5.99\}$。如今 $\chi^2=15.363\,8$ 落在拒绝域内，故认为两个年龄段对该项政策的意见是有显著差别的。

上述对两个多项分布相同的 χ^2 检验技术可以推广到更多个多项分布彼此相同的检验上去。下面通过一个例子来说明这种推广是可行的，几乎没有什么难点。

例 5.3.6

考察三个容量均为 100 的独立样本（见表 5.3.11）是否来自同一个泊松总体$P(\lambda)$。

表 5.3.11

j	0	1	2	3	4	≥5	(5	6	7	8	≥9)	n_i
样本 1 的 O_{1j}	11	25	28	20	9	7	(3	3	1	0	0)	100
样本 2 的 O_{2j}	12	27	28	17	11	5	(1	3	1	0	0)	100
样本 3 的 O_{3j}	14	24	29	20	8	5	(2	1	1	1	0)	100
合样本	37	76	85	57	28	17	(6	7	3	1	0)	300

解：首先把泊松样本分为 6 类，最后一类为所有大于等于 5 的取值。这样一来，三个泊松样本是否来自同一个泊松分布就转化为检验如下假设：

$$H_0: p_{1j}=p_{2j}=p_{3j}=p_j,\quad j=0,1,2,3,4,5$$

其中 p_{ij} 表示第 i 个总体中第 j 类所占比率($i=1,2,3$；$j=0,1,2,3,4,5$)，其中第 5 类为所有大于等于 5 的取值。

这里涉及三个多项分布，由于其间有独立性，在最后的 χ^2 统计量(见式 (5.3.11))增加若干项不会改变 χ^2 分布特性，只会影响其自由度。据此思路我们来处理这批数据。

如今已有各类的观察频数 O_{ij}（见表 5.3.11），而其相应期望频数为：

$$E_{ij}=n_ip_j=100p_j,\quad i=1,2,3;\quad j=0,1,2,3,4,5$$

其中诸 p_j 为泊松概率或其和，为此先用合样本求泊松参数 λ 的 MLE：

$$\begin{aligned}\hat{\lambda}&=\frac{1}{300}(0\times37+1\times76+2\times85+3\times57+4\times28+5\times6+6\times7+7\times3+8\times1)\\&=\frac{630}{300}=2.1\end{aligned}$$

由此可算得各泊松概率：

$$\hat{p}_j=\frac{\hat{\lambda}^j}{j\,!}e^{-\hat{\lambda}},\quad j=0,1,2,3,4$$

$$\hat{p}_5=\sum_{j=5}^{\infty}\frac{\hat{\lambda}^j}{j\,!}e^{-\hat{\lambda}}$$

利用 $\hat{\lambda}=2.1$ 可算得各期望频数 E_{ij}，如表 5.3.12 所示。

表 5.3.12

j	0	1	2	3	4	5
$\hat{p}_j$	0.122 5	0.257 2	0.270 0	0.189 0	0.099 2	0.062 1
$E_{1j}=E_{2j}=E_{3j}=100\,\hat{p}_j$	12.25	25.75	27.00	18.90	9.92	6.21

由此可算得检验统计量 χ^2 的值：

$$\begin{aligned}\chi^2&=\sum_{i=1}^{3}\sum_{j=0}^{5}\frac{(O_{ij}-E_{ij})^2}{E_{ij}}\\&=\frac{1.25^2+0.25^2+1.75^2}{12.25}+\cdots+\frac{0.79^2+1.21^2+1.21^2}{6.21}\\&=2.119\,8\end{aligned}$$

这里所涉 χ^2 分布的自由度为 $f=3(r-1)-k$，其中 r 为分类数，k 为被估参数个数，在这里 $r=6$，$k=1$，故最后检验统计量的渐近分布为 $\chi^2(14)$。由此可算得本检验的拟合优度值：

$$\text{拟合优度 } p=P(\chi^2(14)\geqslant 2.119\,8)=0.999\,9$$

拟合优度值很大，故应接受假设 H_0，即三个样本来自同一泊松总体。

5.3.5　列联表中的独立性检验

列联表是一种多重分类表。看下面的例子。

例 5.3.7

为研究某药物对某种疾病的疗效是否与患者的年龄有关，特设计了一项试验，收集了患此种疾病的 300 名患者连续服此药物一个月，并按两种方式（疗效和年龄）把 300 名患者进行分类。疗效分“显著”、“一般”和“较差”三级。按年龄分儿童（15 岁以下）、中青年（16～55 岁）和老年（56 岁以上）三组。试验结果汇总于表 5.3.13 中。

表 5.3.13　　患者按三种方式分类的列联表

疗效＼年龄	儿童	中青年	老年	行和
显著	58	38	32	128
一般	28	44	45	117
较差	23	18	14	55
列和	109	100	91	300

要研究的问题是：该药物的疗效与年龄是有关还是独立?

这类问题在实际中常会遇到，如对失业人员调查中可按其年龄与文化程度两种方式对失业人员进行分类汇总，亦可得如上列联表，研究失业者的年龄与文化程度是否有关。再如某项政策的支持程度与性别是否有关。再如驾驶员一年内发生的交通事故数与其年龄是否有关。

一般场合，对 n 个样品按两种方式分类是对每个样品考察两个特性 X_1 与 X_2，其中 X_1 有 r 个类别，A_1，A_2，…，A_r；X_2 有 c 个类别：B_1，B_2，…，B_c。这样可把 n 个样品按其属性分成 rc 个类，若 O_{ij} 表示（A_i，B_j）类的样品数，又称为**观察频数**，把所有 O_{ij} 列成 $r\times c$ 二维表（见表5.3.14），并称其为**（二维）列联表**。

表5.3.14　　**$r\times c$ 二维观察频数表（二维列联表）**

		X_2				行和
		B_1	B_2	…	B_c	
X_1	A_1	O_{11}	O_{12}	…	O_{1c}	$O_1.$
	A_2	O_{21}	O_{22}	…	O_{2c}	$O_2.$
	⋮	⋮	⋮		⋮	⋮
	A_r	O_{r1}	O_{r2}	…	O_{rc}	$O_r.$
列和		$O._1$	$O._2$	…	$O._c$	n

通常在二维列联表中还按行计行和，按列计列和。具体为：

$$O_i. = \sum_{j=1}^{c} O_{ij}\ ,\quad i=1,2,\cdots,r$$

$$O._j = \sum_{i=1}^{r} O_{ij}\ ,\quad j=1,2,\cdots,c$$

$$\sum_{i=1}^{r} O_{i\cdot} = \sum_{j=1}^{c} O_{\cdot j} = \sum_{i=1}^{r}\sum_{j=1}^{c} O_{ij} = n \tag{5.3.12}$$

在二维列联表中，人们关心的问题是两个特性 X_1 与 X_2 是否独立，称这类问题为**列联表中的独立性检验问题**。为明确表示这个检验问题，需要给出概率模型。这里涉及二维离散随机变量（X_1，X_2），并设

$$P((X_1,X_2)\in A_i\cap B_j) = P(\text{“}X_1\in A_i\text{”}\cap\text{“}X_2\in B_j\text{”}) = p_{ij}$$

其中 $i=1$，2，…，r；　$j=1$，2，…，c。又记

$$p_{i\cdot} = P(X_1\in A_i) = \sum_{j=1}^{c} p_{ij},\quad i=1,2,\cdots,r$$

$$p_{\cdot j} = P(X_2\in B_j) = \sum_{i=1}^{r} p_{ij},\quad j=1,2,\cdots,c \tag{5.3.13}$$

这里必有 $\sum_{i=1}^{r} p_{i\cdot} = \sum_{j=1}^{c} p_{\cdot j} = 1$。那么当 X_1 与 X_2 两个特性独立时，应对一切 i,j 有

$$p_{ij}=p_i.\,p._j$$

因此我们要检验的假设为：

$$H_0: p_{ij}=p_{i\cdot}\,p_{\cdot j},\quad i=1,2,\cdots,r;\quad j=1,2,\cdots,c$$
$$H_1: \text{至少存在一对}(i,j),\text{使 } p_{ij}\neq p_{i\cdot}\,p_{\cdot j} \tag{5.3.14}$$

这样就把二维列联表的独立性检验问题转化为分类数据（共分 rc 类）的 χ^2 检验问题，其中 rc 个观察频数 O_{ij} 如表 5.3.14 所示，而期望频数 E_{ij} 如表 5.3.15 所示。表中期望频数在原假设 H_0（见式（5.3.14））成立时为：

$$E_{ij}=np_{ij}=np_{i\cdot}\,p_{\cdot j} \tag{5.3.15}$$

表 5.3.15　　$r\times c$ 二维期望频数表

		X_2			
		B_1	B_2	…	B_c
X_1	A_1	E_{11}	E_{12}	…	E_{1c}
	A_2	E_{21}	E_{22}	…	E_{2c}
	⋮	⋮	⋮		⋮
	A_r	E_{r1}	E_{r2}	…	E_{rc}

现在来考察所用 χ^2 分布的自由度是多少。按定理 5.3.2 知，这里的自由度应为 $rc-k-1$，其中 k 为该问题中所含的未知参数个数。在表 5.3.15 中诸期望频数 E_{ij} 中仍含有 $r+c$ 个未知参数，它们是

$$p_{1\cdot},p_{2\cdot},\cdots,p_{r\cdot};p_{\cdot 1},p_{\cdot 2},\cdots,p_{\cdot c}$$

又由于它们间还有两个约束条件：$\sum_{i=1}^{r}p_{i\cdot}=1,\sum_{j=1}^{c}p_{\cdot j}=1$，故只有 $k=r+c-2$ 个独立参数需要估计。因此在此问题中的自由度为：

$$f=rc-(r+c-2)-1=(r-1)(c-1) \tag{5.3.16}$$

而诸 $p_{i\cdot}$ 与 $p_{\cdot j}$ 的最大似然估计分别为：

$$\hat{p}_{i\cdot}=\frac{O_{i\cdot}}{n},i=1,2,\cdots,r;\quad \hat{p}_{\cdot j}=\frac{O_{\cdot j}}{n},\ j=1,2,\cdots,c \tag{5.3.17}$$

这时用 $\hat{p}_{i\cdot}$ 代替 $p_{i\cdot}$，用 $\hat{p}_{\cdot j}$ 代替 $p_{\cdot j}$ 后，期望频数 $E_{ij}=n\hat{p}_{i\cdot}\,\hat{p}_{\cdot j}$。而检验假设（5.3.14）的 χ^2 统计量为：

$$\chi^2=\sum_{i=1}^{r}\sum_{j=1}^{c}\frac{(O_{ij}-E_{ij})^2}{E_{ij}}\sim\chi^2((r-1)(c-1)) \tag{5.3.18}$$

其中，自由度 $(r-1)(c-1)$ 已在式（5.3.16）中算得。在给定显著性水平 α 后，其拒绝域为：

$$W=\{\chi^2\geqslant\chi^2_{1-\alpha}((r-1)(c-1))\} \tag{5.3.19}$$

这里仍要求诸 $E_{ij}\geqslant 5$，若不能满足，可把相邻类合并，这时自由度也会相应减少。

例 5.3.7（续）

为了对表 5.3.13 提供的诸 O_{ij} 数据考察疗效与年龄是否独立，需要作一些计算。首先按式（5.3.15）计算各期望频数：

$$E_{ij}=n\cdot\frac{O_{i\cdot}}{n}\cdot\frac{O_{\cdot j}}{n}=O_{i\cdot}O_{\cdot j}/n,\quad i,j=1,2,3$$

譬如

$$E_{11}=128\times109/300=46.51$$
$$E_{12}=128\times100/300=42.67$$

其他 E_{ij} 可类似算出，现都列于表 5.3.16 上。

表 5.3.16　　3×3 二维期望频数 E_{ij} 表

i \ j	1	2	3	行和
1	46.51	42.67	38.83	128.01
2	42.51	39.00	35.49	117.00
3	19.98	18.33	16.68	54.99
列和	109.00	100.00	91.00	300.00

然后计算拒绝域，在本例中 $r=c=3$，故其所涉 χ^2 分布的自由度为：

$$f=(r-1)(c-1)=2\times2=4$$

在显著性水平 $\alpha=0.05$ 下，$\chi^2_{1-\alpha}(4)=\chi^2_{0.95}(4)=9.49$，故其拒绝域为：

$$W=\{\chi^2\geqslant9.49\}$$

最后计算 χ^2 统计量的值，这由表 5.3.13 与表 5.3.16 获得。

$$\chi^2=\sum_{i=1}^{3}\sum_{j=1}^{3}\frac{(O_{ij}-E_{ij})^2}{E_{ij}}=\frac{(58-46.51)^2}{46.51}+\cdots+\frac{(14-16.68)^2}{16.68}=13.9$$

这表明 χ^2 值落在拒绝域 W 内，故应拒绝疗效与年龄独立的原假设，即该药物的疗效与年龄有关。

例 5.3.8

目前有的零售商店开展上门服务的业务，有的不开展此项业务。为了解这项业务的开展与否与其月销售额是否有关，某地调查了 363 个商店，结果如表 5.3.17 所示。试在 $\alpha=0.01$ 水平上检验服务方式与月销售额是否有关。

表 5.3.17　　例 5.3.8 的观察频数表　　单位：万元

服务方式 \ 月销售额	≤10	(10, 15]	(15, 20]	(20, 25]	>25	行和
上门服务	32	111	104	40	14	301
不上门服务	29	24	6	2	1	62
列和	61	135	110	42	15	363

解：这也是列联表的独立性检验问题。在本例中 $r=2$，$c=5$，在 $\alpha=0.01$ 时，$\chi^2_{0.99}(4)=13.277$，故拒绝域为：

$$W=\{\chi^2\geqslant13.277\}$$

为计算式（5.3.18）统计量，先计算各 $E_{ij}=n\hat{p}_{i\cdot}\hat{p}_{\cdot j}=\dfrac{O_{i\cdot}O_{\cdot j}}{n}$，如表 5.3.18 所示。

由于在表 5.3.18 中有一个值小于 5，故将列联表的最后两列合并，重新计算 $E_{ij}=n\hat{p}_{i\cdot}\hat{p}_{\cdot j}$，如表 5.3.19 所示。

表 5.3.18　　**例 5.3.8 的期望频数表**

$E_{ij}=n\hat{p}_{i\cdot}\hat{p}_{\cdot j}$	≤10	(10，15]	(15，20]	(20，25]	>25	行和
上门服务	50.6	111.9	91.2	34.8	12.4	301
不上门服务	10.4	23.1	18.8	7.2	2.6	62
列和	61	135	110	42	15	363

表 5.3.19　　**例 5.3.8 的期望频数表**（合并后）

零售额 服务方式	≤10	(10，15]	(15，20]	>20	行和
上门服务	50.6	111.9	91.2	47.3	301
不上门服务	10.4	23.1	18.8	9.7	62
列和	61.0	135.0	110.0	57.0	363

由此可得 $\chi^2=56.13$。此时由于 $r=2$，$c=4$，故在 $\alpha=0.01$ 时，拒绝域变成

$$W=\{\chi^2\geqslant\chi^2_{0.99}(3)=11.34\}$$

样本落在拒绝域中，这说明是否开展上门服务这项业务与月销售额有关。从各 O_{ij} 与 $n\hat{p}_{i\cdot}\hat{p}_{\cdot j}$ 的比较中可见，上门服务有利于提高月销售额。

习题 5.3

1. 一颗骰子掷了 100 次，结果如下：

点数	1	2	3	4	5	6
出现次数	13	14	20	17	15	21

试在 $\alpha=0.05$ 水平下检验这颗骰子是否均匀。

2. 在 π 的前 800 位数字中，0，1，…，9 相应地出现了 74，92，83，79，80，73，77，75，76，91 次，试用 χ^2 检验法检验 0，1，…，9 这十个数字是等可能出现的假设（取 $\alpha=0.05$）。

3. 某大公司人事部想了解公司职工病假是否在周一至周五上均匀分布，以便合理安排工作。如今抽取 100 名病假职工，其病假日分布如下表所示：

工作日	周一	周二	周三	周四	周五
病假频数	17	27	10	28	18

试取 $\alpha=0.05$ 检验病假人数是否在 5 个工作日上均匀分布。

4. 某行业有两个竞争对手：A 公司和 B 公司，它们产品的市场占有率分别为

45%与40%。这两公司同时开展广告宣传一段时间后，随机抽查200名消费者，其中102人准备买A公司产品，82人准备买B公司产品，另16人准备买其他公司产品。若取显著性水平$\alpha=0.05$，试检验广告战前后各公司的市场占有率有无显著变化。

5. 卢瑟福观察了每0.125分钟内一放射性物质放射的粒子数，共观察了2 612次，结果如下：

粒子数	0	1	2	3	4	5	6	7	8	9	10	11
频数	57	203	383	525	532	408	273	139	49	27	10	6

试问：在$\alpha=0.10$水平下上述观察数据与泊松分布是否相符？

6. 在1965年1月1日至1971年2月9日的2 231天中，全世界记录到的里氏震级4级及以上的地震共162次，相继两次地震间隔天数X如下：

X	频数	X	频数
[0，5)	50	[25，30)	8
[5，10)	31	[30，35)	6
[10，15)	26	[35，40)	6
[15，20)	17	≥40	8
[20，25)	10		

试在$\alpha=0.05$水平下检验相继两次地震间隔天数X是否服从如下指数分布：

$$p(x)=\frac{1}{\theta}e^{-\frac{x}{\theta}}，x>0$$

7. 在使用仪器进行测量时，最后一位数字是按仪器的最小刻度用眼睛估计的。下表给出了200个测量数据中，最后一位出现0，1，…，9的次数：

数字	0	1	2	3	4	5	6	7	8	9
次数	35	16	15	17	17	19	11	16	30	24

试问：在$\alpha=0.05$下，最后一位数字是否具有随机性？

8. 为判断驾驶员的年龄是否会对发生汽车交通事故的次数有所影响，调查了4 194名不同年龄的驾驶员发生事故的次数，见下表：

		年龄（岁）				
		21～30	31～40	41～50	51～60	61～70
事故次数	0	748	821	786	720	672
	1	74	60	51	66	50
	2	31	25	22	16	15
	>2	9	10	6	5	7

在$\alpha=0.01$水平下，你有什么看法？

9. 一项调查结果显示，1 000个人中按性别与色盲可分为如下四类：

	男	女
正常	442	514
色盲	38	6

据遗传学的模型，性别与色盲有如下概率模型：

	男	女
正常	$p/2$	$p^2/2+pq$
色盲	$q/2$	$q^2/2$

其中 $q=1-p$，试问在 $\alpha=0.05$ 水平下：

(1) 数据与模型一致吗?

(2) 性别与色盲独立吗?

10. 为了考察血清对预防感冒是否有效，对 500 个人注射血清，并观察他们一年中的感冒次数，对另外 500 个人不注射血清但也观察一年中的感冒次数，获得以下数据：

	没有感冒	感冒一次	感冒一次以上
注射	252	145	103
没有注射	224	136	140

在 $\alpha=0.05$ 水平下，这两个三项分布是否相同?

11. 有四种方法可以检测有无分枝杆菌，若有，结果呈阳性；若无，结果呈阴性。对有菌样本分别用四种方法检测，结果如下：

O_{ij} 结果 j / 方法 i	阳性	阴性	行和
方法 1：BACTEC	225	9	234
方法 2：罗氏法	197	37	234
方法 3：Ma_1 k 法	177	57	234
方法 4：TH_{11} 法	125	60	185
列和	724	163	887

试问：四种检测结果显示的检出率 p_1，p_2，p_3，p_4 是否有显著差别? 或者问：四个二点分布是否相同?

12. 某地调查了 3 000 名失业人员，按性别与文化程度分类，结果如下表所示。

文化程度 / 性别	大专以上	中专技校	高中	初中及以下	行和
男	40	138	620	1 043	1 841
女	20	72	442	625	1 159
列和	60	210	1 062	1 668	3 000

试在$\alpha=0.05$水平下检验失业人员的性别与文化程度是否有关。

13. 对某种计算机产品进行用户市场调查，请他们对产品的质量情况选择回答：差、较差、较好、好。随机抽取 70 人询问，并发现其中 40 人接受过有关广告宣传，另 30 人则不关心此类广告。回答情况见下表：

	差	较差	较好	好
听过广告宣传	4	7	18	11
未听过广告宣传	4	6	13	7

广告与人们对产品质量的评价间有无关系（取$\alpha=0.05$）？

14. 某调查机构连续三年对某城市的居民进行热点调查，要求被调查者在收入、物价、住房、交通四个问题中选择其中一个作为最关心的问题，调查结果如下：

年份	收入	物价	住房	交通	行和
1997	155	232	87	50	524
1998	134	201	100	75	510
1999	176	114	165	61	516
列和	465	547	352	186	1 550

在$\alpha=0.05$下，是否可以认为各年该城市居民对社会热点问题的看法保持不变？

15. 某单位调查了520名中年以上的脑力劳动者，其中136人有高血压史，其他384人无高血压史。在有高血压史的136人中有48人有冠心病，在无高血压史的384人中有36人有冠心病，试问：在$\alpha=0.01$水平下，高血压与冠心病有无联系？

16. 设按有无特性A与B将n个样品分成4类，组成2×2列联表，如下表所示。

	B	$\overline{B}$	行和
A	a	b	$a+b$
$\overline{A}$	c	d	$c+d$
列和	$a+c$	$b+d$	n

其中，$n=a+b+c+d$。试证明此时列联表独立性检验的χ^2统计量可以表示为：

$$\chi^2=\frac{n(ad-bc)^2}{(a+b)(c+d)(a+c)(b+d)}$$

17. 用铸造与锻造两种方法制造某零件，从各自制造的零件中分别随机抽取100只，经检查发现铸造的有10个废品，锻造的有3个废品。在$\alpha=0.05$水平下，能否认为废品率与制造方法有关？

附表 1　泊松分布函数表

$$P(X \leqslant x)=\sum_{k=1}^{x} \mathrm{e}^{-\lambda} \frac{\lambda^{k}}{k!}$$

λ \ x	0	1	2	3	4	5	6	7	8	9
0.02	0.980	1.000								
0.04	0.961	0.999	1.000							
0.06	0.942	0.998	1.000							
0.08	0.923	0.997	1.000							
0.10	0.905	0.995	1.000							
0.15	0.861	0.990	0.999	1.000						
0.20	0.819	0.982	0.999	1.000						
0.25	0.779	0.974	0.998	1.000						
0.30	0.741	0.963	0.996	1.000						
0.35	0.705	0.951	0.994	1.000						
0.40	0.670	0.938	0.992	0.999	1.000					
0.45	0.638	0.925	0.989	0.999	1.000					
0.50	0.607	0.910	0.986	0.998	1.000					
0.55	0.577	0.894	0.982	0.998	1.000					
0.60	0.549	0.878	0.977	0.997	1.000					
0.65	0.522	0.861	0.972	0.996	0.999	1.000				
0.70	0.497	0.844	0.966	0.994	0.999	1.000				
0.75	0.472	0.827	0.959	0.993	0.999	1.000				
0.80	0.449	0.809	0.953	0.991	0.999	1.000				
0.85	0.427	0.791	0.945	0.989	0.999	1.000				
0.90	0.407	0.772	0.937	0.987	0.998	1.000				
0.95	0.387	0.754	0.929	0.984	0.997	1.000				
1.00	0.368	0.736	0.920	0.981	0.996	0.999	1.000			
1.1	0.333	0.699	0.900	0.974	0.995	0.999	1.000			
1.2	0.301	0.663	0.879	0.966	0.992	0.998	1.000			
1.3	0.273	0.627	0.857	0.957	0.989	0.998	1.000			
1.4	0.247	0.592	0.833	0.946	0.986	0.997	0.999	1.000		
1.5	0.223	0.558	0.809	0.934	0.981	0.996	0.999	1.000		
1.6	0.202	0.525	0.783	0.921	0.976	0.994	0.999	1.000		
1.7	0.183	0.493	0.757	0.907	0.970	0.992	0.998	1.000		
1.8	0.165	0.463	0.731	0.891	0.964	0.990	0.997	0.999	1.000	
1.9	0.150	0.434	0.704	0.875	0.956	0.987	0.997	0.999	1.000	
2.0	0.135	0.406	0.677	0.857	0.947	0.983	0.995	0.999	1.000	

续前表

λ \ x	0	1	2	3	4	5	6	7	8	9
2.2	0.111	0.355	0.623	0.819	0.928	0.975	0.993	0.998	1.000	
2.4	0.091	0.308	0.570	0.779	0.904	0.964	0.989	0.997	0.999	1.000
2.6	0.074	0.267	0.518	0.736	0.877	0.951	0.983	0.995	0.999	1.000
2.8	0.061	0.231	0.469	0.692	0.848	0.935	0.976	0.992	0.998	0.999
3.0	0.050	0.199	0.423	0.647	0.815	0.916	0.966	0.988	0.996	0.999
3.2	0.041	0.171	0.380	0.603	0.781	0.895	0.955	0.983	0.994	0.998
3.4	0.033	0.147	0.340	0.558	0.744	0.871	0.942	0.977	0.992	0.997
3.6	0.027	0.126	0.303	0.515	0.706	0.844	0.927	0.969	0.988	0.996
3.8	0.022	0.107	0.269	0.473	0.668	0.816	0.909	0.960	0.984	0.994
4.0	0.018	0.092	0.238	0.433	0.629	0.785	0.889	0.949	0.979	0.992
4.2	0.015	0.078	0.210	0.395	0.590	0.753	0.867	0.936	0.972	0.989
4.4	0.012	0.066	0.185	0.359	0.551	0.720	0.844	0.921	0.964	0.985
4.6	0.010	0.056	0.163	0.326	0.513	0.686	0.818	0.905	0.955	0.980
4.8	0.008	0.048	0.143	0.294	0.476	0.651	0.791	0.887	0.944	0.975
5.0	0.007	0.040	0.125	0.265	0.440	0.616	0.762	0.867	0.932	0.968
5.2	0.006	0.034	0.109	0.238	0.406	0.581	0.732	0.845	0.918	0.960
5.4	0.005	0.029	0.095	0.213	0.373	0.546	0.702	0.822	0.903	0.951
5.6	0.004	0.024	0.082	0.191	0.342	0.512	0.670	0.797	0.886	0.941
5.8	0.003	0.021	0.072	0.170	0.313	0.478	0.638	0.771	0.867	0.929
6.0	0.002	0.017	0.062	0.151	0.285	0.446	0.606	0.744	0.847	0.916

λ \ x	10	11	12	13	14	15	16
2.8	1.000						
3.0	1.000						
3.2	1.000						
3.4	0.999	1.000					
3.6	0.999	1.000					
3.8	0.998	0.999	1.000				
4.0	0.997	0.999	1.000				
4.2	0.996	0.999	1.000				
4.4	0.994	0.998	0.999	1.000			
4.6	0.992	0.997	0.999	1.000			
4.8	0.990	0.996	0.999	1.000			
5.0	0.986	0.995	0.998	0.999	1.000		
5.2	0.982	0.993	0.997	0.999	1.000		
5.4	0.977	0.990	0.996	0.999	1.000		
5.6	0.972	0.988	0.995	0.998	0.999	1.000	
5.8	0.965	0.984	0.993	0.997	0.999	1.000	
6.0	0.957	0.980	0.991	0.996	0.999	0.999	1.000

续前表

λ \ x	0	1	2	3	4	5	6	7	8	9
6.2	0.002	0.015	0.054	0.134	0.259	0.414	0.574	0.716	0.826	0.902
6.4	0.002	0.012	0.046	0.119	0.235	0.384	0.542	0.687	0.803	0.886
6.6	0.001	0.010	0.040	0.105	0.213	0.355	0.511	0.658	0.780	0.869
6.8	0.001	0.009	0.034	0.093	0.192	0.327	0.480	0.628	0.755	0.850
7.0	0.001	0.007	0.030	0.082	0.173	0.301	0.450	0.599	0.729	0.830
7.2	0.001	0.006	0.025	0.072	0.156	0.276	0.420	0.569	0.703	0.810
7.4	0.001	0.005	0.022	0.063	0.140	0.253	0.392	0.539	0.676	0.788
7.6	0.001	0.004	0.019	0.055	0.125	0.231	0.365	0.510	0.648	0.765
7.8	0.000	0.004	0.016	0.048	0.112	0.210	0.338	0.481	0.620	0.741
8.0	0.000	0.003	0.014	0.042	0.100	0.191	0.313	0.453	0.593	0.717
8.5	0.000	0.002	0.009	0.030	0.074	0.150	0.256	0.386	0.523	0.653
9.0	0.000	0.001	0.006	0.021	0.055	0.116	0.207	0.324	0.456	0.587
9.5	0.000	0.001	0.004	0.015	0.040	0.089	0.165	0.269	0.392	0.522
10.0	0.000	0.000	0.003	0.010	0.029	0.067	0.130	0.220	0.333	0.458

λ \ x	10	11	12	13	14	15	16	17	18	19
6.2	0.949	0.975	0.989	0.995	0.998	0.999	1.000			
6.4	0.939	0.969	0.986	0.994	0.997	0.999	1.000			
6.6	0.927	0.963	0.982	0.992	0.997	0.999	0.999	1.000		
6.8	0.915	0.955	0.978	0.990	0.996	0.998	0.999	1.000		
7.0	0.901	0.947	0.973	0.987	0.994	0.998	0.999	1.000		
7.2	0.887	0.937	0.967	0.984	0.993	0.997	0.999	0.999	1.000	
7.4	0.871	0.926	0.961	0.980	0.991	0.996	0.998	0.999	1.000	
7.6	0.854	0.915	0.954	0.976	0.989	0.995	0.998	0.999	1.000	
7.8	0.835	0.902	0.945	0.971	0.986	0.993	0.997	0.999	1.000	
8.0	0.816	0.888	0.936	0.966	0.983	0.992	0.996	0.998	0.999	1.000
8.5	0.763	0.849	0.909	0.949	0.973	0.986	0.993	0.997	0.999	0.999
9.0	0.706	0.803	0.876	0.926	0.959	0.978	0.989	0.995	0.998	0.999
9.5	0.645	0.752	0.836	0.898	0.940	0.967	0.982	0.991	0.996	0.998
10.0	0.583	0.697	0.792	0.864	0.917	0.951	0.973	0.986	0.993	0.997

λ \ x	20	21	22
8.5	1.000		
9.0	1.000		
9.5	0.999	1.000	
10.0	0.998	0.999	1.000

λ \ x	0	1	2	3	4	5	6	7	8	9
10.5	0.000	0.000	0.002	0.007	0.021	0.050	0.102	0.179	0.279	0.397
11.0	0.000	0.000	0.001	0.005	0.015	0.038	0.079	0.143	0.232	0.341
11.5	0.000	0.000	0.001	0.003	0.011	0.028	0.060	0.114	0.191	0.289

续前表

λ \ x	0	1	2	3	4	5	6	7	8	9
12.0	0.000	0.000	0.001	0.002	0.008	0.020	0.046	0.090	0.155	0.242
12.5	0.000	0.000	0.000	0.002	0.005	0.015	0.035	0.070	0.125	0.201
13.0	0.000	0.000	0.000	0.001	0.004	0.011	0.026	0.054	0.100	0.166
13.5	0.000	0.000	0.000	0.001	0.003	0.008	0.019	0.041	0.079	0.135
14.0	0.000	0.000	0.000	0.000	0.002	0.006	0.014	0.032	0.062	0.109
14.5	0.000	0.000	0.000	0.000	0.001	0.004	0.010	0.024	0.048	0.088
15.0	0.000	0.000	0.000	0.000	0.001	0.003	0.008	0.018	0.037	0.070

λ \ x	10	11	12	13	14	15	16	17	18	19
10.5	0.521	0.639	0.742	0.825	0.888	0.932	0.960	0.978	0.988	0.994
11.0	0.460	0.579	0.689	0.781	0.854	0.907	0.944	0.968	0.982	0.991
11.5	0.402	0.520	0.633	0.733	0.815	0.878	0.924	0.954	0.974	0.986
12.0	0.347	0.462	0.576	0.682	0.772	0.844	0.899	0.937	0.963	0.979
12.5	0.297	0.406	0.519	0.628	0.725	0.806	0.869	0.916	0.948	0.969
13.0	0.252	0.353	0.463	0.573	0.675	0.764	0.835	0.890	0.930	0.957
13.5	0.211	0.304	0.409	0.518	0.623	0.718	0.798	0.861	0.908	0.942
14.0	0.176	0.260	0.358	0.464	0.570	0.669	0.756	0.827	0.883	0.923
14.5	0.145	0.220	0.311	0.413	0.518	0.619	0.711	0.790	0.853	0.901
15.0	0.118	0.185	0.268	0.363	0.466	0.568	0.664	0.749	0.819	0.875

λ \ x	20	21	22	23	24	25	26	27	28	29
10.5	0.997	0.999	0.999	1.000						
11.0	0.995	0.998	0.999	1.000						
11.5	0.992	0.996	0.998	0.999	1.000					
12.0	0.988	0.994	0.997	0.999	0.999	1.000				
12.5	0.983	0.991	0.995	0.998	0.999	0.999	1.000			
13.0	0.975	0.986	0.992	0.996	0.998	0.999	1.000			
13.5	0.965	0.980	0.989	0.994	0.997	0.998	0.999	1.000		
14.0	0.952	0.971	0.983	0.991	0.995	0.997	0.999.	0.999	1.000	
14.5	0.936	0.960	0.976	0.986	0.992	0.996	0.998	0.999	0.999	1.000
15.0	0.917	0.947	0.967	0.981	0.989	0.994	0.997	0.998	0.999	1.000

λ \ x	0	1	2	3	4	5	6	7	8	9
16	0.000	0.001	0.004	0.010	0.022	0.043	0.077	0.127	0.193	0.275
17	0.000	0.001	0.002	0.005	0.013	0.026	0.049	0.085	0.135	0.201
18	0.000	0.000	0.001	0.003	0.007	0.015	0.030	0.055	0.092	0.143
19	0.000	0.000	0.001	0.002	0.004	0.009	0.018	0.035	0.061	0.098
20	0.000	0.000	0.000	0.001	0.002	0.005	0.011	0.021	0.039	0.066
21	0.000	0.000	0.000	0.000	0.001	0.003	0.006	0.013	0.025	0.043
22	0.000	0.000	0.000	0.000	0.001	0.002	0.004	0.008	0.015	0.028

续前表

λ \ x	0	1	2	3	4	5	6	7	8	9
23	0.000	0.000	0.000	0.000	0.000	0.001	0.002	0.004	0.009	0.017
24	0.000	0.000	0.000	0.000	0.000	0.000	0.001	0.003	0.005	0.011
25	0.000	0.000	0.000	0.000	0.000	0.000	0.001	0.001	0.003	0.006

λ \ x	14	15	16	17	18	19	20	21	22	23
16	0.368	0.467	0.566	0.659	0.742	0.812	0.868	0.911	0.942	0.963
17	0.281	0.371	0.468	0.564	0.655	0.736	0.805	0.861	0.905	0.937
18	0.208	0.287	0.375	0.496	0.562	0.651	0.731	0.799	0.855	0.899
19	0.150	0.215	0.292	0.378	0.469	0.561	0.647	0.725	0.793	0.849
20	0.105	0.157	0.221	0.297	0.381	0.470	0.559	0.644	0.721	0.787
21	0.072	0.111	0.163	0.227	0.302	0.384	0.471	0.558	0.640	0.716
22	0.048	0.077	0.117	0.169	0.232	0.306	0.387	0.472	0.556	0.637
23	0.031	0.052	0.082	0.123	0.175	0.238	0.310	0.389	0.472	0.555
24	0.020	0.034	0.056	0.087	0.128	0.180	0.243	0.314	0.392	0.473
25	0.012	0.022	0.038	0.060	0.092	0.134	0.185	0.247	0.318	0.394

λ \ x	24	25	26	27	28	29	30	31	32	33
16	0.987	0.987	0.993	0.996	0.998	0.999	0.999	1.000		
17	0.959	0.975	0.985	0.991	0.995	0.997	0.999	0.999	1.000	
18	0.932	0.955	0.972	0.983	0.990	0.994	0.997	0.998	0.999	1.000
19	0.893	0.927	0.951	0.969	0.980	0.988	0.993	0.996	0.998	0.999
20	0.843	0.888	0.922	0.948	0.966	0.978	0.987	0.992	0.995	0.997
21	0.782	0.838	0.883	0.917	0.944	0.963	0.976	0.985	0.991	0.994
22	0.712	0.777	0.832	0.877	0.913	0.940	0.959	0.973	0.983	0.989
23	0.635	0.708	0.772	0.827	0.873	0.908	0.936	0.956	0.971	0.981
24	0.554	0.632	0.704	0.768	0.823	0.868	0.904	0.932	0.953	0.969
25	0.473	0.553	0.629	0.700	0.763	0.818	0.863	0.900	0.929	0.950

λ \ x	34	35	36	37	38	39	40	41	42	
19	0.999	1.000								
20	0.999	0.999	1.000							
21	0.997	0.998	0.999	0.999	1.000					
22	0.994	0.996	0.998	0.999	0.999	1.000				
23	0.989	0.993	0.996	0.997	0.999	0.999	1.000			
24	0.979	0.987	0.992	0.995	0.997	0.998	0.999	0.999	1.000	
25	0.966	0.978	0.985	0.991	0.994	0.997	0.998	0.999	1.000	

附表 2　标准正态分布函数 $\Phi(x)$ 表

$$\Phi(x)=\int_{-\infty}^{x}\frac{1}{\sqrt{2\pi}}\mathrm{e}^{-\frac{x^2}{2}}\mathrm{d}x$$

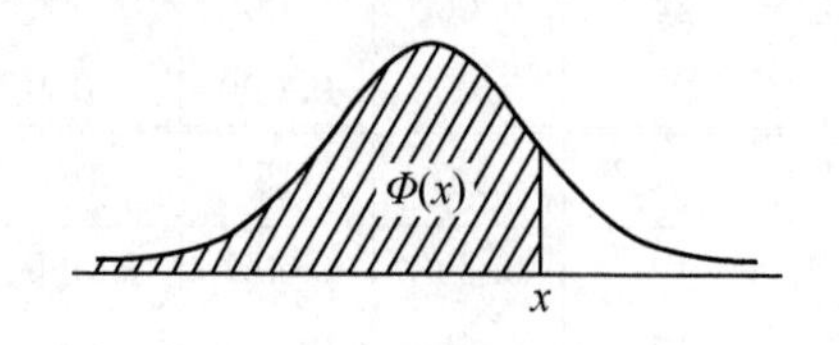

$$\Phi(-x)=1-\Phi(x)$$

x	0.00	0.01	0.02	0.03	0.04	0.05	0.06	0.07	0.08	0.09
0.0	0.500 0	0.504 0	0.508 0	0.512 0	0.516 0	0.519 9	0.523 9	0.527 9	0.531 9	0.535 9
0.1	0.539 8	0.543 8	0.547 8	0.551 7	0.555 7	0.559 6	0.563 6	0.567 5	0.571 4	0.575 3
0.2	0.579 3	0.583 2	0.587 1	0.591 0	0.594 8	0.598 7	0.602 6	0.606 4	0.610 3	0.614 1
0.3	0.617 9	0.621 7	0.625 5	0.629 3	0.633 1	0.636 8	0.640 6	0.644 3	0.648 0	0.651 7
0.4	0.655 4	0.659 1	0.662 8	0.666 4	0.670 0	0.673 6	0.677 2	0.680 8	0.684 4	0.687 9
0.5	0.691 5	0.695 0	0.698 5	0.701 9	0.705 4	0.708 8	0.712 3	0.715 7	0.719 0	0.722 4
0.6	0.725 7	0.729 1	0.732 4	0.735 7	0.738 9	0.742 2	0.745 4	0.748 6	0.751 7	0.754 9
0.7	0.758 0	0.761 1	0.764 2	0.767 3	0.770 4	0.773 4	0.776 4	0.779 4	0.782 3	0.785 2
0.8	0.788 1	0.791 0	0.793 9	0.796 7	0.799 5	0.802 3	0.805 1	0.807 9	0.810 6	0.813 3
0.9	0.815 9	0.818 6	0.821 2	0.823 8	0.826 4	0.828 9	0.831 5	0.834 0	0.836 5	0.838 9
1.0	0.841 3	0.843 8	0.846 1	0.848 5	0.850 8	0.853 1	0.855 4	0.857 7	0.859 9	0.862 1
1.1	0.864 3	0.866 5	0.868 6	0.870 8	0.872 9	0.874 9	0.877 0	0.879 0	0.881 0	0.883 0
1.2	0.884 9	0.886 9	0.888 8	0.890 7	0.892 5	0.894 4	0.896 2	0.898 0	0.899 7	0.901 5
1.3	0.903 2	0.904 9	0.906 6	0.908 2	0.909 9	0.911 5	0.913 1	0.914 7	0.916 2	0.917 7
1.4	0.919 2	0.920 7	0.922 2	0.923 6	0.925 1	0.926 5	0.927 9	0.929 2	0.930 6	0.931 9
1.5	0.933 2	0.934 5	0.935 7	0.937 0	0.938 2	0.939 4	0.940 6	0.941 8	0.942 9	0.944 1
1.6	0.945 2	0.946 3	0.947 4	0.948 4	0.949 5	0.950 5	0.951 5	0.952 5	0.953 5	0.954 5
1.7	0.955 4	0.956 4	0.957 3	0.958 2	0.959 1	0.959 9	0.960 8	0.961 6	0.962 5	0.963 3
1.8	0.964 1	0.964 9	0.965 6	0.966 4	0.967 1	0.967 8	0.968 6	0.969 3	0.970 0	0.970 6
1.9	0.971 3	0.971 9	0.972 6	0.973 2	0.973 8	0.974 4	0.975 0	0.975 6	0.976 1	0.976 7
2.0	0.977 2	0.977 8	0.978 3	0.978 8	0.979 3	0.979 8	0.980 3	0.980 8	0.981 2	0.981 7
2.1	0.982 1	0.982 6	0.983 0	0.983 4	0.983 8	0.984 2	0.984 6	0.985 0	0.985 4	0.985 7
2.2	0.986 1	0.986 4	0.986 8	0.987 1	0.987 5	0.987 8	0.988 1	0.988 4	0.988 7	0.989 0
2.3	0.989 3	0.989 6	0.989 8	0.990 1	0.990 4	0.990 6	0.990 9	0.991 1	0.991 3	0.991 6
2.4	0.991 8	0.992 0	0.992 2	0.992 5	0.992 7	0.992 9	0.993 1	0.993 2	0.993 4	0.993 6

续前表

x	0.00	0.01	0.02	0.03	0.04	0.05	0.06	0.07	0.08	0.09
2.5	0.993 8	0.994 0	0.994 1	0.994 3	0.994 5	0.994 6	0.994 8	0.994 9	0.995 1	0.995 2
2.6	0.995 3	0.995 5	0.995 6	0.995 7	0.995 9	0.996 0	0.996 1	0.996 2	0.996 3	0.996 4
2.7	0.996 5	0.996 6	0.996 7	0.996 8	0.996 9	0.997 0	0.997 1	0.997 2	0.997 3	0.997 4
2.8	0.997 4	0.997 5	0.997 6	0.997 7	0.997 7	0.997 8	0.997 9	0.997 9	0.998 0	0.998 1
2.9	0.998 1	0.998 2	0.998 3	0.998 3	0.998 4	0.998 4	0.998 5	0.998 5	0.998 6	0.998 6

x	0.0	0.1	0.2	0.3	0.4
3.0	$0.9^{2}8650$	$0.9^{3}0324$	$0.9^{3}3129$	$0.9^{3}5166$	$0.9^{3}6631$
4.0	$0.9^{4}6833$	$0.9^{4}7934$	$0.9^{4}8665$	$0.9^{5}1460$	$0.9^{5}4587$
5.0	$0.9^{6}7133$	$0.9^{6}8302$	$0.9^{7}0036$	$0.9^{7}4210$	$0.9^{7}6668$
6.0	$0.9^{9}0136$				

x	0.5	0.6	0.7	0.8	0.9
3.0	$0.9^{3}7674$	$0.9^{3}8409$	$0.9^{3}8922$	$0.9^{4}2765$	$0.9^{4}5190$
4.0	$0.9^{5}6602$	$0.9^{5}7887$	$0.9^{5}8699$	$0.9^{6}2067$	$0.9^{6}5208$
5.0	$0.9^{7}8101$	$0.9^{7}8928$	$0.9^{8}4010$	$0.9^{8}6684$	$0.9^{8}8192$

附表 3　标准正态分布的 α 分位数表

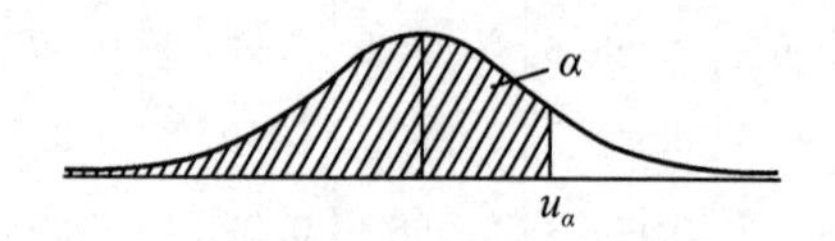

α	0.00	0.01	0.02	0.03	0.04	0.05	0.06	0.07	0.08	0.09
0.00	—	−2.33	−2.05	−1.88	−1.75	−1.64	−1.55	−1.48	−1.41	−1.34
0.10	−1.28	−1.23	−1.18	−1.13	−1.08	−1.04	−0.99	−0.95	−0.92	−0.88
0.20	−0.84	−0.81	−0.77	−0.74	−0.71	−0.67	−0.64	−0.61	−0.58	−0.55
0.30	−0.52	−0.50	−0.47	−0.44	−0.41	−0.39	−0.36	−0.33	−0.31	−0.28
0.40	−0.25	−0.23	−0.20	−0.18	−0.15	−0.13	−0.10	−0.08	−0.05	−0.03
0.50	0.00	0.03	0.05	0.08	0.10	0.13	0.15	0.18	0.20	0.23
0.60	0.25	0.28	0.31	0.33	0.36	0.39	0.41	0.44	0.47	0.50
0.70	0.52	0.55	0.58	0.61	0.64	0.67	0.71	0.74	0.77	0.81
0.80	0.84	0.88	0.92	0.95	0.99	1.04	1.08	1.13	1.18	1.23
0.90	1.28	1.34	1.41	1.48	1.55	1.64	1.75	1.88	2.05	2.33

α	0.001	0.005	0.010	0.025	0.050	0.100
u_α	−3.090	−2.576	−2.326	−1.960	−1.645	−1.282
α	0.999	0.995	0.990	0.975	0.950	0.900
u_α	3.090	2.576	2.326	1.960	1.645	1.282

附表 4　t 分布的 α 分位数表

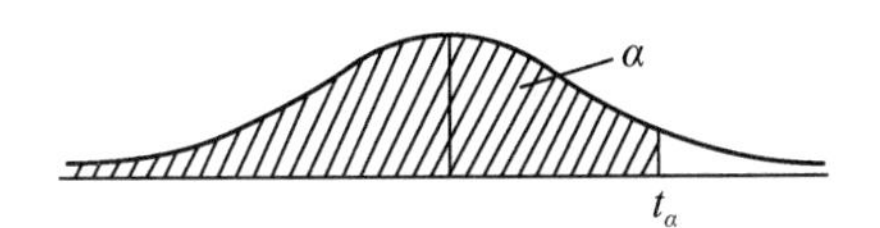

n	$t_{0.60}$	$t_{0.70}$	$t_{0.80}$	$t_{0.90}$	$t_{0.95}$	$t_{0.975}$	$t_{0.99}$	$t_{0.995}$
1	0.325	0.727	1.376	3.078	6.314	12.706	31.821	63.657
2	0.289	0.617	1.061	1.886	2.920	4.303	6.965	9.925
3	0.277	0.584	0.978	1.638	2.353	3.182	4.541	5.841
4	0.271	0.569	0.941	1.533	2.132	2.776	3.747	4.604
5	0.267	0.559	0.920	1.476	2.015	2.571	3.365	4.032
6	0.265	0.553	0.906	1.440	1.943	2.447	3.143	3.707
7	0.263	0.549	0.896	1.415	1.895	2.365	2.998	3.499
8	0.262	0.546	0.889	1.397	1.860	2.306	2.896	3.355
9	0.261	0.543	0.883	1.383	1.833	2.262	2.821	3.250
10	0.260	0.542	0.879	1.372	1.812	2.228	2.764	3.169
11	0.260	0.540	0.876	1.363	1.796	2.201	2.718	3.106
12	0.259	0.539	0.873	1.356	1.782	2.179	2.681	3.055
13	0.259	0.538	0.870	1.350	1.771	2.160	2.650	3.012
14	0.258	0.537	0.868	1.345	1.761	2.145	2.624	2.977
15	0.258	0.536	0.866	1.341	1.753	2.131	2.602	2.947
16	0.258	0.535	0.865	1.337	1.746	2.120	2.583	2.921
17	0.257	0.534	0.863	1.333	1.740	2.110	2.567	2.898
18	0.257	0.534	0.862	1.330	1.734	2.101	2.552	2.878
19	0.257	0.533	0.861	1.328	1.729	2.093	2.539	2.861
20	0.257	0.533	0.860	1.325	1.725	2.086	2.528	2.861
21	0.257	0.532	0.859	1.323	1.721	2.080	2.518	2.831
22	0.256	0.532	0.858	1.321	1.717	2.074	2.508	2.819
23	0.256	0.532	0.858	1.319	1.714	2.069	2.500	2.807
24	0.256	0.531	0.857	1.318	1.711	2.064	2.492	2.797
25	0.256	0.531	0.856	1.316	1.708	2.060	2.485	2.787
26	0.256	0.531	0.856	1.315	1.706	2.056	2.479	2.779
27	0.256	0.531	0.855	1.314	1.703	2.052	2.473	2.771
28	0.256	0.530	0.855	1.313	1.701	2.048	2.467	2.763
29	0.256	0.530	0.854	1.311	1.699	2.045	2.462	2.756
30	0.256	0.530	0.854	1.310	1.697	2.042	2.457	2.750
40	0.255	0.529	0.851	1.303	1.684	2.021	2.423	2.704
60	0.254	0.527	0.848	1.296	1.671	2.000	2.390	2.660
120	0.254	0.526	0.845	1.289	1.658	1.980	2.358	2.617
∞	0.253	0.524	0.842	1.282	1.645	1.960	2.326	2.576

注：对 $\alpha<0.5$ 有 $t_\alpha=-t_{1-\alpha}$。

附表 5　χ^2 分布的 α 分位数表

n	$\chi^2_{0.005}$	$\chi^2_{0.01}$	$\chi^2_{0.025}$	$\chi^2_{0.05}$	$\chi^2_{0.10}$	$\chi^2_{0.90}$	$\chi^2_{0.95}$	$\chi^2_{0.975}$	$\chi^2_{0.99}$	$\chi^2_{0.995}$
1	0.000 039	0.000 16	0.000 98	0.003 9	0.015 8	2.71	3.84	5.02	6.63	7.88
2	0.010 0	0.020 1	0.050 6	0.102 6	0.210 7	4.61	5.99	7.38	9.21	10.60
3	0.071 7	0.115	0.216	0.352	0.584	6.25	7.81	9.35	11.34	12.84
4	0.207	0.297	0.484	0.711	1.064	7.78	9.49	11.14	13.28	14.86
5	0.412	0.554	0.831	1.15	1.61	9.24	11.07	12.83	15.09	16.75
6	0.676	0.872	1.24	1.64	2.20	10.64	12.59	14.45	16.81	18.55
7	0.989	1.24	1.69	2.17	2.83	12.02	14.07	16.01	18.48	20.28
8	1.34	1.65	2.18	2.73	3.49	13.36	15.51	17.53	20.09	21.96
9	1.73	2.09	2.70	3.33	4.17	14.68	16.92	19.02	21.67	23.59
10	2.16	2.56	3.25	3.94	4.87	15.99	18.31	20.48	23.21	25.19
11	2.60	3.05	3.82	4.57	5.58	17.28	19.68	21.92	24.73	26.76
12	3.07	3.57	4.40	5.23	6.30	18.55	21.03	23.34	26.22	28.30
13	3.57	4.11	5.01	5.89	7.04	19.81	22.36	24.74	27.69	29.82
14	4.07	4.66	5.63	6.57	7.79	21.06	23.68	26.12	29.14	31.32
15	4.60	5.23	6.26	7.26	8.55	22.31	25.00	27.49	30.58	32.80
16	5.14	5.81	6.91	7.96	9.31	23.54	26.30	28.85	32.00	34.27
18	6.26	7.01	8.23	9.39	10.86	25.99	28.87	31.53	34.81	37.16
20	7.43	8.26	9.59	10.85	12.44	28.41	31.41	34.17	37.57	40.00
24	9.89	10.86	12.40	13.85	15.66	33.20	36.42	39.36	42.98	45.56
30	13.79	14.95	16.79	18.49	20.60	40.26	43.77	46.98	50.89	53.67
40	20.71	22.16	24.43	26.51	29.05	51.81	55.76	59.34	63.69	66.77
60	35.53	37.48	40.48	43.19	46.46	74.40	79.08	83.30	88.38	91.95
120	83.85	86.92	91.57	95.70	100.62	140.23	146.57	152.21	158.95	163.64

注：对于大的自由度，近似有 $\chi^2_\alpha=\frac{1}{2}(u_\alpha+\sqrt{2n-1})^2$，其中 n=自由度，u_α 是标准正态分布的分位数。

附表 6　F 分布的 α 分位数表

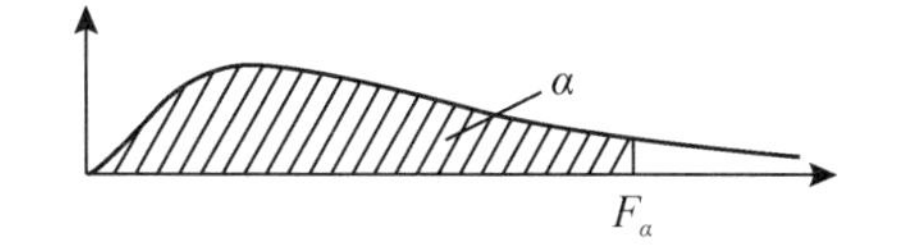

F 分布的 0.90 分位数 $F_{0.90}$（n_1，n_2）表

（n_1＝分子的自由度，n_2＝分母的自由度）

n_2 \ n_1	1	2	3	4	5	6	7	8	9	10
1	39.86	49.50	53.59	55.83	57.24	58.20	58.91	59.44	59.86	60.19
2	8.53	9.00	9.16	9.24	9.29	9.33	9.35	9.37	9.38	9.39
3	5.54	5.46	5.39	5.34	5.31	5.28	5.27	5.25	5.24	5.23
4	4.54	4.32	4.19	4.11	4.05	4.01	3.98	3.95	3.94	3.92
5	4.06	3.78	3.62	3.52	3.45	3.40	3.37	3.34	3.32	3.30
6	3.78	3.46	3.29	3.18	3.11	3.05	3.01	2.98	2.96	2.94
7	3.59	3.26	3.07	2.96	2.88	2.83	2.78	2.75	2.72	2.70
8	3.46	3.11	2.92	2.81	2.73	2.67	2.62	2.59	2.56	2.54
9	3.36	3.01	2.81	2.69	2.61	2.55	2.51	2.47	2.44	2.42
10	3.29	2.92	2.73	2.61	2.52	2.46	2.41	2.38	2.35	2.32
11	3.23	2.86	2.66	2.54	2.45	2.39	2.34	2.30	2.27	2.25
12	3.18	2.81	2.61	2.48	2.39	2.33	2.28	2.24	2.21	2.19
13	3.14	2.76	2.56	2.43	2.35	2.28	2.23	2.20	2.16	2.14
14	3.10	2.73	2.52	2.39	2.31	2.24	2.19	2.15	2.12	2.10
15	3.07	2.70	2.49	2.36	2.27	2.21	2.16	2.12	2.09	2.06
16	3.05	2.67	2.46	2.33	2.24	2.18	2.13	2.09	2.06	2.03
17	3.03	2.64	2.44	2.31	2.22	2.15	2.10	2.06	2.03	2.00
18	3.01	2.62	2.42	2.29	2.20	2.13	2.08	2.04	2.00	1.98
19	2.99	2.61	2.40	2.27	2.18	2.11	2.06	2.02	1.98	1.96
20	2.97	2.59	2.38	2.25	2.16	2.09	2.04	2.00	1.96	1.94
21	2.96	2.57	2.36	2.23	2.14	2.08	2.02	1.98	1.95	1.92
22	2.95	2.56	2.35	2.22	2.13	2.06	2.01	1.97	1.93	1.90
23	2.94	2.55	2.34	2.21	2.11	2.05	1.99	1.95	1.92	1.89
24	2.93	2.54	2.33	2.19	2.10	2.04	1.98	1.94	1.91	1.88
25	2.92	2.53	2.32	2.18	2.09	2.02	1.97	1.93	1.89	1.87
26	2.91	2.52	2.31	2.17	2.08	2.01	1.96	1.92	1.88	1.86
27	2.90	2.51	2.30	2.17	2.07	2.00	1.95	1.91	1.87	1.85
28	2.89	3.50	2.29	2.16	2.06	2.00	1.94	1.90	1.87	1.84
29	2.89	2.50	2.28	2.15	2.06	1.99	1.93	1.89	1.86	1.83
30	2.88	2.49	2.28	2.14	2.05	1.98	1.93	1.88	1.85	1.82
40	2.84	2.44	2.23	2.09	2.00	1.93	1.87	1.83	1.79	1.76

续前表

n_2 \ n_1	1	2	3	4	5	6	7	8	9	10
60	2.79	2.39	2.18	2.04	1.95	1.87	1.82	1.77	1.74	1.71
120	2.75	2.35	2.13	1.99	1.90	1.82	1.77	1.72	1.68	1.65
∞	2.71	2.30	2.08	1.94	1.85	1.77	1.72	1.67	1.63	1.60

n_2 \ n_1	12	15	20	24	30	40	60	120	∞
1	60.71	61.22	61.74	62.00	62.26	62.53	62.79	63.06	63.33
2	9.41	9.42	9.44	9.45	9.46	9.47	9.47	9.48	9.49
3	5.22	5.20	5.18	5.18	5.17	5.16	5.15	5.14	5.13
4	3.90	3.87	3.84	3.83	3.82	3.80	3.79	3.78	3.76
5	3.27	3.24	3.21	3.19	3.17	3.16	3.14	3.12	3.11
6	2.90	2.87	2.84	2.82	2.80	2.78	2.76	2.74	2.72
7	2.67	2.63	2.59	2.58	2.56	2.54	2.51	2.45	2.47
8	2.50	2.46	2.42	2.40	2.38	2.36	2.34	2.32	2.29
9	2.38	2.34	2.30	2.28	2.25	2.23	2.21	2.18	2.16
10	2.28	2.24	2.20	2.18	2.16	2.13	2.11	2.08	2.06
11	2.21	2.17	2.12	2.10	2.08	2.05	2.03	2.00	1.97
12	2.15	2.10	2.06	2.04	2.01	1.99	1.96	1.93	1.90
13	2.10	2.05	2.01	1.98	1.96	1.93	1.90	1.88	1.85
14	2.05	2.01	1.96	1.94	1.91	1.89	1.86	1.83	1.80
15	2.02	1.97	1.92	1.90	1.87	1.85	1.82	1.79	1.76
16	1.99	1.94	1.89	1.87	1.84	1.81	1.78	1.75	1.72
17	1.96	1.91	1.86	1.84	1.81	1.78	1.75	1.72	1.69
18	1.93	1.89	1.84	1.81	1.78	1.75	1.72	1.69	1.66
19	1.91	1.86	1.81	1.79	1.76	1.73	1.70	1.67	1.63
20	1.89	1.84	1.79	1.77	1.74	1.71	1.68	1.64	1.61
21	1.87	1.83	1.78	1.75	1.72	1.69	1.66	1.62	1.59
22	1.86	1.81	1.76	1.73	1.70	1.67	1.64	1.60	1.57
23	1.84	1.80	1.74	1.72	1.69	1.66	1.62	1.59	1.55
24	1.83	1.78	1.73	1.70	1.67	1.64	1.61	1.57	1.53
25	1.82	1.77	1.72	1.69	1.66	1.63	1.59	1.56	1.52
26	1.81	1.76	1.71	1.68	1.65	1.61	1.58	1.54	1.50
27	1.80	1.75	1.70	1.67	1.64	1.60	1.57	1.53	1.49
28	1.79	1.74	1.69	1.66	1.63	1.59	1.56	1.52	1.48
29	1.78	1.73	1.68	1.65	1.62	1.58	1.55	1.51	1.47
30	1.77	1.72	1.67	1.64	1.61	1.57	1.54	1.50	1.46
40	1.71	1.66	1.61	1.57	1.54	1.51	1.47	1.42	1.38
60	1.66	1.60	1.54	1.51	1.48	1.44	1.40	1.35	1.29
120	1.60	1.55	1.48	1.45	1.41	1.37	1.32	1.26	1.19
∞	1.55	1.49	1.42	1.38	1.34	1.30	1.24	1.17	1.00

F 分布的 0.95 分位数 $F_{0.95}$（n_1，n_2）表

（n_1＝分子的自由度，n_2＝分母的自由度）

n_2 \ n_1	1	2	3	4	5	6	7	8	9	10
1	161.45	199.50	215.71	224.58	230.16	233.99	236.76	238.88	240.54	241.88
2	18.51	19.00	19.16	19.25	19.30	19.33	19.35	19.37	19.38	19.40
3	10.13	9.55	9.28	9.12	9.01	8.94	8.89	8.85	8.81	8.79
4	7.71	6.94	6.59	6.39	6.26	6.16	6.09	6.04	6.00	5.96
5	6.61	5.79	5.41	5.19	5.05	4.95	4.88	4.82	4.77	4.74
6	5.99	5.14	4.76	4.53	4.39	4.28	4.21	4.15	4.10	4.06
7	5.59	4.74	4.35	4.12	3.97	3.87	3.79	3.73	3.68	3.64
8	5.32	4.46	4.07	3.84	3.69	3.58	3.50	3.44	3.39	3.35
9	5.12	4.26	3.86	3.63	3.48	3.37	3.29	3.23	3.18	3.14
10	4.96	4.10	3.71	3.48	3.33	3.22	3.14	3.07	3.02	2.98
11	4.84	3.98	3.59	3.36	3.20	3.09	3.01	2.95	2.90	2.85
12	4.75	3.89	3.49	3.26	3.11	3.00	2.91	2.85	2.80	2.75
13	4.67	3.81	3.41	3.18	3.03	2.92	2.83	2.77	2.71	2.67
14	4.60	3.74	3.34	3.11	2.96	2.85	2.76	2.70	2.65	2.60
15	4.54	3.68	3.29	3.06	2.90	2.79	2.71	2.64	2.59	2.54
16	4.49	3.63	3.24	3.01	2.85	2.74	2.66	2.59	2.54	2.49
17	4.45	3.59	3.20	2.96	2.81	2.70	2.61	2.55	2.49	2.45
18	4.41	3.55	3.16	2.93	2.77	2.66	2.58	2.51	2.46	2.41
19	4.38	3.52	3.13	2.90	2.74	2.63	2.54	2.48	2.42	2.38
20	4.35	3.49	3.10	2.87	2.71	2.60	2.51	2.45	2.39	2.35
21	4.32	3.47	3.07	2.84	2.68	2.57	2.49	2.42	2.37	2.32
22	4.30	3.44	3.05	2.82	2.66	2.55	2.46	2.40	2.34	2.30
23	4.28	3.42	3.03	2.80	2.64	2.53	2.44	2.37	2.32	2.27
24	4.26	3.40	3.01	2.78	2.62	2.51	2.42	2.36	2.30	2.25
25	4.24	3.39	2.99	2.76	2.60	2.49	2.40	2.34	2.28	2.24
26	4.23	3.37	2.98	2.74	2.59	2.47	2.39	2.32	2.27	2.22
27	4.21	3.35	2.96	2.73	2.57	2.46	2.37	2.31	2.25	2.20
28	4.20	3.34	2.95	2.71	2.56	2.45	2.36	2.29	2.24	2.19
29	4.18	3.33	2.93	2.70	2.55	2.43	2.35	2.28	2.22	2.18
30	4.17	3.32	2.92	2.69	2.53	2.42	2.33	2.27	2.21	2.16
40	4.08	3.23	2.84	2.61	2.45	2.34	2.25	2.18	2.12	2.08
60	4.00	3.15	2.76	2.53	2.37	2.25	2.17	2.10	2.04	1.99
120	3.92	3.07	2.68	2.45	2.29	2.17	2.09	2.02	1.96	1.91
∞	3.84	3.00	2.60	2.37	2.21	2.10	2.01	1.94	1.88	1.83

续前表

n_2 \ n_1	12	15	20	24	30	40	60	120	∞
1	243.91	245.95	248.01	249.05	250.10	251.14	252.20	253.25	254.31
2	19.41	19.43	19.45	19.45	19.46	19.47	19.48	19.49	19.50
3	8.74	8.70	8.66	8.64	8.62	8.59	8.57	8.55	8.53
4	5.91	5.86	5.80	5.77	5.75	5.72	5.69	5.66	5.63
5	4.68	4.62	4.56	4.53	4.50	4.46	4.43	4.40	4.37
6	4.00	3.94	3.87	3.84	3.81	3.77	3.74	3.70	3.67
7	3.57	3.51	3.44	3.41	3.38	3.34	3.30	3.27	3.23
8	3.28	3.22	3.15	3.12	3.08	3.04	3.01	2.97	2.93
9	3.07	3.01	2.94	2.90	2.86	2.83	2.79	2.75	2.71
10	2.91	2.85	2.77	2.74	2.70	2.66	2.62	2.58	2.54
11	2.79	2.72	2.65	2.61	2.57	2.53	2.49	2.45	2.40
12	2.69	2.62	2.54	2.51	2.47	2.43	2.38	2.34	2.30
13	2.60	2.53	2.46	2.42	2.38	2.34	2.30	2.25	2.21
14	2.53	2.46	2.39	2.35	2.31	2.27	2.22	2.18	2.13
15	2.48	2.40	2.33	2.29	2.25	2.20	2.16	2.11	2.07
16	2.42	2.35	2.28	2.24	2.19	2.15	2.11	2.06	2.01
17	2.38	2.31	2.23	2.19	2.15	2.10	2.06	2.01	1.96
18	2.34	2.27	2.19	2.15	2.11	2.06	2.02	1.97	1.92
19	2.31	2.23	2.16	2.11	2.07	2.03	1.98	1.93	1.88
20	2.28	2.20	2.12	2.08	2.04	1.99	1.95	1.90	1.84
21	2.25	2.18	2.10	2.05	2.01	1.96	1.92	1.87	1.81
22	2.23	2.15	2.07	2.03	1.98	1.94	1.89	1.84	1.78
23	2.20	2.13	2.05	2.01	1.96	1.91	1.86	1.81	1.76
24	2.18	2.11	2.03	1.98	1.94	1.89	1.84	1.79	1.73
25	2.16	2.09	2.01	1.96	1.92	1.87	1.82	1.77	1.71
26	2.15	2.07	1.99	1.95	1.90	1.85	1.80	1.75	1.69
27	2.13	2.06	1.97	1.93	1.88	1.84	1.79	1.73	1.67
28	2.12	2.04	1.96	1.91	1.87	1.82	1.77	1.71	1.65
29	2.10	2.03	1.94	1.90	1.85	1.81	1.75	1.70	1.64
30	2.09	2.01	1.93	1.89	1.84	1.79	1.74	1.68	1.62
40	2.00	1.92	1.84	1.79	1.74	1.69	1.64	1.58	1.51
60	1.92	1.84	1.75	1.70	1.65	1.59	1.53	1.47	1.39
120	1.83	1.75	1.66	1.61	1.55	1.50	1.43	1.35	1.25
∞	1.75	1.67	1.57	1.52	1.46	1.39	1.32	1.22	1.00

F分布的0.975分位数$F_{0.975}(n_1, n_2)$表

（n_1=分子的自由度，n_2=分母的自由度）

n_2 \ n_1	1	2	3	4	5	6	7	8	9	10
1	647.78	799.50	864.16	899.58	921.85	937.11	948.22	956.66	963.28	968.62
2	38.51	39.00	39.17	39.25	39.30	39.33	39.36	39.37	39.39	39.40
3	17.44	16.04	15.44	15.10	14.88	14.73	14.62	14.54	14.47	14.42
4	12.22	10.65	9.98	9.60	9.36	9.20	9.07	8.98	8.90	8.84
5	10.01	8.43	7.76	7.39	7.15	6.98	6.85	6.76	6.68	6.62
6	8.81	7.26	6.60	6.23	5.99	5.82	5.70	5.60	5.52	5.46
7	8.07	6.54	5.89	5.52	5.29	5.12	4.99	4.90	4.82	4.76
8	7.57	6.06	5.42	5.05	4.82	4.65	4.53	4.43	4.36	4.30
9	7.21	5.71	5.08	4.72	4.48	4.32	4.20	4.10	4.03	3.96
10	6.94	5.46	4.83	4.47	4.24	4.07	3.95	3.85	3.78	3.72
11	6.72	5.26	4.63	4.28	4.04	3.88	3.76	3.66	3.59	3.53
12	6.55	5.10	4.47	4.12	3.89	3.73	3.61	3.51	3.44	3.37
13	6.41	4.97	4.35	4.00	3.77	3.60	3.48	3.39	3.31	3.25
14	6.30	4.86	4.24	3.89	3.66	3.50	3.38	3.29	3.21	3.15
15	6.20	4.77	4.15	3.80	3.58	3.41	3.29	3.20	3.12	3.06
16	6.12	4.69	4.08	3.73	3.50	3.34	3.22	3.12	3.05	2.99
17	6.04	4.62	4.01	3.66	3.44	3.28	3.16	3.06	2.98	2.92
18	5.98	4.56	3.95	3.61	3.38	3.22	3.10	3.01	2.93	2.87
19	5.92	4.51	3.90	3.56	3.33	3.17	3.05	2.96	2.88	2.82
20	5.87	4.46	3.86	3.51	3.29	3.13	3.01	2.91	2.84	2.77
21	5.83	4.42	3.82	3.48	3.25	3.09	2.97	2.87	2.80	2.73
22	5.79	4.38	3.78	3.44	3.22	3.05	2.93	2.84	2.76	2.70
23	5.75	4.35.	3.75	3.41	3.18	3.02	2.90	2.81	2.73	2.67
24	5.72	4.32	3.72	3.38	3.15	2.99	2.87	2.78	2.70	2.64
25	5.69	4.29	3.69	3.35	3.13	2.97	2.85	2.75	2.68	2.61
26	5.66	4.27	3.67	3.33	3.10	2.94	2.82	2.73	2.65	2.59
27	5.63	4.24	3.65	3.31	3.08	2.92	2.80	2.71	2.63	2.57
28	5.61	4.22	3.63	3.29	3.06	2.90	2.78	2.69	2.61	2.55
29	5.59	4.20	3.61	3.27	3.04	2.88	2.76	2.67	2.59	2.53
30	5.57	4.18	3.59	3.25	3.03	2.87	2.75	2.65	2.57	2.51
40	5.42	4.05	3.46	3.13	2.90	2.74	2.62	2.53	2.45	2.39
60	5.29	3.93	3.34	3.01	2.79	2.63	2.51	2.41	2.33	2.27
120	5.15	3.80	3.23	2.89	2.67	2.52	2.39	2.30	2.22	2.16
∞	5.02	3.69	3.12	2.79	2.57	2.41	2.19	2.19	2.11	2.05

续前表

n_2 \ n_1	12	15	20	24	30	40	60	120	∞
1	976.71	984.87	993.10	997.25	1 001.41	1 005.60	1 009.80	1 014.02	1 018.26
2	39.41	39.43	39.45	39.46	39.46	39.47	39.48	39.49	39.50
3	14.34	14.25	14.17	14.12	14.08	14.04	13.99	13.95	13.90
4	8.75	8.66	8.56	8.51	8.46	8.41	8.36	8.31	8.26
5	6.52	6.43	6.33	6.28	6.23	6.18	6.12	6.07	6.02
6	5.37	5.27	5.17	5.12	5.07	5.01	2.96	4.90	4.85
7	4.67	4.57	4.47	4.42	4.36	4.31	4.25	4.20	4.14
8	4.20	4.10	4.00	3.95	3.89	3.84	3.78	3.73	3.67
9	3.87	3.77	3.67	3.61	3.56	3.51	3.45	3.39	3.33
10	3.62	3.52	3.42	3.37	3.31	3.26	3.20	3.14	3.08
11	3.43	3.33	3.23	3.17	3.12	3.06	3.00	2.94	2.88
12	3.28	3.18	3.07	3.02	2.96	2.91	2.85	2.79	2.72
13	3.15	3.05	2.95	2.89	2.84	2.78	2.72	2.66	2.60
14	3.05	2.95	2.84	2.79	2.73	2.67	2.61	2.55	2.49
15	2.96	2.86	2.76	2.70	2.64	2.59	2.52	2.46	2.40
16	2.89	2.79	2.68	2.63	2.57	2.51	2.45	2.38	2.32
17	2.82	2.72	2.62	2.56	2.50	2.44	2.38	2.32	2.25
18	2.77	2.67	2.56	2.50	2.44	2.38	2.32	2.26	2.19
19	2.72	2.62	2.51	2.45	2.39	2.33	2.27	2.20	2.13
20	2.68	2.57	2.46	2.41	2.35	2.29	2.22	2.16	2.09
21	2.64	2.53	2.42	2.37	2.31	2.25	2.18	2.11	2.04
22	2.60	2.50	2.39	2.33	2.27	2.21	2.14	2.08	2.00
23	2.57	2.47	2.36	2.30	2.24	2.18	2.11	2.04	1.97
24	2.54	2.44	2.33	2.27	2.21	2.15	2.08	2.01	1.94
25	2.51	2.41	2.30	2.24	2.18	2.12	2.05	1.98	1.91
26	2.49	2.39	2.28	2.22	2.16	2.09	2.03	1.95	1.88
27	2.47	2.36	2.25	2.19	2.13	2.07	2.00	1.93	1.85
28	2.45	2.34	2.23	2.17	2.11	2.05	1.98	1.91	1.83
29	2.43	2.32	2.21	2.15	2.09	2.03	1.96	1.89	1.81
30	2.41	2.31	2.20	2.14	2.07	2.01	1.94	1.87	1.79
40	2.29	2.18	2.07	2.01	1.94	1.88	1.80	1.72	1.64
60	2.17	2.06	1.94	1.88	1.82	1.74	1.67	1.58	1.48
120	2.05	1.94	1.82	1.76	1.69	1.61	1.53	1.43	1.31
∞	1.94	1.83	1.71	1.64	1.57	1.48	1.39	1.27	1.00

F 分布的 0.99 分位数 $F_{0.99}(n_1, n_2)$ 表

（n_1＝分子的自由度，n_2＝分母的自由度）

n_2 \ n_1	1	2	3	4	5	6	7	8	9	10
1	4 052.18	4 999.50	5 403.35	5 624.58	5 763.65	5 858.99	5 928.36	5 981.07	6 022.47	6 055.85
2	98.50	99.00	99.17	99.25	99.30	99.33	99.36	99.37	99.39	99.40
3	34.12	30.82	29.46	28.71	28.24	27.91	27.67	27.49	27.35	27.23
4	21.20	18.00	16.69	15.98	15.52	15.21	14.98	14.80	14.66	14.55
5	16.26	13.27	12.06	11.39	10.97	10.67	10.46	10.29	10.16	10.05
6	13.75	10.92	9.78	9.15	8.75	8.47	8.26	8.10	7.98	7.87
7	12.25	9.55	8.45	7.85	7.46	7.19	6.99	6.84	6.72	6.62
8	11.26	8.65	7.59	7.01	6.63	6.37	6.18	6.03	5.91	5.81
9	10.56	8.02	6.99	6.42	6.06	5.80	5.61	5.47	5.35	5.26
10	10.04	7.56	6.55	5.99	5.64	5.39	5.20	5.06	4.94	4.85
11	9.65	7.21	6.22	5.67	5.32	5.07	4.89	4.74	4.63	4.54
12	9.33	6.93	5.95	5.41	5.06	4.82	4.64	4.50	4.39	4.30
13	9.07	6.70	5.74	5.21	4.86	4.62	4.44	4.30	4.19	4.10
14	8.86	6.51	5.56	5.04	4.70	4.46	4.28	4.14	4.03	3.94
15	8.68	6.36	5.42	4.89	4.56	4.32	4.14	4.00	3.89	3.80
16	8.53	6.23	5.29	4.77	4.44	4.20	4.03	3.89	3.78	3.69
17	8.40	6.11	5.19	4.67	4.34	4.10	3.93	3.49	3.68	3.59
18	8.29	6.01	5.09	4.58	4.25	4.01	3.84	3.71	3.60	3.51
19	8.18	5.93	5.01	4.50	4.17	3.94	3.77	3.63	3.52	3.43
20	8.10	5.85	4.94	4.43	4.10	3.87	3.70	3.56	3.46	3.37
21	8.02	5.78	4.87	4.37	4.04	3.81	3.64	3.51	3.40	3.31
22	7.95	5.72	4.82	4.31	3.99	3.76	3.59	3.45	3.35	3.26
23	7.88	5.66	4.76	4.26	3.94	3.71	3.54	3.41	3.30	3.21
24	7.82	5.61	4.72	4.22	3.90	3.67	3.50	3.36	3.26	3.17
25	7.77	5.57	4.68	4.18	3.85	3.63	3.46	3.32	3.22	3.13
26	7.72	5.53	4.64	4.14	3.82	3.59	3.42	3.29	3.18	3.09
27	7.68	5.49	4.60	4.11	3.78	3.56	3.39	3.26	3.15	3.06
28	7.64	5.45	4.57	4.07	3.75	3.53	3.36	3.23	3.12	3.03
29	7.60	5.42	4.54	4.04	3.73	3.50	3.33	3.20	3.09	3.00
30	7.56	5.39	4.51	4.02	3.70	3.47	3.30	3.17	3.07	2.98
40	7.31	5.18	4.31	3.83	3.51	3.29	3.12	2.99	2.89	2.80
60	7.08	4.98	4.13	3.65	3.34	3.12	2.95	2.82	2.72	2.63
120	6.85	4.79	3.95	3.48	3.17	2.96	2.79	2.66	2.56	2.47
∞	6.63	4.61	3.78	3.32	3.02	2.80	2.64	2.51	2.41	2.32

续前表

n_2 \ n_1	12	15	20	24	30	40	60	120	∞
1	6 106.32	6 157.28	6 208.73	6 234.63	6 260.65	6 286.78	6 313.03	6 339.39	6 365.86
2	99.42	99.43	99.45	99.46	99.47	99.47	99.48	99.49	99.50
3	27.05	26.87	26.69	26.60	26.50	26.41	26.32	26.22	26.13
4	14.37	14.20	14.02	13.93	13.84	13.75	13.65	13.56	13.46
5	9.89	9.72	9.55	9.47	9.38	9.29	9.20	9.11	9.02
6	7.72	7.56	7.40	7.31	7.23	7.14	7.06	6.97	6.88
7	6.47	6.31	6.16	6.07	5.99	5.91	5.82	5.74	5.65
8	5.67	5.52	5.36	5.28	5.20	5.12	5.03	4.95	4.86
9	5.11	4.96	4.81	4.73	4.65	4.57	4.48	4.40	4.31
10	4.71	4.56	4.41	4.33	4.25	4.17	4.08	4.00	3.91
11	4.40	4.25	4.10	4.02	3.94	3.86	3.78	3.69	3.60
12	4.16	4.01	3.86	3.78	3.70	3.62	3.54	3.45	3.36
13	3.96	3.82	3.66	3.59	3.51	3.43	3.34	3.25	3.17
14	3.80	3.66	3.51	3.43	3.35	3.27	3.18	3.09	3.00
15	3.67	3.52	3.37	3.29	3.21	3.13	3.05	2.96	2.87
16	3.55	3.41	3.26	3.18	3.10	3.02	2.93	2.84	2.75
17	3.46	3.31	3.16	3.08	3.00	2.92	2.83	2.75	2.65
18	3.37	3.23	3.08	3.00	2.92	2.84	2.75	2.66	2.57
19	3.30	3.15	3.00	2.92	2.84	2.76	2.67	2.58	2.49
20	3.23	3.09	2.94	2.86	2.78	2.69	2.61	2.52	2.42
21	3.17	3.03	2.88	2.80	2.72	2.64	2.55	2.46	2.36
22	3.12	2.98	2.83	2.75	2.67	2.58	2.50	2.40	2.31
23	3.07	2.93	2.78	2.70	2.62	2.54	2.45	2.35	2.26
24	3.03	2.89	2.74	2.66	2.58	2.49	2.40	2.31	2.21
25	2.99	2.85	2.70	2.62	2.54	2.45	2.36	2.27	2.17
26	2.96	2.82	2.66	2.58	2.50	2.42	2.33	2.23	2.13
27	2.93	2.78	2.63	2.55	2.47	2.38	2.29	2.20	2.10
28	2.90	2.75	2.60	2.52	2.44	2.35	2.26	2.17	2.06
29	2.87	2.73	2.57	2.49	2.41	2.33	2.23	2.14	2.03
30	2.84	2.70	2.55	2.47	2.39	2.30	2.21	2.11	2.01
40	2.66	2.37	2.52	2.29	2.20	2.11	2.02	1.92	1.80
60	2.50	2.35	2.20	2.12	2.03	1.94	1.84	1.73	1.60
120	2.34	2.19	2.03	1.95	1.86	1.76	1.66	1.53	1.38
∞	2.18	2.04	1.88	1.79	1.70	1.59	1.47	1.32	1.00

附表 7　正态性检验统计量 W 的系数 $a_i(n)$ 数值表

i \ n							8	9	10	
1							0.605 2	0.588 8	0.573 9	
2							0.316 4	0.324 4	0.329 1	
3							0.174 3	0.197 6	0.214 1	
4		—					0.056 1	0.094 7	0.122 4	
5		—	—	—	—	—	—	—	0.039 9	

i \ n	11	12	13	14	15	16	17	18	19	20
1	0.560 1	0.547 5	0.535 9	0.525 1	0.515 0	0.505 6	0.496 8	0.488 6	0.480 8	0.473 4
2	0.331 5	0.332 5	0.332 5	0.331 8	0.330 6	0.329 0	0.327 3	0.325 3	0.323 2	0.321 1
3	0.226 0	0.234 7	0.241 2	0.246 0	0.249 5	0.252 1	0.254 0	0.255 3	0.256 1	0.256 5
4	0.142 9	0.158 6	0.170 7	0.180 2	0.187 8	0.193 9	0.198 8	0.202 7	0.205 9	0.208 5
5	0.069 5	0.092 2	0.109 9	0.124 0	0.135 3	0.144 7	0.152 4	0.158 7	0.164 1	0.168 6
6	—	0.030 3	0.053 9	0.072 7	0.088 0	0.100 5	0.110 9	0.119 7	0.127 1	0.133 4
7	—	—	—	0.024 0	0.043 3	0.059 3	0.072 5	0.083 7	0.093 2	0.101 3
8	—	—	—	—	—	0.019 6	0.035 9	0.049 6	0.061 2	0.071 1
9	—	—	—	—	—	—	—	0.016 3	0.030 3	0.042 2
10	—	—	—	—	—	—	—	—	—	0.014 0

i \ n	21	22	23	24	25	26	27	28	29	30
1	0.464 3	0.459 0	0.454 2	0.449 3	0.445 0	0.440 7	0.436 6	0.432 8	0.429 1	0.425 4
2	0.318 5	0.315 6	0.312 6	0.309 8	0.306 9	0.304 3	0.301 8	0.299 2	0.296 8	0.294 4
3	0.257 8	0.257 1	0.256 3	0.255 4	0.254 3	0.253 3	0.252 2	0.251 0	0.249 9	0.248 7
4	0.211 9	0.213 1	0.213 9	0.214 5	0.214 8	0.215 1	0.215 2	0.215 1	0.215 0	0.214 8
5	0.173 6	0.176 4	0.178 7	0.180 7	0.182 2	0.183 6	0.184 8	0.185 7	0.186 4	0.187 0
6	0.139 9	0.144 3	0.148 0	0.151 2	0.153 9	0.156 3	0.158 4	0.160 1	0.161 6	0.163 0
7	0.109 2	0.115 0	0.120 1	0.124 5	0.128 3	0.131 6	0.134 6	0.137 2	0.139 5	0.141 5
8	0.080 4	0.087 8	0.094 1	0.099 7	0.104 6	0.108 9	0.112 8	0.116 2	0.119 2	0.121 9
9	0.053 0	0.061 8	0.069 6	0.076 4	0.082 3	0.087 6	0.092 3	0.096 5	0.100 2	0.103 6
10	0.026 3	0.036 8	0.045 9	0.053 9	0.061 0	0.067 2	0.072 8	0.077 8	0.082 2	0.086 2
11	—	0.012 2	0.022 8	0.032 1	0.040 3	0.047 6	0.054 0	0.059 8	0.065 0	0.066 8
12	—	—	—	0.010 7	0.020 0	0.028 4	0.035 8	0.042 4	0.048 3	0.053 7
13	—	—	—	—	—	0.009 4	0.017 8	0.025 3	0.032 0	0.038 1
14	—	—	—	—	—	—	—	0.008 4	0.015 9	0.022 7
15	—	—	—	—	—	—	—	—	—	0.007 6

续前表

i \ n	31	32	33	34	35	36	37	38	39	40
1	0.422 0	0.418 8	0.415 6	0.412 7	0.409 6	0.406 8	0.404 0	0.401 5	0.398 9	0.396 4
2	0.292 1	0.289 8	0.287 6	0.285 4	0.283 4	0.281 3	0.279 4	0.277 4	0.275 5	0.273 7
3	0.247 5	0.246 3	0.245 1	0.243 9	0.242 7	0.241 5	0.240 3	0.239 1	0.238 0	0.236 8
4	0.214 5	0.214 1	0.213 7	0.213 2	0.212 7	0.212 1	0.211 6	0.211 0	0.210 4	0.209 8
5	0.187 4	0.187 8	0.188 0	0.188 2	0.188 3	0.188 3	0.188 3	0.188 1	0.188 0	0.187 8
6	0.164 1	0.165 1	0.166 0	0.166 7	0.167 3	0.167 8	0.168 3	0.168 6	0.168 9	0.169 1
7	0.143 3	0.144 9	0.146 3	0.147 5	0.148 7	0.149 6	0.150 5	0.151 3	0.152 0	0.152 6
8	0.124 3	0.126 5	0.128 4	0.130 1	0.131 7	0.133 1	0.134 4	0.135 6	0.136 6	0.137 6
9	0.106 6	0.109 3	0.111 8	0.114 0	0.116 0	0.117 9	0.119 6	0.121 1	0.122 5	0.123 7
10	0.089 9	0.093 1	0.096 1	0.098 8	0.101 3	0.103 6	0.105 6	0.107 5	0.109 2	0.110 8
11	0.073 9	0.077 7	0.081 2	0.084 4	0.087 3	0.090 0	0.092 4	0.094 7	0.096 7	0.098 6
12	0.058 5	0.062 9	0.066 9	0.070 6	0.073 9	0.077 0	0.079 8	0.082 4	0.084 8	0.087 0
13	0.043 5	0.048 5	0.053 0	0.057 2	0.061 0	0.064 5	0.067 7	0.070 6	0.073 3	0.075 9
14	0.028 9	0.034 4	0.039 5	0.044 1	0.048 4	0.052 3	0.055 9	0.059 2	0.062 2	0.065 1
15	0.014 4	0.020 6	0.026 2	0.031 4	0.036 1	0.040 4	0.044 4	0.048 1	0.051 5	0.054 6
16	—	0.006 8	0.013 1	0.018 7	0.023 9	0.028 7	0.033 1	0.037 2	0.040 9	0.044 4
17	—	—	—	0.006 2	0.011 9	0.017 2	0.022 0	0.026 4	0.030 5	0.034 3
18	—	—	—	—	—	0.005 7	0.011 0	0.015 8	0.020 3	0.024 4
19	—	—	—	—	—	—	—	0.005 3	0.010 1	0.014 6
20	—	—	—	—	—	—	—	—	—	0.004 9

i \ n	41	42	43	44	45	46	47	48	49	50
1	0.394 0	0.391 7	0.389 4	0.387 2	0.385 0	0.383 0	0.380 3	0.378 9	0.377 0	0.375 1
2	0.271 9	0.270 1	0.268 4	0.266 7	0.265 1	0.263 5	0.262 0	0.260 4	0.258 9	0.257 4
3	0.235 7	0.234 5	0.233 4	0.232 3	0.231 3	0.230 2	0.229 1	0.228 1	0.227 1	0.226 0
4	0.209 1	0.208 5	0.207 8	0.207 2	0.206 5	0.205 8	0.205 2	0.204 5	0.203 8	0.203 2
5	0.187 6	0.187 4	0.187 1	0.186 8	0.186 5	0.186 2	0.185 9	0.185 5	0.185 1	0.184 7
6	0.169 3	0.169 4	0.169 5	0.169 5	0.169 5	0.169 5	0.169 5	0.169 3	0.169 2	0.169 1
7	0.153 1	0.153 5	0.153 9	0.154 2	0.154 5	0.154 8	0.155 0	0.155 1	0.155 3	0.155 4
8	0.138 4	0.139 2	0.139 8	0.140 5	0.141 0	0.141 5	0.142 0	0.142 3	0.142 7	0.143 0
9	0.124 9	0.125 9	0.126 9	0.127 8	0.128 6	0.129 3	0.130 0	0.130 6	0.131 2	0.131 7
10	0.112 3	0.113 6	0.114 9	0.116 0	0.117 0	0.118 0	0.118 9	0.119 7	0.120 5	0.121 2
11	0.100 4	0.102 0	0.103 5	0.104 9	0.106 2	0.107 3	0.108 5	0.109 5	0.110 5	0.111 3
12	0.089 1	0.090 9	0.092 7	0.094 3	0.095 9	0.097 2	0.098 6	0.099 8	0.101 0	0.102 0
13	0.078 2	0.080 4	0.082 4	0.084 2	0.086 0	0.087 6	0.089 2	0.090 6	0.091 9	0.093 2
14	0.067 7	0.070 1	0.072 4	0.074 5	0.076 5	0.078 3	0.080 1	0.081 7	0.083 2	0.084 6
15	0.057 5	0.060 2	0.062 8	0.065 1	0.067 3	0.069 4	0.071 3	0.073 1	0.074 8	0.076 4
16	0.047 6	0.050 6	0.053 4	0.056 0	0.058 4	0.060 7	0.062 8	0.064 8	0.066 7	0.068 5
17	0.037 9	0.041 1	0.044 2	0.047 1	0.049 7	0.052 2	0.054 6	0.056 8	0.058 8	0.060 8
18	0.028 3	0.031 8	0.035 2	0.038 3	0.041 2	0.043 9	0.046 5	0.048 9	0.051 1	0.053 2
19	0.018 8	0.022 7	0.026 3	0.029 6	0.032 8	0.035 7	0.038 5	0.041 1	0.043 6	0.045 9
20	0.009 4	0.013 6	0.017 5	0.021 1	0.024 5	0.027 7	0.030 7	0.033 5	0.036 1	0.038 6
21	—	0.004 5	0.008 7	0.012 6	0.016 3	0.019 7	0.022 9	0.025 9	0.028 8	0.031 4
22	—	—	—	0.004 2	0.008 1	0.011 8	0.015 3	0.018 5	0.021 5	0.024 4
23	—	—	—	—	—	0.003 9	0.007 6	0.011 1	0.014 3	0.017 4
24	—	—	—	—	—	—	—	0.003 7	0.007 1	0.010 4
25	—	—	—	—	—	—	—	—	—	0.003 5

附表 8　正态性检验统计量 W 的 α 分位数表

n	α		n	α		n	α	
	0.01	0.05		0.01	0.05		0.01	0.05
8	0.749	0.818	23	0.881	0.914	38	0.916	0.938
9	0.764	0.829	24	0.884	0.916	39	0.917	0.939
10	0.781	0.842	25	0.888	0.918	40	0.919	0.940
11	0.792	0.850	26	0.891	0.920	41	0.920	0.941
12	0.805	0.859	27	0.894	0.923	42	0.922	0.942
13	0.814	0.866	28	0.896	0.924	43	0.923	0.943
14	0.825	0.874	29	0.898	0.926	44	0.924	0.944
15	0.835	0.881	30	0.900	0.927	45	0.926	0.945
16	0.844	0.887	31	0.902	0.929	46	0.927	0.945
17	0.851	0.892	32	0.904	0.930	47	0.928	0.946
18	0.858	0.897	33	0.906	0.931	48	0.929	0.947
19	0.863	0.901	34	0.908	0.933	49	0.929	0.947
20	0.868	0.905	35	0.910	0.934	50	0.930	0.947
21	0.873	0.908	36	0.912	0.935			
22	0.878	0.911	37	0.914	0.936			

附表 9　正态性检验统计量 T_{EP} 的 $1-\alpha$ 分位数表

n	$1-\alpha$			
	0.90	0.95	0.975	0.99
8	0.271	0.347	0.426	0.526
9	0.275	0.350	0.428	0.537
10	0.279	0.357	0.437	0.545
15	0.284	0.366	0.447	0.560
20	0.287	0.368	0.450	0.564
30	0.288	0.371	0.459	0.569
50	0.290	0.374	0.461	0.574
100	0.291	0.376	0.464	0.583
200	0.290	0.379	0.467	0.590

附表 10 柯莫哥洛夫检验统计量 D_n 精确分布的临界值 $D_{n,\alpha}$ 表

$$P\ (D_n > D_{n,\alpha}) = \alpha$$

n \ α	0.20	0.10	0.05	0.02	0.01
1	0.900 00	0.950 00	0.975 00	0.990 00	0.995 00
2	0.683 77	0.776 39	0.841 89	0.900 00	0.929 29
3	0.564 81	0.636 04	0.707 60	0.784 56	0.829 00
4	0.492 65	0.565 22	0.623 94	0.688 87	0.734 24
5	0.446 98	0.509 45	0.563 28	0.627 18	0.668 63
6	0.410 37	0.467 99	0.519 26	0.577 41	0.616 61
7	0.381 48	0.436 07	0.483 42	0.638 44	0.575 81
8	0.358 31	0.409 62	0.454 27	0.506 54	0.541 79
9	0.339 10	0.387 46	0.430 01	0.479 60	0.513 32
10	0.322 60	0.368 66	0.409 25	0.456 62	0.488 93
11	0.308 29	0.352 42	0.391 22	0.436 70	0.467 70
12	0.295 77	0.338 15	0.375 43	0.419 18	0.449 05
13	0.284 70	0.325 49	0.961 43	0.403 62	0.432 47
14	0.274 81	0.314 17	0.348 90	0.389 70	0.417 62
15	0.265 88	0.303 97	0.337 60	0.377 13	0.404 20
16	0.257 78	0.294 72	0.327 33	0.365 71	0.392 01
17	0.250 39	0.286 27	0.317 96	0.355 28	0.380 86
18	0.243 60	0.278 51	0.309 36	0.345 69	0.370 62
19	0.237 35	0.271 36	0.301 43	0.336 85	0.361 17
20	0.231 56	0.264 73	0.294 03	0.328 66	0.352 41
21	0.226 17	0.258 58	0.287 24	0.321 04	0.344 27
22	0.221 15	0.252 83	0.280 87	0.313 94	0.336 66
23	0.216 45	0.247 46	0.274 90	0.307 28	0.329 54
24	0.212 06	0.242 42	0.269 31	0.301 04	0.322 86
25	0.207 90	0.237 68	0.264 04	0.295 16	0.316 57
26	0.203 99	0.233 20	0.259 07	0.289 62	0.310 64
27	0.200 30	0.228 98	0.254 38	0.284 38	0.305 02
28	0.196 80	0.224 97	0.249 93	0.279 42	0.299 71
29	0.193 43	0.221 17	0.245 71	0.274 71	0.294 66
30	0.190 32	0.217 56	0.241 70	0.270 23	0.289 87

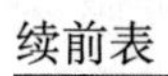续前表

n \ α	0.20	0.10	0.05	0.02	0.01
31	0.187 32	0.214 12	0.237 88	0.265 96	0.285 30
32	0.184 45	0.210 85	0.234 24	0.261 89	0.280 94
33	0.181 71	0.207 71	0.230 76	0.258 01	0.276 77
34	0.179 09	0.204 72	0.227 43	0.254 29	0.272 79
35	0.176 59	0.201 85	0.224 25	0.250 73	0.268 97
36	0.174 18	0.199 10	0.221 19	0.247 32	0.265 32
37	0.171 88	0.196 46	0.218 26	0.244 01	0.261 80
38	0.169 66	0.193 92	0.215 44	0.240 89	0.258 43
39	0.167 53	0.191 48	0.212 73	0.237 86	0.255 18
40	0.165 47	0.189 13	0.210 12	0.234 94	0.252 05
41	0.163 49	0.186 87	0.207 60	0.232 13	0.249 04
42	0.161 58	0.184 68	0.205 17	0.229 41	0.246 13
43	0.159 74	0.182 57	0.202 83	0.226 79	0.243 32
44	0.157 96	0.180 53	0.200 56	0.224 26	0.240 60
45	0.156 23	0.178 56	0.198 37	0.221 81	0.237 98
46	0.154 57	0.176 65	0.196 25	0.219 44	0.235 44
47	0.152 95	0.174 81	0.194 20	0.217 15	0.232 98
48	0.151 39	0.173 02	0.192 21	0.214 93	0.230 59
49	0.149 87	0.171 28	0.190 28	0.212 77	0.228 28
50	0.148 40	0.169 59	0.188 41	0.210 68	0.226 04
55	0.141 64	0.161 86	0.179 81	0.201 07	0.215 74
60	0.135 73	0.155 11	0.172 31	0.192 67	0.206 73
65	0.130 52	0.149 13	0.165 67	0.185 25	0.198 77
70	0.125 86	0.143 81	0.159 75	0.178 63	0.191 67
75	0.121 67	0.139 01	0.154 42	0.172 68	0.185 28
80	0.117 87	0.134 67	0.149 60	0.167 28	0.179 49
85	0.114 42	0.130 72	0.145 20	0.162 36	0.174 21
90	0.111 25	0.127 09	0.141 17	0.157 86	0.169 38
95	0.108 33	0.123 75	0.137 46	0.153 71	0.164 93
100	0.105 63	0.120 67	0.134 03	0.149 87	0.160 81

附表 11　柯莫哥洛夫检验统计量 D_n 的极限分布函数表

$$K(\lambda)=\lim_{n\to\infty}P(D_n\leqslant\lambda/\sqrt{n})=\sum_{j=-\infty}^{\infty}(-1)^j\cdot\exp(-2j^2\lambda^2)$$

λ	0.00	0.01	0.02	0.03	0.04	0.05	0.06	0.07	0.08	0.09
0.2	0.000 000	0.000 000	0.000 000	0.000 000	0.000 000	0.000 000	0.000 000	0.000 000	0.000 001	0.000 004
0.3	0.000 009	0.000 021	0.000 046	0.000 091	0.000 171	0.000 303	0.000 511	0.000 826	0.001 285	0.001 929
0.4	0.002 808	0.003 972	0.005 476	0.007 377	0.009 730	0.012 590	0.016 005	0.020 022	0.024 682	0.030 017
0.5	0.036 055	0.042 814	0.050 306	0.058 534	0.067 497	0.077 183	0.087 577	0.098 656	0.110 395	0.122 760
0.6	0.135 718	0.149 229	0.163 225	0.177 153	0.192 677	0.207 987	0.223 637	0.239 582	0.255 780	0.272 189
0.7	0.288 765	0.305 471	0.322 265	0.339 113	0.355 981	0.372 833	0.389 640	0.406 372	0.423 002	0.439 505
0.8	0.455 857	0.472 041	0.488 030	0.503 808	0.519 366	0.534 682	0.549 744	0.564 546	0.579 070	0.593 316
0.9	0.607 270	0.620 928	0.634 286	0.647 338	0.660 082	0.672 516	0.684 630	0.696 444	0.707 940	0.719 126
1.0	0.730 000	0.740 566	0.750 826	0.760 780	0.770 434	0.779 794	0.788 860	0.797 636	0.806 128	0.814 342
1.1	0.822 282	0.829 950	0.837 356	0.844 502	0.851 394	0.858 038	0.864 442	0.870 612	0.876 548	0.882 258
1.2	0.887 750	0.893 030	0.898 104	0.902 972	0.907 643	0.912 132	0.916 432	0.920 556	0.924 505	0.928 283
1.3	0.931 908	0.925 370	0.938 682	0.941 848	0.944 872	0.947 756	0.950 512	0.953 142	0.955 650	0.958 040
1.4	0.960 318	0.962 486	0.964 552	0.966 516	0.968 382	0.970 158	0.971 846	0.973 448	0.974 970	0.976 412
1.5	0.977 782	0.979 080	0.980 310	0.981 476	0.982 578	0.983 622	0.984 610	0.985 544	0.986 426	0.987 260
1.6	0.988 048	0.988 791	0.939 492	0.990 154	0.990 777	0.991 364	0.991 917	0.992 438	0.992 928	0.993 389
1.7	0.993 823	0.994 230	0.994 612	0.994 972	0.995 309	0.995 625	0.995 922	0.996 200	0.996 460	0.996 704
1.8	0.996 932	0.997 146	0.997 346	0.997 533	0.979 707	0.997 870	0.998 023	0.998 145	0.998 297	0.998 421
1.9	0.998 536	0.998 644	0.998 744	0.998 837	0.998 924	0.999 004	0.999 079	0.999 149	0.999 133	0.999 273
2.0	0.999 329	0.999 380	0.999 428	0.999 474	0.999 516	0.999 552	0.999 588	0.999 620	0.999 650	0.999 680
2.1	0.999 705	0.999 728	0.999 750	0.999 770	0.999 790	0.999 806	0.999 822	0.999 838	0.999 852	0.999 864
2.2	0.999 874	0.999 886	0.999 896	0.999 904	0.999 912	0.999 920	0.999 926	0.999 934	0.999 940	0.999 944
2.3	0.999 949	0.999 954	0.999 958	0.999 962	0.999 965	0.999 968	0.999 970	0.999 973	0.999 976	0.999 978
2.4	0.999 980	0.999 982	0.999 984	0.999 986	0.999 987	0.999 988	0.999 988	0.999 990	0.999 991	0.999 992

附表 12　随机数表

53 74 23 99 67	61 32 28 69 84	94 62 67 86 24	98 33 41 19 95	47 53 53 38 09
63 38 06 86 54	99 00 65 26 94	02 82 90 23 07	79 62 67 80 60	75 91 12 81 19
35 80 53 21 46	06 72 17 10 91	25 21 31 75 96	49 28 24 00 49	55 65 79 78 07
63 43 36 82 69	65 51 18 37 88	61 38 44 12 45	32 92 85 88 65	54 34 81 85 35
98 25 37 55 26	01 91 82 81 46	74 71 12 94 97	24 02 71 37 07	03 92 13 66 75
02 63 21 17 69	71 50 80 89 56	38 15 70 11 48	43 40 45 86 98	00 83 26 91 03
64 55 22 21 82	48 22 28 06 00	61 54 13 43 91	82 78 12 23 29	06 66 24 12 27
85 07 26 13 89	01 10 07 82 04	59 63 69 36 03	69 11 15 83 80	13 29 54 19 28
58 54 16 24 15	51 54 44 82 00	62 61 65 04 69	38 18 65 18 97	85 72 13 49 21
35 85 27 84 87	61 48 64 56 26	90 18 48 13 26	37 70 15 42 57	65 64 80 39 07
03 92 18 27 46	57 99 16 96 56	30 33 72 85 22	84 64 38 56 98	99 01 30 98 64
62 63 30 27 59	37 75 41 66 48	86 97 80 61 45	23 53 04 01 63	45 76 08 64 27
08 45 93 15 22	60 21 75 46 91	93 77 27 85 42	23 88 61 08 84	69 62 03 42 73
07 08 55 18 40	45 44 75 13 90	24 94 96 61 02	57 55 66 83 15	73 42 37 11 61
01 85 89 95 66	51 10 19 34 88	15 84 97 19 75	12 76 39 46 78	64 63 91 08 25
72 84 71 14 35	19 11 58 49 26	50 11 17 17 76	86 31 57 20 18	95 60 78 46 75
88 78 28 16 84	13 52 53 94 53	75 45 69 30 96	73 89 65 70 31	99 17 43 48 76
45 17 75 65 57	23 40 19 72 12	25 12 74 75 67	60 40 60 81 19	24 62 01 61 16
96 76 28 12 54	22 01 11 94 25	71 96 16 16 83	68 64 36 74 45	19 59 50 88 92
43 31 67 72 30	24 02 94 03 63	38 32 36 66 02	69 36 38 25 39	48 03 45 15 22
50 44 66 44 21	66 06 53 05 62	68 15 54 35 02	42 35 48 96 32	14 52 41 52 48
22 66 22 15 86	26 63 75 41 99	58 42 36 72 24	58 37 52 18 51	03 37 18 39 11
96 24 40 14 51	23 22 30 88 57	95 67 47 29 83	94 69 40 06 07	18 16 36 78 86
31 73 91 61 19	60 20 72 93 48	98 57 07 23 69	65 95 39 69 58	56 80 30 19 44
78 60 73 99 84	43 89 94 36 45	56 69 47 07 41	90 22 91 07 12	78 35 34 08 72

参考文献

[1] 陈希孺. 数理统计引论. 北京：科学出版社，1981

[2] 成平，陈希孺，陈桂景，吴传义. 参数估计. 上海：上海科学技术出版社，1985

[3] 韋博成. 参数统计教程. 北京：高等教育出版社，2006

[4] 茆诗松，王静龙，濮晓龙. 高等数理统计（第二版）. 北京：高等教育出版社，2006

[5] H. 克拉美著，魏宗舒等译. 统计学数学方法. 上海：上海科学技术出版社，1966

[6] E. L. Lehmann. Testing Statistical hypothesis. John Wiley and Sons，1959

[7] E. L. Lehmann 著，郑忠国等译. 点估计理论（第二版）. 北京：中国统计出版社，2005

[8] H. A. David. Order Statistics. John Wiley and Sons，1981

[9] T. P. Hettmansperger 著，杨永信译. 基于秩的统计推断. 长春：东北师范大学出版社，1995

[10] A. H. 施利亚耶夫著，周概容译. 概率第一卷（第二版）. 北京：高等教育出版社，2007

[11] 王静龙，梁小筠. 非参数统计分析. 北京：高等教育出版社，2006

[12] 陈希孺. 数理统计学简史. 长沙：湖南教育出版社（长沙），2002

[13] 陈善林，张浙. 统计发展史. 上海：上海立信会计图书用品社，1987

[14] 中科院数学所概率统计室编. 常用数理统计表. 北京：科学出版社，1974

[15] 陈希孺. 概率论与数理统计. 合肥：中国科技大学出版社，1992

[16] 李贤平. 概率论基础（第三版）. 北京：高等教育出版社，2010

[17] 陈家鼎，郑忠国. 概率与统计. 北京：北京大学出版社，2007

[18] 谢衷洁. 普通统计学. 北京：北京大学出版社，2004

[19] 茆诗松，程依明，濮晓龙. 概率论与数理统计教程（第二版）. 北京：高等教育出版社，2011

[20] 郑明，陈子毅，汪家冈. 数理统计讲义. 上海：复旦大学出版社，2006

[21] 傅权，胡蓓华. 基本统计方法教程. 上海：华东师范大学出版社，1989

[22] D. C. Montgomery 等著，张波等译. 工程统计学（第三版）. 北京：中国人民大

学出版社，2005

［23］茆诗松，周纪芗．试验设计．北京：中国统计出版社，2004

［24］茆诗松，汤泯材．贝叶斯统计．北京：中国统计出版社，1999

［25］梁小筠．正态性检验．北京：中国统计出版社，1997

［26］梁小筠．我国正在制定“正态性检验”的新标准．应用概率统计，2002（2），269-276

［27］王松桂．线性模型的理论及其应用．合肥：安徽教育出版社，1982

［28］杨振海，程维虎，张军舰．拟合优度检验．北京：科学出版社，2011

［29］中国电子技术标准化研究所编著．可靠性试验用表（增订本）．北京：国防工业出版社，1987

［30］赵选民，徐伟，师义民，秦超英．数理统计（第二版）．北京：科学出版社，2002

图书在版编目（CIP）数据

数理统计学/茆诗松等编著．—2版．—北京：中国人民大学出版社，2016.1
21世纪统计学系列教材
ISBN 978-7-300-22410-7

Ⅰ.①数… Ⅱ.①茆… Ⅲ.①概率论-高等学校-教材②数理统计-高等学校-教材 Ⅳ.①O21

中国版本图书馆CIP数据核字（2016）第011647号

21世纪统计学系列教材
数理统计学（第2版）
茆诗松　吕晓玲　编著
Shuli Tongjixue

出版发行	中国人民大学出版社		
社　　址	北京中关村大街31号	**邮政编码**	100080
电　　话	010－62511242（总编室）		010－62511770（质管部）
	010－82501766（邮购部）		010－62514148（门市部）
	010－62515195（发行公司）		010－62515275（盗版举报）
网　　址	http://www.crup.com.cn		
经　　销	新华书店		
印　　刷	北京密兴印刷有限公司	**版　　次**	2011年11月第1版
开　　本	787 mm×1092 mm　1/16		2016年1月第2版
印　　张	20 插页1	**印　　次**	2025年1月第14次印刷
字　　数	478 000	**定　　价**	38.00元

中国人民大学出版社　理工出版分社

教师教学服务说明

中国人民大学出版社理工出版分社以出版经典、高品质的统计学、数学、心理学、物理学、化学、计算机、电子信息、人工智能、环境科学与工程、生物工程、智能制造等领域的各层次教材为宗旨。

为了更好地为一线教师服务，理工出版分社着力建设了一批数字化、立体化的网络教学资源。教师可以通过以下方式获得免费下载教学资源的权限：

★ 在中国人民大学出版社网站 www.crup.com.cn 进行注册，注册后进入“会员中心”，在左侧点击“我的教师认证”，填写相关信息，提交后等待审核。我们将在一个工作日内为您开通相关资源的下载权限。

★ 如您急需教学资源或需要其他帮助，请加入教师 QQ 群或在工作时间与我们联络。

中国人民大学出版社　理工出版分社

教师 QQ 群：229223561(统计2组) 982483700(数据科学) 361267775(统计1组)
教师群仅限教师加入，入群请备注（学校+姓名）

联系电话：010-62511967，62511076

电子邮箱：lgcbfs@crup.com.cn

通讯地址：北京市海淀区中关村大街 31 号中国人民大学出版社 507 室（100080）